Beiträge zur Internationalen und
Europäischen Umweltpolitik

Herausgegeben von
Alexander Carius
R. Andreas Kraemer

Springer-Verlag Berlin Heidelberg GmbH

Stefanie Pfahl

Internationaler Handel und Umweltschutz

Zielkonflikte und Ansatzpunkte des Interessenausgleichs

Springer

Stefanie Pfahl
Ecologic
Gesellschaft für Internationale und
Europäische Umweltforschung
Pfalzburger Straße 43/44
D-10717 Berlin

Diese Arbeit wurde als Dissertation an der Philosophischen Fakultät III der Humboldt-Universität zu Berlin eingereicht.

ISBN 978-3-642-63167-2

Die Deutsche Bibliothek - CIP-Einheitsaufnahme

Pfahl, Stefanie: Internationaler Handel und Umweltschutz: Zielkonflikte und Ansatzpunkte des Interessenausgleichs / Stefanie Pfahl.- Berlin; Heidelberg; New York; Barcelona; Hongkong; London; Mailand; Paris; Singapur; Tokio: Springer 2000
ISBN 978-3-642-63167-2 ISBN 978-3-642-57263-0 (eBook)
DOI 10.1007/978-3-642-57263-0

Ursprünglich erschienen bei Springer-Verlag Berlin Heidelberg New York 2000
Softcover reprint of the hardcover 1st edition 2000

Umschlaggestaltung: Erich Kirchner, Heidelberg
Satz: Reproduktionsfertige Vorlage der Autorin

SPIN: 10759758 30/3130/xz - 5 4 3 2 1 0 - Gedruckt auf säurefreiem Papier

Über Ecologic

Ecologic ist eine gemeinnützige Einrichtung für angewandte Umweltforschung und Politikberatung in Berlin. Ecologic führt anwendungsorientierte Forschungprojekte durch und erstellt Gutachten zu verschiedenen Themen des Natur- und Umweltschutzes. Dazu zählen unter anderem neue Ansätze in der Umweltpolitik, ökologisch nachhaltige Ressourcenpolitik, internationale Umweltabkommen und -institutionen, Umweltplanung sowie die Integration des Umweltschutzes in andere Politikfelder. Im Zentrum der Arbeit von Ecologic steht die Analyse der Umweltpolitik der Europäischen Union und ihrer Mitgliedstaaten sowie die Verbesserung der Effektivität internationaler Umweltregime.

Ecologic ist Mitglied im Netzwerk der Institute für Europäische Umweltpolitik mit Büros in den wichtigen europäischen Metropolen sowie zahlreichen weiteren themen- und projektbezogenen internationalen Netzwerken. Auftraggeber sind vor allem internationale und supranationale Organisationen, Parlamente, Regierungen, Bundes-, Landes- und Kommunalverwaltungen, Industrieverbände, Gewerkschaften sowie Umwelt- und Naturschutzverbände. Ecologic verfolgt ausschließlich wissenschaftliche und gemeinnützige Zwecke und ist wirtschaftlich und politisch unabhängig sowie wissenschaftlich frei.

In der Buchreihe „Beiträge zur internationalen und europäischen Umweltpolitik“ werden aktuelle Forschungsberichte und Gutachten von Ecologic veröffentlicht.

Vorwort

Der Konflikt zwischen internationaler Handelspolitik und Umweltschutz verschärfte sich durch die ökonomische Globalisierung, die den Abbau natürlicher Ressourcen beschleunigt und die transnationalen Umweltprobleme verschärft. Gleichzeitig entwickelte sich eine starke Gegenbewegung, die auf die Integration von Umweltschutz in das multilaterale Handelssystem drängt. „Handel und Umweltschutz" ist ein Thema, das auf mehreren politischen Ebenen gleichzeitig behandelt werden muß.

Auf der nationalen Ebene müssen Regierungen einen Ausgleich zwischen hohen Umweltschutzstandards und möglichen Wettbewerbsnachteilen schaffen, ohne dabei die im Umwelt- und Ressourcenschutz enthaltene Modernisierungschance aus dem Auge zu verlieren.

Auf der regionalen Ebene steht beispielsweise die Europäische Union vor dem Problem, Umweltpolitik in die Gemeinsame Handelspolitik zu integrieren. Außenhandelspolitik wird in diesem Zusammenhang häufig als Substitut für eine europäische Außenpolitik politisiert, was die Integration von Umweltschutzgesichtspunkten in die Handelspolitik erschwert. Das zeigt sich auch in den handelspolitischen Beziehungen der Europäischen Union zu den Entwicklungsländern, deren Integration in den Weltmarkt erklärtes Ziel der gemeinschaftlichen Entwicklungspolitik ist. Die Entwicklungsländer lehnen jedoch, und das nicht ganz zu Unrecht, umweltpolitische Auflagen als Bedingung für den Zugang zum europäischen Markt ab. Sie sehen darin Handelshemmnisse, die lediglich die Wettbewerbsvorteile der europäischen Anbieter sichern sollen.

Dieser Konflikt, der auch auf der globalen Ebene zu beobachten ist, war eine Ursache für das vorläufige Scheitern einer neuen Liberalisierungsrunde Ende 1999, das verknüpft mit dem Namen der Stadt Seattle noch einige Zeit nachwirken dürfte. Nun kommt es darauf an, auf globaler Ebene und nicht nur in der WTO, die Integration von Umweltschutz in andere Politikbereiche mit Hilfe vorhandener Institutionen voranzutreiben.

Das vorliegende Buch beschreibt und analysiert die institutionellen Strukturen, die dafür notwendig sind und nennt Ansatzpunkte für eine solche Integration. Die Thematik und das Buch sind damit auch ein Mikrokosmos der Interessen und Tätigkeiten von Ecologic.

Berlin, März 2000 Stefanie Pfahl, R. Andreas Kraemer & Alexander Carius

Danksagung

Dieses Buch ist eine aktualisierte Fassung einer Dissertation, die im Rahmen des Graduiertenkollegs „Das Neue Europa – Nationale und Internationale Dimensionen des institutionellen Wandels" von 1995 bis 1998 entstanden ist. Die Deutsche Forschungsgemeinschaft ermöglichte das von der Freien Universität Berlin und der Humboldt Universität zu Berlin getragene Graduiertenkolleg und förderte die Arbeit durch ein Promotionsstipendium sowie einen Forschungsaufenthalt an der London School of Economics.

An erster Stelle möchte ich meinem Doktorvater Professor Dr. Michael Kreile danken, der mich jederzeit unterstützt und ermutigt hat, indem er mir große Gestaltungsfreiheit einräumte. Zu großem Dank bin ich auch meinem Zweitgutachter Professor Dr. Udo E. Simonis verpflichtet, der die interdisziplinär angelegte Arbeit aus ökonomischer Perspektive begleitete.

Außerdem möchte ich mich auch bei den Kollegiatinnen und Kollegiaten, die mir liebe Freunde geworden sind, für die inhaltliche und freundschaftliche Unterstützung bedanken. Dieser Dank gilt auch Alexander Carius und R. Andreas Kraemer von Ecologic, die es mir ermöglichten, diese Arbeit in der Ecologic-Reihe zu veröffentlichen. Für Verbesserungsvorschläge und Korrekturlesen geht mein Dank an meine Freunde Eva Blank, Tina Lechler und ganz besonders an Elmar Schultz, der einige seiner Abende und Wochenenden diesem Zweck widmete. Und nicht zuletzt möchte ich mich bei meiner Familie bedanken, deren Unterstützung diese Arbeit erst möglich gemacht hat.

Berlin, März 2000 Stefanie Pfahl

Inhaltsverzeichnis

Tabellenverzeichnis

Abkürzungsverzeichnis

Abl.	Amtsblatt der Europäischen Gemeinschaften
BDI	Bundesverband der deutschen Industrie
CAFE	Corporate Average Fuel Economy Regulation
CIEL	Centre for International Environmental Law
CITES	Convention on International Trade in Endangered Species
CTE	Commission on Trade and Environment
DSU	Dispute Settlement Understanding
ECLAC	Economic Commission for Latin America
EEA	European Environmental Agency
EG	Europäische Gemeinschaften
EGV	Vertrag zur Errichtung der Europäischen Gemeinschaft
EMIT	Group on Environmental Measures in International Trade
EU	Europäische Union
EuGH	Europäischer Gerichtshof
EUV	Vertrag zur Errichtung der Europäischen Union
FCKW	Flourkohlenwasserstoff
FTA	Free Trade Association
GATT	General Agreement on Tariffs and Trade
GD	Generaldirektion
ILM	International Legal Materials
ISO	International Standard Organisation
IWC	International Whaling Commission
LCA	Life Cycle Assessment
MEA	Multilateral Environmental Agreements
NAFTA	North American Free Trade Association
NGO	Non-Governmental Organisations
OECD	Organisation for Economic Cooperation and Development
PPM	Produktions- und Prozeßmaßnahmen
QUAD-Gruppe	USA, Kanada, Japan, EU
SPS-Abkommen	Sanitary and Phytosanitary Measures-Abkommen
TBT-Abkommen	Technical Barriers to Trade-Abkommen
TED	Turtle Excluder Devices
TRIPs-Abkommen	Trade Related aspects of Intellectual Property Rights-Abkommen
UAP	Umweltaktionsprogramm
UNCED	United Nations Conference on Environment and Development

UNCTAD	United Nations Conference on Trade and Development
UNEP	United Nations Environment Programme
WCED	World Commission on Environment and Development
WTO	World Trade Organisation
WWF	World Wide Fund for Nature

1 Einleitung

1.1 Problemstellung

Die vielfältigen Auswirkungen des internationalen Handels auf die Umwelt und Umweltschutzpolitik[1] führten in den letzten Jahren in der Öffentlichkeit und in der Wissenschaft zu einer lebhaften und teilweise sehr kontrovers geführten Diskussion. Dabei steht die Furcht vor einem weiteren Abbau nationaler und internationaler Umweltschutzbestimmungen durch die Welthandelsorganisation und ihrer Vorschriften im Vordergrund.

Immer wieder treten zwischen den beiden Politikbereichen Konflikte auf, weil entweder nationaler Umwelt- und Ressourcenschutz durch die weitere Liberalisierung des Welthandels bedroht wird oder Verfechter einer liberalen Handelspolitik im Umweltschutz eine Quelle unberechtigter und willkürlicher Handelshemmnisse sehen. In dieser Auseinandersetzung spielen die Regelungen der Welthandelsorganisation WTO (World Trade Organisation) eine zentrale Rolle, die bisher kaum Umweltschutzaspekte berücksichtigt. Umweltschützer fordern deshalb eine entsprechende Reform der WTO, die die rechtliche Grundlage für eine umweltpolitisch begründete Einschränkung oder Regulierung des internationalen Handels schafft.

Anfang der neunziger Jahre trat dieser Konflikt erstmalig durch den Streit zwischen den USA und Mexiko über das amerikanische Handelsembargo für mexikanischen Thunfisch in das Blickfeld der internationalen Öffentlichkeit. Die USA wollten mit dem Importverbot die Mexikaner zwingen, ihre Fangmethoden zu ändern, die dazu führten, daß auch eine große Anzahl von Delphinen als unbeabsichtigter Beifang getötet wurde. Mexikos Beschwerde gegen dieses Handelshemmnis beim Vorgänger der WTO, dem Allgemeinen Zoll- und Handelsabkommen (General Agreement on Tariffs and Trade – GATT)[2], hatte Erfolg, weil die umweltpolitische Begründung, das Importverbot sei zum Schutz der Delphine und zur Wahrung amerikanischer Schutzbestimmungen notwendig, von der Schlichtungsinstanz nicht akzeptiert wurde. Sie hielt eine entsprechende Produktkennzeichung für ausreichend, weil amerikanische Schutzstandards nicht unilateral auf andere Länder ausgedehnt werden können. Befürworter dieser Entscheidung und der GATT-Regeln argumentierten in diesem Zusammenhang, daß das GATT keine Umweltpolitik betreiben kann und will, sondern lediglich die

[1] Wenn nachfolgend von „Handel und Umwelt" gesprochen wird, ist damit immer die Gesamtheit der möglichen Wechselwirkungen zwischen den beiden Politikfeldern Handelspolitik und Umweltpolitik gemeint.

[2] 1995 wurde das GATT zur World Trade Organization (WTO) aufgewertet, die Regeln des GATT und die Grundsätze der Streitschlichtung haben sich jedoch nicht wesentlich verändert, s.a. Kapitel 4.

Gleichbehandlung von einheimischen und ausländischen Produkten und Produzenten sicherstellen will. Demnach ist jedes beliebige Umweltschutzniveau denkbar, so lange es nicht als ein Instrument zur Diskriminierung von Importgütern genutzt wird (Eglin 1995).

Dieses Urteil empörte Umweltschützer weltweit, die nun vor allem die internationalen Umweltschutzabkommen gefährdet sahen, die nur mit Hilfe von handelspolitischen Maßnahmen ihre volle Effektivität erreichen. Das Montrealer Protokoll und das Artenschutzabkommen CITES[3] wären ohne Handelsverbote für FCKW oder gefährdete Tierarten kaum effektiv (Arden-Clarke 1992). Neben diesen Bedenken formierte sich aber auch Widerstand gegen die weitere Liberalisierung des Welthandels, weil das dadurch ausgelöste ökonomische Wachstum und die wirtschaftliche Globalisierung als die Hauptursachen für unkontrollierbaren Ressourcenverbrauch und wachsender Umweltverschmutzung angesehen werden (vgl. French 1992, Esty 1994a, International Forum on Globalisation 1999).

Das GATT/WTO-System wird in diesem Zusammenhang als eine Institution kritisiert, die dem Welthandel uneingeschränkt Vorrang vor nationalen Umweltschutzinteressen einräumt und durch ihre Ignoranz gegenüber umweltpolitischen Erfordernissen nationale und internationale Umweltschutzbemühungen torpediert. Kritiker fordern deshalb eine ökologische Reform des GATT/WTO-Systems, weil die von diesem System forcierte wirtschaftliche Globalisierung eine international koordinierte Umweltpolitik, die auch umweltpolitische Handelsmaßnahmen umfaßt, zwingend notwendig macht (Helm 1995). Manche Nichtregierungsorganisationen und auch einige Ökonomen plädieren zusätzlich für eine Beschränkung des internationalen Handels, die Abschaffung der WTO und eine Relokalisierung der Produktionsprozesse sowie des Konsums. Sie argumentieren, daß sich der Ressourcenverbrauch verringert, wenn man gezwungen ist, mit den lokalen Ressourcenvorräten und der lokalen natürlichen Aufnahmekapazität der Natur für Abfälle auszukommen (Daly 1977, Lang/Hines 1993). Die weniger radikale Variante konkreter umweltpolitischer Forderungen bezieht sich hauptsächlich auf das Welthandelssystem und mahnt Reformen von GATT/WTO an. Sie fordert die Zulassung umweltpolitisch motivierter Handelsmaßnahmen als Instrument zur Realisierung umweltpolitischer Ziele und die rechtlich verbindliche Regelung des Vorrangs umweltpolitischer Handelsmaßnahmen auf der Grundlage internationaler Umweltschutzabkommen.[4] Handelspolitik soll demnach gezielt als umweltpolitisches Instrument eingesetzt werden können, um umweltpolitischen Handlungsdruck zu erzeugen (vgl. Rat der Sachverständigen für Umweltfragen 1998).[5]

---

3 „Convention on International Trade in Endangered Species".

4 Handelspolitische Instrumente sind im allgemeinen Zölle, Importabgaben, technische oder mengenmäßige Einschränkungen sowie Importverbote.

5 Er empfiehlt diese Maßnahmen bei Marktversagen, d. h. wenn der ökonomische Nutzen von Umweltgütern nicht entsprechend im Preis von Gütern berücksichtigt wird. Das ist jedoch

Diese kurze Beschreibung der Problematik zeigt die Grundlinien des Konflikts zwischen weiterer Handelsliberalisierung und Umweltschutz aus der Perspektive des Umweltschutzes. Die Verfechter des Freihandels sind gegen eine Beschränkung des Handels aufgrund von Umweltschutzerwägungen, weil sie lediglich Nachteile für das Wirtschaftswachstum und die Wettbewerbsfähigkeit bedeuten aber damit noch lange nicht automatisch das Umweltproblem lösen (vgl. GATT 1992a). Umweltschutz ist für Handelspolitiker größtenteils ein nationales Problem, das nicht mit handelspolitischen Instrumenten, sondern an der Verschmutzungsquelle, also durch Umwelt- und nicht Handelspolitik, gelöst werden muß.

Bei den hier kurz skizzierten Positionen handelt es sich um eine idealtypische Gegenüberstellung zur Verdeutlichung der unterschiedlichen Argumente. Mittlerweile wurde deutlich, daß das Pauschalurteil, wonach eine Entscheidung für Wirtschaftswachstum gleichzeitig eine Entscheidung gegen Umweltschutz ist und umgekehrt, so nicht zutrifft. Der im Rahmen des GATT/WTO-Systems liberalisierte Handel kann durchaus auch positive Umweltauswirkungen haben, indem er zur effizienteren Ressourcennutzung, dem Abbau von Subventionen und der Verbreitung von Umwelttechnologie beiträgt. Außerdem können wirtschaftliche Gewinne aus dem internationalen Warenaustausch auch in die Umweltpolitik geleitet werden. Andererseits ist es nicht zu leugnen, daß beispielsweise ein erhöhtes Transportaufkommen, die Nutzung internationaler öffentlicher Güter und der internationale Wettbewerb den Abbau von kostenintensiven Umweltstandards und andere gravierende Umweltfolgen nach sich ziehen kann (vgl. Brack 1995: 498-501). Daran zeigt sich, daß die Umweltauswirkungen von internationalem Handel und zusätzlicher Handelsliberalisierung – negative wie positive – nicht nur von ökonomischer Effizienz abhängen, sondern auch von der (umwelt-) politischen Gestaltung des Umfeldes, in dem Handel und Handelsliberalisierung stattfinden.

Die Erkenntnisse über negative wie positive Synenergien zwischen Handel und Umwelt finden allmählich auch Berücksichtigung in der WTO bzw. in den Streitschlichtungsverfahren, die die Zulässigkeit von umweltpolitisch begründeten Handelsbeschränkungen beurteilen. Ein Streitfall am Ende der 1990er Jahre über ein amerikanisches Importverbot für asiatische Shrimps zur Förderung von Fangmethoden, die Seeschildkröten schützen, der in seiner Anlage dem Thunfischfall ähnelt, steht als Beispiel für eine bemerkenswerte Entwicklung des GATT/WTO-Streitschlichtungsverfahrens. Darin wird zum ersten Mal die Zulässigkeit umweltpolitischer Handelsmaßnahmen prinzipiell anerkannt. Aus umweltpolitischer Perspektive hat dieses Verfahren bis zu diesem Zeitpunkt am deutlichsten die Grundsätze für WTO-konforme umweltpolitische Handelsbeschränkungen fest-

---

problematisch, weil gerade bei grenzüberschreitenden Umweltproblemen zwischenstaatliche Konflikte über die Preisfindung und Präferenzordnungen der betroffenen Staaten zu erwarten sind.

gelegt, die eine Grundlage für die Integration von Umweltschutz in das GATT/WTO-System bilden könnten.[6]

Die Untersuchung beleuchtet nicht nur diese formellen Entwicklungen und Voraussetzungen einer Integration von Umweltschutz im GATT/WTO-System, sondern auch die politischen Rahmenbedingungen einer solchen Integration. Die politische Dimension zeigt sich einerseits an den Umsetzungsproblemen nationaler Umweltpolitik in einer offenen Volkswirtschaft (vgl. Kulessa 1995). Hohe nationale Umweltschutzstandards können sich nachteilig auf die Wettbewerbsfähigkeit auswirken, wenn die internationale Konkurrenz auf Umweltschutzinvestitionen verzichtet (BDI 1995). Da politische Schutzmaßnahmen in Form von Exportsubventionen oder Importbeschränkungen für umweltschädlich produzierte Produkte aufgrund der WTO-Regeln nicht möglich sind, lassen sich hohe nationale Umweltschutzstandards häufig nur schwer politisch durchsetzen.

Andererseits ist das gespannte Verhältnis zwischen Industrie- und Entwicklungsländern ein weiterer Ausdruck für die politische Dimension, die bei Reformvorschlägen berücksichtigt werden muß. Für Entwicklungsländer stellen das teilweise hohe Umweltschutzniveau in Industrieländern und die entsprechenden Produktstandards tatsächlich immer größere Exporthindernisse dar (Zarilli/Jha/Vossenaar 1997). Gerade im Zuge der einschlägigen Streitschlichtungsverfahren werfen die Entwicklungsländer den Industrieländern sogenannten Ökoprotektionismus vor. Die Einführung von Umweltstandards für Produkte, beispielsweise durch Umweltgütesiegel, dient ihrer Meinung nach nur der Sicherung von Marktanteilen, die die ärmeren Länder ansonsten aufgrund der günstigeren Produktionskosten längst gewonnen hätten (CUTS 1999). Aus diesem Grund lehnen die Entwicklungsländer in der WTO die verstärkte Integration von Umweltschutz in die WTO-Abkommen und die Diskussion darüber ab. Zwar haben sich die Befürchtungen eines verstärkten „grünen" Protektionismus empirisch nicht erhärtet. Gleiches gilt für das sogenannte „Ökodumping" bzw. das absichtliche Verzichten auf Umwelt- und Ressourcenschutz zur Sicherung komparativer Kostenvorteile gegenüber Konkurrenten (Stevens 1995). Auch die Befürchtung, daß hohe Umweltschutzauflagen zur Abwanderung von verschmutzungs- oder ressourcenintensiven Industrien in Länder mit niedrigeren Umweltschutzstandards beitragen, hat sich nicht bestätigt (Levinson 1996). Trotzdem stockt die Diskussion in der WTO darüber, wie ein Ausgleich zwischen Handel und Umweltschutz gefunden werden kann. Hier gilt es zunächst vor allem bei den Entwicklungsländern Verständnis und Vertrauen zu schaffen, denn sonst wird die notwendige Berücksichtigung von Umweltschutzaspekten im internationalen Handelssystem langfristig nicht möglich sein.

---

[6] Eine ausführliche Beschreibung des Falles findet sich in Kapitel 4. Bemerkenswert an der Entscheidung ist die Tatsache, daß die Berufungsinstanz der WTO die Schutzwürdigkeit der Seeschildkröten und auch die Maßnahme als zulässig anerkannt hat. Die Angemessenheit und damit das Importverbot der USA wurde jedoch aufgrund der restriktiven Fristen zur Umsetzung der Schutzmaßnahmen verworfen.

Neben dieser politischen Dimension muß jedoch noch die institutionelle Dimension berücksichtigt werden, die in der politisch aufgeheizten Diskussion häufig zu kurz kommt. Die Bedeutung der institutionellen Rahmenbedingungen für die Integration des Umweltschutzes in die WTO zeigt sich an unterschiedlichen Entwicklungen. Einerseits haben die Streitfälle im GATT/WTO-System zur Klärung der Zulässigkeit von umweltpolitischen Handelsmaßnahmen beigetragen, auch wenn das bisher Erreichte aus umweltpolitischer Sicht noch nicht zufriedenstellend ist.[7] Andererseits wurden Handelsrestriktionen aufgrund bestehender internationaler Umweltschutzabkommen bisher von der WTO nicht eingeschränkt oder modifiziert. Gerade die Streitschlichtungsverfahren beziehen sich häufig auf die Notwendigkeit internationaler Standards im Rahmen solcher Abkommen als ein Zulässigkeitskriterium für umweltpolitische Maßnahmen. Im institutionellen Kontext der WTO und dieser Verfahren bedeutet das schon eine gewisse Öffnung hinsichtlich der allgemeinen Berechtigung umweltpolitisch motivierter Handelsmaßnahmen.

Diese kurze Schilderung unterschiedlicher Problemkonstellationen und Entwicklungen zeigt, daß die Auswirkungen von Handel auf die Umwelt und von Umweltpolitik auf den Handel vielfältig sind und sich auf unterschiedlichen Ebenen manifestieren. Um die notwendigen Grundlagen einer stärkeren Berücksichtigung von Umweltschutz in das GATT/WTO-System benennen zu können, muß deshalb das GATT/WTO-System im internationalen politisch-institutionellen Kontext untersucht werden.

Die zentrale Fragestellung der Untersuchung lautet deshalb: Welche Wechselwirkungen bestehen zwischen Handel und Umwelt und welche politischen und institutionellen Rahmenbedingungen und Entwicklungen lassen sich erkennen, die den Interessenausgleich und eine solche Integration erschweren bzw. ermöglichen.

Diese Bestandsaufnahme bildet dann die Grundlage für praktische Ansatzpunkte der Integration von Umweltschutz in das Welthandelsregime bzw. den Interessenausgleich zwischen politischen Akteuren.

1.2 Vorgehensweise

Mittlerweile gibt es einen großen Literaturbestand, der das Verhältnis des GATT/WTO-Systems zu Umweltschutzpolitik analytisch aufarbeitet. Bisher wurde das größtenteils mit einer Kombination von ökonomischen und juristischen Ansätzen getan (Esty 1994a, Jackson 1992a, Jackson 1998). Juristische Ansätze befassen sich mit der Berücksichtigung von Umweltschutzaspekten im

---

7 Die Schutzwürdigkeit des jeweiligen Umweltgutes wurde von den Schlichtungsinstanzen nie in Abrede gestellt, sie kritisierten lediglich das handelspolitische Diskriminierungspotential der jeweiligen Maßnahme (vgl. WTO 1996a).

GATT/WTO-System auf der Basis bestehender Rechtsnormen und deren möglicher Fortentwicklung durch die Analyse und Interpretation der GATT/WTO-Streitfälle und des internationalen Handelsrechts (Cameron/Demaret/Geradin 1994). Liberale ökonomische Ansätze dagegen stellen Wettbewerbsfähigkeit und komparative Kostenvorteile in den Vordergrund ihrer Analyse und nehmen sich meist auf einer abstrakten Modellebene des Verhältnisses von Freihandel und Umweltschutz an (Anderson/Blackhurst 1992). Im Mittelpunkt steht dabei die Frage, wie man Umweltschutz in den ökonomischen Prozeß integrieren kann, ohne ökonomische Einbußen zu erleiden (vgl. Runge 1994). Dabei bestimmen häufig ökonomische, d. h. monetäre Kosten-Nutzen-Erwägungen die Notwendigkeit und das Maß an Umweltschutz.

Diese Erklärungsansätze bilden jedoch häufig nur einen kleinen Ausschnitt der Komplexität der Wechselwirkungen zwischen dem internationalen Handelssystem und Umweltschutz ab. Sozialwissenschaftliche Analysemodelle, die gerade bei der Frage nach politischen Interessen und institutioneller Entwicklungen im internationalen Kontext eine Hilfe sein könnten, haben sich bisher nicht mit der Integration von Umweltschutz in die internationale Handelspolitik auseinandergesetzt. Zwar gibt es eine große Anzahl von Arbeiten über die Entstehung, Wirkung und Effektivität von internationalen (Umweltschutz-) Regimen,[8] die jedoch nicht die Problematik unterschiedlicher bzw. konkurrierender Abkommen und Regime aufnehmen, so wie sie sich im Zusammenhang von Umwelt und Handel stellt (vgl. Haas/Keohane/Levy 1993, Young 1999). Auch Forschungsarbeiten, die sich mit den Auswirkungen des globalen Umweltwandels befassen, haben bisher die Schnittstelle zwischen Handel und Umwelt nicht ausreichend analytisch konzeptualisiert (vgl. Choucri 1993a). Erst seit Ende der 1990er Jahre wird verstärkt der Frage nachgegangen, wie sich unterschiedliche internationale Abkommen zueinander verhalten. Im Zusammenhang mit der Schnittstellenproblematik bei Handel und Umwelt werden dabei hauptsächlich das Verhältnis zwischen internationalen Umweltschutzabkommen und dem GATT/WTO-System thematisiert (Chambers/Dodds/Velasquez 1999).[9]

---

[8] Internationale Regime sind norm- und regelgeleitete Formen institutionalisierten Handelns zur politischen Bearbeitung von Konflikten oder Interdependenzproblemen in verschiedenen Sachbereichen der internationalen Beziehungen (Wolf 1993: 423). Die bekannteste Definition für solche Regime stammt von Krasner (1983: 2): „regimes can be defined as a set of implicit and explicit principles, norms, rules, and decision-making procedures around which actors' expectations converge in a given issue area in international relations."

[9] Aufgrund der Entwicklung des Fallrechts im GATT/WTO-System kann man davon ausgehen, daß Umweltschutzmaßnahmen mit Auswirkungen auf den internationalen Handel im Rahmen multilateraler Abkommen nicht automatisch durch WTO-Recht gebrochen werden. Allerdings sträuben sich die Mitglieder, dies rechtlich verbindlich festzuschreiben, weil sie befürchten, daß dann mit umweltpolitischen Handelsmaßnahmen häufiger Druck auf einzelne Regierungen ausgeübt werden könnte.

Tabelle 1: Analyseebenen

Ebenen	Gegenstand	Themen
Konzepte	Freihandel vs. Umweltschutz	Politische Ziele
Zwischenstaatliche Beziehungen	Industrieländer vs. Industrieländer/ Entwicklungsländer	Instrumente
internationale Organisationen	WTO – EU	Policy/Reform

Quelle: eigene Darstellung

Die Möglichkeiten für den Interessenausgleich zwischen Umweltschutz und dem GATT/WTO-System hängen jedoch nicht nur von den Wechselwirkungen zwischen internationalen Abkommen ab, sondern auch von den Interessen und Erfahrungen der politischen Akteure in bestehenden institutionellen Strukturen. Diese institutionellen Strukturen wirken häufig handlungsorientierend auf Akteure und verschließen gleichzeitig die Handlungsmöglichkeiten, die außerhalb dieser institutionellen Strukturen liegen, weil diese Handlungsoptionen dann auch außerhalb des Wahrnehmungsbereichs der Akteure liegen (March/Olsen 1984). Diese Frage spielt gerade bei der Integration von Umweltschutz in das Welthandelsregime eine wichtige Rolle, da Akteure ihre angestammten Verhaltensweisen verändern und neue Handlungsorientierungen, die den alten teilweise widersprechen, übernehmen müssen.

Da in der Untersuchung jedoch nicht die Handlungsorientierungen spezifischer Akteure im Mittelpunkt stehen oder die Wirkung von Institutionen erklärt werden soll, baut die Untersuchung nicht auf einen sozialwissenschaftlichen institutionellen Ansatz auf. Im Vordergrund steht die Aufgabe, juristische, ökonomische und politisch-institutionelle Aspekte miteinander in Beziehung zu setzen, um so ein Gesamtbild der Wechselwirkungen und Möglichkeiten der stärkeren Berücksichtigung von Umweltschutzaspekten in der WTO zu skizzieren. Deshalb wird hier explorativ-heuristisch vorgegangen, indem die Wechselwirkungen auf verschiedenen Ebenen analysiert werden.

Auf der Grundlage der vorgestellten Problemdimensionen werden drei Analyseebenen eingeführt: Die Ebene grundlegender Konzepte, die das Handeln politischer Akteure beeinflussen. Die Ebene zwischenstaatlicher Beziehungen, auf der die politischen und sozio-ökonomischen Interessen bei der handels- und umweltpolitischen Entscheidungsfindung deutlich werden. Und eine institutionell-organisatorische Ebene, auf der die grundlegende institutionelle Struktur offenlegt wird, die sich ebenfalls auf die Entscheidungsfindung und –umsetzung auswirkt.

Die Analyse beginnt mit den Gegensätzen zwischen den grundlegenden handlungsleitenden Konzepten von Handelspolitik und Umweltschutz. Auf dieser Ebene werden die grundlegenden Einstellungen, Ideen und Ziele herausgearbeitet, die sich dann auch als Handlungsorientierungen bei Handelspolitikern und Umweltschützern niederschlagen. Sie bestimmen die gegensätzlichen Interessen und die Art und Weise, wie die Akteure ein Problem wahrnehmen und möglicherweise lösen. Im Mittelpunkt steht die Entwicklung der Freihandelsidee seit dem 18. Jahrhundert und die Formierung des philosophischen naturzentrierten Widerstandes gegen den Wachstumsgedanken zu Beginn des 20. Jahrhunderts. Diese Analyse ist eine Voraussetzung zum Verständnis der Funktionsweise der WTO und ihrer Auseinandersetzung mit Umweltschutzfragen und hilft bei der Beantwortung der Frage, wie ein Ausgleich zwischen Handel, Handelsliberalisierung und Umweltschutz erreicht werden kann. Damit setzen diese Überlegungen mit ihren allgemeinen Vorstellungen auch die Eckpunkte für die konkrete Reformdiskussion auf der Ebene des GATT/WTO-Systems.

Die Analyse auf der Ebene der zwischenstaatlichen Beziehungen setzt sich zum einen mit den Interessenkonflikten auseinander, die sich aufgrund innerstaatlicher Handels- oder Umweltpolitik ergeben und die Art und Weise, wie sich diese Zielkonflikte auf die Umweltpolitik auswirken. Zum anderen kommen durch diese innerstaatlichen Wechselwirkungen über den internationalen Handel die zwischenstaatlichen Beziehungen ins Spiel. Die Gestaltung umweltpolitischer Instrumente, die die internationale Wettbewerbsfähigkeit eines Staates oder seiner Industrien so wenig wie möglich gefährden soll, ohne dabei jedoch irreparable Umweltschäden zuzulassen, dominiert diese Diskussion. Die Auswahl und Art der Instrumente wird durch Wettbewerbseffekte beeinflußt. Diese Effekte zeigen sich auch sehr deutlich im Verhältnis zwischen Industrie- und Entwicklungsländern, wenn Umweltpolitik in den Verdacht gerät, hauptsächlich wirtschaftlichen Zielsetzungen zu dienen.

Nachdem die allgemeinen Wechselwirkungen zwischen staatlicher Umwelt- und Handelspolitik und der internationalen Handels- und Umweltpolitik erläutert wurden, kann man die Auseinandersetzung auf GATT/WTO-Ebene näher beleuchten. Die ausführliche Analyse aller bisherigen Konflikte über umweltpolitische Handelsmaßnahmen nimmt eine zentrale Position ein. Die Diskussionsentwicklung im GATT/WTO-System zeigt, welche Probleme die Auseinandersetzung in der WTO beherrschen, warum die Integration von Umweltschutz aus Sicht vieler WTO-Mitglieder problematisch ist und welche Ansatzpunkte sich für die Integration von Umweltschutz anbieten.

Die Beschreibung der EU als politischen Akteur im Problembereich „Handel und Umwelt" soll das Bild der aktuellen politischen Entwicklungen und der Einschränkungen, denen politische Akteure unterliegen, vervollständigen. Gerade am Beispiel der EU zeigt sich, wie wichtig eine institutionelle Festlegung des Stellenwertes von Umweltschutz gegenüber wirtschaftlichen Zielen ist. In der EU hat bisher der Europäische Gerichtshof diese Aufgabe übernommen und den gleichrangigen Stellenwert von Umwelt und Handel im Binnenmarkt immer wieder bestätigt. Das spricht für die positiven Umweltschutzeffekte einer institutionellen Verankerung dieser gegensätzlichen Ziele.

2 Handelspolitische Konzepte und Umweltpolitik

Zu Beginn der Untersuchung werden zunächst handelspolitische Konzepte und ökologische Alternativmodelle vorgestellt. Damit stellt dieses Kapitel stellt die konzeptuellen Grundlagen der Debatte über die Beziehung zwischen internationaler Handelspolitik und Umweltpolitik dar und leitet aus den Gegensätzen zwischen diesen Ansätzen den Konfliktgegenstand auf dieser Ebene ab.

Zahlreiche, aus umweltpolitischer Sicht problematische Elemente der Freihandelsidee werden erst durch die Kritik der Ökologen deutlich. Nicht zuletzt hat dieser Ansatz durch seine Kritik dazu beigetragen, daß sich die liberale Ökonomie eingehender mit Umweltschutz befaßte. Die Entwicklung der Freihandelsidee, Förderung der Handelsliberalisierung und die Bedeutung von Naturschutz wird mit Blick auf die Wirkungen des einen Politikfeldes auf das jeweils andere dargestellt, ebenso wie die daraus abgeleitete ökologische Kritik unterschiedlicher wirtschaftswissenschaftlicher Ansätze.

2.1 Freihandel und Handelsliberalisierung

2.1.1 Smith, Ricardo und die Natur

Die grundlegenden Wirkungsprinzipien wirtschaftlicher Austauschbeziehungen, die auch heute noch die Beziehungen der Handelspolitik zur Umweltpolitik bestimmen, wurden von Adam Smith im 18. Jh. formuliert (Runge 1994: 22). Auf dieser Basis konzeptualisierte David Ricardo gut 30 Jahre später das Prinzip des komparativen Kostenvorteils, der die wirtschaftlichen Vorteile von Handel zwischen Staaten begründet. Die von Smith und Ricardo entwickelten Konzepte beeinflussen bis heute die Fragestellungen, Methoden und dementsprechend auch die Zielsetzungen in der modernen Handelspolitik und somit auch deren Verhältnis zum Umweltschutz und ökologischer Kritik.

Für Smith ist „the primary motivating force in the economy the competitive interaction between individuals, who are assumed to maximise their satisfaction, or utility especially through the social institution of the market" (Gill/Law 1988: 42). Das soziale Ganze oder die Gesellschaft ist höchstens die Summe der sie konstituierenden Elemente. Diese Ansicht führt zu einem methodologischen Individualismus, der vom Axiom des rationalen, auf Gewinnmaximierung ausgerichteten Handelns ausgeht. Diese Rationalität wird als objektiv und wahr verstanden und dient als Basis für einen wertfreien und wissenschaftlichen Diskurs (Williams 1996: 88), was im Hinblick auf das Verhältnis zu Natur und Umweltschutz wichtig wird. Das rationale Selbstinteresse am Gewinn führt zur Spezialisierung und effizienten Nutzung von Ressourcen oder Produktionsfaktoren. Die unsichtbare Hand regelt dabei über den Preismechanismus des Marktes Angebot und Nachfrage. Der Staat wird eigentlich nur gebraucht, um die Märkte nach außen (Schutz der Landesgrenzen) und innen (Schutz der Eigentumsrechte) sicherzustellen. Vertreter des Wirtschaftsliberalismus bevorzugen den „Nachtwächterstaat" (Gill/Law 1988: 5), der sich so selten wie möglich in den Markt einmischt und eine „laissez-faire" Wirtschaft ermöglicht. Durch freie Märkte und die verstärkte Spezialisierung sind die Grundlagen für ökonomisches Wachstum und fortwährende ökonomische Entwicklung gelegt. Spezialisierung erhöht die Produktivität von Arbeit, was wiederum zu erhöhter Produktion und schließlich intensivierten Austauschbeziehungen oder (internationalem) Handel führt (Dietz/van der Straaten 1993: 119).

Ricardo betrachtete die Spezialisierungseffekte bei Staaten, die er als utilitaristische, miteinander konkurrierende und sich spezialisierende Einheiten auffaßte. Das Modell des komparativen Kostenvorteils zeigt, daß Staaten selbst dann von Handel profitieren, wenn sie jedes Gut billiger produzieren können als andere. Da die Gewinnmargen je nach Faktorausstattung bei manchen Gütern relativ höher sind als bei anderen lohnt sich die Spezialisierung auf bestimmte Güter, damit Handel zu treiben und im Austausch jene Produkte zu erwerben, die im eigenen Land nicht oder relativ teurer hergestellt werden können.

Ricardos berühmtes Beispiel vom Handel zwischen Portugal und England mit Wein und Tuch muß hier wiederholt werden[10], sondern es reicht der Hinweis daß der komparativee Kostenvorteil die Begründung für Freihandel ist.

> Under a system of perfectly free [international] commerce, each country naturally devotes its capital and labour to such employment as are most beneficial to each. This pursuit of individual advantage is admirably connected with the universal good of the whole. By stimulating industry, by rewarding ingenuity, and by using most efficasiously the peculiar powers bestowed by nature, it distributes labour most effectively and most economically: while, by increasing the general mass of productions, it diffuses general benefit (zitiert in Runge 1994: 22).

Daraus leitet sich auch der Ruf nach Handelsliberalisierung und Freihandel ab, weil ungestörter Handel in den Augen der Vertreter des Wirtschaftsliberalismus die effizienteste Ressourcennutzung garantiert.[11] „Foreign Trade expands a nation's consumption possibilities. Trade allows a nation to consume more of all goods than is possible with its domestic production possibility frontier under no

---

[10] Siehe beispielsweise Rostow (1978), Jackson (1992a: 11-12) oder im Zusammenhang mit dem Thema Umweltschutz bei Andersson et al. (1995: 47).

[11] Diese Modelle sind Idealvorstellungen. Vor allem berücksichtigen sie die Mobilität von Produktionsfaktoren nicht. Arbeit und vor allem Kapital ist heute über Landesgrenzen hinweg mobil, was zu Marktverzerrungen und somit auch zur Verzerrung des ursprünglichen komparativen Kostenvorteils führen kann. Die Auswirkungen bei realistischeren Modellannahmen mit nichtperfekten Märkten, vielen Ländern und vielen Gütern sind in Standardwerken zur modernen Außenhandelstheorie nachzulesen, siehe u. a. Gandolfo (1994).

trade self-sufficiency" (Samuelson/Nordhaus 1985: 831).[12] Außerdem wird davon ausgegangen, wie das auch schon Ricardo tat, daß die Gewinne aus internationalem Handel durch einen „trickle down"-Effekt (Thomas 1992: 7) nicht nur den unmittelbar Beteiligten zugute kommen, sondern auch dem Rest der Bevölkerung eines Landes, indem sie wieder in den Wirtschaftskreislauf zurückfließen.[13]

Für Umwelt- oder Ressourcenschutz ist vor allem der Wachstumsimpetus von besonderer Bedeutung, der sich aus den erweiterten Produktions- und Konsummöglichkeiten entwickelt. Denn dieses Modell berücksichtigt die Endlichkeit von natürlichen Ressourcen nicht. Dadurch wird eine aus umweltpolitischer Perspektive bedenkliche Reaktion ausgelöst. Wenn Staaten ihre Handelsschranken abbauen, spezialisiert sich jedes Land gemäß seinen komparativen Kostenvorteilen und exportiert jene Güter, die es relativ billiger produzieren kann. Länder, die über große Ressourcen von billiger Arbeit verfügen, spezialisieren sich auf arbeitsintensive Produktion, während Länder mit mehr verfügbaren Grund und Boden sich auf land- und umweltintensive Produktion konzentrieren (vgl. Andersson/Folke/Nyström 1995: 47). Natürliche Ressourcen wie Erze, Mineralöl, Wald, Wasser, Böden werden je nach internationaler Nachfrage ausgebeutet. Wie diese Ressourcen benutzt werden, ob sie sich regenerieren oder nicht, spielt nach dem Modell keine Rolle. Zwar ist die effiziente Ressourcennutzung ein Eckpfeiler der Theorie, die jedoch bei natürlichen Ressourcen den umgekehrten Effekt der Übernutzung erzielen kann, wenn keine Maßnahmen zur nachhaltigen Bewirtschaftung dieser Ressourcen getroffen werden und Märkte nicht reguliert sind. So können die Vorteile des Allokationsmechanismus schnell in Nachteile für die Umwelt und den Umweltschutz umschlagen. Die Integration in den internationalen Handel kann durch die Kosteneffekte von Umweltschutz dazu führen, daß sich z. B. Aufforstungsmaßnahmen für Wälder oder Schonzeiten für Fischgründe politisch nicht durchsetzen lassen. Kurzfristige Interessen der Produzenten an konstanter Ausbeutung verzögern oder verhindern dann häufig

---

[12] An dieser Stelle wird auf die Literatur der internationalen politischen Ökonomie liberaler, nationalistischer und (neo-)marxistischer Prägung verwiesen, z. B. Gilpin (1987), Gill/Law (1988) und Keohane (1984), wobei diese Auswahl keinesfalls abschließend ist, sondern sie repräsentiert die Vertreter der jeweiligen Ansätze. Spero (1994) ist ein Standardwerk zur historischen Entwicklung und aktuellen Struktur der internationalen Wirtschaftsbeziehungen, Greenaway (1985) bietet einen ausgezeichneten Überblick über theoretische wie empirische Entwicklungen im internationalen Handel. Robert B. Reich (1993) beschreibt die Entwicklungen aus Sicht eines Politikers und Kindleberger (1989), Vosgerau (1989) und Koch (1992) stellen die institutionellen Herausforderungen und Anpassungen dar.

[13] Die prinzipiellen Vorteile der Spezialisierung und Ricardos Theorie wurden seit den vierziger Jahren dieses Jahrhunderts vom Heckscher-Ohlin-Samuelson-Theorem bzw. vom Faktor-Proportionen-Theorem vervollständigt. Es zeigt, daß nicht nur der komparative Vorteil auf der Basis natürlicher Faktorausstattung die Ursache für die unterschiedliche Spezialisierung ist, sondern komparative Vorteile zusätzlich mit der besseren Ausstattung an Produktionsfaktoren wie Technologie und Wissen zusammenhängen.

Konservierungsmaßnahmen. Auf der nationalen Ebene stellt sich dann für politische Entscheidungsträger ein schwieriges Abwägungsproblem zwischen langfristigem Umweltschutz und kurzfristigen wirtschaftlichen Gewinnen und unter Umständen auch erneut ins Amt gewählt zu werden.

Besonders schwierig wird die Lösung solcher Abwägungsfragen beim Schutz von grenzüberschreitenden Ressourcen bzw. jenen, die für alle zugänglich sind, wie Luft, Ozeane und Klima. Der Zugang und die Nutzung dieser globalen öffentlichen Güter kann nicht von einzelnen Staaten effektiv reguliert oder gar kontrolliert werden.[14] Bei den politischen Bemühungen zum Schutz dieser Ressourcen, ist das Trittbrettfahrerverhalten das größte Problem, da man aufgrund der rationalen Kosten-Nutzen-Erwägungen davon ausgehen kann, daß jeder Staat versuchen wird, relativ weniger für die Schutzbemühungen des gemeinsam verwendbaren Gutes aufzuwenden als andere, da man ihn nicht vom positiven Schutzergebnis ausschließen kann.

Dabei darf jedoch nicht übersehen werde, daß auch eingeschränkter Handel negative Auswirkungen auf die Umweltsituation mit sich bringt, wenn durch den fehlenden wirtschaftlichen Druck die Verschwendung von Ressourcen unterstützt wird. Beispielsweise leisten Zölle ineffizienter inländischer Produktion Vorschub, indem sie eigentlich günstigere ausländische Ware wieder verteuern und einheimischen Gütern einen Preisvorteil gewähren, der nicht auf einem komparativen oder absoluten Kostenvorteil beruht. Liberalisierter Handel kann dagegen den Druck zur effizienten und auch nachhaltigen Ressourcennutzung erhöhen.

Diese Ausführungen zeigen, daß Umwelt- bzw. Ressourcenschutz innerhalb der klassischen Theorie nicht vorkommen, und täten sie es, wäre das Modell nicht mehr korrekt bzw. müßte um die Wirkungen zusätzlicher Kostenfaktoren erweitert werden. Als Ricardo das Theorem der komparativen Kostenvorteile formulierte spielte die absolute Knappheit der natürlichen Ressourcen keine Rolle, da dieses Problem durch den internationalen Handel gelöst wurde. Es ist jedoch bemerkenswert, daß trotz allgemein bekannter Umweltprobleme, wie beispielsweise Wasserknappheit und Bodendegradation, die allgemeine Lehre der Volkswirtschaft und Handelspolitiker dies nicht als ökonomisches Problem wahrnehmen und entsprechend ihre Argumente für Handelsliberalisierung und gegen die Zulässigkeit von umweltpolitischen Handelsbeschränkungen revidieren (Daly 1996: 10). Weder die Politik noch der wissenschaftliche „Mainstream" bringt die grundlegenden Prinzipien des Wirtschaftsliberalismus in einen kausalen Zusammenhang mit Umweltproblemen. Die Endlichkeit von Ressourcen dringt entweder nicht in das Bewußtsein der Ökonomen oder wird durch den unerschütterlichen Glauben an den technischen Fortschritt verdrängt, der die Überwindung von Engpässen mit technischen Innovationen ermöglichen soll. Selbst massive Umweltbelastungen stellen den wirtschaftlichen Fortschritt nicht in Frage, im Gegenteil sie waren und sind ein Zeichen für den erfolgreichen Eintritt

[14] Für eine Diskussion globaler öffentlicher Umweltgüter s. von Prittwitz/Wolf (1993).

in das Industriezeitalter (Dietz/van der Straaten 1993: 122).[15] Die Nachteile und Konsequenzen offenbaren sich erst, wenn sich Umweltrestriktionen negativ auf den wirtschaftlichen Prozeß auswirken. Damit setzt sich verstärkt die neoliberale Umweltökonomie auseinander.

2.1.2 Marktversagen und natürliche Ressourcen

Als mit der industriellen Revolution die Nachfrage nach natürlichen Ressourcen als Rohstoffe für die Produktion dramatisch anstieg, sorgte die Möglichkeit des Imports dafür, daß diese Rohstoffe preiselastische Produktionsfaktoren waren, deren Wert sich ausschließlich über den monetären Marktpreis nach Angebot und Nachfrage bestimmte. „The problem of the restricted availability of natural resources, which was an important issue for classical economists, was no longer relevant for neo-classical economists" (Dietz/van der Straaten 1993: 121,122).[16]

Der effiziente Einsatz natürlicher Ressourcen als Produktionsfaktoren bezieht sich dabei nicht auf den schonenden Umgang im Sinne von Umweltschutz, sondern auf das ökonomische Maximierungsprinzip, mit möglichst wenig Ressourceneinsatz möglichst viel zu produzieren. Das rationale Entscheidungsmodell, das sich nach Angebot und Nachfrage richtet, bestimmt über diesen Markt auch den Preis für natürliche Ressourcen. Danach ist es nicht möglich, Natur einen höheren Wert als jenen im jeweiligen Markt ermittelten zuzuschreiben. Das wirkt sich auf den ökonomischen Wert von natürlichen Ressourcen und vor allem deren Schutz im Wirtschaftskreislauf aus. Bildet sich der Marktpreis, ohne daß man die speziellen Charakteristika natürlicher Ressourcen berücksichtigt, werden natürliche Ressourcen über Gebühr ausgebeutet. Auch wenn eine ökonomisch effiziente Allokation von Ressourcen angestrebt wird, so sorgt der uneingeschränkte Wachstumsimpetus des internationalen ökonomischen Systems letztlich auch für einen ökologisch bedenklichen Anstieg des Ressourcenverbrauchs.[17]

Deshalb versagt der Markt gerade bei Umweltgütern als effizientes Instrument zur Bewertung von Gütern. Im Preis dieses Gutes sind nicht die gesamten Kosten dessen Produktion enthalten. Umweltverschmutzung ist ein klassisches Beispiel für ein solches Marktversagen. Wenn während des Produktionsprozesses z. B. Luftverschmutzung entsteht, die die Bevölkerung negativ in ihren alltäglichen Lebensumständen beeinflußt, verlagern sich die sozialen Kosten zunehmend auf

---

[15] In dieser Hinsicht unterschieden sich übrigens die sozialistischen oder marxistischen Wirtschaftssysteme kaum von liberalen oder merkantilistischen.

[16] Die große Bedeutung von natürlichen Ressourcen bei klassischen Ökonomen bezieht sich in diesem Zusammenhang auf das von Malthus konstatierte Dilemma zwischen Bevölkerungswachstum aufgrund von Wirtschaftswachstum und den daraus folgenden Schwierigkeiten bei der Nahrungsmittelversorgung.

[17] Inzwischen besteht mehr als ein Viertel des Weltgüterhandels aus natürlichen Rohstoffen oder unmittelbar daraus gewonnenen Produkten mit entsprechenden äußerst bedenklichen Konsequenzen für den Erhalt und Bestand dieser Rohstoffquellen (French 1993: 159f).

die Gesellschaft, ohne daß die Gesellschaft gleichermaßen vom Verkauf des Gutes profitiert. Gesunde Luft hat in diesem Zusammenhang keinen Preis, weil sie nicht als Produktionsfaktor in diesem Markt auftaucht. Verpestete Luft, die möglicherweise zu Atemwegserkrankungen führt, verursacht soziale Kosten, die sich im typischen Wirtschaftsprozeß normalerweise nicht im Preis des Gutes niederschlagen, das die Ursache für diese sozialen Kosten ist (Barbier 1994b: 83). Die Gesellschaft trägt somit in Form von Unwohlsein, Krankheit, Arztkosten, Gebäude- und Ernteschäden u.ä. die zusätzlichen Kosten, die bei einem perfekten Preis- und Marktmechanismus im Preis des Gutes enthalten sein müßten.

In der ökonomischen Theorie wird in einem solchen Fall von Externalitäten gesprochen oder von Effekten, die sich außerhalb des Marktprozesses abspielen.[18] Dazu gehören auch die gegenseitigen Einwirkungen von Wirtschaftssubjekten aufeinander, die nicht über den Markt erfaßt werden. „Die externen Kosten sind deshalb die Differenz zwischen den insgesamt entstehenden Kosten (Summe aus den privaten plus den gesellschaftlichen Kosten) und den privaten Kosten. Diese externen Kosten werden teilweise auch als soziale Zusatzkosten bezeichnet" (Wicke 1991: 21). Marktversagen äußert sich in zwei unterschiedlichen Prozessen, deren Unterscheidung wichtig ist, weil die Korrektur des Marktversagens dementsprechend unterschiedliche Maßnahmen erfordert.[19] Es gibt Marktversagen, das sich eher in negativen materiellen Externalitäten zeigt und nicht in, vom Preismechanismus ausgeschlossenen, Opportunitätskosten dieser Externalitäten. Ein Beispiel ist die von der Gesellschaft über Steuerbeiträge getragene Reparaturmaßnahmen, wie Abwasseraufbereitung oder Lärmschutzmaßnahmen, die nicht im Güterpreis enthalten sind bzw. nicht von den Verursachern getragen werden. Eine andere Form des Marktversagens ist die Abwesenheit von Märkten für bestimmte Güter, namentlich öffentliche Güter (Hempel 1996: 61).

Wie schon erwähnt, kann bei öffentlichen Gütern niemand von deren Nutzung ausgeschlossen werden, bzw. deren Nutzung ist kaum kontrollierbar. Für den Zugang zu den Nahrungsreserven der Ozeane gibt es keine Märkte, da deren Nutzung nicht nur auf Zahlungsbereite begrenzt werden kann.[20] Das führt dazu, daß alle die freie Bereitstellung des Gutes so weit wie möglich ausnutzen wollen, ohne sich für dessen langfristigen Erhalt einzusetzen, weil dann auch andere vom

---

[18] Diese Externalitäten können nach ihrem Wirkungskreis in bezug auf die Anzahl der Betroffenen, dem zuständigen Rechtssystem sowie nach ökonomischen Systemen eingeteilt werden (Helm/Pearce 1993: 4f). Die Klassifikation der Externalitäten macht dann den Weg frei für denkbare konkrete Policyantworten auf Umweltprobleme. Diese verschiedenen Strategien werden weiter unten vorgestellt.

[19] Die Maßnahmen sind generell staatliche Maßnahmen, die unter dem Sammelbegriff umweltpolitischer Instrumente firmieren und die sehr unterschiedlich ausgestaltet werden können. Diese Instrumente werden im 3. Kapitel genauer vorgestellt.

[20] Kirchgässner (1994) beschreibt das Problem öffentlicher internationaler Umweltgüter aus einer eher konventionellen ökonomischen Sicht, während Ostrom (1990) eine politphilosophische Analyse vornimmt.

eigenen (normalerweise mit Kosten verbundenen) Einsatz ohne Eigenbeitrag profitieren könnten. Die Internalisierung negativer Effekte stellt deshalb besonders hohe Anforderungen. Harding (1968) war einer der ersten, der diese Problematik im Zusammenhang mit Umweltschutz als „tragedy of the commons" in Anspielung auf die aus dem Mittelalter bekannte Übernutzung der Allmende beschrieb. Harding macht auf die Divergenz von individueller Nutzenmaximierung und kollektiver Nutzenmaximierung bei diesen öffentlichen Umweltgütern aufmerksam, die nicht mehr wie bei Adam Smith zu einem auch gesellschaftlich vorteilhaften Ergebnis führt.[21] In der ökonomischen Theorie wird dieses Problem der Übernutzung öffentlicher Güter auf fehlende Eigentumsrechte und -verpflichtungen zurückgeführt. Die konventionelle Lösung von Marktversagen bei öffentlichen Gütern ist in der Theorie die Einführung oder Vergabe von solchen Eigentumsrechten bzw. die Kosteninternalisierung durch die Verpflichtung der Nutzer zum Schutz der fraglichen Umweltgüter.

2.1.3 Ökonomische Lösungen bei Marktversagen mit negativen Umweltauswirkungen

Diese Lösungsansätze von Marktversagen richten sich, ganz im Sinne der Theorie, auf die Beseitigung von ineffizienter Allokation, sozialer Kosten und haben die generelle Anhebung des gesellschaftlichen Wohlfahrtsniveaus zum Ziel.[22] Zwei unterschiedliche Ansätze gelten dabei als die konventionelle liberalökonomische Antwort auf das für Externalitäten typische Marktversagen.[23]

Pigou (1920) machte den Vorschlag, Externalitäten verursachende Maßnahmen und Verhaltensweisen mit Steuern zu belasten, um dadurch auf die Internalisierung dieser Kosten hinzuwirken. Diese Steuern sollen die sozialen Kosten aufwiegen, die nicht in die Preisbildung bei privaten Entscheidungen mit spezifischen Auswirkungen auf die Umwelt einfließen. Nach Pigou kann ein Verschmutzer beispielsweise mit einer Steuer auf Luftverschmutzung belegt werden. Diese zusätzlichen Kosten bringen die Verschmutzer häufig auch dazu, ihre privaten Kosten mit den sozialen Kosten in Einklang zu bringen und nach Wegen der Kostenersparnis durch weniger verschmutzungsintensive Produktionsweisen zu suchen (Helm/Pearce 1993: 7).

---

[21] Wie sich bei der Analyse der konkreten Streitfälle innerhalb des GATT/WTO-Systems noch zeigen wird, stellt der Nichtausschließbarkeitscharakter öffentlicher Güter ein sehr großes Problem für die Bestimmung der Verantwortlichkeiten bei der Lösung von Umweltproblemen wie Überfischung oder Zerstörung der Wälder dar. Ganz zu schweigen von der Schwierigkeit der Preisfestlegung für den Verlust einer einzelnen Umweltdienstleistung in Form einer Spezies.

[22] In der ökonomischen Theorie fällt in diesem Zusammenhang meist das Stichwort des Paretooptimums, das lediglich bedeutet, daß sich ein sozialer Zustand tatsächlich nur verbessert hat, wenn keiner der Betroffenen schlechter gestellt wird.

[23] Die Form und Umsetzung der unterschiedlichen umweltpolitischen Instrumente und vor allem ihre Integration in die internationale Umweltpolitik wird im 3. Kapitel beschrieben.

Die andere Möglichkeit, die mehr dem „laissez-faire"-Ansatz entspricht, ist die Vergabe von Eigentumsrechten. Dieser Ansatz geht auf den Aufsatz von Coase „The Problem of Social Cost" (1960) zurück. Die Eigentumsrechte konkretisieren sich in der Vergabe von kostenpflichtigen Verschmutzungslizenzen, die sich an einer bestimmten sozialverträglichen Obergrenze orientieren. Diese Lizenzen sind handelbar und Unternehmer, die umweltverträglicher produzieren, können überzählige Lizenzen an andere verkaufen. Dadurch sollte ein Anreiz zur Umstellung auf saubere Produktion entstehen, da der Verkauf von Verschmutzungskontingenten eine zusätzliche Einnahmequelle ist (Opschoor/Voos 1989). Die Vergabe von solchen handelbaren Lizenzen ist für Ökonomen die optimale Lösung, da es sich um eine marktorientierte und vor allem marktschaffende Lösung handelt. Zusätzliche Kosten werden in den Marktprozeß internalisiert, wenn ein Verschmutzer, im Falle eines Unterschreitens des zulässigen Verschmutzungskontingents, die Lizenzen an andere Produzenten, die ihren Produktionsprozeß noch nicht anpassen konnten, verkauft. Dadurch entsteht ein neuer Markt für Lizenzen und Umweltschutztechnologie, der zusätzliche Anreize zur Vermeidung von Umweltverschmutzung schafft. Mit dem Lizenzverkauf können Unternehmer weitere Einnahmen erzielen bzw. die Kosten für die Lizenzen kompensieren. Das ist im Gegensatz zu staatlichen „command and control"-Maßnahmen ganz im Sinne des „laissez-faire" neoliberaler Ökonomen, die auf minimale staatliche Intervention Wert legen.[24] Ist das System der handelbaren Lizenzen erst einmal etabliert, wird der Staat höchstens noch als Kontrollorgan gebraucht. Neben der Flexiblität für Unternehmer haben diese Instrumente auch noch den Vorteil, daß sie dynamischen Umweltschutz erlauben. Der Schutz endet nicht bei einem einmal festgelegten Niveau, denn durch ein dauerhaftes Lizenzsystem entsteht eine Dynamik für die kontinuierliche Verbesserung der Umweltsituation.[25]

Für die Wechselwirkungen im Bereich „Handel und Umwelt" ergibt sich aus beiden Modellen eine wichtige Schlußfolgerung für die Gestaltung umweltpolitischer Instrumente. Für beide Varianten beginnt die effiziente Lösung umweltpolitischer Probleme direkt an der Quelle der Umweltverschmutzung, d. h. umweltpolitische Handelsmaßnahmen zur umweltpolitischen Steuerung sind keine effektive Antwort auf Umweltprobleme, wenn deren Ursache nicht direkt im internationalen Handel liegt (Pearce 1993).

---

[24] Im Gegensatz zu vorgeschriebenen staatlichen Regulierungsmaßnahmen bieten Marktlösungen den Vorteil, daß Unternehmen flexibler auf Umweltpolitik reagieren können, da ihnen die Entscheidung überlassen bleibt, wann und wie sie ihre Produktion umstellen, wenn sie z. B. aufgrund von finanziellen Engpässen zunächst weniger Mittel für den Kauf von Verschmutzungslizenzen aufwenden und eine potentiell teurere Produktionsumstellung aufschieben, bis mehr Kapital verfügbar ist.

[25] Empirische Ergebnisse und Implementationsschwierigkeiten werden bei der nationalstaatlichen und institutionellen Analyse vorgestellt.

Problematisch ist bei diesen Ansätzen auch, daß sie beide von der Idealbedingung gut funktionierender Märkte ausgehen, die in der realen Wirtschaftswelt so kaum zu finden sind. Politische Transaktionskosten in Form von Festlegung oder Einigung auf ein optimales oder zulässiges Verschmutzungsniveau oder die Etablierung eines Verwaltungssystems für Steuern wie auch handelbare Lizenzen werden häufig vernachlässigt. Die Integration von Umweltschutzerwägungen mit Hilfe utilitaristisch geprägter Interessen in das rigide Konzept eines wünschenswerten wirtschaftlichen Wachstums ist deshalb mit größeren politischen und administrativen Schwierigkeiten verbunden. Von der Umweltschutzperspektive aus betrachtet, führt individuelles Streben nach vorwiegend wirtschaftlicher Wohlfahrt eben nicht automatisch auch zu einem gesellschaftlich optimalen Ergebnis. Dieses Problem wird nun anhand der Kritik von Ökologen an dem ihrer Meinung nach simplifizierenden und zu kurzsichtigen Modell des Wirtschaftsliberalismus analysiert.

2.1.4 Die ökologische Kritik am neoliberalen Ansatz des Umweltschutzes

Die ökologische Kritik am gängigen ökonomischen Weltbild wird seit den siebziger Jahren immer lauter. Diese Kritik richtet sich allgemein gegen Wirtschaftswachstum und setzt beim Marktversagen an. Sie verfügt jedoch nicht über eine, der Neoklassik vergleichbare, in sich kohärente Basis an grundlegenden Ideen, da ihre Vertreterinnen und Vertreter aus so unterschiedlichen Disziplinen wie Ökonomie, Philosophie, Naturwissenschaft, Feminismus und auch der Theologie kommen.[26] Diese Entwicklung steht in enger Verbindung mit der Veröffentlichung der World Commission on Environment and Development (WCED) von „Our Common Future" (1987). Im Gegensatz zum „Club of Rome", dessen „Grenzen des Wachstums" (Meadows et al. 1972) sehr bald an Glaubwürdigkeit verloren haben, als die Fehlerhaftigkeit des zugrunde liegenden Computermodells zur Berechnung der natürlichen Rohstoffvorräte feststand, zeigte die WCED die Interdependenz von Armuts- und Umweltproblemen auf. Sie machte auf die katastrophalen Folgen aufmerksam, die Umweltverschmutzung und nicht tragfähige Produktionsweisen haben. Diese Einsicht oder Kritik zielt auf die Notwendigkeit ab, soziale und natürliche Systeme und die Wechselwirkungen zwischen diesen als eine Einheit zu sehen[27] und verfolgt dementsprechend einen ganzheitlichen Ansatz. So müssen auch die wirtschaftlich-sozialen Strukturen wie Bevölkerungsdruck und ungerechte Landbesitzverhältnisse, als Ursachen von Umweltzerstörung berücksichtigt werden (Binswanger 1989).

---

[26] Als Einführung bietet Carolyn Merchant in „Radical Ecology. The search for a livable world" (1992) einen sehr guten Überblick.

[27] Johnston (1996) beschreibt die dynamische Beziehung zwischen natürlichen und sozialen Systemen sehr ausführlich und bezieht die natürlichen Systeme ausdrücklich als Element in seine Untersuchung der politischen Ökonomie der Umwelt ein.

Obwohl die Berechnungen in „Grenzen des Wachstums" teilweise unzutreffend waren, weil sie weder potentielle Reserven noch die effizientere Ressourcennutzung aufgrund des technischen Fortschritts bedacht hatten, ist Kritik am ökonomischen Wachstumsziel weiterhin berechtigt. Die Effekte exponentiellen Bevölkerungs- und Produktionswachstums und damit einher gehenden Anstieg des Ressourcenverbrauchs haben nicht an Aktualität verloren. Themen, wie der Anstieg von CO_2-Emissionen, die auch heute wieder hochaktuell sind, wurden schon damals als gefährliche Entwicklungen erkannt. Die Empfehlung, ein Gleichgewicht im Sinne von konstanter Weltbevölkerung und Industrieentwicklung herzustellen, klingt heute eher nach einer Notlösung, die damals das Plädoyer von einer kritischeren Einstellung gegenüber technologischer Entwicklung unterstützen sollte. Man sollte sich nicht nur auf die Möglichkeiten neuer technologischer Entwicklungen zur Lösung der anstehenden Probleme verlassen, schließlich ist diese technologische Entwicklung Teil des ursprünglichen Problems.[28]

In Öffentlichkeit und Politik wandelte sich die Ablehnung der wachstumskritischen Einstellung inzwischen zur teilweisen Akzeptanz der beschriebenen Problemlagen. Durch den Brundlandtbericht wurde das Thema aber auch stärker politisiert, indem er erneut einem Nord-Süd-Konflikt im Gewand der tragfähigen Entwicklung Auftrieb gab. So kann man zwar von einem Grundkonsens über die Zusammenhänge von Bevölkerungswachstum, industrieller Entwicklung und Umweltbelastung ausgehen, über die Maßnahmen für einen politischen Ausgleich zwischen partikularen, kurzfristigen ökonomischen Interessen und den langfristigen Zielen Ressourcen schonender Entwicklung besteht keine Einigung.

2.1.5 Konstanter Rohstoffverbrauch[29]

Im Zuge der Diskussion über Wachstumsgrenzen entwickelte Daly 1977 ein völlig neues Gegenmodell zu den umweltpolitischen Lösungen der Neoklassik: das Modell der „steady-state-economy"[30], das auf den physikalischen Erkenntnissen der Thermodynamik beruhte. Die Gesetze der Thermodynamik besagen, daß sich die Gesamtmasse nicht vermehren, sondern höchstens verändern kann. Gleichzeitig wird aber auch angenommen, daß bei jedem Veränderungsprozeß Energie dauerhaft verloren geht. Primärrohstoffe verlieren also bei jedem Verarbeitungsprozeß Energie und entsprechend muß bei weiterer

[28] Diese grundsätzliche Argumentation mit den gleichen Eckwerten wurde auch im Nachfolgebericht (vgl. Meadows et. al. 1993) beibehalten. Man verfeinerte jedoch die Analyse, indem man z. B. neuere naturwissenschaftliche Erkenntnisse wie CO_2-Senken und die allgemeine Lernfähigkeit der Menschheit einbezog.

[29] An dieser Stelle soll noch einmal darauf hingewiesen werden, daß die folgende kritische Literaturanalyse nur den Ausschnitt der ökologischen Kritik darstellt, der sich explizit mit internationalem Handel und der Freihandelsidee auseinandersetzt.

[30] Später setzte Daly das „Steady-State-Modell" mit der ökonomischen Definition für eine nachhaltige Entwicklung gleich (vgl. Daly 1996: 9).

Nutzung immer mehr Energie hinzugefügt werden.[31] Um diesen Kreislauf des stetigen Energieabbaus zu durchbrechen, muß die Volkswirtschaft auf ein anderes Fundament gestellt werden. „The input in raw materials and energy must be within the regenerative capacity, and the output of waste materials and energy must be within the absorptive capacity of the ecosystem" (Daly 1993: 147). Der Durchfluß (throughput) an Produktionsfaktoren soll über Zeit konstant bleiben, so daß natürliche Rohstoffe weder dauerhaft über ihre Regenerationsfähigkeit belastet werden, noch die Endprodukte des Wirtschaftsprozesses in Form von Abfall, Abluft oder Abwasser die Aufnahmefähigkeit der Ökosysteme übersteigen. So kann sich die Wirtschaft weiter entwickeln, ohne materiell zu wachsen. Freihandel sprengt dabei die Grenzen dieses Modells, indem er die Möglichkeit der zusätzlichen Rohstoffversorgung oder Endproduktentsorgung von bzw. nach außen eröffnet. In bezug auf Umweltschutz ist dies ein Nachteil. Dadurch erhöht sich die stoffliche Durchflußquantität und damit auch das Gefahrenpotential für die Ökosysteme (Daly 1993: 155). Obwohl sich dieses Modell auf einem sehr abstrakten Niveau bewegt, ist die Zielrichtung klar. Das Wirtschaftsgeschehen und die Austauschprozesse sollen möglichst auf einen lokalen, höchstens noch nationalen Rahmen begrenzt bleiben. Auf die gesellschaftlich relevante Frage, wie man eine Volkswirtschaft vom gegenwärtigen globalen, sich immer stärker integrierenden ökonomischen System unter Beibehaltung des erreichten Lebensstandards auf ein lokal ausgerichtetes Wirtschaftssystem zurückführt, wird nicht eingegangen.

Dieser Ansatz wurde in den achtziger Jahren in dem Buch „For The Common Good" von Daly und Cobb (1989)[32] weiterentwickelt und war als Anleitung zu „Redirecting the Economy towards Community, the Environment und a Sustainable Future" gedacht. Es geht nicht nur um eine fundamentale Kritik der neoliberalen Ökonomie, sondern die Perspektive wird umgedreht, indem die Gemeinschaft und ihre Umwelt und nicht die Volkswirtschaft als Ausgangspunkt der Analyse genommen wird. Nicht die Steigerung ökonomischen Wachstums ist der Richtwert, an dem sich eine Gesellschaft messen soll, sondern die soziale Funktion einer Gemeinschaft, der Schutz der Umwelt und eine verträgliche und

---

31 Dieser Vorgang wird in der Literatur auch häufig als das Gesetz der Entropie beschrieben. Dabei wird davon ausgegangen, daß ein Stoff bei jeder thermodynamischen Umwandlung an sogenannter Entropie zu- und sein Wiederverwertungspotential abnimmt, da immer mehr Energie hinzugefügt werden muß. Dieser Prozeß kann eigentlich nur im natürlichen System durch die Zufuhr von Sonnenenergie umgekehrt werden. So wird beispielsweise hoch entropisches CO_2, das durch die Verbrennung fossiler Energieträger entstanden ist, mit Hilfe der Photosynthese wieder mit geringer Entropie als Holz oder Nahrungsmittel an den Anfang der Rohstoffkette gesetzt. Entropie ist also ein Instrument, mit dem Ressourcen und Abfälle definiert werden können und das zudem noch Hinweise auf wichtige natürliche Kreisläufe gibt, die nicht unterbrochen werden sollten. Vgl. Jacobs (1991: 12), Georgescu-Roegen (1993).

32 Das Buch erschien erstmals 1989 in den USA, die folgenden Zitate sind jedoch einer englischen Taschenbuchausgabe von 1990 entnommen.

mäßige Ressourcennutzung. Die Autoren lehnen den individuellen Nutzenmaximierer als Ausgangspunkt für ökonomische Prozesse als unzulässig vereinfachend ab. Die „misplaced concreteness“ wie sie in den wirtschaftswissenschaftlichen Modellvorstellungen und den Lösungen von Marktversagen zum Ausdruck kommt, abstrahiert und verkürzt so extrem, daß es zu verfälschten Ergebnissen und deshalb zu unangemessenen und wirkungslosen Strategien führt. Die komplexen Zusammenhänge zwischen Mensch, Wirtschaft und Natur, die heute für die Lösung von Umweltproblemen und umweltschädigenden Wirtschaftsdynamiken unerläßlich sind, fallen aus der Analyse heraus. Vor allem die negativen Folgen ökonomischer Aktivitäten werden im Bruttosozialprodukt, dem allgemein anerkannten Meßinstrument für wirtschaftlichen Erfolg, nicht berücksichtigt, wenn Kosten von Umweltverschmutzung oder Gesundheitsrisiken durch starkes Wirtschaftswachstum privat getragen werden.

Daly und Cobb entwickelten ein auf dem „steady-state-economy”-Ansatz beruhendes Wirtschaftsmodell, das zwischen Kapitalismus und Sozialismus liegt, die beide auf der Basis unerschöpflich vorhandener Ressourcen wachstumsorientiert sind. In diesem Modell sind Märkte und Nutzenmaximierung weiterhin wichtige und notwendige ökonomische Mechanismen, deren Bedeutung aber erheblich geringer ausfällt. Die Gemeinde bzw. der lokale Wirtschaftsraum soll den grundsätzlichen Rahmen für Märkte und Produktion bilden. „Accordingly, instead of *Homo economicus* as pure individual we propose *Homo economicus* as person-in-community.”[33] „Community“ oder Gemeinschaft rückt als zentrales Element in den Mittelpunkt, weil die von den Mitgliedern getroffenen Entscheidungen vermeintlich eher an den Bedürfnissen der Gemeinschaft und der unmittelbaren Umwelt orientiert sind. Dies liefert die Begründung, warum und wie ein solches Wirtschaftsmodell sich immer noch erfolgreich entwickeln kann. Nicht der individuelle Eigennutz ist die Antriebskraft für ökonomische Entwicklung, sondern das Interesse an der unmittelbaren gemeinschaftlichen Umgebung, an deren Erhalt die Teilhaber dieser Gemeinschaft ein Interesse haben, weil sie ihnen neben Geborgenheit auch die Sicherheit einer beständigen Zukunftsaussicht liefert.[34]

Gemeinschaft statt Wirtschaft

Der „person-in-community“-Ansatz betont die Tendenz des Marktes zur Selbstzerstörung durch Monopolbildung und seine Unfähigkeit, öffentliche Güter bereitzustellen. Die neoliberale Ökonomie kann öffentliche Güter mit dem Bruttosozialprodukt größtenteils nicht bewerten und wenn, dann höchstens in subjektiv festgelegten Preisen der Kosten für den Erhalt oder die Reparatur dieser

---

[33] Vgl. S.7.

[34] Stellenweise wird hier mit einem religiös beschwörenden Ton argumentiert, wenn immer wieder mit Appellen an den Gemeinschaftssinn gearbeitet wird, die die Verbesserung der sozialen Umstände auf ein harmonischeres, menschlicheres Zusammenleben und nicht auf die Anhäufung von materiellem Überfluß beziehen.

Güter. Diese Werte sind subjektiv, weil sie immer davon abhängen, welchen Stellenwert eine Gesellschaft einem öffentlichen Gut beimißt. Manchmal ist eine Autobahn durch ein Landschaftsschutzgebiet für die Gesellschaft von größerem Wert, wenn dadurch unmittelbare Verkehrs- oder Lärmbelästigung verringert wird. Und an anderer Stelle werden Straßen gesperrt, um Kröten die Wanderung zu Laichplätzen zu ermöglichen. Diese Entscheidungen machen die Umwelt lediglich zum Optimierungsproblem, weisen ihr aber keinen eigenständigen absoluten Wert zu, wie z. B. der Möglichkeit zur Verwirklichung der individuellen Interessen. Dadurch wird die grundlegende Infrastruktur einer sozioökologischen Gemeinschaft bedroht, die Ökonomie und Ökologie als integriertes System auffaßt. Statt herkömmlicher Kosteninternalisierung schlugen die Autoren nun die Verschmelzung der Interessen von Verursachern und Betroffenen vor. Wasserverschmutzende Firmen am Oberlauf eines Flusses sollen mit den wassernutzenden Firmen am Unterlauf des Flusses zusammengelegt werden, dann würde ein gemeinsames Interesse am Erhalt der Wasserqualität bestehen.[35] Die Notwendigkeit der Umkehr oder besser der ökologischen und ökonomischen Neuorientierung führt zur Betonung der Gemeinschaft als neues Identifikationsmuster gegenüber dem bisher vorherrschenden, aber unhaltbaren Ideal der individuellen Nutzenmaximierung.

Der Wachstumsdynamik wird der lokal orientierte Gemeinschaftsansatz gegenübergestellt. Auf diesem Level läßt sich auch das Konzept der „verträglichen Umweltbelastung" relativ unproblematisch umsetzen, weil die Mitglieder einer Gemeinschaft am besten abschätzen können, wieviel Belastung die lokale Umwelt und soziale Gemeinschaft durch Produktionsprozesse oder Extraktion von Rohstoffen verträgt. Anstatt dem Verlust von Ökosystemen oder Dienstleistungen der Natur monetären Wert beizumessen, würde das Kriterium der Gemeinschaftsverträglichkeit ein Ansatz für die „Bewertung" von Umweltschäden sein. Dieser Ansatz betrachtet den Markt aus der Sicht der gesamten Bedürfnisse der Gemeinschaft. Der Markt ist dabei ein exzellentes Instrument für einige Funktionen, vor allem der Allokation von knappen Ressourcen. Der Markt birgt aber für die Gemeinschaft auch einige Gefahren. Um die gesellschaftlichen Bedürfnisse langfristig zu sichern, muß der Markt das richtige Volumen besitzen, das die negativen Markteffekte durch die positiven ausgleicht. Für die gemeinschaftsorientierte ökologische Wirtschaftswissenschaft ist deshalb die Frage nach den optimalen Skaleneffekten zentral (Daly/Cobb 1990: 158). Nicht endloses Wachstum ist das Ziel, sondern wirtschaftliche Aktivität auf der Basis konstanter Ressourcenbestände.

Nach Meinung der Autoren tritt der Konflikt zwischen Individuum und Gemeinschaft nirgends deutlicher zu Tage als in der Diskussion über Freihandel. Sie konzentrieren sich auf die Tatsache, daß die grundlegenden Annahmen des Wirtschaftsliberalismus, wie Immobilität von Kapital und Arbeit nicht mehr

[35] Vgl. Daly/Cobb (1990: 58).

gegeben sind. Deshalb verliert das wohlfahrtsorientierte Freihandelsargument an Gültigkeit. Bei gleichzeitiger Mobilität von Kapital und Arbeit kommen die positiven Effekte von Freihandel nicht mehr zur Geltung, sondern er führt zu großen Ungleichheiten, die äußerst schädlich für das Funktionieren von Gemeinschaften sind.

> It is clear that Smith and Ricardo were considering a world in which capitalists were fundamentally good Englishmen, Frenchmen and so on – not a world of cosmopolitan money managers and transnational corporations which, in addition to having limited liablitity and immorality conferred on them by national governments, have now transcended those very governments and no longer see the national community as their context. They may speak grandly of the „world community" as their residence, but in fact, since no world community exists, they have escaped from community into the gap between communities where individualism has free reign. They have no „natural disinclination" to move their capital abroad with the speed of light at the stimulus of a tenth of a percent difference in rate of return. If Smith or Ricardo were alive today we suspect that they would not be preaching free trade. The whole basis for their case, factor immobility, has been eroded by time and change (Daly/Cobb 1990: 215).

Die Auswirkungen mobiler Produktionsfaktoren führt sie dann zu der Schlußfolgerung, die sich auch in der nachfolgenden ökologischen Literatur findet und als der zentrale Kritikpunkt der Ökologen an der Liberalisierung herauskristallisiert. Die Faktormobilität führt dazu, daß Kapital dahin fließt, wo Produktionskosten – d. h. neben Arbeitskosten auch Umweltstandards – niedrig sind. Diese Dynamik kommt einem Wettbewerb von Löhnen und Umweltstandards gleich, der zu einem Absinken der Standards führt, da hohe und somit teure Umweltstandards und Löhne nicht mehr kompetitiv sind:

> Social security, medicare, and unemployment benefits all raise the cost of production just like high wages, and they too will not survive a general standards-lowering competition. Likewise, the environmental protection and conservation standards of the community also raise costs of production and will be competed down to the level that rules in overpopulated Third World countries. Free trade, as a way of erasing the effect of national boundaries, is simultaneously an invitation to the tragedy of the commons (Daly/Cobb 1990: 221).

Freihandel bedroht demnach nationale Standards, weil er den heimischen Markt für Produkte öffnet, die nicht die gleichen Standards erfüllen müssen und von daher einen Produktionskostenvorteil haben, außer Produzenten senken ihre Lohnnebenkosten. Gleichzeitig verstärkt die Wachstumsdynamik der kapitalistischen Weltwirtschaft die Sozial- und Umweltprobleme, weil die technologische Entwicklung zwar rationeller, aber auch mit absolut steigendem Rohstoffverbrauch für immer mehr Menschen produziert und dadurch auch mehr Umweltbelastung erzeugt. Um Nachhaltigkeit ohne quantitatives Wachstum zu erreichen, müssen negative Umwelteffekte internalisiert werden. Da Handel mit Länder, die diese Kosten nicht internalisieren, die positive Bilanz der Ressourceneffizienz im kosteninternalisierenden Land wieder aufhebt, sollte mit diesen Ländern nicht gehandelt bzw. Zölle in Höhe der zu internalisierenden Kosten erhoben werden. Das Argument für Zulässigkeit solcher Handelsmaßnahmen ist dabei ebenso direkt wie einleuchtend: „It is one thing to protect an inefficient industry – it is something else entirely to protect an efficient national policy of cost internalization!" (Daly 1996: 147).

Diese Ansicht führte zu einer Radikalisierung der Kritik, die vor allem auch die Situation und Position der Entwicklungsländer im internationalen Wirtschaftssystem stärker einbezieht.[36] Sie ist die extremste Form der ökologischen Kritik am Liberalisierungsdogma und fordert, nationale Wirtschaftssysteme möglichst autark zu gestalten und Protektionismus als umweltpolitisches Instrument einzusetzen. Der Analyserahmen wird im Gegensatz zur neoliberalen Handelstheorie erheblich erweitert, indem nicht nur ein ökonomisch bewertetes aggregiertes Wohlfahrtsniveau betrachtet wird, sondern vor allem die sozialen Auswirkungen einbezogen werden.

Ein jüngeres Beispiel einer in bezug auf Freihandel sehr konkreten Kritik ist „The New Protectionism" (1993) von Tim Lang und Colin Hines.[37] Die Autoren vertreten die Meinung, Freihandel diene lediglich den speziellen Interessen weniger, namentlich großer transnationaler Unternehmen, die als einzige vom freien Austausch der Rohstoffe und Teilprodukte profitieren. Ohne nationale Handelsbarrieren wie Zölle oder Umwelt- und Sozialstandards könnten sie Produktionsfaktoren dort einsetzen, wo die Kosten günstig seien, bis sie das Endprodukt auf den Weltmarkt brächten, dessen Schwerpunkt inzwischen unstrittig im intra-industriellen Handel zwischen den Industrienationen liege. Der „neue Protektionismus" soll die Exportproduktion reduzieren, dadurch die lokalen Interessen, Umwelt- und Sozialstandards sowie Arbeitsplätze schützen und fördern. Die Autoren bauen auf dem herkömmlichen Argument auf, daß Freihandel Umweltschutzstandards aus Wettbewerbsgründen absenkt. Das Problem und die Aufgabe besteht darin, zwischen Wirtschaft, Umwelt und gerechten Lebensbedingungen bzw. wirtschaftlicher Chancengleichheit eine Balance zu finden. Die Kritik richtet sich dabei hauptsächlich auf transnationale Unternehmen, die diese Balance verhindern und am meisten von der Möglichkeit der Kapital- und Handelsfreiheit profitieren. Umweltschutz ist dann häufig zweitrangig und wird als ein unterstützendes Argument gegen die Ausbeutung durch multinationale Konzerne angeführt. Der Sportartikelhersteller Nike ist ein Beispiel für die fatale Kombination von liberalisierter Weltwirtschaft und transnationalen Unternehmen zu ungunsten der Gesellschaft:

---

[36] Da in dieser Arbeit tragfähige Entwicklung ausdrücklich nicht im Mittelpunkt steht, soll an dieser Stelle nur der Hinweis gegeben werden, daß diese Position exemplarisch für den Großteil der Literatur über Einschätzung und Bewertung von Handelsliberalisierung und Freihandel in der Sustainable-Development-Diskussion ist.

[37] Das Buch erschien ursprünglich 1993 bei Earthscan, London. Die Zitate sind dem Reprint von 1995 entnommen.

> An Indonesian shoe worker's pay rate is US$ 1.03 per day, well below the US shoe industry average of US$ 6.94 per Hour. This wage is less than the Indonesian government's figure for minimum physical need. We can see the advantage to the US parent company lowering its costs of production, despite the added cost of transport back to the USA. A recent International Labour Organization (ILO) found that 88 per cent of Indonesian women working at this rate of pay were malnourished. Most workers in this factory were women. The labour costs to manufacture a pair of Nike's that sell for $ 80 in the USA, according to one estimate, is approximately 12 US cents (Lang/Hines 1995: 80f).

Während Wirtschaftsliberale dieses Beispiel als erfolgreiche Effizienzsteigerung werten, die auch Indonesien zugute kommt, heben die Kritiker auf die Ausbeutung der Arbeitskräfte ab. Hier wird deutlich, wie allgemein der Wohlfahrtsbegriff der Neoklassik ist. Denn von Produktionsverlagerungen betroffene arbeitslose amerikanische Arbeitnehmer bzw. unterbezahlte indonesische Arbeiterinnen verbinden ihre Erfahrung wahrscheinlich nicht mit einem persönlichen Wohlfahrtsgewinn. Die umweltorientierte Kritik an Freihandel bezieht sich größtenteils auf die verstärkte Umweltbelastung durch die Intensivierung der Transportbewegungen, die verstärkte Extraktion von Rohstoffen und die Ausweitung industrieller Produktion sowie begleitender großer Abfallaufkommen. Bei letzterem kommt hinzu, daß in Entwicklungsländern größtenteils noch nicht das Know-how und vor allem nicht die finanziellen Mittel vorhanden sind, um diese industriellen Abfälle sicher zu entsorgen (Puckett 1992).

Es wird angenommen, daß die Entwicklungsländer aufgrund ihrer spezifischen Integration in das Handelssystem größtenteils als Primärgüterlieferanten erheblich benachteiligt sind. Das Argument lautet, daß sie ihre natürlichen Ressourcen hauptsächlich ausbeuten, um damit Schuldentilgung vorzunehmen, was häufig dramatische Nebeneffekte auslöst. Wenn sich Entwicklungsländer Gegenmaßnahmen in Form von Exportbeschränkungen auferlegen, werden diese vom Freihandelsgebot des GATT/WTO-Systems torpediert. Ein Beispiel ist Indonesiens Exportverbot für unverarbeitete Holzstämme, das die übermäßige Regenwaldzerstörung bremsen sollte. Die EG verhinderte dieses Exportverbot jedoch erfolgreich durch die Androhung eines Schlichtungsverfahrens im GATT. Sie war gegen das Exportverbot, weil es ihrer Meinung nach eine unzulässige Maßnahme war, durch dieses Verbot und die einheimische Weiterverarbeitung einen Exporterlös zu erlangen. Indonesien rechtfertigte die Maßnahme dagegen mit der Begründung, daß durch den höheren Gewinn der wirtschaftliche Druck auf den Regenwald sinken würde, da man durch höhere Erlöse weniger abholzen müßte (Lang/Hines 1995: 63).[38]

[38] Interessanterweise vergessen die Autoren zu erwähnen, daß diese angebliche Umweltschutzmaßnahme den gegenteiligen Effekt von verstärkter illegaler Abholzung nach sich zog. Da die Regierung kein Übergangsprogramm angeboten hatte, mußten diejenigen, die vom Holzexport und nicht von dessen Verarbeitung lebten, ihren Lebensunterhalt aufgrund des Wegfalls des Exportverdiensts durch verstärkte unkontrollierte Abholzung

Weitergeführt wird das Argument mit dem Hinweis, daß Entwicklungsländer sich als Primärgüterlieferanten dem Druck des Marktes beugen müssen und so ihre relative Selbstversorgungskapazität gegen Spezialisierung auf wenige Exportgüter eintauschen. Durch die bestehenden GATT-Regelungen wird ihnen jeglicher Gestaltungsspielraum für politische Gegenmaßnahmen genommen. Nun befinden sie sich in einer bedrohlichen Exportspirale, die Exporterlöse aus Rohstoffverkäufen zur Grundvoraussetzung für den Erwerb von Grundnahrungsmitteln und der Schuldentilgung macht (Shiva 1991: 195). Da die Primärgüter im Vergleich zu Investitionsgütern immer geringere Weltmarktpreise erzielen, sind diese Länder gezwungen, ihre natürliche Ressourcen intensiver zu nutzen, was Regenerationszeiten verkürzt und den Druck auf marginale Produktionsflächen erhöht. Die Lösung des Problems setzt nicht unbedingt bei völliger Autarkie an, sondern bei einer ausgeglichenen Außenhandelsbilanz, die hauptsächlich mit regionalem Tauschhandel erreicht werden soll. Konkret läuft dies auf staatlich kontrollierten und gelenkten Außenhandel hinaus, was dem liberalen Prinzip völlig widerspricht.

> Perhaps the simplest way to balance trade is to limit imports to rough equality with expected exports by issuing import quota licences, and auctioning them to competing import firms. Resale of quota license could be permitted during the time period for which it is valid (Daly/Cobb 1990: 230).

Dieses Zitat ist nur ein Hinweis für die Größenordnung der angedachten Lösungsmöglichkeiten, die in ihrer Konsequenz einer Umlenkung von Handelsströmen und einer grundlegenden Umstrukturierung von Exportsektoren entsprechen. Abgesehen von den nicht berücksichtigten negativen ökonomischen Folgen, die eine solche politisch gesteuerte qualitative und quantitative Umlenkung von Handelsströmen hätte, scheint diese Aufgabe kaum administrativ, politisch und sozial zu bewältigen zu sein. Mit der fundamentalen Frage, wie die Präferenzstruktur derjenigen geändert werden soll, die Handelsströme durch ihre Nachfrage konstituieren, setzt sich dieser Ansatz nicht auseinander. Trotzdem umfaßt die Paketlösung von Lang und Hines genau diese Forderung, ähnlich wie bei Daly und Cobb, Handel auf lokaler und regionaler Ebene zu fördern und die globalen Verbindungen so weit wie möglich zu unterbrechen. Selbstversorgung und ausgeglichene Handelsbilanzen sind die Leitprinzipien, Exporte sollten minimal sein und sich an nachhaltigen und ethischen Kriterien orientieren. Im Gegensatz zu Daly und Cobb, deren Policyempfehlungen auf ein Land, die USA, ausgerichtet waren, machen sich Lang und Hines Gedanken, wie diese Maßnahmen allgemein durchgeführt werden könnten. Konkret beinhaltet das folgende Maßnahmen:

---

bestreiten (Rege 1994: 140-141). Das zeigt, daß man bei der Wirkungsanalyse genau zwischen extern und intern verursachten negativen Auswirkungen unterscheiden muß.

> Restricting the export of scarce national resources where they are not managed sustainably; stopping the export of pesticides or other products which are banned in the exporting country; restricting the aggressive marketing of unnecessary goods, such as cigarettes or some drugs; halting government-subsidized dumping of food surpluses onto world markets (Lang/Hines 1995: 129).

Zölle auf umweltschädigende Produkte oder solche, die nicht den Umweltstandards eines Landes entsprechen, sowie ein gemeinsamer Fonds für Umweltschutzmaßnahmen innerhalb von Rohstoffabkommen könnten Einnahmen erzielen, die dann in konkrete Schutzprojekte umgeleitet werden. Die Reform internationaler Organisationen, die mit Handelsfragen konfrontiert sind, sollen Umweltschutz und tragfähigen Handel als ein Leitprinzip verankern. Steuern auf Energieverbrauch erzielen den doppelten Effekt von zusätzlichen Einnahmen und Energieeinsparung, das gleiche gilt für den Handel mit Verschmutzungsrechten. Eine weitere mögliche Maßnahme ist die Festlegung sogenannter Ausbeutungsquoten anhand von Umweltschutz- oder Tragfähigkeitskriterien für Rohstoffe, die dann versteigert werden (vgl. Lang/Hines 1995: Kap.13). Wie diese Maßnahmen tatsächlich implementiert werden sollen, ohne massive wirtschaftliche und durch die Umstellung verursachte soziale Probleme zu erzeugen, wird aber auch hier nicht näher erläutert.

Die gesellschaftliche Neuorientierung

Die Wachstumsphilosophie bedroht die natürliche Rohstoffbasis menschlichen Lebens, verstärkt durch ein Freihandelsgebot, das durch den Zwang zum Wettbewerb nationale Umweltschutzbestrebungen torpediert. Handel wird demnach nicht als Quelle von Wohlstand und Fortschritt gesehen, sondern als Bedrohung von Mensch, Gemeinschaft und Umwelt. Die Dritte Welt wird durch den Liberalisierungsdruck in eine Verschuldungskrise getrieben, die den Druck auf die sozialen Beziehungen und die Umwelt verstärkt, indem noch mehr Arbeit und Ressourcen in den Exportsektor verlagert werden, um die Schuldentilgung zu ermöglichen.[39] Auch in den Industrieländern geraten Sozial- und Umweltstandards durch die mobilen Faktoren Kapital und Arbeit unter Druck. Kapital wandert wegen der hohen Kosten ab, Arbeit wandert wegen der zunächst höheren Löhne hinzu. Dies führt zu einem generellen Absinken der Standards, um die Kosten zu senken und das Kapital zu halten.

Aus Sicht der Ökologen wird dieser fatale Kreislauf aus Wachstum, Handel und Umwelt- oder Gemeinschaftszerstörung am ehesten durch die Reduktion der Handelsbeziehungen auf ein gemeinschaftsverträgliches Maß im nationalen

---

[39] Wie schon erwähnt, fehlt bei diesem Argument meistens der Hinweis, daß die Verschuldung häufig die Folge falscher Importpolitik ist. Die Verschuldung wächst sich dann zu einer Krise aus, wenn die Importerlöse nicht für beides, den Schuldendienst und die Bestreitung öffentlicher Kosten, ausreichen. Dann überschreitet der Export häufig das tragfähige Maß der Rohstoffnutzung, um zumindest den Lebensstandard zu halten.

Rahmen unterbrochen.[40] Die Bedürfnisse und Ziele ökonomischer Prozesse sollten sich an der lokalen Gemeinschaft ausrichten und nicht am Individuum. Letztlich wird kein ökonomisches Wachstum angestrebt bzw. nicht Wachstum um jeden Preis ist das Ziel, sondern wirtschaftlicher Fortschritt bei gleichbleibendem Rohstoffverbrauchsniveau. So bemißt sich das wirtschaftliche Ziel hauptsächlich an der natürlichen Regenerationsfähigkeit der Ressourcen und den grundlegenden Bedürfnissen der Menschen. Die Ökologen bestreiten, daß wirtschaftlicher Fortschritt automatisch die finanziellen und technischen Mittel für die spätere Beseitigung der dabei entstehenden Umweltbelastung schafft. Im Gegenteil, oft stellen sich gegenwärtig für umweltneutral gehaltene Aktivitäten später als äußerst umweltschädlich heraus, weshalb auch die unbedingte Integration des umweltpolitischen Vorsorgeprinzips[41] in ökonomische Entscheidungen von Ökologen angemahnt wird (Roth-Arriaza 1992: 245).

Auch wenn diese Überlegungen noch große Defizite in bezug auf die Realisierbarkeit aufweisen, sind sie durchaus gerechtfertigt. Sie lenken die Aufmerksamkeit auf Vorgänge und Zusammenhänge, die außerhalb der engen neoliberalen Modellannahmen liegen, welche aber aus umweltpolitischer und gesellschaftlicher Sicht wichtig sind und mit denen man sich auseinandersetzen muß, wenn man effiziente Umweltpolitik bei gleichzeitigem wirtschaftlichen Fortschritt anstrebt. Die teilweise recht utopisch klingenden Vorstellungen schärfen den Blick für notwendige und machbare Maßnahmen der gesellschaftlichen Neuorientierung. Sie zeigen, daß ein genereller wirtschaftlicher Kurswechsel nicht nur auf der bloßen Umstellung von Wirtschaftsprozessen und Handelsstrukturen beruhen kann, sondern vielmehr eine vollständige Veränderung von Lebenseinstellungen und grundsätzlichen Verhaltensweisen in Industrie- wie auch Entwicklungsländern fordert.

Demnach verliert das kapitalistische Wirtschaftsmodell allmählich seine weltweite Vorbildfunktion, weil die gesamtwirtschaftlich gemessenen Wohlstandsgewinne immer öfter die negativen Auswirkungen auf die natürliche Umwelt und die Menschen nicht mehr ausgleichen. Auch der Glaube, daß dieses Wirtschaftsmodell die Lösungen für die anstehenden Probleme bereitstellen kann, schwindet. Die Kritiker meinen, das Modell unterstütze eine gefährliche und unkritische Technologiegläubigkeit, die Natur von Naturwissenschaft und Wirtschaft ab-

[40] Freilich ist dieses gemeinschaftsverträgliche Maß Gegenstand politischer Auseinandersetzungen und kann nicht im vorhinein festgelegt werden. Als Eckwerte gelten jedoch die wissenschaftlich bestimmten – soweit das möglich ist – Grenzen der natürlichen Aufnahme- und Regenerationsfähigkeit der Ökosysteme.

[41] Das Vorsorgeprinzip konkretisiert sich z. B. im umweltpolitischen Instrument der Umweltverträglichkeitsprüfungen, allerdings werden solche Tests meistens nur auf der lokalen oder regionalen Ebene verbindlich vorgeschrieben. Projekte mit internationalen Dimensionen wie Handelsabkommen werden kaum solchen Tests unterworfen. Bisher ist das NAFTA-Abkommen eines der wenigen Beispiele, das die Prüfung umweltpolitischer Konsequenzen bei weiteren Liberalisierungsschritten verlangt.

trenne. So propagiere es die Entwicklung neuer Technologien zur Behebung eventueller Probleme propagiert, ohne die komplexen Wechselwirkungen zwischen Natur und Technologie zu bedenken (Shiva 1991).[42]

Die Ökologen entwickeln Reformvorschläge, die für das Konfliktverhältnis zwischen Handel und Umweltschutz relevante Problemkomplexe ansprechen, die sich auf den anderen Analyseebenen als konkretere Streitpunkte wiederfinden. Dabei handelt es sich um das ökonomische Wachstum, den Wert der Natur und die Wettbewerbsfähigkeit von Staaten im internationalen Vergleich. Zunächst ist die konventionelle Bewertung von ökonomischem Wachstum ein Streitpunkt. Ökologen sind der Meinung, daß dieses Wachstum durch die Rohstoffzerstörung das ökologische und ökonomische System untergräbt. Wachstum wird nicht instrumentell und quantitativ aggregiert verstanden, sondern vielmehr qualitativ-langfristig auf menschliches Wohlbefinden bezogen.

Für die ökologische Ökonomie ist der Zusammenhang zwischen wachsender Umweltzerstörung und steigendem Welthandelsvolumen, unterstützt durch ein relativ erfolgreiches multilaterales Handelssystem, der Ausgangspunkt ihrer Kritik. Sie sehen darin auch ein kausales Verhältnis. Die Idee vom Freihandel spielt eine zentrale Rolle in der ökologischen Kritik, die die von der Neoklassik propagierte wachstumsorientierte Produktionsweise als Ganzes ablehnt. Handel verstärkt die negativen Umwelteffekte von industrieller Produktion, indem er den Markt für Rohstoffe über nationale Grenzen hinaus ausweitet. Dadurch wird die Produktionsbasis erweitert, die dann wiederum mehr Rohstoffinput verlangt. Des weiteren schafft Handel die Möglichkeit, im eigenen Land endgültig erschöpfte oder gesetzlich geschützte Ressourcen zu importieren und dadurch die negativen Umwelteffekte ins Ausland zu verlagern. Und nicht zuletzt werden im multilateralen Handelssystem nationale Umweltgesetze und Auflagen teilweise als ungerechtfertigte nichttarifäre Handelshemmnisse betrachtet, was nationale Vorreiterrollen im Umweltschutz effektiv beeinträchtigen (French 1993: 159).

---

[42] Shiva beschreibt, wie ein expansives Wissenschafts- und Wirtschaftssystem die Einführung sogenannter Hochleistungssamen in Indien vorantrieb, wobei die Samen ihre Leistungsfähigkeit nur durch speziell auf die Region abgestimmte chemische Hilfsmittel erreichen konnten. Dieser Prozeß ist beispielhaft für das Zusammenspiel von Wirtschaft und Wissenschaft. Daraus entwickelte sich ein fataler Kreislauf aus Verdrängung heimischer Arten zugunsten importierter Samen, die nur mit gleichzeitig mit teuren Zusatzprodukten ihre Leistungsfähigkeit entfalten konnten. Das wiederum hatte ernsthafte soziale und politische Probleme zur Folge, weil Bauern sich für das neue Saatgut und die entsprechenden Pestizide verschulden mußten, gleichzeitig wehrten sie sich gegen agrarpolitische Folgemaßnahmen wie Staudamm- und Kanalprojekte, die nötig wurden, weil das neue Saatgut mehr Wasser benötigte.

2.2 Entwicklung der Umweltökonomie nach ökologischer Kritik

2.2.1 Neue Impulse durch die Ökologische Umweltökonomie

Aus der „No Growth"-Bewegung hat sich die ökologische Wirtschaftswissenschaft (ecological economics) entwickelt, die jedoch neben der Umweltökonomie (environmental economics) immer noch ein relatives Schattendasein fristet.[43] Dies ist auf die Leitmotive der „ecological economics" zurückzuführen, die dem vorherrschenden wirtschaftswissenschaftlichen Ansatz widersprechen und auf persönliche Einschränkung abzielende Forderungen vertreten. Die ökologische Wirtschaftswissenschaft inkorporiert neoliberale Umweltökonomie und ökologische Studien über die Auswirkungen wirtschaftlicher Prozesse und versucht neue Wege, bei der Analyse der Beziehung zwischen Ökonomie und Ökologie zu gehen. Neben den schon erwähnten Punkten sehen diese Kritiker im Freihandel eine Gefahr für die nationale Souveränität, Identität und Demokratie (vgl. Nader 1993).[44] Die ökologische Wirtschaftswissenschaft will mit ihrem breiten Analysespektrum vor allem die Unsicherheit über Wirkungen von ökonomischen und umweltpolitischen Reaktionen vermindern und die Ignoranz gegenüber dem realen Umweltzustand reduzieren (Costanza 1989: 3). Die vorangegangen Ausführungen zu „steady-state-economy" und „new protectionism" führten schon in einige der Ideen der ökologischen Wirtschaftswissenschaft ein. Allgemein lassen sich die Leitmotive folgendermaßen zusammenfassen: 1. Die wirtschaftliche Entwicklung soll auf Selbstversorgung hin ausgerichtet werden; 2. Das ökologische Gleichgewicht ist ein Richtwert; 3. Solidarität und gleiche Ausgangsbedingungen für Entwicklungsmöglichkeiten; 4. Demokratisierung der Weltwirtschaft und der Schutz der Menschenrechte (The Group of Ecological Economists 1992: 3). Dieses breite analytische Spektrum macht auch auf der wissenschaftlichen Ebene einen interdisziplinären Ansatz notwendig, der für eine angemessene Berücksichtigung anderer Problembereiche wie sozialer Auswirkungen und kultureller Traditionen sorgt.

Gemessen an den restriktiven Annahmen der neoliberalen Umweltökonomie sind diese Leitmotive als Vorgabe für ökonomische Modelle immer noch sehr vage, weil sie eine ganze Reihe von Unbekannten enthalten. Was beispielsweise das ökologische Gleichgewicht ist, kann in den seltensten Fällen genau bestimmt werden, da meistens unberechenbare Faktoren wie Klima oder Wetterbedingungen entscheidend für das ökologische Gleichgewicht sein können. Es besteht auch keine wissenschaftliche Einigkeit über die Aufnahmefähigkeit der

---

[43] Turner (1993b: 383) beschreibt die Entwicklung von der Debatte über die Grenzen des Wachstums hin zur Debatte über den globalen Umweltwandel, wie er durch die Brundlandt Kommission angestoßen wurde.

[44] Im deutschen Sprachgebrauch wird dieser ganzheitliche Ansatz von sozialer Interaktion und Umweltschutz auch mit dem Oberbegriff der Humanökologie belegt.

Natur bei Umweltbelastungen unterschiedlichster Ausprägung. Solche Bewertungen hängen natürlich eng mit den Werthaltungen in bezug auf Umweltschutz zusammen, die solchen Fragestellungen zugrunde liegen. In ihrer konkreten Arbeit versuchen diese Ansätze hauptsächlich den Wert von Natur und die vollen Kosten von Umweltverschmutzung festzulegen. Mit Hilfe eines erweiterten Analyserasters tastet man sich sozusagen an die vollen Kosten bzw. den Wert von natürlichen Gütern heran. Dabei bezieht man jene Elemente ein, die normalerweise als Externalitäten auftauchen und Umweltverschmutzung oder negative Umweltauswirkungen erst sichtbar werden lassen. Typische Elemente einer ökologischen Makroökonomik sind unter anderem die Bestimmung der Tragfähigkeit (carrying capacity) eines Ökosystems, die die Obergrenze der ökonomischen Nutzung natürlicher Ressourcen festlegt. Gleichzeitig soll der physische Einsatz an Ressourcen minimiert werden. Bei dieser Aufgabe ist wiederum die technologische Innovationsfähigkeit einer Volkswirtschaft gefordert, die aber auch durch politische Signale angestoßen werden muß. Die Nutzung erneuerbarer Ressourcen sollte der maximalen nationalen Regenerationsfähigkeit entsprechen. Diese Begrenzung auf nationaler Ebene ist wichtig, weil man befürchtet, daß Staaten sonst ihre umweltzerstörerischen Aktivitäten exportieren, indem sie umweltintensive Güter importieren. So wird das Umweltproblem nur geographisch verlagert, aber nicht gelöst. Der Verbrauch nichterneuerbarer Ressourcen sollte deshalb der maximalen Produktion erneuerbarer Substitute entsprechen (vgl. Busch-Lüthy/Dürr 1993).

Die ökologische Wirtschaftswissenschaft folgt demnach einem normativ geprägten Kriterienkatalog. Das erschwert die Entwicklung knapper, falsifizierbarer Forschungsdesigns. Diese Faktoren sind äußerst wertbeladen und deshalb zu einem gewissen Grad subjektiv, da es Sache einer Gesellschaft oder einer Gruppe von Individuen ist, was als negative Umweltauswirkung verstanden wird und wie Umweltgüter relativ zu anderen Gütern bewertet werden (vgl. Foster 1997). Daraus leitet sich ein umfassenderes Set von Wohlfahrtsindikatoren ab, die auch Bildung, Gesundheit, Lebensqualität und vor allem die angenommen Bedürfnisse zukünftiger Generationen berücksichtigen (Daly/Townsend 1993).[45] Dahinter steht die Überzeugung, daß die Wirtschaftswissenschaft es bisher versäumt hat, das natürliche Kapital und seinen Beitrag zur ökonomischen Wohlfahrt, gemessen an seinen wirtschaftlichen Leistungen, angemessen in die Rechnung einzubeziehen, was schließlich zu Fehleinschätzungen über die tatsächliche Leistungsfähigkeit einer Ökonomie führt (Turner 1993a: 5). Deshalb nimmt die ökologische Wirtschaftswissenschaft nicht den rigiden und positivistischen Ansatz für sich in Anspruch, sondern versteht ihre Aufgabe viel eher als Förderung eines umweltbewußteren ökonomischen Verhaltens, indem sie auf Unzulänglichkeiten der neoliberalen Ökonomie und deren Konsequenzen aufmerksam macht. Durch die

[45] Vgl. Bringezu (1995).

ständige Konfrontation mit dem neoliberalen Modell werden sich ihre anwendungsorientierten Fragestellungen aber allmählich konkretisieren.

2.2.2 Der Mainstream der Umweltökonomie

Die auf dem neoliberalen Ansatz basierende Umweltökonomie hat bestimmte Punkte der ökologischen Kritik aufgenommen und dabei die durchaus möglichen negativen Folgen von Freihandel und Handelsliberalisierung nicht völlig abgestritten.[46] Die folgenden Abschnitte legen dar, wie die Umweltökonomie Fragestellungen in bezug auf die Bewertung von Umwelt, Wachstum und Wettbewerbsfähigkeit behandelt.

Wert der Umwelt

Mit dem Begriff „Wert" wird hier die normative Stellung eines Gutes oder einer Tradition in einer Gesellschaft beschrieben. Dadurch läßt sich die Bedeutung dieses Gutes im gesellschaftlichen Diskurs relational zu anderen Gütern bestimmen, soweit das bei einem abstrakten Begriff wie Umwelt oder Natur möglich ist. Die Unterschiede zwischen den Ansätzen treten deutlicher hervor, wenn man „Umwelt" oder „Natur" zunächst einmal von der in der Ökonomie üblichen instrumentellen oder monetären Bewertung abgrenzt.

Die Bedeutung des Unterschiedes zwischen Umweltschutz als ökologischem Wert und ökonomischem Faktor wird mit Hilfe der ökologischen politischen Theorie oder ökologischen Ethik plastisch.[47] In der ökologischen politischen Theorie wird die Evolution von einem anthropozentrischen zu einem ökozentrischen Umweltschutzansatz bzw. Naturbegriff deutlich, der der Natur einen eigenen oder intrinsischen Wert zuschreibt. Anthropozentrisch heißt dabei nichts anderes, als daß der Wert der Natur oder die Wahrnehmung von Umweltzerstörung auf den Menschen bezogen oder in Beziehung zu menschlichen Bedürfnissen gesetzt wird. Natur ist, was der Mensch als solche wahrnimmt, und Naturzerstörung tritt erst auf, wenn der Mensch sie als solche wahrnimmt. Ihr Wert entspricht dem, was ein Individuum oder eine Gesellschaft für ihren Erhalt ausgibt oder auszugeben bereit ist (Eckersly 1992: 10-11). Die ökozentrische Sicht dagegen kritisiert diese Einstellung, weil sie in ihr den Ursprung von Umweltzerstörung durch die Abwägung zwischen menschlichen Konsumbedürfnissen, die Vorrang besitzen, und dem Erhalt oder Schutz von Ökosystemen vermutet.[48] Natur oder Umwelt kann nicht nur als Nutzwert aufgefaßt werden, da

---

[46] Vgl. auch das Lehrbuch aus dem deutschen Sprachraum von Cansier (1993).

[47] Unter den Oberbegriff „ökologische Theorie der Politik" läßt sich inzwischen eine beträchtliche Anzahl von wissenschaftlicher Literatur fassen, neben Merchant (1992) eignen sich noch Eckersly (1992) und Goodin (1992) hervorragend als Einführung.

[48] Diese Qualifizierung wird bei der Unterscheidung zwischen Konservierung (conservationism) und Erhalt (preservationism) deutlich, wobei letzteres eine höhere Umweltqualität darstellt, weil nach Möglichkeit nicht in ein Ökosystem eingegriffen wird bzw. seine ursprüngliche Form wieder hergestellt werden soll. Konservierung zielt lediglich auf

ihr ganzer Nutzen oder Wert nicht feststeht.[49] Ökozentrisch bedeutet dabei nicht die Unterordnung von menschlichen Werten unter den der Natur, sondern die ganzheitliche Anerkennung des intrinsischen Wertes der Natur (Achterberg 1993: 85). Ein Beispiel für den typischen anthropozentrischen Ansatz der Umweltökonomie gibt Siebert:

> The environment has two functions for the economy: it is used for consumption and it serves as receptacle for wastes and emissions. In its role as a consumption good, it is a public good. In its capacity of absorbing wastes, it is in principle a private, although it has been used in the past as a common property resource with free access. Environmental policy determines the optimal quality of the public good and establishes property rights and explicit or implicit prices for the use of the environment as a receptacle of waste (Siebert 1996: 183).

Mit Blick auf Umweltschutz bedeutet diese utilitaristische Sichtweise, daß Umwelt eben soweit erhalten werden muß (aber auch verändert werden kann), wie sie die Aufgaben der Rohstoffversorgung und Reststoffentsorgung erfüllt. Inwieweit dadurch Ökosysteme verändert oder auch zerstört werden ist zunächst zweitrangig. Diese Sichtweise ist die Grundlage für ausgeklügelte Umweltgüterbewertungskonzepte, die sich immer an gesellschaftlichen Kosten-Nutzen-Erwägungen orientieren. Die umweltpolitische Entscheidungsfindung richtet sich nach den vermuteten aktuellen gesellschaftlichen Kosten, weil bei einem langfristigen Konzept die Folgekosten nicht ausreichend kalkulierbar sind.[50] Die Diskussion über die Reduktion von CO_2-Emissionen ist exemplarisch. Steuern auf CO_2-Emissionen und Tempolimits werden allgemein als nützliche Instrumente zur Emissionsreduzierung anerkannt, trotzdem haben kurzfristige politische und wirtschaftliche Interessen durchschlagende Maßnahmen bisher verhindert, obwohl auch allen Beteiligten klar ist, daß das Problem auch künftig kaum kostengünstiger lösbar ist.

Die exemplarische Gegenüberstellung unterschiedlicher Diskussionsansätze zwischen anthropozentrischen und ökozentrischen Ansätzen muß als ein Kontinuum angesehen werden. Besonders anschaulich wird die Bandbreite, wenn man

---

das Funktionieren des Ökosystems bei gleichzeitiger Nutzung durch den Menschen hin. So hat z. B. der Konservierungsansatz nichts gegen die forstwirtschaftliche Nutzung eines Waldes einzuwenden, so lange er wieder aufgeforstet wird, während der strikte Bewahrungsansatzes darin schon eine Art von Umweltzerstörung sieht (Eckersly 1992: 35-42).

49 Goodin (1992: 54f) faßt die ökozentrische Theorie vom Wert der Natur unter verschiedenen Aspekten zusammen, die die Schwerpunktverlagerung deutlich machen. Dazu gehören postmaterialistische Werte wie Lebensqualität, Angst vor irreparablen Naturschäden und entsprechendes Verantwortungsbewußtsein sowie Prävention, Tragfähigkeit, Zukunftsfähigkeit im Sinne der Berücksichtigung der Bedürfnisse zukünftiger Generationen, als wären es gegenwärtige Bedürfnisse, Befreiung von zentralisierter politischer und wirtschaftlicher Macht, Authentizität im Sinne von tatsächlicher Umsetzung von postulierten ökologischen Prinzipien hauptsächlich auf der individuellen Ebene.

50 Vgl. Turner/Bateman(1993: 122).

sich noch einmal die wirtschafts- und handelspolitischen Vorschläge der Ökologen in Erinnerung ruft. Man kommt fast zwangsläufig zu der etwas verblüffenden Erkenntnis, daß die politischen Reformvorschläge der Ökologen hinsichtlich Handelsliberalisierung eigentlich ebenso anthropozentrisch begründet sind wie die der Umweltökonomie. Auch sie rücken menschliche soziale Bedürfnisse wie Verteilungsgerechtigkeit, ökologische Verantwortung und Dezentralisierung wirtschaftlicher Entscheidungen in den Mittelpunkt. Es ist nicht immer offensichtlich, welchen Stellenwert hier die Umwelt tatsächlich einnimmt und ob sich bei dem angenommenen positiven ökologischen Effekt nicht vielmehr um ein Zufallsprodukt handelt, der einen angenehmen Nebeneffekt darstellt. Offensichtlich kommt es auch hier darauf an, welchen absoluten Wert man Umwelt und Natur zuschreibt, womit auch die ökologische Ökonomie ihre Schwierigkeiten hat. Das größte Problem dürfte dabei sein, inwieweit man die Strategie von politischer Verteilungsgerechtigkeit mit einer Verringerung des wirtschaftlichen Materialaufwandes in einer Marktwirtschaft verbinden kann. Der Erfolg eines solchen Programms hängt von der Fähigkeit eines Staates ab, den Schritt vom wachsenden Material- und Energieverbrauch hin zu einem qualitativen Wachstum auf der Basis ökologischer Indikatoren zu vollenden (Eckersly 1992: 144).

Wachstum

Die Umweltökonomie richtet sich nach dem Prinzip der nachhaltigen oder tragfähigen Entwicklung. Dem Problem der bisher kaum quantifizierbaren Tragfähigkeits- (carrying capacity) und transnationaler und intergenerationellen Verteilungsgerechtigkeit bei natürlichen Ressourcen versucht sie, mit einer rigorosen ökonomischen Analyse zu begegnen. Bei der Frage nach der Tragfähigkeit von Wachstum werden Faktoren wie Gleichberechtigung, Ausbildung, Bürger- und Menschenrechte nicht berücksichtigt, sondern man beschränkt sich auf die direkte Schnittstelle von Ökonomie und Ökologie, also dem sicht- und erfahrbaren Umweltproblem. Die Kernfrage lautet zwar: ist Wachstum tragfähig? Die Tragfähigkeitskriterien ermitteln sich jedoch aus den traditionellen Kategorien der Externalitäten. Nur was als negative Umweltexternalität im ökonomisch-gesellschaftlichen Prozeß wahrgenommen wird, ist Teil der tragfähigen Wachstumsgleichung in der neoliberalen Umweltökonomie. Zum Forschungsschwerpunkt wird so die optimale Gestaltung ökonomischer Anreizsysteme und die gleichzeitige Verbesserung staatlicher Regulationsmechanismen (Goldin/Winters 1995: 1-3) auf der von Pigou und Coase eingeführten konzeptuellen Basis.[51]

[51] Als Richtwert für das zu erreichende Umweltschutzniveau werden häufig mehr oder weniger willkürlich gesetzte Grenzen herangezogen, die sich im Vergleich mit verhältnismäßig gering belasteten Regionen und umweltfreundlicheren Produkten ergeben oder als ungefährlich für Mensch und Tier gelten.

Konsequenterweise wird ökonomisches Wachstum an sich nicht in Frage gestellt, sondern man versucht vielmehr, durch diese Optimierungsstrategien ökonomisches Wachstum und Ressourcenverbrauch zu entkoppeln. Dies kommt ökologischen Ansätzen in der Ökonomie schon sehr nahe, weil sie sich für die notwendige Bewußtseinsänderung aussprechen, was grundlegend für eine ökologisch orientierte technische Entwicklung und effizientere Ressourcennutzung ist (vgl. Weizsäcker u. a. 1995). Konkret geht es dabei um die Optimierung des Wirkungsgrades oder vielmehr Energieeinsparung bei gleichzeitiger Leistungsverbesserung.[52] Ein weiterer Aspekt – und darauf hebt der größte Teil der Umweltökonomie ab – ist die verstärkte Umleitung der wirtschaftlichen Gewinne aus zusätzlichem Wirtschaftswachstum in die nachsorgende Umweltpolitik. Eine ganze Reihe von Studien versucht zu zeigen, wie zusätzliche wirtschaftliche Entwicklung bzw. Industrialisierung mit einem Ausbau umweltpolitischer Investitionen und einer sukzessiven Verringerung der Umweltbelastung einher ging. Der Grund für diese Entwicklung liegt im empirisch beobachteten Bewußtseinswandel der Bevölkerung, die bei ausreichendem Einkommen nicht nur die unmittelbaren materiellen Bedürfnisse decken will, sondern auch fast ebenso viel Wert auf postmaterielle Werte wie eine saubere und sichere Umwelt legt (Grossman 1995: 43). Ob es sich dabei um die angestrebte Entkoppelung von Ressourcenverbrauch und Wirtschaftswachstum handelt, ist fraglich, da der absolute Umweltverbrauch auch bei dieser post-materiellen Einstellung meistens nicht mit dem erreichten Umweltschutzniveau in Verbindung gebracht wird. Häufig wird gar nicht danach gefragt, ob die Umweltpolitik ihr Ziel erreicht.[53]

Mit Blick auf den Konflikt zwischen Handel und Umwelt zeigt sich ein weiteres Problem dieser instrumentalistischen Lösungsphilosphie. So kann ein Land sein eigenes Wohlfahrtsniveau steigern, indem es aufgrund technologischen Fortschritts auf die Produktion verschmutzungsintensiver Güter verzichtet und diese statt dessen importiert. Diese Entwicklung wird teilweise in der Umweltökonomie als positiver Effekt ökonomischen Wachstums verstanden (Anderson 1992: 27f), der von einem umwelt- und zukunftsorientiertem Standpunkt aus doch als äußerst fraglich eingeschätzt werden muß.[54] Denn global gesehen, wird dadurch die Umweltverschmutzung bzw. -zerstörung nicht

---

[52] In dem Buch „Faktor Vier" nennen Weizsäcker u. a. eine Vielzahl von Beispielen, die zeigen, daß man mit geringfügigen technischen Änderungen beträchtliche Einspareffekte erzielen kann. Solche Ansätze bilden eine Brücke zwischen den ökofundamentalistischen und den konventionellen Umsetzungsvorschlägen, indem sie auf Einspareffekte und -potentiale aufmerksam machen.

[53] Der Zustand des deutschen Waldes spricht für sich. Zwar wurde eine Verringerung der Schadstoffemissionen erreicht, aber trotz verstärkter Anwendung umweltökonomischer Instrumente ist ein Großteil der Wälder immer noch in sehr schlechtem Zustand.

[54] Ein Beispiel für eine umfassende und umweltgerechte analytische Betrachtung des Verhältnisses von Wachstum und Umweltschutz bieten Choucri/North (1993).

verringert. Die „Richtigkeit" dieser Ansätze ist in einem formalen Sinn kaum zu bewerten, da sie von der Bestimmung eines spezifischen Schutzniveaus abhängt, welches derzeit mit Blick auf langfristig verträgliches Wachstum größtenteils nicht mit wissenschaftlicher Bestimmtheit festgelegt werden kann.

Trotzdem fordern manche, man dürfe gegenwärtiges Wirtschaftswachstum nicht wegen umweltpolitischer Bedenken behindern, weil damit schließlich die finanziellen Mittel für zukünftige Schutzmaßnahmen erwirtschaftet werden könnten (vgl. Beckermann 1992: 492). Solche Empfehlungen sind aus umweltpolitischer Perspektive äußerst skeptisch zu bewerten, weil diese Sichtweise die Notwendigkeit und den Nutzen von Wirtschaftswachstum nicht in Frage stellt, sondern darin eine Chance sieht, Umweltzerstörung zu einem späteren Zeitpunkt zu beheben. Diese Sicht ist nicht nur wegen der schon angesprochenen Unsicherheit über zukünftige Auswirkungen gegenwärtigen Wachstums problematisch, sondern auch naiv, weil sie nicht bedenkt, wie schwer eine Umkehr auf einmal eingeschlagenen Wegen ist. Das allgemein als Pfadabhängigkeit bekannte Phänomen bedeutet, daß politische Prozesse sich an vorangegangen Ereignissen orientieren und kaum aus der vorgegebenen Entscheidungsrationalität ausbrechen. Weltwirtschaftliche Strukturen und umweltschädigende Produktionsweisen sind nur durch außergewöhnliche internationale Kooperation zu reformieren, und angesichts der wachsenden wirtschaftlichen Interdependenz sollten diese Schwierigkeiten nicht unterschätzt werden.

Das Argument, für späteren Umweltschutz mit Erlösen gegenwärtigen Wirtschaftswachstums zu bezahlen, weist auf ein weiteres Charakteristikum wirtschaftsliberalen Denkens hin, das ein Hindernis für die von den Ökologen geforderten Reformen ist. So orientiert sich der Sinn einer Umweltschutzmaßnahme an einer ökonomischen Kosten-Nutzen-Analyse, die versucht, den gegenwärtigen Nutzen und die Kosten mit einem angenommenen zukünftigen Nutzen der verbesserten Umweltsituation (discount rate)[55] zu verbinden. Nordhaus (1993) entwickelte für die Reduzierung des Treibhauseffekts ein Modell optimaler Reduktionsraten bei gleichzeitigem Wirtschaftswachstum, das auf der Grundlage möglichst zu vermeidender Reduktionskosten für Produzenten und Staaten genau diese Kostenabwägung vornimmt. Er spielt dieses Modell mit unterschiedlichen alternativen Szenarien durch – keine Regulierung der Treibhausgase, optimale Wirtschaftspolitik, 10-jähriger Aufschub von Maßnahmen, 50 % Treibhausgasreduzierung sowie technologische Entwicklungsfortschritte bei Geoingeneering –

---

[55] Vgl. Hanley/Spash (1993). Die Discount-Rate macht darauf aufmerksam, daß Individuen bei der Hierarchisierung ihrer Präferenzen Interessen, die nicht unmittelbar verwirklicht werden sollen, weniger Wert zuschreiben als aktuellen Fragen. Ein Beispiel aus dem Naturschutz ist der Wald, dessen unmittelbarer wirtschaftlicher Wert als Holzlieferant in der Gegenwart für die meisten Menschen größer ist, als sein mittelbarer Wert als Naherholungsgebiet, bei dem unklar ist, wann diese Funktion von den Einzelnen in Anspruch genommen wird. Die Umweltökonomie versucht nun diese Discount-Rate monetär feszulegen, um bei der Kosteninternalisierung die mittelbaren Dienstleistungen der Natur angemessen zu bewerten.

und kommt zum Ergebnis, daß die optimale Wirtschaftspolitik vor allem gegenüber einem politisch global festgelegten Emissionsreduktionsziel die beste Strategie ist (Nordhaus 1993: 283).[56] Obwohl der Hinweis auf die Vorläufigkeit dieses Modells nicht fehlt, bleibt eine gewisse Skepsis, was den Gegenstand und die Steuerbarkeit einer solchen optimalen Wirtschaftspolitik betrifft. Der Umweltschutzgesichtspunkt wird offensichtlich dem Wirtschaftlichkeitsprinzip untergeordnet, da die Modelle nach dem Leitmotiv möglichst geringer umweltpolitischer Eingriffe in die Wirtschaftspolitik ausgewählt werden. Tatsächlich schlägt sich das in einem Optimierungsbegriff nieder, der nur so viel Umweltschutz für angebracht hält, daß dieser gerade noch den Umweltkollaps bzw. unkontrollierbare Schäden verhindert. Das Optimum des umweltpolitischen Eingriffs entspricht dann einer Gradwanderung am Rande nicht abschätzbarer Prozesse der Natur- und Ressourcenzerstörung, ohne die Gefahr einer endgültigen globalen Umweltkatastrophe langfristig zu bannen. Es geht nur um die Erhaltung eines prekären Status Quo. Die notwendige Sensibilisierung für die komplexen Zusammenhänge umweltrelevanter Prozesse wird dadurch jedenfalls nicht eingeleitet.

Wettbewerb

Der Aspekt der Wettbewerbsfähigkeit soll hier nur kurz angerissen werden, da sich die Problematik der Wettbewerbsfähigkeit noch deutlicher auf den anderen Ebenen zeigen wird. An dieser Stelle muß jedoch darauf hingewiesen werden, daß die Umweltökonomie und ökologische Ökonomie dem Wettbewerb unterschiedliche Wirkungen zuschreiben und die Wettbewerbsfähigkeit dementsprechend einen anderen Stellenwert in der jeweiligen Perspektive einnimmt. In der Umweltökonomie ist der Wettbewerb zwischen Staaten etwas durchaus erstrebenswert, da er zu Effizienzsteigerungen führt, die aufgrund effizienteren Rohstoffverbrauchs auch der natürlichen Umwelt zu Gute kommen. Tritt dieser Effekt nicht auf, so liegt das am Markt- oder Politikversagen, aber nicht grundsätzlich an den umwelt- oder naturfeindlichen Auswirkungen neoliberaler Wirtschaftssysteme. Die Verantwortung zur Lösung der Probleme liegt bei der Politik, internationaler Handel wirkt dabei nur als „magnifier" oder Verstärkungselement positiver oder negativer Politik (Charnovitz 1994: 462, GATT 1992a: 20). Aus diesem Grund sollte die Wettbewerbsfähigkeit auch nicht durch nationale umweltpolitische Maßnahmen eingeschränkt werden, wie dies beispielsweise durch hohe Umweltstandards oder Subventionen geschieht. Auch sollte eine Harmonisierung der Standards unterlassen werden, weil dadurch künstlich Wettbewerbsvorteile natürlicher Faktorausstattung eingeebnet werden, die sich langfristig als Effizienzverluste niederschlagen (Bhagwati 1996).

---

[56] Auch hier muß angemerkt werden, daß optimale Wirtschaftspolitik natürlich ein subjektiver Begriff ist und die neoliberale Vorstellung optimaler Wirtschaftspolitik von Ökologen und Umweltschützern überwiegend abgelehnt wird.

Die Ökologen dagegen sehen im Wettbewerbsprinzip eine Gefahr für hohe Umweltstandards. Gerade im Zusammenspiel von Globalisierung und verstärkter wirtschaftlicher Integration sehen sich Staaten unter Umständen gezwungen, auf (Kosten verursachende) Umweltstandards zu verzichten, um beispielsweise ein Abwandern der Industrie an Standorte mit niedrigeren Standards zu verhindern.[57] Teilweise wird auch dafür plädiert, Instrumente wie umweltpolitische Subventionen als Mittel zur Steigerung der Wettbewerbsfähigkeit einzusetzen und so mit einer Art positiver Diskriminierung, der Umweltpolitik einen Vorsprung zu verschaffen.

2.3 Zusammenfassung

In der Umweltökonomie steht der effiziente Ressourceneinsatz im Vordergrund. Internationaler Handel unterstützt in diesem Zusammenhang nicht nur den effizienten Ressourceneinsatz unterstützen, sondern schafft durch den Wohlfahrt erzeugenden Effekt die finanziellen Mittel für effektive Umweltpolitik und hilft bei der Verbreitung der dafür notwendigen Technologie. Umweltökonomen haben demnach eine prozeßorientierte Gesamthaltung zum Problemkomplex Handel und Umwelt. Sie setzen direkt bei konkreten Umweltexternalitäten an, wenn sich diese als ökonomische Nachteile entpuppen und suchen nach einer ökonomisch verträglichen Lösung, um damit ökonomische Nachteile abzuwenden (Williams 1996: 48).

Der grundlegende Gegensatz der ökologischen Ökonomie zur Umweltökonomie besteht darin, daß die Ökologen an den wirtschaftlichen und gesellschaftlichen Strukturen interessiert sind, die die natürlichen Grundlagen des Lebens und die Ressourcenvorräte bedrohen. Das internationale Wirtschaftssystem mit dem ihm innewohnenden Wachstumsautomatismus ist eine dieser Strukturen.[58] Umweltzerstörung wird als direkte Folge von Akkumulations-, Produktions- und Reproduktionsprozessen gesehen, die den Kern des kapitalistischen Systems ausmachen (Williams 1996: 54-55). Anstatt für Freihandel, der den „Einkauf" effizient produzierter Güter und Dienstleistungen erlaubt, argumentieren sie für eine Relokalisierung der wirtschaftlichen Tätigkeit, um die Material- und Ressourcendurchfluß möglichst konstant auf einem Niveau zu halten.

[57] In empirischen Studien hat sich herausgestellt, daß es momentan keinen Trend gibt, der diese Befürchtung bestätigt, was allerdings auf die (noch) relativ geringen Umweltkosten zurückzuführen ist. Vgl. Dean (1992), OECD (1994b).

[58] Bevölkerungswachstum und die Armut des größten Teils der Weltbevölkerung sind die anderen wichtigen Motoren weltweiter Umweltbelastung (vgl. WCED 1987).

3 Handel, Umweltschutz und zwischenstaatliche Beziehungen

Die folgende Darstellung der Wechselwirkungen zwischen Handel und Umweltschutz auf der zwischenstaatlichen Ebene betont die politischen Effekte, die Maßnahmen in einem der beiden Politikfelder auf das jeweils andere Politikfeld haben. Diese Wechselwirkungen beeinflussen direkt den Handlungsspielraum von politischen Akteuren. Dieser Zusammenhang spielt eine entscheidende Rolle für die Integration von Umweltschutz in das GATT/WTO-System.

Auf der zwischenstaatlichen Ebene spielen Regierungen die zentrale Rolle im internationalen Umweltschutz und entsprechend handelt das Kapitel vorrangig von Regierungs- oder Politikversagen im Gegensatz zum schon angesprochenen Marktversagen. Regierungs- bzw. Politikversagen[59] trägt zu Marktversagen bei, indem die Preise für Umweltgüter aus politischen Erwägungen heraus niedrig gehalten werden. Künstliche Niedrigpreise für Naturressourcen, die nach politischen Erwägungen festgesetzt werden, tragen mittelbar oder unmittelbar zur Naturzerstörung bei (Dasgupta 1993: 36).

Politische Maßnahmen bzw. umweltpolitische Instrumente und deren Wirkungen, die solchem Politikversagen entgegenwirken sollen, stehen im folgenden im Mittelpunkt. Es geht um die Frage, wie sich aus einzelstaatlicher Perspektive Handelspolitik auf Umweltschutz und Umweltpolitik auf den internationalen Handel auswirkt. Bei dieser Gegenüberstellung, die zunächst die innerstaatliche Problematik von Handel und Umwelt beleuchtet, zeigen sich, daß die Auswirkungen des einen Politikfeldes auf das andere ganz unterschiedlich äußern und auch zu unterschiedlichen politischen Reaktionen führen kann. Zusätzlich hängen die Wechselwirkungen zwischen den Politikfeldern stark von deren Verankerung und Stellenwert im jeweiligen politischen System ab.

---

[59] Ein typisches Beispiel ist die Wasserpolitik in Kalifornien, wo Wasser aus 150 Meilen Entfernung herangeführt wird, der Wasserpreis jedoch so niedrig ist, daß er nicht einmal die Bereitstellungs- und Unterhaltungskosten des Kanalsystems deckt. Der Wasserpreis liegt bei US$ 10/ha, während der tatsächliche Bereitstellungspreis bei ca. US$ 100 liegt. Hochgerechnet bedeutet das eine Subvention pro Durchschnittsfarm von ca. US$ 500 000pro Jahr (Pearce/Warford 1993: 174). Die Umweltkosten der Wasserentnahme und möglicher effizienterer Verwendungszwecke sind dabei noch nicht eingerechnet. Allgemein kann man davon ausgehen, daß bei einem höheren Preis der Verbrauch sinkt bzw. effizienter und damit umweltschonender vonstatten geht.

3.1 Handelspolitische Effekte auf die Umweltpolitik

Die Analyse der Wirkungen von Handelspolitik auf die Umweltpolitik beleuchtet die ökologische Fragestellung bzw. umschreibt den Ansatzpunkt der Kritik von Umweltschützern im Hinblick auf die negativen ökologischen Konsequenzen des internationalen Handels. Die Effekte von Umweltpolitik auf den internationalen Handel bilden dagegen den Ausgangspunkt der ökonomischen Analyse.

Im folgenden werden positive wie negative Auswirkungen berücksichtigt, die direkt und indirekt mit politischen Entscheidungen zusammenhängen. Dabei muß jedoch vorausgeschickt werden, daß sich diese Effekte häufig nicht abschließend als „direkt“ oder „indirekt“ von einander trennen lassen. So kann beispielsweise gesteigertes Verkehrsaufkommen aufgrund von Handelsliberalisierung und damit verbundene verstärkte Umweltbelastung, wie es in der EU zu beobachten ist, problemlos als direkte negative Folge von Handelsliberalisierung klassifiziert werden (Task Force 1990). Dagegen ist die Befürchtung der Gewerkschaften, striktere Umweltauflagen führten wegen der daraus folgenden Kostensteigerung letztlich zum Verlust von Arbeitsplätzen, die bei einer Liberalisierung ins Ausland verlagert werden, aufgrund vielfältiger anderer Einflußmöglichkeiten empirisch nur schwer zu untermauern. In der politischen Auseinandersetzung über das Für und Wider von Umweltauflagen oder Liberalisierung können solche Argumente aber durchaus eine wichtige Rolle spielen und müssen deshalb als „indirekte“ Faktoren berücksichtigt werden, wenn sie umwelt- oder handelspolitische Strategien beeinflussen. Inwieweit indirekte Effekte berücksichtigt werden können oder müssen, steht demnach zur Diskussion. In der folgenden Analyse werden deshalb die „direkten“ und „indirekten“ Effekte des einen Politikfeldes auf das jeweils andere durch unterschiedliche empirische Belege erläutert.

An dieser Stelle werden die Umweltauswirkungen von Handelspolitik und die Form handelspolitischer Maßnahmen angesprochen, die vornehmlich auf Liberalisierung abzielen. Diese Effekte hängen im Einzelfall davon ab, ob die Handelsliberalisierung mit der Verfestigung von Markt- oder Politikversagen einher geht oder ob gleichzeitig umweltpolitische Schritte eingeleitet werden, die negativen Auswirkungen entgegensteuern. Ökonomen gehen davon aus, daß Handelspolitik im Normalfall nicht die Ursache von Umweltverschmutzung oder -zerstörung ist (Stevens 1993a: 161), weshalb auch die Bekämpfung von Umweltproblemen mit Hilfe handelspolitischer Maßnahmen nur eine „second-best"-Option sein kann. Es sollte immer erst die Internalisierung der Umweltkosten direkt an der Quelle der Umweltverschmutzung angestrebt werden. So sind beispielsweise die geforderten Handelsmaßnahmen gegen kanadische oder amerikanische Papierprodukte, die Kahlschlagsforstwirtschaft ohne nennenswerte Aufforstung betreiben, aus ökonomischer Sicht bei weitem ineffizienter als direkte Eingriffe in die Produktionsweise, z. B. die Umstellung auf nachhaltige Forstwirtschaft. Handelsmaßnahmen sind in diesem Fall ineffizient, wenn wie in diesen Ländern der Exportanteil relativ gering ist. Deshalb sollte der Umwelt- oder Waldschutz eher bei der ungenügenden Bewertung der ökonomischen

Leistungen des Waldes beginnen, der in den USA und Kanada überwiegend in Staatsbesitz ist. Die Regierungen sollten zum Zwecke einer nachhaltigeren Forstwirtschaft zunächst die Landpreise erhöhen oder ausreichend Schutzgebiete für die noch existierenden Urwälder ausweisen. Zusätzlich müßten sie die Holz- und Papierkonzerne mit wirksamen Umweltauflagen belegen, die Aufforstung und nachhaltiges Forstmanagement obligatorisch vorschreiben und Anreize zur kontinuierlichen Abholzung von Wäldern abschaffen.[60]

Wie sich dann Handel und Handelsliberalisierung auf die Umwelt auswirken, hängt letzten Endes von der Qualität der nationalen oder internationalen Umweltpolitik ab, die die Handelseffekte neutralisieren soll. Beispielsweise hat die Überwachung des internationalen Abfallhandels durch unabhängige Umweltschutzgruppen auf der Grundlage nationaler Umweltgesetze und internationaler Abkommen negative Auswirkungen von allgemeiner Handelsliberalisierung durch die Regulierung des Abfallhandels verhindert. Umweltzerstörung muß also nicht immer eine kausale Folge von internationalem Handel sein, sondern leitet sich auch von Markt- und Regierungsversagen ab, das sich je nach politischem Interesse auf die Umweltsituation auswirkt. Unbeschränkter Handel kann demnach zu Umweltzerstörung beitragen. Wenn jedoch gleichzeitig adäquate Umweltpolitik gemacht wird, können die Auswirkungen auf die Umwelt auch positiv sein (Stevens 1993a: 162).

Die OECD (1994a: 12-16) unterscheidet drei Wirkungsformen, die jeweils positive wie negative Auswirkungen für die Umweltsituation nach sich ziehen können: Produkteffekte, Skaleneffekte und Struktureffekte.

3.1.1 Produkteffekte

Die Produkteffekte des internationalen Handels leiten sich aus der Austausch- und Konkurrenzsituation ab. Positive Effekte entstehen, wenn sich durch Handel ökologisch vorteilhafte Produkte weltweit schneller verbreiten. Darunter können alle Produkte gefaßt werden, die im weitesten Sinne der Sparte Umwelttechnik angehören wie Filtertechnik, Energiespartechnologie, Photovoltaik, Entsorgungstechnologie oder auch Katalysatoren für Kraftfahrzeuge. Im Gegenzug dazu entstehen negative Produkteffekte, wenn durch die verstärkte wirtschaftliche Tätigkeit und ohne entsprechende Kontrolle der Handel mit gefährlichen Gütern wie chemischen Abfällen oder in den Erzeugerländern verbotenen Chemikalien wie DDT zunimmt. Handelsliberalisierung kann solche negativen oder positiven

60 Für einen Überblick über die Forstwirtschaft in Nordamerika vgl. Treter (1995). Seit Mitte der 1990er Jahre propagiert die amerikanische Regierung zusammen mit einigen südostasiatischen Ländern in der WTO die „Accelerated Tariff Liberalization" im Holzsektor, die den Handel mit Forstprodukten liberalisieren soll. Umweltschutzorganisationen warnen, daß dies zu großflächigen Kahlschlägen mit irreversiblen Umweltschäden führen wird, wenn die USA ihre Forstwirtschaft nicht nachhaltiger gestaltet, Kahlschlag verbietet und Aufforstung verbindlich vorschreibt (CIEL 1999).

Effekte noch verstärken. Beispielsweise durch den Abbau von langwierigen technischen Prüfverfahren für Importprodukte erleichtert sich die Verbreitung von Umwelttechnik, und gleichzeitig reduziert sich ihr Preis. Die Abschaffung von langwierigen Importverfahren darf aber nicht auf den Abbau von Importkontrollen hinauslaufen, was unter Umständen negative Umwelteffekte nach sich zieht, wenn dadurch die Verbringung von gefährlichen Stoffen oder gefährdeten Tier- und Pflanzenarten zunimmt.

3.1.2 Skaleneffekte

Die Skaleneffekte von Handel entstehen aus den Makrowirkungen, die internationaler Handel in einer einer Volkswirtschaft als Ganzes entfaltet. Positiv wirken sich die Skaleneffekte aus, wenn das aufgrund von internationalem Handel zusätzlich erwirtschaftete Vermögen bzw. die Effizienzgewinne auch in den Umweltschutz investiert werden. Wenn die zusätzliche Umweltbelastung durch verstärkte wirtschaftliche Tätigkeit und größere Auslandsnachfrage nicht zu umweltpolitischen Gegenmaßnahmen führt, sind die negativen Skaleneffekte in einem solchen Fall meistens auf Politikversagen zurückzuführen. Ein typisches Beispiel für negative Skaleneffekte sind die Wirkungen, die die Liberalisierung des Welthandels im Automobilbau mit sich brachte. In diesen Sektoren trug die Liberalisierung zur relativen Verringerung des Preises eines Autos beit. Im Zusammenspiel mit niedrigen Mineralölsteuern, die den häufigen Gebrauch des Fahrzeugs begünstigen, wurde die Umweltbelastung größer. Denn die absoluten Emissionen haben sich aufgrund des exponentiellen Wachstums des Straßenverkehrs verdoppelt (Maier-Rigaud 1997: 132), obwohl der Treibstoffverbrauch eines durchschnittlichen Fahrzeuges erheblich zurückging.

Handelsliberalisierung kann aber auch positive Skaleneffekte erzielen, wenn dadurch die Entkoppelung von Umwelt- und Ressourcenverbrauch und Wirtschaftswachstum gelingt. Liberalisierung fördert diesen Prozeß durch die Verbreitung des entsprechenden Know-Hows. Auf der anderen Seite lassen sich jedoch auch die negativen Skaleneffekte des absoluten Anstiegs der Umweltbelastungen wegen der gestiegenen industriellen Aktivität nicht leugnen, die nicht allein durch die prinzipielle Verfügbarkeit von Umwelttechnologie umgekehrt werden können.

3.1.3 Struktureffekte

Struktureffekte beleuchten eher die indirekte umweltrelevante Komponente von Handel und Handelsliberalisierung, indem sie die zugrunde liegenden Produktionsmuster und die Art der Ressourcennutzung beschreiben. Allgemein geht man davon aus, daß der Produktionsort und mögliche Produktionsverlagerungen mit internationalen Handelsströmen zusammenhängen, die von unterschiedlichen nationalen Preisen für die Produktionsfaktoren abhängig sind. Umwelt und Umweltpolitik kommen als Produktionsfaktor ins Spiel, wenn beispielsweise niedrigere Umweltauflagen für Abwasser bei sonst gleichen

Bedingungen die Produktion von Papier in Land B günstiger erscheinen lassen als in Land A mit strengeren Abwasservorschriften. Wenn Papier nur noch in Land B produziert wird, kann man aufgrund des Verlustes von Arbeitsplätzen und der stärkeren Umweltbelastung von einem negativen Struktureffekt sprechen. Andererseits können positive Umweltstruktureffekte entstehen, wenn sich durch strengere Umweltauflagen auch ein Markt für Umwelttechnologie entwickelt bzw. die Produktion mit weniger Ressourcenverbrauch auskommen muß – was häufig auch finanziell positiv zu Buche schlägt. Ein weiterer positiver Struktureffekt entsteht, wenn vor allem transnationale Unternehmen weltweit fortschrittliche und umweltfreundliche Produktionstechnologie einsetzen. Liberalisierung steigert diese positiven Struktureffekte, wenn sich Exporteure an diese Markt- und Produktionsbedingungen anpassen und sie die in einem potentiellen Importland herrschenden Umweltauflagen erfüllen wollen.

Dieser erste systematische Überblick illustriert, daß die positiven Umwelteffekte unmittelbar von der Qualität der Umweltpolitik abhängen. Ohne eine gleichzeitige und negative Handelseffekte antizipierende Umweltpolitik hat unkontrollierter und verstärkter internationaler Handel in den meisten Fällen negative Auswirkungen auf die Umwelt und den Ressourcenverbrauch. Diese komplexen Zusammenhänge stellen aus politischer Sicht hohe Anforderungen an Entscheidungsträger, weil sie sehr oft Entscheidungen unter großer Unsicherheit gegen andere starke Interessen treffen müssen. Gerade mit Blick auf bilaterale oder internationale Umweltpolitik ist zu erwarten, daß Umweltpolitik durch diese Zusammenhänge eher blockiert als gefördert wird, weil die positiven Umwelteffekte von Handel offenbar von gleichzeitiger, vorausschauender Umweltpolitik abhängen, die wiederum aus einer einzelstaatlichen Perspektive auch den internationalen Handel eines Landes beeinflußt.

3.2 Auswirkungen der Umweltpolitik auf internationalen Handel

Bei den Auswirkungen von Umweltpolitik auf den internationalen Handel und Liberalisierung muß man zwischen der nationalen und internationalen Dimension von Umweltpolitik unterscheiden. Die nationale Dimension steht hier für nationalstaatliche Umweltpolitik, die primär auf nationale Umweltprobleme bzw. nationale Umweltschutzinteressen gerichtet ist. Das bedeutet nicht, daß damit keine internationalen Probleme angesprochen sind, vielmehr sind die Umweltschutzbestimmungen in erster Linie auf innerstaatliche Umweltprobleme gerichtet, ohne im direkten Zusammenhang mit der Umweltpolitik anderer Staaten zu stehen. Die internationale Dimension verkörpern dagegen internationale Umweltschutzabkommen, in denen Staaten aktiv die gemeinsame Verregelung und Lösung von Umweltproblemen anstreben. In diesem Abschnitt liegt der Schwerpunkt auf staatlicher Umweltpolitik als Bestimmungsfaktor der Wechselwirkungen zwischen internationalem Handel und Umwelt.

3.2.1 Umweltpolitische Instrumente

Umweltpolitische Instrumente können grob in zwei unterschiedliche Kategorien eingeteilt werden: sogenannte direkte staatliche Regulierungsmaßnahmen[61] und ökonomische oder marktorientierte Instrumente (Opschoor/Voos 1989). Marktorientierten Instrumenten wird gegenüber staatlich verordneter Regulierung beispielsweise in Form von strikten Emissionsobergrenzen, verbindlichen Grenzwerten oder pauschalen Gebühren in der allgemeinen ökonomischen Diskussion größere Effizienz zugeschrieben. Ökonomen betonen, daß staatliche Vorschriften keinen Raum für unternehmerische Flexibilität lassen, um die vorgeschriebenen Grenzwerte in einer ihrer spezifischen Produktionsstruktur angemessenen und damit günstigen Art und Weise zu erreichen.

Marktorientierte Instrumente können dagegen aus Verursachersicht den effizienteren Anpassungsprozeß unterstützen, weil sie einen ökonomischen Anreiz zur Verringerung von Umweltbelastung schaffen. Sie erheben eine Gebühr für die Benutzung der Umwelt und ihrer natürlichen Ressourcen, verändern dadurch das Preis- und Kostenniveau und schaffen so einen Markt für Umweltschutz. Marktorientierte Instrumente hängen direkt mit dem sogenannten Verursacherprinzip zusammen, das auf der Idee der Internalisierung sozialer Kosten von Umweltzerstörung basiert. Es wurde erstmals von der OECD systematisch formuliert (OECD 1975) und besagt, daß der Verursacher von Umweltproblemen für deren Kosten aufkommen muß und nicht die Gesellschaft als Ganzes, beispielsweise mit Hilfe des allgemeinen Steueraufkommens. Die für neoliberale Ökonomen so wichtige unternehmerische Flexibilität entsteht durch die Möglichkeit, daß es im Entscheidungsbereich des Unternehmers liegt, wann und wie er bestimmte Reduktionsziele erreicht und dabei auch seine individuell kosteneffiziente Reduktionsstrategie wählen kann. Da der Anreiz der Kostensenkung durch beschleunigte Emissionsreduktion erhalten bleibt, kann dadurch eine Dynamik kontinuierlicher Verschmutzungsreduktion einsetzen.

Die theoretische Grundlage umweltpolitischer Instrumente läßt sich auf die bereits vorgestellten Modelle von Coase und Pigou zurückführen.

Diese Modelle bauen auf die unterschiedlichen Prozesse umweltpolitischer Regulierung: auf Marktorientierung zum einen und staatliche Ordnungspolitik zum anderen.[62] Die Schwächen dieser Modelle treten jedoch bei umweltpolitischen Themen besonders deutlich hervor. Coase berücksichtigt weder die politischen Transaktionskosten, die bei der Einführung umweltpolitischer Instrumente aufgrund der grundsätzlich ambivalenten bis ablehnenden Haltung möglicher Adressaten zwangsläufig auftreten. Daneben kann man die Vergabe von Emissionsrechten als bedenkliche Toleranz oder Akzeptanz von Umwelt-

---

[61] Hier wird sehr häufig auch der englische Ausdruck „Command and Control"- Maßnahmen benutzt, der den Steuerungs- bzw. Zwangscharakter gegenüber dem Anreizcharakter der marktorientierten Instrumente besser hervorhebt.

[62] Vgl. Maier-Rigaud (1988).

verschmutzung auffassen, die notwendige Veränderungen hinsichtlich präventiven Umweltschutzes und schonenden Umgangs mit natürlichen Ressourcen verhindert. Bei der Korrektur umweltschädigenden Verhaltens durch fiskalische Instrumente, wie sie Pigou vorschlägt, ist das größte Problem die Festlegung der Bemessungsgrundlage und des Steuersatzes. Zum einen ist es schwierig festzulegen, welche Besteuerung das umweltpolitisch optimale Ziel erreicht, und zum anderen ist die Höhe der Steuerrate immer eine politische Entscheidung und garantiert noch nicht, daß damit tatsächlich ein umweltpolitisch positiver Effekt erzielt wird. Umweltstandards sind lediglich wissenschaftlich-politische Kompromisse, um einen ökonomischen Anreiz für die Verhaltensänderung zu geben. Wollte man tatsächlich den ökologischen Idealzustand anstreben, vorausgesetzt man kennt ihn überhaupt, müßten die allermeisten Ökosteuern und -abgaben viel höher sein, als dies momentan der Fall ist (Eckersly 1996: 14).[63]

Berücksichtigt man die Implementationsschwierigkeiten von ökonomischen Instrumenten und die damit einher gehenden Kosten, kommt man schnell zu dem Ergebnis, daß diese Art der Umweltpolitik der traditionellen direkten Regulierung durch Behörden aus umweltpolitischer Sicht nicht immer effizienter ist. Das ist nicht überraschend, wenn man den politischen Prozeß in die Analyse einbezieht. Politische Institutionen schaffen mit diesen Instrumenten künstliche Anreize und Märkte, die auch weiterhin mit politischen Mitteln kontrolliert und aufrecht erhalten werden müssen. Stabile politische Rahmenbedingungen und deren Überwachung sind eine notwendige Voraussetzung für die Effektivität dieser Instrumente. Im Grunde genommen handelt es sich hier also nur um eine andere Art politischer Regulation mit etwas mehr Spielraum bei ökonomischen Entscheidungen (Jacobs 1996).

Ein weiterer wichtiger Punkt, der gerade bei einer Analyse marktorientierter Umweltschutzinstrumente auf der internationalen Ebene häufig zu kurz kommt, ist die Tatsache, daß diese Instrumente in bestehende internationale ökonomische und politische Strukturen eingepaßt werden müssen. In Verbindung mit ökonomischen Dynamiken, die sich aus dem Wettbewerbsprozeß ergeben, können sich diese bestehenden Strukturen als unüberwindliche Hindernisse erweisen. Hier steht zunächst die ökonomische und politische Dynamik im Mittelpunkt; welche Probleme sich daraus für umweltpolitische Instrumente im Zusammenhang mit dem GATT/WTO-System ergeben, zeigt sich im folgenden Kapitel.[64]

---

[63] Ausführlicher kann man die Kritiken nachlesen bei Maier-Rigaud (1988, 1997).

[64] Düerkop hat die potentiellen Konfliktpunkte zwischen dem GATT und der geplanten europäischen CO_2-Steuer sehr anschaulich dargelegt. Er kommt zu dem Ergebnis, daß man aufgrund der bestehenden GATT-Regeln keine zusätzlichen Einfuhrabgaben erheben kann, um dadurch den Preisunterschied aufgrund der höheren Ausgaben für Energie auszugleichen. Außerdem könnten Einfuhrländer europäischen Exportsubventionen, die den Europäern den Wettbewerb auf dem Weltmarkt trotz hoher Energiepreise ermöglichen sollen, mit Grenzausgleichsmaßnahmen begegnen. Und eine Verschmutzungssteuer, die die EU all jenen Waren auferlegt, bei deren Produktion keine entsprechende Energiesteuer

3.2.2 Politisch relevante Effekte umweltpolitischer Instrumente

Inzwischen gibt es einen großen Literaturbestand[65] zu umweltpolitischen Instrumenten, weshalb hier nur die wichtigsten genannt werden sollen. Dazu gehören vor allem Gebühren für Emissionen oder Nutzung von Umweltressourcen, wie Wasser, Luft und Boden, Emissionszertifikate (die teilweise auch zwischen den potentiellen Nutzern handelbar sind), Produktabgaben, Pfand- oder Rückgabesysteme (Turner/Pearce/Bateman 1994). Abgaben oder Benutzungsgebühren für Umweltdienstleistungen werden sehr häufig auch unter den Oberbegriff der Umwelt- bzw. Ökosteuern gefaßt. Diese Steuern sind in der praktischen Umweltpolitik inzwischen äußert ausdifferenziert und treten in vielfältigster Form auf. Trotz der Vielfältigkeit der Instrumente ist ihre Wirkung auf den internationalen Handel dennoch sehr ähnlich. Im Zusammenhang mit der Frage nach der Wirkung umweltpolitischer Instrumente auf die nationale bzw. individuelle unternehmerische Position im internationalen Handel verliert auch der Unterschied zwischen starrer Regulierung und marktorientierter Lenkung an Bedeutung. Einerseits können solche zusätzlichen Auflagen Importe erschweren und verteuern, wenn sie auch für ausländische Waren gelten. Häufig beklagen Exporteure solche Auflagen als nichttarifäre Handelshemmnisse, was zu erheblichen Friktionen zwischen Handelspartnern führen kann.[66] Andererseits verursacht Umweltpolitik, ungeachtet welcher Art, im Normalfall auch zusätzliche Kosten für einheimische Unternehmer, die sich letztendlich im Produktendpreis niederschlagen.

Aus Sicht des Umweltschutzes ist der zentrale Kritikpunkt an diesen Instrumenten offensichtlich. Befürworter dieser Instrumente vernachlässigen bei der Entwicklung mikroökonomischer Umweltinstrumente die Wirkungen politischer Aushandlungsprozesse und die damit zusammenhängenden Transaktionskosten. Auf innerstaatlicher Ebene umfaßt diese Auseinandersetzung eine Vielzahl von politischen Akteuren. Neben Parteien sind auch Arbeitgeber- und Arbeitnehmerverbände, industrielle Interessengruppen sowie gesellschaftliche und transnationale Gruppierungen beteiligt, die ein Spannungsfeld erzeugen, das die Chancen der modellierten optimalen Implementation solcher umweltpolitischer Maßnahmen schon erheblich verringert.[67] Die Implementation großangelegter

einbehalten wurde, wäre nur mit einer GATT-Ausnahmegenehmigung möglich. Das zeigt, daß die zu erwartenden Wettbewerbsnachteile für europäische Produzenten aufgrund höherer Energiepreise bei den herrschenden internationalen Bestimmungen kaum durch (handels-)politische Maßnahmen auszugleichen sind (vgl. Düerkop 1994).

65 Vgl. für die deutsche Diskussion beispielsweise Wicke (1991), Cansier (1993), Siebert (1995).

66 Die Problematik der Rechtmäßigkeit und des Ausmaßes umweltpolitisch motivierter nichttarifärer Handelshemmnisse wird im Zusammenhang mit dem GATT/WTO-System in Kapitel 4 näher erläutert.

67 Mit der politökonomischen Problematik aus einer „public choice" Sicht beschäftigen sich u. a. Hillman/Ursprung (1992) und Segerson (1996). Sie zeigen, wie Trittbrettfahrer-

marktorientierter Instrumente wie ökologische Steuerreformen oder auch die EU-weite CO_2-Steuer scheitern regelmäßig am politischen Widerstand diverser Gruppen, die sich aufgrund zusätzlicher Kosten gegen neue umweltpolitische Instrumente aussprechen.[68]

Das zentrale Hindernis für effektive Umweltpolitik ist demnach die Angst vor dem Verlust der internationalen Wettbewerbsfähigkeit. Der politische und gesellschaftliche Widerstand entsteht wegen vermuteter wirtschaftlicher Nachteile aufgrund der zusätzlichen Kosten für umweltpolitische Maßnahmen. Diese Kosten können im internationalen Vergleich zu erheblichen Wettbewerbsnachteilen führen, wenn die Handelspartner nicht mit ähnlichen umweltpolitischen Abgaben konfrontiert sind. Zunächst kann man davon ausgehen, daß Umweltpolitik sich negativ auf die Wettbewerbsfähigkeit der Wirtschaft niederschlägt. Zwei Aspekte, die bei umweltpolitischen Initiativen häufig unterschätzt werden, machen die Wettbewerbsfähigkeit zum Dreh- und Angelpunkt in diesem Zusammenhang. Die Position eines Landes im internationalen Wettbewerb bestimmt sich nicht mehr durch die komparativen Kostenvorteile zu einem anderen Land, sondern durch die Konkurrenz mit einer Vielzahl von Ländern. Die Konkurrenzsituation wird noch zusätzlich verschärft, weil sie mit gleichen oder ähnliche Produkten auf den internationalen Märkten konkurrieren. So rückt die Wettbewerbsfähigkeit sofort in den Mittelpunkt politischer Auseinandersetzungen, wenn auf der nationalen Ebene zusätzliche Kosten auftreten, die auf die Preise durchschlagen können aber von den ausländischen Konkurrenten nicht getragen werden müssen.

Im Grunde handelt es sich hier um das zentrale Problem im internationalen Kontext von Umweltpolitik und Handel. Die Durchsetzbarkeit von Umweltpolitik hängt direkt mit den Koordinierungsproblemen zwischen wirtschaftlichen und ökologischen Belangen zusammen. Dabei geht es um die Frage, welche Instrumente eine für den jeweils anderen Problembereich verträgliche Regelung versprechen, ohne zu gravierenden Wettbewerbsnachteilen zu führen. Mittlerweile wird auch in der Umweltökonomie stärker auf diese politischen Rahmenbedingungen Rücksicht genommen und darauf hingewiesen, daß ökonomische Umweltschutzinstrumente häufig nur im sehr begrenzten mikroökonomischem Rahmen verhältnismäßig effizient eingesetzt werden können (Turner/Opschoor 1994: 35).[69] Gerade das internationale Handelssystem stellt mit Prinzipien, die

verhalten und die Angst davor sowie gut organisierte Interessenverbände die politische Wahl von Instrumenten zum Schutz von Umweltkollektivgütern beeinflussen können, was häufig zu einem suboptimalen wirtschaftlichen und umweltpolitischen Ergebnis führt.

[68] Der Nachteil pauschaler Regulierung sind hingegen die hohen Informations- und Überwachungskosten, die der Verwaltung entstehen. Außerdem wird die politische Ökonomie der Verhandlungsprozesse unterschätzt bzw. größtenteils überhaupt nicht berücksichtigt.

[69] Die Transaktionskosten von marktorientierten Instrumenten verringern sich, wenn ein Land sein Steuersystem auf die umfassende Besteuerung des Energie- und Ressourcenverbrauchs umgestellt hat.

nicht jenen der Umweltökonomie entsprechen, ein beträchtliches Hindernis für die politische Akzeptanz dieser Instrumente auf nationaler Ebene dar. Weil das GATT weder das Verursacherprinzip noch unvollständige Märkte berücksichtigt, schließt es auch die Möglichkeit der finanziellen Kompensation durch den Staat für eventuelle Wettbewerbsnachteile aus und betrachtet diese Unterstützung als unzulässige Subvention (Verbruggen 1994: 51).

3.3 Empirische Beobachtungen

Nachdem sich die Angst über den Verlust der internationalen Wettbewerbsfähigkeit als eines der größten Hindernisse für effektive Umweltpolitik herauskristallisiert hat, ist es um so wichtiger zu untersuchen, wie groß die wirtschaftlichen Auswirkungen von umweltpolitischen Maßnahmen tatsächlich sind.

3.3.1 Negative Auswirkungen

In die Kategorie der negativen Effekte von Umweltpolitik auf den internationalen Handel durch potentielle Kostensteigerungen fallen drei verschiedene Aspekte. Erstens die möglichen Wettbewerbsnachteile im Vergleich zu internationalen Konkurrenten. Ein weiterer negativer Effekt, der sich aus den potentiellen Wettbewerbsnachteilen ergibt, ist die Androhung von bzw. tatsächliche Relokation ganzer Industriezweige in Niedrigstandardländer. Zu diesem Diskussionsstrang gehören auch die Befürchtung bzw. Vorwürfe von sogenanntem Ökodumping, vor allem durch Entwicklungs- und Schwellenländer, die aufgrund niedriger Umweltstandards die Preise für gleiche oder ähnliche Produkte aus Industrieländern unterbieten können. In diesem Zusammenhang wird von wirtschaftlichen Akteuren häufig die Furcht vor dem Verlust von Arbeitsplätzen geäußert, während Umweltschützer eher die Verringerung der Umweltstandards als Gefahr sehen. Eine dritte Konsequenz der vermeintlich belastenden Wirkung von Umweltschutzstandards auf die internationale Wettbewerbsfähigkeit ist die Forderung bzw. Gewährung von Kompensationen für den Verlust von Wettbewerbsanteilen wegen strenger Umweltschutzbestimmungen. Diese Ersatzleistungen nehmen verschiedene Formen an: Neben der verbindlichen Ausdehnung der Standards auf Importprodukte sind auch subtilere Formen der Unterstützung, beispielsweise als Subventionen für technisches Gerät, Abschreibungsvorteile, Steuernachlässe und finanzielle Unterstützung im Rahmen von Forschungs- und Entwicklungsprogrammen denkbar. Diese letzte Kategorie ist aus neoliberaler Sicht eher negativ besetzt, weil sie nicht dem freien Spiel der Marktkräfte entspricht und damit auch den GATT-Regeln entgegensteht. Ebenso können die spezifischen nationalen Standards auch „grünen Protektionismus" darstellen, wenn sie nur vordergründig auf Umweltschutzerwägungen basieren und tatsächlich zum Schutz der Wettbewerbsposition der einheimischen Industrie beitragen.[70]

Schon seit den siebziger Jahren beschäftigt man sich in der Literatur mit den empirisch überprüfbaren Auswirkungen umweltpolitischer Instrumente auf die internationale Wettbewerbsfähigkeit der einheimischen Wirtschaft und dem Zusammenhang von Umweltschutz und Wettbewerbsfähigkeit. An den grundsätzlichen Fragestellungen zur Untersuchung dieser Phänomene hat sich bis heute nicht viel geändert, obwohl weitere Umweltprobleme der Agenda hinzugefügt werden müssen. Dazu gehören die globalen Umweltprobleme, wie beispielsweise Klimaveränderung, Zerstörung der Ozonschicht und der Schutz der Ozeane und Regenwälder sowie die Vorschläge, Handelspolitik in Form von Importrestriktionen als umweltpolitisches Instrument zu nutzen (Pearce 1993). Zusätzliche umweltpolitische Strategien aufgrund dieser globalen Probleme reflektieren zwar die größere Komplexität der politischen Realität, prinzipiell ändert sich aber zunächst nichts an den grundsätzlichen Wirkungsweisen unilateraler Umweltpolitik.

Eine frühe Studie versuchte beispielsweise abzuschätzen, wie sich zusätzliche Umweltschutzkosten für amerikanische Unternehmen zu der gleichzeitig erfahrenen Protektion durch US-Außenhandelsbestimmungen verhalten. Sie kam zu dem Ergebnis, daß Anfang der siebziger Jahre nicht nur die absoluten Kosten für Umweltschutz relativ gering waren (ca. 4 % der Gesamtkosten), sondern die zusätzlich noch durch Außenzölle abgefedert wurden. Die spürbaren Wettbewerbsnachteile fielen demnach finanziell kaum ins Gewicht. Man ging aber damals von einer verstärkten Handelsliberalisierung aus, und entsprechend verwies die Studie darauf, daß sich der Wettbewerbsdruck für die Industrie jedoch sehr wahrscheinlich erhöhen wird, weil die kostenabsorbierende Wirkung bestehender Zollmauern allmählich entfällt (Walter 1974).

Der sich andeutende Trend, daß die Auswirkungen der Umweltschutzkostn auf die Wettbewerbsfähigkeit vernachlässigbar sind, bestätigte sich in empirischen Untersuchungen in den 1980er Jahren. Diese Studien zeigten, daß die Wettbewerbseffekte von Umweltschutzbestimmungen ganz erheblich vom Industriezweig abhängen. Die traditionell „schmutzigen" Industriezweige Chemie, Papier, Stahl und fossile Mineralien sind am stärksten von Umweltauflagen betroffen (Stevens 1993b).[71]

Hier deutet sich an, daß die Identifikation von singulären kausalen Zusammenhängen zwischen Verlust der Wettbewerbsfähigkeit und Umweltschutz nicht unproblematisch ist. Neben umweltpolitischen Regelungen gibt es noch eine ganze Reihe anderer Faktoren, die die Wettbewerbsfähigkeit beeinflussen und

---

70 Dieser letzte Punkt wird bei der Analyse der GATT-Streitschlichtungsverfahren eingehend beleuchtet ebenso wie die geltenden Regeln zu nichttarifären Handelshemmnissen und unzulässigem Protektionismus.

71 Das wurde unter anderem, als Verringerung des Produktionsoutputs aufgrund von Umweltschutzregulierungen gemessen, aber nicht direkt in Relation zu gleichartigen Importen.

zusätzlich einen Vergleich zwischen Ländern erschweren, der als Grundlage für die Berechnung von Kompensationszahlungen oder Ausgleichszöllen notwendig ist. Ein erster wichtiger Punkt ist dabei die Berücksichtigung der unterschiedlichen naturräumlichen Produktionsvoraussetzungen industrieller Produktion. Insellagen mit ständigem Wind verlangen aus nationaler Sicht weniger Luftreinhaltemaßnahmen. Ebenso müssen Länder mit großen, frei verfügbaren Flächen sich weniger Gedanken über die Abfallentsorgung machen, da genügend Deponiekapazitäten zur Verfügung stehen.[72] Gleichzeitig muß jedoch darauf hingewiesen werden, daß Umweltprobleme eben nicht nur von der naturräumlichen Ausstattung abhängen, sondern auch mit dem Stellenwert von Umweltschutz in einer Gesellschaft zusammenhängen (Walter 1982: 25).

Außerdem hängen die Preiseffekte von staatlichen und unternehmerischen Entscheidungen ab, unter anderem davon, ob man nur mit „end-of-pipe"-Technologie arbeitet oder schon langfristige Umweltschutzinvestitionen vornimmt,[73] die auf die Umweltfreundlichkeit und den Ressourcenschutz beim Produktionsinput und während des Produktionsprozsses ansetzen.

Was die Relokation von Industrien angeht, sind nur größere Unternehmen tatsächlich in der Position relativ flexibel auf nationale Unterschiede bei Umweltschutzbestimmungen zu reagieren und ihre Produktion an den für sie kostengünstigsten Ort zu verlagern. Allerdings darf dabei nicht vergessen werden, daß bei solchen Entscheidungen auch noch andere Faktoren als die tatsächlichen Kostenunterschiede von Umweltbestimmungen eine Rolle spielen. Dazu zählen deren Anteil an den Gesamtkosten, die Ausbildungsqualität der Arbeitskräfte, Infrastruktur, Transportkosten, Nähe zum Markt oder auch ein stabiles politisches Umfeld für langfristige Investitionen (Walter 1982).

Als wichtiger empirischer Test wird häufig die Studie von Tobey aus dem Jahr 1990 genannt, der die Hypothese überprüft, inwieweit strikte Umweltpolitik zu Veränderung in den Handelsmustern bei jenen Industriezweigen führt, die die Umwelt stark belasten und tendenziell vermehrt von Umweltschutzkosten betroffen sind. Zu solchen Industriezweigen zählen insbesondere Metall- und Stahlerzeugung, die Papierindustrie, die anorganische Chemie und die Kunststoffverarbeitung. Es wurde überprüft, inwieweit die Handelsströme dieser

---

72 An dieser Stelle muß jedoch der Hinweis gegeben werden, daß es sich hier um die für Ökonomen typische Sichtweise handelt, die solche naturräumlichen Gegebenheiten als Produktionsfaktoren bzw. Produktionsvoraussetzungen ansieht, während Umweltschützer und Ökologen gerade diese Sichtweise als die Hauptursache von Naturzerstörung begreifen und grundsätzlich einen präventiven Ansatz fordern, der solche Überlegungen nur eingeschränkt bzw. gar nicht zuläßt. Demnach sollte Luftverschmutzung von vornherein und grundsätzlich unterbunden werden, unabhängig davon, ob der Schaden im eigenen Land auftritt oder sich über große geographische Gebiete ausbreitet.

73 Der Einbau von Schmutzfiltern in Kamine steht normalerweise für „end-of-pipe", und die Umstellung des Produktionsprozesses, so daß gefährliche Abgase gar nicht erst entstehen, steht für präventiven Umweltschutz.

Industriezweige von industrialisierten Ländern mit hohen Umweltschutzanforderungen zu jenen mit laxen Umweltschutzanforderungen abgelenkt wurden. Dabei ließen sich jedoch gemessen am Bruttosozialprodukt überraschenderweise keine signifikanten Veränderungen feststellen. Die Ursache für dieses Ergebnis lag in der ungefähren Gleichzeitigkeit der verschärften umweltpolitischen Maßnahmen in den Industriestaaten, die deshalb keine meßbaren Effekte hinsichtlich veränderter Handelsströme erzeugten.[74]

Als ein weiterer Unsicherheitsfaktor beeinflussen auch Zölle, Transportkosten und Subventionen die Produktionskosten. Ihre Auswirkungen sind indessen auf dieser makroökonomischen Ebene kaum empirisch quantitativ meßbar. Bemerkenswert ist auch, daß selbst in diesen relativ verschmutzungsintensiven Industrien die Umweltschutzkosten zu Beginn mit höchstens 2,89 % nur einen geringen Anteil der Gesamtkosten ausmachten. Da sich dieser Test auf relativ alte Daten stützte, könnte sich dieses Bild in Zukunft mit noch höheren Umweltschutzkosten jedoch ändern (Tobey 1990: 206).[75] Zusätzlich könnte der gegenwärtige Liberalisierungstrend zur effzienteren Produktion beitragen, die dann wiederum die höheren Umweltkosten kompensieren würde, so daß die Ausgangsvoraussetzungen wieder ähnlich wären wie zu Beginn der Liberalisierung. An diesen Trends hat sich auch gegen Ende der 1990er nichts geändert (Nordström/ Vaughan 1999: 38-40).

Diese empirischen Untersuchungen sind jedoch nicht ganz frei von methodischen Problemen, die offensichtlich in der Datenfülle und der Vielzahl der möglichen Begründungszusammenhänge liegen. So wird in einer Studie beispielsweise gezeigt, daß die USA im Vergleich zu Deutschland im Bereich der Umweltsubventionen einen wettbewerbspolitischen Nachteil erfährt, da deutsche Unternehmen eine breitere finanzielle Unterstützung von staatlicher Seite durch vielfältige finanzielle Hilfsprogramme im Bereich von Forschung und Entwicklung genießen als ihre amerikanischen Konkurrenten. Allerdings wird nicht berücksichtigt, daß z. B. die Lohnnebenkosten und die steuerliche Belastung in Deutschland bei weitem höher sind als in den USA und der vermeintliche Vorteil sogar zum Nachteil werden kann. In der gleichen Studie wird für Japan ein absoluter Kostenvorteil bei Umweltschutzkosten gegenüber den USA nachgewiesen, da die Abgaben absolut geringer seien, ohne jedoch eventuelle frühere Umweltschutzinvestitionen und Effizienzvorsprünge bei der Umwelttechnologie sowie das bereits hohe Umweltschutzniveau in Japan zu beachten. Das unterschiedliche Maß an politischer Unterstützung bei der Implementation umwelt-

---

[74] Daran zeigt sich auch, daß der absolute Anteil der Entwicklungsländer am Welthandelsvolumen gering ist. Wäre er größer und die umweltpolitischen Unterschiede zwischen Industrie- und Entwicklungsländern signifikant, dann hätte das sicherlich in einigen kostenintensiven Sektoren Auswirkungen auf die Struktur des internationalen Handels.

[75] Laut OECD (1993a) können diese Kosten bei einzelnen Unternehmen auch bis 20 % betragen. Diese Studie betont jedoch auch, daß die makroökonomischen Effekte von Umweltpolitik insgesamt gering sind.

politischer Auflagen erschwert den Vergleich ebenso wie die Bestimmung des komparativen Kostenvorteils. Da sich in der zugrunde liegenden Studie die diversen Einflußfaktoren, wie z. B. unterschiedliche staatliche Steuer- und Subventionssysteme, obligatorische Informationspflichten gegenüber der Öffentlichkeit, Überwachung der Standards und politische Unterstützung von Regierungsseite letztlich gegenseitig aufheben, entspricht das Ergebnis den bisherigen Einschätzungen, daß neben Umweltpolitik auch noch andere Kriterien wie Ausbildungsstand, Innovationsfähigkeit, Marktzugang, Arbeitskosten usw. eine wichtige Rolle spielen.[76] Deshalb hat im Endergebnis die amerikanische Industrie keine signifikanten Nachteile aufgrund umweltpolitischer Kosten (Atkinson 1996: 129).

Trotzdem ist vor allem aus industriellen, arbeitnehmerfreundlichen und auch umweltschutzbewegten Kreisen immer wieder der Einwand bzw. die Warnung zu vernehmen, daß sich gerade Entwicklungsländer zu sogenannten „Verschmutzungsparadiesen"[77] verwandeln, die Industrien mit ihren niedrigen Umweltschutzstandards anziehen. Oft wird auch der Verdacht geäußert, diese wären absichtlich so niedrig, um Investitionen anzuziehen, wie es Mexiko im Zusammenhang mit den NAFTA-Verhandlungen immer wieder vorgeworfen wurde. Tatsächlich haben Entwicklungsländer zwischen 1965 und 1988 einen größeren Weltmarktanteil an Produkten verschmutzungsintensiver Industrien relativ zu anderen Produkten und relativ zu den Industrieländern erreicht.[78] Dies ist ein empirischer Hinweis, der für die Verschmutzungsparadies-Hypothese spricht, aber es beweist noch nicht deren Existenz, da, absolut gesehen, die Industrieländer bis heute den größten Anteil am Export dieser Produkte besitzen. Die Zunahme des Weltmarktanteils der Entwicklungsländer könnte neben Umweltschutzkosten in Industrieländern auch mit deren derzeitiger Position im Industrialisierungszyklus und mit industriellen Strukturveränderungen in den Industrieländern zusammenhängen.[79] Jedenfalls reichen diese Daten noch nicht aus, um die Veränderung allein der strengeren Umweltpolitik in Industrieländern zuzuscheiben (Low/Yeats 1992: 103). Demzufolge spricht der empirische Datenbestand gegen die Vermutung

---

[76] Bei dieser Gegenüberstellung wird auch deutlich, wie schwierig die Bestimmung eines umweltpolitischen „Gesamtniveaus" ist, auf dessen Basis man die Umweltpolitik unterschiedlicher Länder mit unterschiedlichen Umweltproblemen tatsächlich ohne Einschränkungen vergleichen könnte.

[77] Der entsprechende englische Ausdruck lautet „pollution haven".

[78] Stevens (1993b) berichtet von der Verlagerung der Phosphatindustrie von Europa nach Nordafrika, die mit der Entwicklung neuer und weniger umweltbelastenden Stoffe in Europa einher gehen, die in Nordafrika aufgrund der teureren Ersatzstoffe noch nicht angewandt werden.

[79] Diese Länder sind in ihrer industriellen Entwicklung noch nicht so weit, daß sie auf die Produktion von solchen Grundstoffen verzichten und sich statt dessen auf die Herstellung von technisch hochwertigeren Gütern konzentrieren könnten.

einer breiten Verlagerung von Industriezweigen aufgrund von Wettbewerbsnachteilen durch hohe Umweltschutzkosten.

Für diese Beobachtung gibt es neben den relativ niedrigen Umweltkosten noch andere Gründe. Beispielsweise regt sich in Industrie- wie Entwicklungsländern immer häufiger öffentlicher Widerstand der Verbraucher, falls Unternehmen die Produktion verlagern, um niedrigere Umweltschutzstandards wirtschaftlich zu nutzen. Und die Industrie nimmt die Konsequenzen eines negativen Umweltschutzimages nicht mehr auf die leichte Schulter. Gegen eine umweltpolitisch bedingte Verlagerung der Produktion spricht auch, daß es für das einzelne Unternehmen häufig kostengünstiger ist, die gleichen Produktionstechniken weltweit einzusetzen, als an ausländischen Standorten veraltete Technologien einzusetzen, die im Heimatland schon ausgemustert wurden. Hinzu kommt, daß Firmen mittlerweile schon eher in Erwartung zusätzlicher Umweltschutzauflagen in langfristige, präventive Umwelttechnologie investieren. Das erspart ihnen die aufwendige und teure Nachrüstung und Entsorgung zu einem späteren Zeitpunkt (Levinson 1996: 450f).[80]

Es gibt noch weitere Gründe für die tatsächlich vernachlässigbaren Wettbewerbseffekte umweltpolitischer Auflagen, die jedoch empirisch nur schwer einwandfrei nachzuzeichnen sind. Dazu zählen spezielle Exportsubventionen in Form von Kostenerstattung für inländische Umweltauflagen oder weitreichenden Ausnahmebestimmungen für Branchen, die dem internationalen Wettbewerb ausgesetzt sind (OECD 1996a: 77).[81] Dadurch fällt die Auswirkung der Steuer auf die internationale Wettbewerbsposition der betroffenen Industriezweige nicht mehr ins Gewicht. Wie oben schon erwähnt, ist es aufgrund unterschiedlicher naturräumlicher und politischer Voraussetzungen schwer, die exakte Kostendifferenz zu ermitteln, so daß die spezifischen Exportsubventionen nicht nur Nachteile ausgleichen, sondern darüber hinaus auch zu einer ungerechtfertigten Bevorteilung führen können.[82] Es wurde auch angemerkt, daß diese Ausgleichsmaßnahmen, nicht die umweltpolitischen Auflagen an sich, die wichtigste Ursache von Handelsverzerrungen sein können, da die Kompensationen je nach Sektor und Land unterschiedlich gestaltet werden (Sørensen 1993).

Die empirische Forschung über die positive und negative Wirkung von Subventionen vor allem auf der Makroebene handelspolitischer Auswirkungen

---

80 Levinson macht noch auf ein weiteres Problem der empirischen Erforschung möglicher Relokationsgründe aufmerksam. Unternehmen geben aus Imagegründen bei entsprechenden Anfragen wohl kaum niedrigere Umweltstandards als Relokationsgründe an.

81 Solche Ausnahmebestimmungen gelten beispielsweise für energieintensive Industriezweige in Schweden, die sonst übermäßig von der ökologischen Steuerreform belastet wären, die inzwischen den Verbrauch fossiler Energieträger und den Kohlendioxidausstoß besteuert. Sie waren auch für die am Widerstand der europäischen Industrie gescheiterten CO_2-Steuer der EU vorgesehen.

82 Solche Vorteile werden vom GATT als handelsverzerrend gewertet und sind unzulässig, siehe auch Kapitel 4.

steht noch relativ am Anfang, da das Ursache-Wirkungs-Verhältnis aufgrund der vielfältigen anderen Einflüsse sehr schwer zu bestimmen ist. Relativ klar sind die Wechselwirkungen nur im Agrarbereich. Gerade die Verseuchung des Grundwassers durch subventionierte Pestizide und Düngemittel, dessen Aufbereitungskosten schließlich nicht von den Verursachern getragen werden, ist ein besonders hervorstechendes Beispiel schwerwiegender Umweltprobleme durch Subventionierung. Gleichzeitig wird der Markt gegen billigere Importe abgeschottet, was zur Aufrechterhaltung dieser Praktiken wesentlich beiträgt. Inzwischen werden alte Subventionen durch neue, vermeintlich umweltpolitische Subventionen ersetzt, beispielsweise Zahlungen für größere Brachflächen oder eben den Verzicht auf Düngemittel. Wenn dann gleichzeitig die Handelsbeschränkungen mit der umweltpolitischen Begründung aufrecht erhalten werden, stellt sich die Frage, ob diese umweltpolitischen Subventionen nicht eine Form des „grünen Protektionismus" sind und nur als vorgeschobenes Argument dienen, um sich die ausländische Konkurrenz vom Leibe zu halten (Tobey/Smets 1996: 83). Will man die handelspolitisch ambivalenten Wirkungen von Umweltschutzsubventionen soweit wie möglich ausschließen, sollte man sich stärker auf deren Optimierungs- und Übergangsleistungen im Bereich der Umweltpolitik konzentrieren und sie als zeitlich begrenzte Unterstützung bei der schnellen Umsetzung qualitativ hochwertiger Umweltpolitik einsetzen (OECD 1996b).

Die negativen Auswirkungen von Umweltschutz auf die Wettbewerbsfähigkeit wird neuerdings auf ganz andere Art entkräftet. Denn inzwischen gibt es auch schon Hinweise, daß sich der vermeintliche Vorteil niedriger Umweltstandards ins Gegenteil verkehrt und eine allgemein schlechte Umweltsituation nicht nur Investitionen anzieht, sondern abschreckend und investitionshemmend wirkt. Das ist teilweise in Osteuropa beobachtet worden, wo sich Investoren offensichtlich zurückhielten, da sie hohe Sanierungs- und vor allem Haftungskosten bei der Übernahme von Betrieben befürchteten (Zamparutti/Klavens 1993: 124).

3.3.2 Positive Effekte

Höhere Kosten für Ressourcen tragen generell zu ihrem effizienteren Verbrauch bei. Das kann sich auf den Input von natürlichen Produktionsfaktoren aber auch den Energieaufwand in der Produktion und auch auf den Output in Form von Abfällen beziehen. Häufig können Reststoffe im Produktionsprozeß wieder oder weiter verwendet werden, so daß sich die Restmüllmenge erheblich verringert.[83] Darüber hinaus hat sich ein sauberes oder positives „Umweltimage" inzwischen als ein wesentlicher Marketingfaktor für viele Firmen entwickelt. In Deutschland arbeitet eine ganze Reihe von Handelsunternehmen wie Tengelmann oder das Versandhaus Otto mit dem Werbefaktor einer umweltfreundlichen Produktpalette

[83] Unabhängig von umweltpolitischen Überlegungen ist der minimale Einsatz an Produktionsfaktoren mit maximalem Ergebnis ein Grundprinzip neoklassischer Wirtschaftsweise und wird generell positiv bewertet.

und integrierten Produktionsabläufen (Freese 1995, Süddeutsche Zeitung 1995). Außerdem hat sich aus dieser Nachfrage und dem politisch verordneten Umweltschutz heraus ein nicht zu vernachlässigender Umwelttechnologiesektor entwickelt. Neben der Produktion von Investitionsgütern für die steigenden Umweltschutzanforderungen beispielsweise im Anlagenbau bot der Umweltschutz in Deutschland 1994 insgesamt Arbeitsplätze für ca. 956 000 Menschen (BDI 1997).[84] Diese wirtschaftliche Dynamik des Umweltschutzsektors verhalf Deutschland und Österreich im umweltsensitiven Bereich, trotz der weltweit höchsten Produktionskosten sogar zu einer Verbesserung ihrer Position im internationalen Wettbewerb (Sorsa 1993: 336). In der politischen Diskussion ist die Wirkung von Umweltpolitik auf den Arbeitsmarkt indessen höchst umstritten, wie sich auch in der deutschen Diskussion um die ökologische Steuerreform zeigt, in der Gegner und Befürworter der Reform, die negativen bzw. positiven Arbeitsmarktwirkungen gleichermaßen in den Vordergrund rücken. Wahrscheinlich hängt das zusätzliche Arbeitsplatzpotential einer ökologischen Steuerreform ebenso von der konjunkturellen Gesamtentwicklung ab, wie dies auch bei anderen wirtschaftsstrukturellen Veränderungen der Fall ist. Unbestreitbar wird ein solcher struktureller Umbau jedoch kurz- und mittelfristig zu erheblichen Problemen auf dem Arbeitsmarkt führen, da Arbeit prinzipiell nicht so mobil wie Kapital ist und eine längere Um- und Einstellungsphase in Anspruch nimmt.[85]

3.3.3 Umweltpolitische Handlungsmöglichkeiten

Harmonisierung

Als mögliche politische Strategien zur Entschärfung der politisch brisanten Wettbewerbseffekte, die sich vor allem in ihrem politischen Potential immer wieder als Blockade oder zumindest Verzögerungsfaktor für effektive Umweltpolitik erweisen, werden verschiedene Strategien genannt. Häufig steht als Empfehlung die Harmonisierung der Standards oder anderer Importvorschriften an erster Stelle. Harmonisierung kann sich dabei auf die Harmonisierung von Umweltstandards oder auf umweltpolitische Prinzipien beziehen (Rubin 1982: 18). Die Harmonisierung von Standards wird jedoch von Ökonomen häufig abgelehnt, weil diese nicht den ökonomischen Prinzipien des komparativen Kostenvorteils und der freien Preisbildung entsprechen und durch die Aufhebung

[84] Darunter fallen Arbeitsplätze in den Sektoren Land- und Forstwirtschaft, Energieversorgung, Bergbau, Chemie, Metallerzeugung, elektrotechnischer und feinmechanischer Maschinenbau, Baugewerbe und Entsorgungsdienstleistungen.

[85] Hinzu kommt noch, daß dieses Thema emotional aufgeheizt wird, wenn Vertreter von Parteien, die die ökologische Steuerreform grundsätzlich unterstützen, aus möglicherweise wahlkampfbedingten Opportunismus plötzlich dem Argument Arbeitsplätze statt Umweltschutz das Wort reden, wie dies jüngst Gerhard Schröder praktizierte (Die Woche 1997: 6).

von solchen Unterschieden der tatsächliche komparative Kostenvorteil künstlich verringert wird (Bhagwati 1996).[86]

Deshalb sollte man sich aus handelspolitischer Sicht auf die Harmonisierung von handlungsleitenden Prinzipien konzentrieren. Die Anwendung des Verursacherprinzips ist ein Beispiel für Harmonisierung. Die bisherige Entwicklung verdeutlicht aber auch, daß ein Grundkonsens über die Sinnhaftigkeit des Verursacherprinzips offensichtlich noch nicht ausreicht, um darauf basierende Umweltschutzmaßnahmen umfassend zu implementieren. Auch UNCED hat trotz der verbalen Globalisierung dieses Prinzips in der Praxis noch nicht allzu viel bewirkt. Kurzfristige Wettbewerbsinteressen und Verständigungsschwierigkeiten über die anzustrebenden Standards verzögern im politischen Alltag effektive umweltpolitische Lösungen.[87]

Die politischen Entwicklungen zeigen, daß die ökonomischen Modelle bei Empfehlungen für die Überwindung umweltpolitischer Blockaden aus Furcht vor dem Verlust der Wettbewerbsfähigkeit an ihre Grenzen stoßen. An diesem Punkt verläßt man den Bereich ökonomischer Anreizmodelle und muß sich mit den Strukturen und Dynamiken politischer Verhandlungen vertraut machen (Barrett 1991). Als policyorientierte Vorgehensweise empfiehlt sich deshalb eine Einigung auf Minimalstandards, die allmählich erhöht, ausgedehnt und angeglichen werden. Harmonisierung bedeutet jedoch nicht, daß Umweltstandards ähnlich wie technische Normungen weltweit übereinstimmen müssen, was technisch fast unmöglich und außerdem ökonomisch und umweltpolitisch nicht wünschenswert ist, weil die Transaktionskosten viel zu hoch wären. Vielmehr zielt der Hamonisierungsbegriff auf eine grundsätzliche Einigung über ein bestimmtes Niveau an Umweltschutzanforderungen. Harmonisierung ist demnach eher eine Art Leitmotiv als eine konkrete Politikvorgabe (Charnovitz 1993).

Umweltpolitische Handelsmaßnahmen

Ein Vorschlag, der auch außerhalb ökonomischer Modelle liegt, ist häufig von Umweltschützerseite zu hören. Sie fordern, nichttarifäre Handelsmaßnahmen wie Einfuhrbeschränkungen oder Importverbote für Produkte, die nicht vergleichbare Umweltstandards erfüllen, als Anreiz bzw. politisches Druckmittel einzusetzen, das das Bewußtsein für umweltfreundlichere Produktion und Produkte bei den Handelspartner wecken soll. Durch den drohenden Verdienstausfall kann man

---

[86] In diesem Argument zeigt sich wieder die typische Einstellung liberaler Ökonomen, die ökonomische Idealvorstellungen zum Axiom erheben, das trotz entgegengesetzter wirtschaftlicher Entwicklungen, die die grundsätzlichen Voraussetzungen für die Gültigkeit des Modells aufheben, nicht revidiert wird. Auch die Frage, ob die umweltpolitischen Anforderungen nicht eine Revision dieser Modelle nahelegen, wird kaum thematisiert.

[87] Das zeigte auch der Klimagipfel in Kyoto 1997, denn die dort vereinbarten Reduktionsverpflichtungen zu Treibhausgasen sind aus umweltpolitischer Sicht zu niedrig. Sie konnten aber aufgrund des wirtschaftlich begründeten Widerstandes vor allem der USA und der Erdöl exportierenden Länder nicht erhöht werden (Ott/Oberthür 1999).

dann die Handelspartner zur Übernahme der eigenen Auflagen zwingen.[88] Diese strategische Umweltpolitik soll vor allem die Einhaltung strikter Umweltstandards garantieren, der eigenen Industrie einen Anreiz zur Umsetzung hoher Standards bieten und als Ausgleich für kostspielige Auflagen dienen. Strategische Umweltpolitik wird als zulässige Interimslösung für Übergangsphasen bis zu verbindlichen internationalen Kooperationslösungen propagiert (Daly 1996: 147).

Eine weitere Maßnahme, die schon genannt wurde, sind Ausgleichszahlungen und Importsteuern, die die Kostendifferenz aufgrund von Umweltschutzmaßnahmen zwischen den einheimischen und den billigeren Importprodukten egalisieren und zumindest im heimischen Markt die Wettbewerbsnachteile aufheben. Aus Sicht des Umweltschutzes wird diese Importdiskriminierung mit dem Erhalt von Mindeststandards begründet und deren Absenkung aus Wettbewerbsgründen verhindert (LeQuesne/Arden-Clarke 1997: 170f).

Bei dieser Form des „grünem Protektionismus" kam es in den 1990er Jahren zu teilweise überraschenden Allianzen zwischen Umweltschützern, der Industrie und Gewerkschaften, die aus unterschiedlichen Motiven heraus gemeinsam protektionistische Maßnahmen mit umweltpolitischen Argumenten forderten. Bei den Verhandlung über NAFTA versuchten Umweltschützer, die Überflutung des amerikanischen Marktes durch mexikanische Produkte mit Hilfe von Importzöllen bzw. -verboten zu verhindern, die nicht nach amerikanischen Umwelt- und Gesundheitsstandards produziert wurden, und forderten deshalb Importverbote. Diese Forderung teilten sie mit Vertretern der Industrie, die sich mit dem Argument anschloß, daß sie die hohen amerikanischen Standards nicht einhalten könnte, wenn sie konkurrenzfähig bleiben will. Die Gewerkschaften wiederum befürchteten den massiven Abbau von Arbeitsplätzen durch Abwanderung der Betriebe jenseits der amerikanischen Grenze. Dabei handelte es sich wohl eher um ein vorgeschobenes Argument, weil jene Industriesektoren Protektion verlangten, die von vermeintlich hohen Umweltschutzkosten betroffen sind und deshalb die Konkurrenz besonders fürchten. Ihr Vorteil besteht letztlich darin, daß die Umweltschutzkosten mit 3,9 % der Gesamtkosten gar nicht so hoch sind, was die mögliche Gewinnspanne durch Abschottung der ausländischen Konkurrenz noch vergrößert (Clark 1995: 109). Die Umweltschützer provozierten in diesem Fall den Vorwurf, ambivalente Ziele zu erfolgen, wenn sie einem schwächeren oder abhängigen Handelspartner die eigenen Umweltüberzeugungen aufzwingen. Auch der Hinweis, daß die protektionistischen Gewinne aus Importsteuern in den Finanz- oder Technologietransfer fließen könnten, heben die ungleichen Ausgangsbedingungen für den Handel und die zwischenzeitlichen Verluste nicht vollständig auf. Setzt man dieses Instrument ein, sollte man darauf achten, daß der

[88] Gerade im Rahmen der Beitrittsverhandlungen Mexikos zur Nordamerikanischen Freihandelszone (NAFTA) forderten amerikanische Umweltschützer die amerikanische Regierung auf, dieser Strategie zu folgen, um Mexiko zur raschen Übernahme amerikanischer Umweltschutzstandards zu bewegen (Esty 1994b: 374).

Handelspartner auch die technischen und wirtschaftlichen Kapazitäten zur schnellen Einführung der geforderten Standards hat. In der Realität begrenzt diese Forderung den Kreis möglicher Adressaten strategischer Umweltpolitik auf Industrieländer und vielleicht noch auf die „newly industrialized countries" des asiatischen Raumes; eben auf Handelspartner, die schon auf ein ausreichend differenziertes Produktangebot zurückgreifen können, welches das technische Know-How für schnelle Modifikationen einschließt.

3.4 Bewertung

Abschließend kann man also festhalten, daß sich die negativen internationalen Wettbewerbseffekte von nationaler Umweltpolitik in Grenzen halten. Die empirischen Beobachtungen führen zu dem etwas überraschenden Ergebnis, daß die Wettbewerbseffekte von Umweltpolitik nicht so dramatisch sind, wie vielfach angenommen wird.

Die folgende Tabelle faßt die unterschiedlichen Elemente von Wettbewerbsfähigkeit und die Begründungen für die empirischen Beobachtungen noch einmal zusammen.

3.4.1 Effekte des internationalen Handels auf internationale Umweltpolitik

Die Implementationsprobleme bei umweltpolitischen Instrumenten, die sich im nationalen Rahmen zeigten, setzen sich auf der internationalen Ebene fort und erschweren die umweltpolitischen Maßnahmen entsprechend. Da Wettbewerbserwägungen auch die Ursache für Verzögerungen bei der Verabschiedung multilateraler Umweltabkommen sind,[89] wäre die Einführung gemeinsamer Schutzprinzipien die beste Lösung, die Furcht vor Wettbewerbsnachteilen aus dem Weg zu räumen (vgl. Rubin 1982).

Neoliberale Ökonomen, die sich mit dem Design marktorientierter und ordnungspolitischer Regelungsinstrumente beschäftigen, betonen

---

[89] Als Beispiel können hier wieder die internationalen Klimaschutzverhandlungen genannt werden, die seit dem Kyoto Protokoll von 1997 Emissionshandel als ein mögliches Instrument vorsehen. Ende der 1990er Jahre wird die Umsetzung jedoch durch allseitiges Mißtrauen darüber blockiert, daß Staaten mit Emissionen handeln, die sie gar nicht eingespart haben, weil unklar ist, wie Emissionsreduktionen kontrolliert werden sollen. Ein ebenso großes Problem ist die Frage der Sanktionsmöglichkeiten beim Verkauf von nicht erreichten Emissionsrechten (Ott/Oberthür 1999).

Tabelle 2: Bestimmungsfaktoren für Wettbewerbsfähigkeit

Makroökonomische Aspekte	Mikroökonomische Aspekte	Direktinvestitionen
	Beobachtungen	
• Maßnahmen haben keine großen Effekte auf Wettbewerbsfähigkeit (gemessen an Handelsbilanz, Handelsstrukturen) • Maßnahmen waren nicht Quellen von Kostendifferenzen zwischen OECDKonkurrenten • Wettbewerbsfähigkeit kann mit Umweltinvestitionen verbessert werden • marktorientierte Instrumente nicht sehr häufig eingesetzt, bei ordnungspolitischen kommt es sehr auf das Design an	• in einzelnen Sektoren können Effekte sehr groß sein, auch wenn auf Makroebene nicht sichtbar • trifft vor allem bei verschmutzungsintensiven und Primär-rohstoffsektoren zu (Chemie, Bergbau, Rohölverarbeitung, Zellstoff/Papier) • kann durch Innovationsvorteile, gesteigerten Effizienzvorteilen, Frontrunner-Vorteilen und Spinn-Off-Aktivitäten zu Wettbewerbsvorteilen führen • hängt stark von anderen Produktionsfaktoren wie Arbeit, Kapital und Technologie ab	• Push/Industrial Flight-Theorie: aufgrund strikter einheimischer Regeln wird Produktion in weniger reguliertes Ausland verlegt • industrielle Migration: nur bestimmte Sektoren verlegen Produktion ins Ausland • Push/Pull-Pollution Havens-Theorie: weniger striktes Ausland zieht verschmutzungsintensive Produktion teilweise an
	Begründung	
Geringer Effekt weil: • ökonomisch unbedeutend, da Kosten nur kleiner Teil der Gesamtkosten • nur begrenzte Daten bzw. Methoden zur Aufarbeitung tatsächlicher Kosten • negative Effekte wurden durch positive bei gewonnenen Wett-bewerbsvorteilen ausgeglichen • umweltpolitische Auflagen wurden durch Ausgleichs- und Übergangsbestimmungen gemildert	unterschiedliche Effekte weil: • Umweltkosten abhängig von Sektor und Reichweite der Externalitäten • nichtumweltbedingte Faktoren wie Arbeit, Kapital und Technologie spielen große Rolle • abhängig von der Möglichkeit der Produktdifferenzierung innerhalb des Sektors • abhängig von Weltmarktintegration des Sektors • abhängig von Firmengröße (Skalenerträge, technische und finanzielle Resourcen) • abhängig vom Investitions-kreislauf und Höhe der Grundinvestitionen	unterschiedliche Effekte weil: • Umweltkosten divergieren stark nach Sektor • nichtumweltpolitische Standortfaktoren überwiegen noch • abhängig von Sektortyp (Basisindustrie, Primärrohstoffverbrauch, Hochtechnologie) • abhängig von wirtschaftlichem Kontext (z. B. Zulieferindustrie) und politischem Kontext (z. B. Freihandel, Investitionsabkommen)

Quelle: OECD 1993a. Die Tabelle ist eine Zusammenfassung der Ergebnisse der OECD-Studie in the case of worldwide problems like global warming or in the case of regional problems like acid rain, there is no viable alternative to international cooperation. A distinctly different case of demand for intergovernmental action can arise even in the absence of direct spillovers because the world's economies are integrated through trade and capital mobility (Summers 1992: iii).

Internationaler Handel und nationaler Umweltschutz mit marktorientierten Instrumenten ist politisch teilweise inkompatibel, weil Handel sozusagen quer zu unterschiedlichen politischen Ebenen liegt. Denn, wie sich bei der Analyse umweltpolitischer Instrumente herausstellte, auch die umweltpolitische Regelung eines rein nationalen Umweltproblems kann internationale Wirkungen entfalten bzw. vom internationalen Umfeld beeinflußt werden, wenn die umweltpolitische Regelung mit international gehandelten Gütern bzw. mit im internationalen Wettbewerb stehenden Unternehmen zusammenhängt. Diese Regelungen sind einerseits Hindernisse für Importprodukte, und andererseits verschlechtern sie tendenziell die Wettbewerbsposition einheimischer Produzenten. Obwohl empirische Ergebnisse dieses Argument entkräften, sind diese vermeintlich negativen Effekte trotzdem immer wieder die Ursache für politischen Widerstand, der effektive Umweltpolitik häufig blockiert.

Dieser Umstand lenkt die Aufmerksamkeit auf die Notwendigkeit internationaler Kooperation, die um so schwerer scheint, wenn über den internationalen Handelsmechanismus nationale Wettbewerbspositionen in die Gleichung eintreten. Eine Reaktion auf die internationalen Kooperationsbedürfnisse war die Entwicklung sogenannter internationaler marktorientierter Umweltschutzinstrumente in der neoliberalen Ökonomie.[90] Sie sind nach demselben Prinzip wie die nationalen marktorientierten Instrumente aufgebaut und sollen den Marktprozeß über nationale Grenzen hinweg aufrechterhalten. Gerade im Zusammenhang mit den globalen Umweltproblemen Klimaschutz, Treibhausgasreduktion sowie Schutz der Ozeane und Regenwälder entwickelte man Modelle für gemeinsame Steuern oder Emissions- und Nutzungslizenzen. Vor allem die Reduktion von Kohlendioxidemissionen war Gegenstand vergleichender Modelle für internationale CO_2-Steuern und -abgaben bzw. handelbare Emissionszertifikate (OECD 1993b, UNCTAD 1992, UNCTAD 1994).

Die Kooperationsprobleme, wie sie sich beispielsweise Ende der 1990er Jahre im Klimaschutz[91] zeigten, haben ihren Ursprung weniger in den hohen Administrationsanforderungen dieser Instrumente. Es sind vielmehr die grund-

[90] Diese werden in der Literatur explizit von internationalen Umweltschutzabkommen unterschieden, die eher in die Kategorie der C+C-Instrumente fallen, da sie festgeschriebene Regeln und/oder Umweltschutzziele umfassen und eben nicht auf der marktorientierten Anreizfunktion basieren.

[91] Die Verzögerung bei der Verabschiedung des Biosafety Protokolls im Rahmen der Biodiversitätskonvention zur selben Zeit ist ein weiteres Beispiel.

sätzlich unterschiedlichen Auffassungen über Verantwortlichkeiten, Problemperzeptionen und das angestrebte Umweltschutzniveau, die internationale Kooperation erschweren. Bei internationalen Steuern steht einer Einigung schon die Frage im Weg, wer wieviel auf welcher Steuerbasis bezahlt. Die Reduktionskosten unterscheiden sich von Land zu Land, und es kann sein, daß manche relativ mehr zahlen müssen als andere, obwohl sie relativ weniger zum Umweltproblem beitragen. Außerdem hat sich herausgestellt, daß gerade bei der Verringerung von Kohlendioxidemissionen sehr hohe Steuern notwendig wären, um schnell einen spürbaren Reduktionseffekt zu erzielen (Barrett 1994). Allgemein besteht das Hindernis, daß Länder aufgrund ihrer unterschiedlichen naturräumlichen und wirtschaftlichen Kapazitäten und unterschiedlichen nationalen Umweltpolitik, die sich hauptsächlich an regionalen und lokalen Umweltproblemen orientiert, deshalb auch Differenzen bei den von ihnen bevorzugten internationalen Steuern aufweisen, da sie die für sie günstigsten wählen möchten.[92] Die Kooperationsanreize sinken dann, wenn die umweltpolitischen Instrumente aufgrund der Vielfältigkeit der Umweltprobleme und nationaler Besonderheiten der industriellen und politischen Struktur in höchstem Maße differenziert werden müßten. Da wegen der unterschiedlichen Bewertung der tatsächlichen Kosten und Gewinne durch die Staaten gemeinsam getragene Umweltpolitik nicht attraktiv bzw. nicht möglich ist, können auch eventuelle Zugeständnisse oder Verluste seltener in anderen Politikfeldern kompensiert werden.[93]

Im globalen Rahmen werden die Versuche internationaler Kooperation im Umweltschutz dann noch durch die enormen Einkommensunterschiede und die Tatsache erschwert, daß z. B. eine ganze Reihe von Entwicklungsländern wie

---

[92] Das sieht man deutlich bei der Kontroverse über die Strategien zur Verringerung der Kohlendioxidemissionen. Länder mit hohem Einkommen bevorzugen eine nationale Energieverbrauchssteuer, über deren Aufkommen sie selbst verfügen können, da sie eine Erhöhung des allgemeinen Steueraufkommens und damit der staatlichen Einnahmen mit sich bringt. Länder mit niedrigem Einkommen bevorzugen eine globale Steuer, da die meisten von ihnen (Ausnahmen sind Indien, China und Brasilien) aufgrund ihrer relativ geringen Emissionen tendenziell eher vom globalen Aufkommen profitieren. Die Öl produzierenden Länder dagegen bevorzugen eine Steuer, die auf den heute üblichen Mineralölsteuern basiert, da sie sich davon die geringsten Einkommensverluste erhoffen. Wie Berechnungen zeigen, ist die Nachfrageelastizität bei diesen Produkten sehr gering und der Preis pro Einheit müßte extrem gesteigert werden, um tatsächlich eine Verringerung des Verbrauchs herbeizuführen (Barrett 1994).

[93] Ein typisches Beispiel war die europäische Kontroverse über eine EU-weite CO_2-Steuer, da sie Frankreich zunächst einen Vorteil gegenüber anderen Mitgliedern verschafft hätte, weil die französische Energieversorgung größtenteils auf Kernenergie und nicht auf fossilen Brennstoffen basiert. Die Kombinationsvariante von Besteuerung des Energieverbrauchs und der Kohlendioxidemissionen scheiterte dann schließlich am Einfluß der europäischen Industrie, die wiederum Wettbewerbsnachteile gegenüber den USA und Japan geltend machte.

China, Indien, Brasilien oder auch die „Tiger"-Staaten in Südostasien im Rahmen ihrer industriellen Entwicklung und des damit verbundenen Anstiegs des privaten und gewerblichen Energieverbrauchs ihre Emissionen und ihren Ressourcenverbrauch um ein Vielfaches steigern werden. Sie lehnen Reduktionsverpflichtungen ab, die jenen der Industrieländer entsprechen, weil sie ihrer Meinung nach im Zuge nachholender Entwicklung ein Recht auf die gleichen „Emissionskontingente" haben, wie sie der Norden während seiner industriellen Aufbauphase in Anspruch nahm.[94] Diese Interessenkonstellation macht es außerordentlich schwierig, ein flexibles Steuer- oder Lizenzsystem zu entwickeln und ein Gleichgewicht zwischen zumutbaren Abgabenbelastungen für Umweltschutz bei gleichzeitig wachsendem ökonomischen Fortschritt zu finden.

Die Schwierigkeiten bei der Vereinbarung von internationalen Lösungen liegen in den großen Unterschieden zwischen den potentiellen Verursachern. Die Diskussion über den Klimaschutz zeigt sehr deutlich, daß beispielsweise beim „Anteil" den Länder am Emissionsvolumen haben, große Unterschiede bestehen. In diesem Bereich ist es jedoch so, daß die Länder, die den größten Anteil an der Verschmutzung haben, auch die wirtschaftlichen Möglichkeiten zum Erwerb der Verschmutzungslizenzen besitzen und deshalb nicht unbedingt zur Verschmutzungsreduktion gezwungen sind. Das kann zu Ungleichgewichten im Weltmarkt, Uneinigkeit über die Bemessungsgrundlage der Verschmutzungskontingente und eventuellen Sanktionen bei Verstößen gegen die vereinbarten Reduktionsziele führen (Turner/Pearce/Bateman 1994: 279).[95]

Tabelle 3: Ökonomische Instrumente des Umweltschutzes

national	**international**
- Abgaben	- Steuern
- Steuerdifferenzierung	- handelbare Emissonszertifikate
- Subventionen	- "debt-for-nature-swaps"
- Rückgabe-Pfandsysteme	- Preis-Mengen-Fonds
- Handelbare Verschmutzungslizenzen	- Differenzierung von Emissions- u. Produktstandards
- Umweltzeichen	- Umweltzeichen

Quelle: Opschoor/Voos (1989), von Prittwitz/Wolf (1993)

[94] Das spiegelt sich in Art. 3 der Klimarahmenkonvention wider, der die „common but differentiated responsibilities and respective capabilities" von Ländern beim Klimaschutz betont und damit auch beinhaltet, daß Entwicklungsländer nur im Rahmen ihrer Verantwortung Emissionsreduktionsmaßnahmen ergreifen müssen. Da die wenigsten von ihnen signifikant zum Klimawandel beitragen, ist ihre Verantwortung für Emissionsreduktionen entsprechend geringer.

[95] Diese Probleme tauchen im Prinzip auch bei der Festlegung einer internationalen Steuer auf.

3.4.2 Internationale Umweltschutzabkommen

Internationale Umweltschutzabkommen sind gegenwärtig die einzigen effektiven internationalen Umweltschutzinstrumente. Insgesamt verzeichnet die OECD (1995a: 295f) über 200 internationale Umweltschutzverträge, wovon 19 entweder direkte Handelsmaßnahmen vorsehen, z. B. das Verbot von Handel mit bedrohten Tierarten, oder indirekt als Druckmittel zur Einhaltung der Abkommen einsetzen, z. B. Importverbote von FCKW zum Schutz der Ozonschicht. Die drei wichtigsten globalen Abkommen sind das Artenschutzabkommen CITES zur Regelung des Handels mit bedrohten Tierarten, das Montrealer Abkommen zum Verbot von FCKW und die Basler Konvention, die die grenzüberschreitende Verbringung von gefährlichen Abfällen regelt. Alle drei arbeiten mit unterschiedlichen Handelsmaßnahmen, die auf das spezifische Umweltproblem ausgerichtet sind. CITES regelt bzw. verbietet den Handel je nach Bedrohungsgrad einer Spezies. Das Montrealer Protokoll sieht u. a. ein Produktionsverbot von FCKW in Industriestaaten sowie ein Importverbot von FCKW für Industriestaaten vor.[96] Für Entwicklungsländer sind Übergangsfristen bis zur Produktionseinstellung vorgesehen. Wenn sich ein Land nicht an die es betreffenden Vorschriften hält, können die anderen Unterzeichnerstaaten Handelssanktionen, die bis zu Boykotten reichen, gegen das vertragsverletzende Land verhängen. Die Basler Konvention wiederum verbietet den Handel mit Giftmüll zwischen Industrie- und Entwicklungsländern, um letztere vor gefährlichen Abfällen zu schützen, die diesen Ländern unbekannt sind und die sie dementsprechend auch nicht ordnungsgemäß entsorgen können. Auch innerhalb der jeweiligen Ländergruppen werden die Handelsbeschränkungen nach und nach verschärft. Dieses Abkommen sieht im übrigen Handelsmaßnahmen von Importrestriktionen bis hin zu Boykotten bei Vertragsverletzungen vor.[97] Tabelle 4 faßt dies noch einmal zusammen.

Diese Abkommen gelten grundsätzlich als sehr erfolgreich und effektive, obwohl sich seit Mitte der 1990er Jahre die Meldungen über Regelverletzungen, wie illegalem Handel mit FCKW oder bedrohten Tierarten, häuften. Aber mit Blick auf die dargestellten politischen und wirtschaftlichen Hindernisse internationaler Kooperation im Umweltbereich darf man die Etablierung solcher Abkommen keinesfalls unterbewerten. Schon allein die Existenz dieser Abkommen muß als Erfolg gelten. Und mit Blick auf die geringe Erfolgsquote ökonomischer Umweltinstrumente scheint diese Art der verhandelten regulativen Form internationalen Umweltschutzes, die bei weitem erfolgreichere Variante zu sein. Diese internationalen Abkommen tragen dazu bei, daß trotz großer sozio-

---

[96] Ende der 1990er Jahre umfaßte das Montrealer Protokoll eine ganze Reihe weiterer Nutzungs- und Handelsverbote sowie Ausstiegsfristen für insgesamt sechs die Ozonschicht zerstörende Stoffe und sie beinhaltende Stoffe und Produkte.

[97] Für eine detaillierte Aufstellung der Regeln und Zuständigkeiten sowie der möglichen Sanktionsmaßnahmen vgl. Bergesen/Parmann (1994).

Tabelle 4: Wichtige internationale Umweltschutzabkommen

Umweltregime	Handelsmaßnahmen	Sanktionen
CITES	abhängig vom Bedrohungsgrad entweder generelles Exportverbot, sonst Quotenregelungen und System vom Export- und Importgenehmigungen kein Handel mit Nichtmitgliedern	bei Nichtbeachtung der Regimeregeln kann Vollversammlung der Mitglieder ein Handelsembargo für Artenhandel verhängen
Ozonschutzregime Montrealer Protokoll Londoner Zusatzprotokoll	Import- und Exportembargos für kontrollierte Substanzen gegenüber Nichtmitgliedern Zusätzlich Importembargos für Produkte, die kontrollierte Substanzen enthalten oder mit solchen hergestellt worden sind	bei Nichtbeachtung wird Mitglied wie Nichtmitglied behandelt
Basler Konvention	Vorausgehende Genehmigungseinholung Totalimportverbote zulässig Exporte zu und Importe von Nichtmitgliedern sind verboten	keine

Quelle: Bergesen/Parmann 1994

ökonomischer Unterschiede zwischen Industrie- und Entwicklungsländern gemeinsame Normen etabliert wurden. Auf mögliche Konflikte zwischen dem GATT/WTO-System und internationalen Umweltschutzabkommen, die Handelsmaßnahmen als Instrument für Umweltschutz einsetzen wird im folgenden Kapitel noch näher eingegangen.

3.5 Konflikte zwischen Entwicklungs- und Industrieländern

Die politischen Konflikte, die sich an „Ökodumping" und „grünem Protektionismus" entzünden, zeigen, daß viele Entwicklungsländer von umweltpolitische Maßnahmen in Industrieländern besonders betroffen sind. Die Effekte solcher umweltpolitischen Maßnahmen und die politischen Reaktionen darauf können die Integration von Umweltschutz in Handelspolitik behindern. Da diese Zusammenhänge auch auf der WTO-Ebene eine Rolle spielen, sollen an dieser Stelle einige typische Probleme kurz beschrieben werden.

Marktöffnung und internationaler Handel wird von neoliberalen Ökonomen als Erfolg versprechende Entwicklungsstrategie gesehen. Gleichzeitig kann aber internationaler Handel den wirtschaftlichen Druck auf weniger entwickelte Länder verstärken und als eine Art Katalysator für intensivere Umweltnutzung und -zerstörung wirken.

Als typisches Beispiel gilt die Rodung von Regenwäldern. In diesem Fall läßt sich sehr gut zeigen, daß Bevölkerungsdruck, ungerechte Landbesitzverhältnisse und ungünstige staatliche Steuerungspolitik, die die Abholzung von Wald für land- und viehwirtschaftliche Zwecke begünstigt und die Hauptursache der Regenwaldzerstörung sind (Repetto/Gillis 1988). Inzwischen sind aber gerade beim Handel mit Tropenholz auch die indirekten Effekte, die das Bild vom geringen Anteil des Tropenholzhandels an tatsächlichen Abholzungsraten revidieren, sehr gut dokumentiert. Indonesien ist ein Beispiel, das zeigt, wie Forstwirtschaft, die den Wald zwar nicht unmittelbar zerstört, trotzdem einen Prozeß auslöst, der mittelfristig zur dauerhaften Schädigung oder gar Abholzung der Regenwälder führt. Die Forstwirtschaft „öffnet" sozusagen bislang unberührte Regenwaldgebiete, indem sie durch die dafür notwendige Infrastruktur eine Plattform für andere Sektoren schafft. Die Forstwirtschaft ermöglicht dann die verstärkte Besiedelung durch Kleinbauern, Händler und Handwerker, die Schritt für Schritt auch den bisher nicht genutzten Wald abholzen und zur Subsistenzwirtschaft nutzen. Sie nehmen ebensowenig wie die Forstwirtschaft kaum Rücksicht auf das äußerst sensible Ökosystem der Regenwälder, das sich bei dieser Art von Nutzung nicht mehr regenerieren kann. So führt die subsistenzwirtschaftliche Nutzung, deren Ausgangspunkt der internationale Handel mit Tropenholz war, schließlich doch zur nachhaltigen Zerstörung tropischer Regenwälder (Barbier et al. 1995).

3.5.1 Positionen des Südens im Querschnittsbereich von Handels- und Umweltpolitik

Ausgangspunkt für die Analyse des Verhältnisses zwischen Industrie- und Entwicklungsländern hinsichtlich Umwelt und Handel ist die Überzeugung, daß erstere eine gewisse politische und moralische Verpflichtung für zusätzliche Hilfestellungen gegenüber den ärmeren Ländern haben, weil sie durch ihren Ressourcenverbrauch unbestreitbar der Hauptverursacher der globalen Umweltprobleme und des gegenwärtigen Ausmaßes an weltweiter Umweltzerstörung sind.[98] Daneben geben sie mit ihrem ressourcenintensiven Lebensstil kein zeitgemäßes Vorbild mehr ab (Wöhlke 1993: 435). So verbraucht zwar ein amerikanischer Bürger im Durchschnitt 36mal mehr Energie als ein Inder. Nun gefährdet aber vor allem das rapide Bevölkerungswachstum und damit zusammenhängende Armutsprobleme in diesen Ländern deren Entwicklungsaussichten, weil die wirtschaftliche Entwicklung in diesen Ländern keinesfalls nach dem ressourcenintensiven Muster des Nordens ablaufen kann (Brown/ Flavin/Postel 1992: 98f).

---

[98] Das ist natürlich eine normative Sichtweise, die schon sehr stark von der Nachhaltigkeitsdiskussion geprägt ist, sie dient hier aber als Ausgangspunkt, weil ansonsten die folgende Diskussion insgesamt hinfällig wäre.

Unterschiedliche Perzeptionen bei Umweltproblemen und ein grundsätzliches Mißtrauen des Südens gegenüber dem vom Norden dominierten System institutionalisierter Kooperation bestimmen die Haltung des Südens.

> Only by exploring the roots of these differences, which involve both fears of eco-imperialism and a sense of misplaced priorities, and by searching for creative ways to overcome them can we hope to succeed in bridging the North/South gap that has emerged as a major feature of negotiations regarding many international environmental issues today (Young 1996: 24).

Im Bereich des Klimaschutzes äußert sich das beispielsweise darin, daß der Süden die Verantwortung gerne dem Norden als dem größten Umweltzerstörer zuschreibt, ohne ausreichend zu berücksichtigen, daß Länder wie China, Brasilien, Indien oder Südostasien inzwischen durch ihre industrielle Entwicklung auch ein enormes Gefahrenpotential für das Weltklima darstellen. Oder hinsichtlich des Erhalts der Biodiversität sieht der Süden das Hauptproblem in den Begrenzungen durch unfairen internationalen Handel[99], sowie dem Ehrgeiz des Nordens, südliche Ressourcen auszubeuten (Young/Demko 1996: 234). Dieses grundsätzliche Mißtrauen prägt die Rahmenbedingungen zwischen Nord und Süd auf der Ebene von Handel und Umweltschutz und behindert die umweltpolitische Kooperation. Die wichtigsten Gründe für das Mißtrauen sind unter anderem:

- das Gefühl für die Lösung von Umweltproblemen aufkommen zu müssen, für die Entwicklungsländer kaum verantwortlich sind,
- die Entwicklung des Welthandels seit 1945, die Beziehung zwischen Umweltverschmutzung und Wachstum,
- umweltpolitische Instrumente,
- und nicht zuletzt die Regeln des Welthandels, repräsentiert durch das GATT/ WTO-System (Sen 1995: 144).

Diese Punkte sollen hier noch kurz erläutert werden.

Die Kluft zwischen den Industrie- und Entwicklungsländern vergrößert sich auch dadurch, daß der Anteil der Entwicklungsländer am Welthandel aufgrund der negativen Entwicklung der „terms of trade“ insgesamt zurückgegangen ist (Brown/Flavin/Postel 1992: 19-21). Primärgüter, das Gros der Entwicklungsländerexporte, erwirtschaften im Vergleich zu hochwertigen Konsum- und Investitionsgütern immer weniger Gewinne. Der Druck auf die natürliche Umwelt erhöht sich, weil schnelle Ausbeutung und Industrialisierung dieser Primärgütersektoren und die Nutzung marginaler Flächen die größten Chancen für ein Wachstum des Außenhandels versprechen.

Bei der von beiden Seiten emotional und teilweise unsachlich geführten Diskussion über die Wechselwirkungen zwischen Umwelt- und Handelspolitik werden von Vertretern aus Entwicklungsländern neben den Kostenfaktoren und

---

[99] Vgl. dazu im vorigen Kapitel u. a. Shiva (1991).

Wettbewerbsaspekten noch weitere Punkte in die Diskussion gebracht.[100] Für sie spielt der sogenannte grüne Protektionismus und Ökoimperialismus eine wichtige Rolle. Deshalb fordern sie inzwischen auch eine striktere Einhaltung des Verursacherprinzips im Norden, was mit Blick auf globale Umweltprobleme, die größtenteils von den Industrieländern verursacht werden, die politische Verantwortung für die Effektivität internationaler Umweltpolitik zu den Industrieländern verschieben würde. Daneben wird auch verstärkter Finanz- und Technologietransfer gefordert bzw. die Einhaltung der Zusagen der Industrieländer von 1992, 0,7 % ihres Bruttosozialprodukts für Entwicklungshilfe auszugeben.[101] Eines der vorrangigen Themen im Zusammenhang von Umwelt und Handel ist für Entwicklungsländer mittlerweile jedoch die Verbesserung ihres Marktzugangs auf die Märkte der Industriestaaten.

Ein Großteil ihrer Schwierigkeiten ist nicht nur auf die knappen finanziellen Mittel und das fehlende technische Wissen zurückzuführen, sondern auch auf die Blockade ihrer auf dem Weltmarkt konkurrenzfähigen Produkte, weil die Industrieländer genau diese Märkte abschotten (CUTS 1999b).[102] Daraus entwickelt sich eine Art negativer Rückkopplungseffekt, weil durch die Protektion potentieller Exportmärkte auch die Möglichkeit zur Bildung finanzieller und technologischer Ressourcen erschwert wird (Munoz 1993). Aus Sicht der Entwicklungsländer ist Handelsliberalisierung deshalb auch durchaus ein positiver Ansatz, diesen strukturellen Problemen zu begegnen, weil sie in der Handelsliberalisierung auch die Chance sehen, allmählich ihre Umweltpolitik zu verbessern. Entgegen der propagierten Absicht des GATT, Instrument eines freieren Welthandels zu sein, indem es nationale Gleichbehandlung und den graduellen Abbau von Handelshemmnissen verlangt, sind die tatsächlichen Errungenschaften vorsichtiger zu bewerten. Gerade im Agrar- und Textilbereich, die für die Exportmöglichkeiten von Entwicklungsländern hervorragende Bedeutung einnehmen, bestehen weitreichende Ausnahmen für Industrieländer von diesen Regeln (Sen 1995: 150).[103] Ende 1999 waren die Implementation der

---

[100] Vgl. Najam (1995) für eine kritische Betrachtung der Einstellung der Entwicklungsländer. Für ihn ist ein wichtiger Punkt, daß der Süden eine gemeinsame Position gegenüber dem Norden findet, aus der heraus der Süden eine durchsetzungsfähigere Politik betreiben könnte. Eine Voraussetzung dafür ist allerdings, daß der Süden auch seine eigenen Angelegenheiten in Sachen Umweltpolitik in Ordnung bringt und entsprechende Maßnahmen ergreift. Das beinhaltet den Aufbau einer eigenständigen umweltpolitischen Strategie und die Bekämpfung von Politikversagen, hervorgerufen durch Korruption und kurzfristige Gewinninteressen.

[101] Inzwischen liegt die Entwicklungshilfe im Durchschnitt bei 0,27 %, was dem tiefsten Stand seit 1973 entspricht (Simon 1997: 26).

[102] Das betrifft vor allem den Agrar- und Textilsektor.

[103] Zwar hat die Uruguay-Runde einige entscheidende Schritte zur Liberalisierung in diesem Bereich unternommen, allerdings sind die Übergangsfristen sehr lang, und gerade im Agrarsektor kann man nur ansatzweise von einer Liberalisierung sprechen. Wie sich die Beschlüsse der Uruguay-Runde auf die wirtschaftliche Situation der Entwicklungsländer

Ergebnisse der Uruguay-Runde bzw. die mangelnden Fortschritte bei der Umsetzung der für Entwicklungsländer vorteilhaften Ergebnisse ein wichtiges Thema in der WTO, weil ihre nördlichen Handelspartner die Öffnung ihrer Märkte verzögerten (de Jonquières 1999).

3.5.2 „Grüner Protektionismus" und „Ökoimperialismus"

Problematisch sind die faktischen Handelshindernisse, die sich aus umweltpolitischen Vorschriften in Industrieländern ergeben und die nach Meinung der meisten Entwicklungsländer schlicht als Umweltschutz getarnten Ökoprotektionismus darstellen. Solche Maßnahmen, meistens sogenannte Ökolabels, basieren nicht nur auf staatlichen Initiativen, sondern auch auf Zertifikaten, die entweder in Eigenregie von der Industrie oder auch von gesellschaftlichen Akteuren ins Leben gerufen und verwaltet werden. Die Probleme entstehen vorwiegend dadurch, daß bei dieser privaten Initiative die Information und Partizipation von ausländischen Handelspartnern vernachlässigt wird. Bei den Ländern mit niedrigerem Umweltschutzniveau entsteht dadurch der Eindruck, einem doppelten Akt der Willkür ausgesetzt zu sein: die fortgeschrittenen Staaten drängen den ärmeren Ländern ihre umweltpolitischen Vorstellungen auf, die sie gleichzeitig auch noch als Handelsbarriere wirkt. So stellen beispielsweise in Industrieländern entwickelte Ökozertifikate für Stoff- und Lederfarben eine große Herausforderung für Länder wie Indien oder Bangladesh dar. Wenn sie nicht in den Entwicklungsprozeß solcher Zertifikate eingebunden sind, können sie kurz- bis mittelfristig bedeutsame Marktverluste erleiden, die sich je nach Stellenwert dieser Exportsektoren in ihrer Außenhandelsbilanz stark auf ihr gesamtes Bruttosozialprodukt auswirken können. Die wirtschaftlichen und sozialen Folgen der möglichen Produktionsumstellungen hängen dann davon ab, wie schnell Alternativen gefunden und umgesetzt werden können und vor allem mit welchen Kosten dies verbunden ist, nicht zuletzt, ob sie damit dann auch die alten Exportmärkte erhalten bzw. neue erschließen können.

Solche Effekte werden von den betroffenen Entwicklungsländern als „grüner Protektionismus" von Industrieländern verstanden. Darunter fallen Beschränkungen des internationalen Handels, nichttarifäre Handelshemmnisse in Form von technischen Standards und inzwischen auch verstärkt an Konsumentenbedürfnissen orientierte Marketinginstrumente, wie beispielsweise Umweltgütesiegel nach Art des „Blauen Engels", die die Umweltverträglichkeit eines Produktes dokumentieren sollen. Die Erfüllung dieser Anforderungen stellen Entwicklungsländer häufig vor große Probleme. Oftmals besteht die Schwierigkeit gar nicht darin, die Kriterien zu erfüllen, sondern eher in Informationslücken über die

Beschlüsse der Uruguay-Runde auf die wirtschaftliche Situation der Entwicklungsländer auswirken werden, ist momentan noch unklar und hängt sicherlich auch von kurzfristigen Entwicklungen der Weltwirtschaft ab. Das folgende Kapitel wird im Zusammenhang von Handel und Umwelt noch näher auf diese Punkte eingehen.

umweltschutzspezifischen Produktanforderungen und den fehlenden technischen Möglichkeiten zur Erfüllung solcher Standards.

Das Einhalten nationaler Umweltstandards ist nicht nur mit großem technischen Informationsaufwand verbunden, sondern erfordert gleichzeitig auch das technische Wissen, schnell auf solche Anforderungen reagieren zu können. Hinzu kommt noch, daß solche Standards je nach Exportmarkt erheblich divergieren können. Den Entwicklungsländern erwachsen also zusätzliche Kosten aus dem Informationsbedarf und der Umstellung der Produktion, die dann unter Umständen auch noch variiert werden müssen, weil sich die Standards je nach Kunden unterscheiden. Dadurch wird der Marktzugang aufgrund von undurchsichtigen Umweltschutzvorschriften erheblich erschwert (Sorsa 1995: 124). Neben den schon vorgestellten US-amerikanischen Bestimmungen für Thunfischfang zählen dazu beispielsweise auch dänische Bestimmungen zur verbindlichen Einführung von Pfandflaschen, die auch Importgetränke betreffen, oder in der EU angedachte europäische Vorschriften zu Importvorschriften für Tropenholz, das „nachhaltig" erwirtschaftet werden muß (ECLAC 1995: 81f). Umweltpolitische Standards, die sich ungünstig auf die Exporte von Entwicklungsländern auswirken, gibt es inzwischen genügend. So konnte beispielsweise Kenia zeitweilig nach der Einführung des Dualen Systems in Deutschland keine Blumen mehr nach Deutschland einführen, weil die Verpackung nicht den deutschen Recycling- und Entsorgungsvorschriften entsprach und die kenianischen Firmen aus Unkenntnis auch nicht an dem Programm teilnahmen (Esty 1994a: 102).[104]

Bisher gibt es noch keinen umfassenden Überblick über die makroökonomischen Auswirkungen, die solche Maßnahmen auf die Exporte von Entwicklungsländern haben. Dabei wäre es für die policyorientierte Analyse von großer Bedeutung, einen Überblick über die tatsächlichen Kosten und die monetäre Größenordnung der Marktanteilsverluste zu erhalten, denn dann könnte man auf geeignete Ansatzpunkte für international koordinierten Umweltschutz schließen.[105]

Der Versuch oder die Absicht, mit strikten nationalen Standards für Importprodukte auch in Entwicklungsländern ein größeres umweltpolitisches Bewußt-

---

[104] Solche kurzfristigen Veränderungen in den Rahmenbedingungen des internationalen Handels können ganze Kettenreaktionen auslösen, wie der Fall von Jutekaffeesäcken zeigt. Sie werden in Indien produziert und an südamerikanische Kaffeeproduzenten geliefert. Mit der Einführung des Dualen Systems konnte aufgrund eines Versäumnisses auf deutscher Seite (der natürliche Rohstoff Jute war nicht in die Liste zulässiger Verpackungsmaterialien aufgenommen) brasilianischer Kaffee nicht mehr in Jutesäcken nach Deutschland geliefert werden, was zu beträchtlichen Problemen auf brasilianischer Seite führte, da es zunächst keine Alternativen gab (Zarilli 1994: 301).

[105] UNCTAD versucht, statistisch verwendbare Erkenntnisse zu gewinnen, bisher scheiterte dies jedoch an der mangelhaften empirischen Erhebungsgrundlage. Die bisherigen Daten basieren größtenteils auf Unternehmensbefragungen mit postalisch zugegangenen Fragebögen, deren Rücklaufquote und Vollständigkeit recht unterschiedlich sind. Die Ergebnisse haben deshalb nur einen Überblickscharakter, der einen ersten Eindruck vermittelt.

sein zu schaffen, indem man sie mehr oder weniger zur Übernahme dieser Umweltziele zwingt, ist aus (handels)-politischer Sicht ein sehr ambivalentes Mittel. Die Grenze zwischen zulässigem und berechtigtem Umweltschutz auf der einen Seite und ungerechtfertigten Einschränkungen auf der anderen, die nur vordergründig einem Umweltschutzziel dienen, ist fließend. Das deutsche Programm zur Reduktion von Verpackungsabfällen, der „Grüne Punkt", hat aus diesem Grund international für Aufregung gesorgt, weil es notwendigerweise auch für Importprodukte eine große Umstellung und zusätzliche Kosten durch die verbindliche Teilnahme am Programm verursachte. Als größtes Problem für Exporteure hat sich dabei tatsächlich der Mangel an Information und die Intransparenz bei der Verabschiedung der Vorschriften erwiesen (Wyatt 1995: 375). Letztlich ist der deutschen Verpackungsindustrie, die am Planungsprozeß beteiligt war, daraus zumindest ein impliziter Vorteil erwachsen.[106] Daß es nicht zu einem Verfahren wegen unerlaubten Protektionismus bei der WTO kam, ist vor allem der Tatsache zuzuschreiben, daß aufgrund von frühzeitigen Beschwerden für ausländische und einheimische Verpackungsproduzenten formal die gleichen Bedingungen gelten und man nicht von einem protektionistischen Vorteil für die deutsche Industrie ausgehen kann.

Nicht immer läßt sich der protektionistische Effekt so leicht beurteilen und verwerfen. Gerade im Zusammenhang mit Konsumentenschutz begründete Umweltschutzstandards erweisen sich als problematisch. Ein Beispiel ist hier die in der deutschen Textilbranche in Zusammenarbeit mit der chemischen Industrie auf Unternehmensebene entwickelte Einstufung von umweltfreundlichen bzw. für den Träger ungefährlichen Textilfarbstoffen, die mit einem Etikett gekennzeichnet werden konnten, das dem potentiellen Kunden die „Umweltfreundlichkeit" des Produktes anzeigte. Die Textilexporteure aus Entwicklungsländern verloren wichtige Marktanteile, da sie ihre Produkte aufgrund ihrer Nichtberücksichtigung bei der Entwicklung des Labels zunächst nicht damit ausstatten konnten. Zudem wurden ihre auf natürlichen Farbstoffen beruhenden Textilfarben bei der Beurteilung der Umweltverträglichkeit von Farbstoffen gar nicht erst berücksichtigt (Wyatt 1995: 359f). Aufgrund von Protesten bemüht man sich nun innerhalb der EU, die Handelspartner verstärkt im Vorfeld der Festlegung ökologischer Produktkriterien zu beteiligen (Eiderström 1998).

Eine UNCTAD-Studie ergab, daß vor allem die langfristige Umstellung der Grundstoffe erhebliche Probleme und eine Kostenexplosion mit sich bringt. Beispielsweise mußten sich türkische Textilproduzenten neue Lieferanten suchen, die die europäischen Standards für organisch erzeugte Baumwolle erfüllten, was anscheinend die Kosten um bis zu 60 % erhöhte (Aruoba 1997: 102). Die Kosten

---

[106] Diese Kritik soll aber nicht dahingehend verstanden werden, daß Unternehmen aus Entwicklungsländern prinzipiell nicht die gleichen Umweltschutzanforderungen erfüllen sollten wie jene der Industrieländer. Man sollte aber darauf achten, daß im Sinne von Fairneß, die gleichen Anpassungschancen erhalten.

werden allerdings nicht nur durch die Umstellung auf ökologisch verträgliche Ausgangsstoffe hochgetrieben, sondern durch den Anspruch eines insgesamt ökologisch verträglichen Produktionsprozesses. Dazu gehört neben effizientem Energieeinsatz unter anderem auch eine geringe Umweltbelastung durch Lärm- und Abwasserbelastung. Gerade der Veredelungsprozeß bei Textilien ist ein entscheidender Kostenfaktor, und neue Umweltschutzbestimmungen der Importeure, die auf diesen Teil der Produktion abzielen, stellen Exporteure vor große Probleme. Die Zusatzstoffe, die im Veredelungsprozeß z. B. die Farbqualität und Haltbarkeit der Textilien bestimmen, werden meistens von einigen wenigen transnationalen Chemiekonzernen aus den Importländern hergestellt. Die Textilienhersteller haben kaum Einfluß auf die Preisgestaltung dieser Produktionsfaktoren, da die Produktionstechnologien strikt urheberrechtlich geschützt sind. Wenn sie also ihre Exportmärkte nicht verlieren wollen, müssen sie sich nicht nur ihre Produkte entsprechend modifizieren, sondern die dafür notwendigen relativ teuren Materialien aus den Industrieländern beziehen (Aruoba 1997: 107).[107] Andererseits zeigte sich auch, daß ökologische Produktkriterien für die Türkei einen Vorteil haben können, da Indien als einer ihrer Hauptkonkurrenten noch größere Schwierigkeiten hat, sich auf die neuen Produktkriterien einzustellen. Die dortigen Klein- und Kleinstbetriebe sind in den seltensten Fällen über die entsprechenden Anforderungen informiert und kaum in der Lage, sich den neuen Bedingungen anzupassen (vgl. UNCTAD 1995b). Deshalb verlangen sie internationale Verhandlungen und Gremien, die solche Standards kooperativ festlegen, bevor sie in Kraft treten (vgl. Zarilli 1994).

Die emotionale Komponente des Konflikts wird u. a. bei der schon angesprochenen Kontroverse um die Wiederaufnahme des kontrollierten Handels mit Elfenbein sichtbar. Während Umweltschützer aus dem Norden befürchteten, daß die Wiederaufnahme des Handels vor allem ein Signal für profitable Wilderei ist, empfanden die betroffenen Afrikaner diese Art der Einmischung in ihre inneren Angelegenheiten als Öko-Kolonialismus. Simbabwes Präsident Mugabe warnte gar vor einer möglichen „Rekolonialisierung" des Kontinents (Süddeutsche Zeitung 1997a). Diese Rekolonialisierung mit dem grünen Zeigefinger trifft zunehmend auf Unverständnis und Ablehnung, da umfassende Hilfe von Seiten der Industrieländer in Form von Finanz- oder Technologietransfer ausbleibt. Und bei einem weiteren Verbot des Elfenbeinhandels sehen sich die betroffenen Länder sogar für ihren guten Umwelt- bzw. Artenschutz bestraft, der sich schließlich in den wieder angewachsenen Tierbeständen widerspiegelt, wenn sie daraus keinen wirtschaftlichen Nutzen ziehen können. Tatsächlich muß sich der Norden mit der Kritik auseinandersetzen, daß es wohl sinnvoller ist, Elfenbein als eine Art Wirtschaftsfaktor oder Einkommensquelle zu nutzen, die dann wiederum

[107] Die Kosten für türkische Hersteller sind auch deshalb enorm gestiegen, weil sie den Grundstoff, organisch erzeugte Baumwolle, verstärkt aus den USA beziehen müssen, da Indien davon nicht genügend produziert.

den Anreiz zum nachhaltigen Schutz der Ressourcen darstellt, in diesem Fall von Elefanten. Wenn die lokale Bevölkerung durch den Schutz der Tiere durch kontrollierten Handel profitiert, wird sich sehr wahrscheinlich auch die Wilderei in Grenzen halten, weil sie nicht mehr auf diese Einkommensquelle angewiesen ist (Behrens 1997: 4). Auch wenn der Vergleich auf den ersten Blick etwas ungewöhnlich erscheint, so kann man den kontrollierten Elfenbeinhandel durchaus mit der Nutzung von Pelztieren für Bekleidung vergleichen, die die Industrieländer auch nicht völlig ablehnen.[108]

Das Stichwort vom Ökoimperialismus fiel auch im Zusammenhang mit einem weiteren umweltpolitischen Instrument, das als eine Art Zwangsmittel für Umweltschutz in Entwicklungsländern interpretiert werden kann. Die sogenannten „debt for nature swaps" arbeiten mit einer Umweltkonditionalität, die als Ausgleich für verbindlichen Umweltschutz einen Schuldenerlaß vorsieht. Zwar hatte diese Idee grundsätzlich positive Ergebnisse im Sinne von mehr Umweltschutz nach sich gezogen, aber eine gewisse Einschränkung der Souveränität nationaler umweltpolitischer Entscheidungen ist nicht zu leugnen. Dieser Kritik kann man wirksam begegnen, wenn man sicherstellt, daß gerade den am meisten von der Umweltzerstörung Betroffenen auch die finanziellen Vorteile aus dem Schuldenerlaß zu Gute kommen (Jacobs 1991: 185).

Solche Konflikte lassen sich jedoch mit Hilfe von Technologie- und Finanztransfers entschärfen. Damit könnte man zusätzlich die Dynamik der eigenständigen Innovationsfähigkeit der Entwicklungsländer fördern (von Moltke 1993). Bei neuen Zertifizierungsprogrammen muß allerdings darauf geachtet werden, daß sie transparent sind. Das heißt, die ärmeren Länder sollten an der Ausarbeitung der Kriterien beteiligt werden, damit sie ihre spezifischen Sorgen und Kenntnisse in den Prozeß einbringen können. Das gewährleistet einen reibungslosen Ablauf, der die Umstellungsschwierigkeiten verringert und vor allem nicht in die Sparte des „grünen Protektionismus" fällt. Ohne diese Beteiligung kann ein zukunftsfähiger und langfristiger Ausgleich, der globalen Umweltschutz einschließt, nicht dauerhaft sein. Daneben müssen die Industrieländer grundsätzlich beim Versuch, den Einkommensunterschied und das Bevölkerungswachstum zu verringern, ihren Beitrag leisten, denn es ist

> nicht vertretbar, Entwicklungsländern die Chance auf Entwicklung, also wirtschaftliches Wachstum, zu verwehren, nur weil davon zusätzliche Belastungen auf die globale Umwelt

---

[108] In der Argumentation von Tierschützern und ihren Vertretern in den Industrieländern scheint sich auch weniger eine allgemeine Ablehnung der Trophäenjagd zu zeigen, als vielmehr ein Mißtrauen gegenüber der Fähigkeit der entsprechenden Länder, die Kontrollen auch tatsächlich konsequent durchzuführen. Daß dies jedoch nicht nur ein Problem von ärmeren Ländern ist, sieht man an den mangelhaften Kontrollen in Industrieländern wie Kanada, das den verbotenen Handel mit Bärenfellen keineswegs unter Kontrolle brachte. Solche Vorkommnisse schüren die Ablehnung von Bedenken der Industrieländer seitens der Entwicklungsländer, und es ist verständlich, daß solche (berechtigten) Einwände immer häufiger als ungerechtfertigte Bevormundung aufgefaßt werden.

> ausgingen. Ohne einen wie auch immer gearteten Ausgleich der Interessen zwischen Nord und Süd wird sich wahrscheinlich keine Lösung für das fundamentale Problem finden lassen, das der globalen ökologischen Krise zugrundeliegt, nämlich ein *Bevölkerungswachstum*, das über alle mit den natürlichen Rahmenbedingungen vereinbaren Maße hinausgeht (...). Die Suche nach derartigen Ausgleichsmechanismen wird jedenfalls *das* Nord-Süd-Thema der Zukunft sein (Wiemann 1992: 30-31).

3.6 Fazit

Die Analyse der Effekte umweltpolitischer Maßnahmen auf den internationalen Handel und von Handel auf Umweltpolitik ergibt ein komplexes Bild von Wechselwirkungen und möglichen politischen Reaktionen. Unilaterale umweltpolitische Maßnahmen, die Handelshindernisse nach sich ziehen, geraten dabei häufig in den Verdacht, vorrangig wirtschaftlichen Zielen zu dienen, weil sie protektionistische Effekte hervorrufen. Daraus entwickelte sich ein politischer Konflikt, vor allem zwischen Industrie- und Entwicklungsländern, der mittlerweile den Fortschritt im Bereich der Umweltpolitik auf internationaler Ebene zu blockieren scheint.

4 Umweltschutz im GATT/WTO-System

Handelsrelevante umweltpolitische Forderungen und Maßnahmen müssen sich grundsätzlich mit den Regeln des GATT/WTO-Systems auseinandersetzen. Das GATT bewertet Umweltpolitik bis heute entsprechend den Auswirkungen auf den Handel. Eine geringe Erfahrungsdichte und vor allem die kaum ökonomisch zu quantifizierenden Auswirkungen stehen den offensichtlichen ökonomischen Erfolgen des Welthandelssystems gegenüber. Zwar ist es theoretisch möglich, daß Handelsliberalisierung zu besserem Umweltschutz beiträgt, aber wie sich schon zeigte, gibt es einige politisch-institutionellen Hindernisse, die ein solch positives Ergebnis eher zur Ausnahme- als zum Regelfall machen.

Inzwischen mehren sich die Stimmen, die verstärkt auf die institutionellen Strukturen an der Schnittstelle von Handel und Umwelt im Problembereich eingehen, aber sie lösen sich kaum von den ursprünglichen Kategorien, bedenken selten politische Strukturen und Dynamiken und ziehen dann recht allgemeine Schlußfolgerungen.[109] Mittlerweile führte zwar die konzeptuelle Unterscheidung zwischen den Auswirkungen des internationalen Handels auf die Umwelt und jenen des GATT auf Umweltschutz zur Versachlichung der Diskussion. Aber sie verharrte trotzdem noch in allgemeinen Vorschlägen, wie der Einführung des Verursacherprinzips oder des Begriffs „Umweltschutz" ins GATT-Regelwerk, ohne die politischen, wirtschaftlichen und strukturellen Widerstände systematisch anzudenken (vgl. Charnovitz 1994).

Die richtige Einschätzung der Ausgangsbedingungen ist aber für die Entwicklung und Implementation adäquater Reformvorschläge die wichtigste Voraussetzung für den Erfolg einer Reform. Will man etwas über das Verhältnis der beiden Politikbereiche zueinander herausfinden, stellt sich zunächst die Frage, wie sich diese ungleichen Ausgangspositionen konkret darstellen, um danach die weit wichtigere Frage beantworten zu können, welche Konsequenzen dies für Umweltschutzpolitik, aber auch für das internationale Handelssystem hat.

Das Anliegen dieser Studie ist eine differenziertere Analyse der Institutionen, die den Welthandel regeln, um schließlich die angemessenen Ansatzpunkte für Kritik und Lösungsvorschläge hervorzuheben. Deshalb bildet das folgende Kapitel zwar das Herzstück der Arbeit, es muß jedoch unbedingt in Verbindung mit den vorausgegangen Analysen der allgemeineren Konfliktebenen gesehen werden. Denn nur so läßt sich die Rolle des Welthandelssystems im politischen Konflikt richtig einordnen, was eine Grundvoraussetzung für die Interpretation der Konfliktlagen und daraus abgeleiteter konkreter Reformvorschläge ist.

Die Policyperspektive des Konflikts zwischen Umwelt und Handel wird nicht nur durch die folgende Darstellung der allgemeinen Handelsregeln und der umwelt-

---

[109] So z. B., daß in Zukunft das angespannte Verhältnis zwischen Industrie- und Entwicklungsländern die Debatte über Handel und Umwelt prägen wird (vgl. Uimonen/Whalley 1997).

politischen Regeln innerhalb des Systems erarbeitet. Auch deren Konkretisierung in Streitschlichtungsverfahren aufgrund von umweltpolitisch motivierten Handelsmaßnahmen geben wichtige Einblicke in das bestehende Dilemma ebenso wie die Diskussion innerhalb der umweltpolitischen Arbeitsgruppe, dem „Committee on Trade and Environment" (CTE).

4.1 Die Entwicklung des Welthandelssystems und die Integration von Umweltschutz

4.1.1 Vom GATT zur WTO

Das GATT trat am 1. Januar 1948 mit zunächst 23 Unterzeichnerstaaten als „General Agreement on Tariffs and Trade" in Kraft.[110] Schon während des 2. Weltkrieges stellte man vor allem in den USA und in Großbritannien Überlegungen zur internationalen Wirtschaftsordnung nach Kriegsende an, um die verhängnisvollen „beggar-thy-neighbour"-Handelsstrategien zu unterbinden, die während der zwanziger und dreißiger Jahre dauerhafte ökonomische Stabilität verhinderten.[111] Das GATT ist neben dem Internationalen Währungsfonds und der Weltbank nur ein Teil der im Rahmen der Konferenz von Bretton Woods etablierten internationalen Wirtschaftsordnung. Diese drei Institutionen bilden die tragenden Säulen eines auf Kooperation angelegten, international stabilen Wirtschaftssystems, das langfristig wirtschaftliche Entwicklung garantieren und so auch den Ausbruch von Kriegen verhindern soll.

Die USA blockierten damals als wichtigste Wirtschaftsmacht die Gründung der ursprünglich angestrebten „International Trade Organization" (ITO) und ließen lediglich die Umsetzung des GATT durch ein Protokoll über dessen provisorische Anwendung zu. Erst mit der 1993 abgeschlossenen Uruguay-Runde multilateraler Handelsgespräche wurde das GATT im Rahmen der Neugründung der „World Trade Organization"(WTO) von diesem provisorischen Status befreit.[112] Deshalb ist es um so bemerkenswerter, daß schon vor der offiziellen Gründung 1948 in Genf 1947 die erste Runde multilateraler Handelsgespräche mit konkreten Zollsenkungen erfolgreich abgeschlossen wurde. In dieser ersten Verhandlungsrunde einigten sich 23 Staaten

> auf 45 000 Zugeständnisse im Bereich des Zollwesens, die Waren im Wert vom 10 Mrd. U.S. Dollar, also etwa ein Fünftel des Welthandels betrafen. Diese Zugeständnisse wurden

---

[110] Umfassende Darstellungen zum GATT bieten Jackson (1992a) und Senti (1986).

[111] Damals führte die kontinuierliche Abwertung von Währungen in Verbindung mit hohen Zollmauern fast zum völligen Erliegen des internationalen Handels (Trebilcock/Howse 1995: 20, Dunoff 1994).

[112] Auf die weitreichenden Auswirkungen und institutionellen Veränderungen, die während der Uruguay-Runde beschlossen wurden, wird im folgenden noch eingegangen.

geschützt durch die bald darauf erfolgte Billigung jenes Teils der Regelungen, der im Entwurf der ITO-Charta enthalten war. Diese Regelungen – Zollzugeständnisse und handelspolitische Bestimmungen – wurden zusammengefaßt zum Allgemeinen Zoll- und Handelsabkommen, das im Januar 1948 in Kraft trat (GATT 1992b: 3).

Die Regelungsbereiche sind während diverser Handelsrunden erweitert worden, um den Anforderungen eines sich verändernden internationalen Wirtschaftssystems so weit wie möglich gerecht zu werden.

4.1.2 Grundprinzipien

Das GATT und jetzt die WTO werden häufig als Synonym für absoluten bzw. regellosen Freihandel angesehen, was jedoch nicht zutreffend ist. Das GATT/ WTO-System gibt zwar als Herzstück des internationalen Handelssystems und der WTO die grundsätzlichen Regeln vor, ist aber kein explizites „Freihandelsabkommen", sondern es fungiert

> als multilaterales Übereinkommen, das staatliche Handelspolitik im wesentlichen dadurch beeinflußt, daß es „Verkehrsregeln" für den Welthandel aufstellt; Forum für Verhandlungen, durch die Handelsbeziehungen liberalisiert und berechenbar gemacht werden, und zwar entweder durch die Öffnung nationaler Märkte oder die Verbesserung des Vertragswerkes selbst; internationaler „Gerichtshof", der Streitigkeiten zwischen Mitgliedsstaaten beilegt (GATT 1992b: 1).

Auch die WTO ist weniger eine ausgesprochene Freihandelsorganisation als ein Instrument, das Nichtdiskriminierung, berechenbaren und erweiterten Marktzugang, fairen Wettbewerb sowie Entwicklung und ökonomische Reform ermöglichen soll. Insofern stellen diese Vorschriften Instrumente dar, die auf eine stetige Liberalisierung von Handel in jenen Bereichen hinarbeiten, wo dies nach Meinung der Organisationsmitglieder wirtschaftlich wünschenswert ist und eine allgemeine Verbesserung der Wohlfahrt verspricht (WTO 1995a). Bei diesem umfassenden Zielkatalog darf man jedoch nicht vergessen, daß sich die Regelungen lediglich auf Produkte und den Warenhandel beziehen.[113] Dieser Punkt ist mit Blick auf mögliche Restriktionen im Zusammenhang mit Umweltschutz wichtig, weil dann häufig produktionsbezogene Aspekte mit Handelsfragen eine wichtige Rolle spielen.

Das GATT[114] ist von der Überzeugung seiner Urheber geprägt, daß nur die Liberalisierung des Welthandels dauerhaft Wirtschaftswachstum und damit auch die allgemeine Wohlfahrt aller Beteiligten sichert. Daraus leitet sich das vorrangige Ziel des Abbaus von Handelshemmnissen ab. Das Meistbegünsti-

---

[113] In der Uruguay-Runde kamen erstmals neue Absprachen über den Umgang mit Urheberrechten und zum Handel mit Dienstleistungen hinzu. Sie beziehen sich aber auf festgelegte Produktcharakteristika.

[114] Seit das GATT 1995 in die neu gegründete WTO integriert wurde, spricht man vom „GATT 1994", das gegenüber dem ursprünglichen Text von 1947 leicht verändert wurde, wenn man sich auf den aktuellen Text bezieht.

gungsgebot des Artikel I setzt dieses Anliegen um. Die „Meistbegünstigungsklausel" entspricht eigentlich einem Diskriminierungsverbot und besagt, daß jede GATT-Vertragspartei jeder anderen die günstigsten Bedingungen bei einmal zugestandenen Vergünstigungen gewähren muß. Jeder einseitige oder innerhalb bi- und multilateraler Absprachen gewährte Vorteil muß unumschränkt auch allen anderen Vertragsparteien eingeräumt werden. Die Meistbegünstigungsklausel bezieht sich auf das Gesamtsystem fairer Austauschbeziehungen und wird durch das Gebot der nationalen Gleichbehandlung des Art. III auf der bilateralen Ebene ergänzt. Art. III fordert die Gleichbehandlung von Importwaren, die nicht schlechter gestellt sein dürfen als gleichwertige inländische Produkte. Um potentielle Handelsmaßnahmen überprüfen und die Meistbegünstigungsklausel implementieren zu können, läßt das GATT gebundene und ausgehandelte Zölle als Handelsmaßnahmen ausdrücklich zu (Art. II).[115] Das GATT beschränkt die Schutzmaßnahmen für einheimische Industriezweige auf Zölle und zollgleiche Abgaben, die nach Möglichkeit schon in den multilateralen Handelsrunden abgesprochen wurden. Dies soll Schutzmaßnahmen berechenbar und transparent machen sowie Handelsverzerrungen vermeiden.

Auf der Instrumentenebene wird das Gebot gebundener Zölle noch durch das strikte Verbot von mengenmäßigen Import- und Exportbeschränkungen des Art. XI komplettiert. Solche Einschränkungen widersprechen dem liberalen Freihandelsgebot, weil sie ineffizienter Ressourcennutzung Vorschub leisten, indem sie durch die Beschränkungen komparative Nachteile wieder ausgleichen und so ineffiziente Produktion dauerhaft erhalten.[116]

Das GATT baut damit auf die Dynamik diffuser Reziprozität, die bestehende Beschränkungen allmählich reduziert und so Vertrauen und die wirtschaftlichen Voraussetzungen für weitreichendere Handelsliberalisierung schafft. Solange Zölle und andere Abgaben noch nicht vollständig abgeschafft sind, kann durch das Reziprozitätsprinzip zumindest bereichsspezifisch die Liberalisierung vorangetrieben werden. Die Systematik der vorgestellten Prinzipien und Normen steht für die grundlegende Überzeugung, daß nur diese Art von Multilateralismus eine dauerhafte und stabile Liberalisierung des Welthandels durch multilaterale Aushandlungsprozesse erreichen kann (Müller 1993: 58). Die Meistbegünstigung mit dem ihr angeschlossenen Nichtdiskriminierungsgebot hat sich in der Geschichte des GATT auch tatsächlich als Kernelement erwiesen. Denn gerade

---

[115] Zu Beginn war der Abbau von Zöllen die Hauptaufgabe von GATT, inzwischen sind Zölle aber von sogenannten nichttarifären Handelshemmnissen wie technischen Produktvorschriften oder auch Regierungssubventionen verdrängt worden.

[116] Es gibt eine ganze Reihe von Ausnahmesituationen, beispielsweise Zahlungsbilanzschwierigkeiten, nationale Sicherheitserwägungen oder auch im Aufbau begriffene junge Industriezweige, in denen Staaten diskriminierende Handelsmaßnahmen ergreifen und gegen diese Regeln verstoßen dürfen. Auf sie wird hier nicht weiter eingegangen, da die wichtigsten Ausnahmebestimmungen im Rahmen der Umweltschutzproblematik unter 4.2 noch angesprochen werden.

seit Zölle und mengenmäßige Beschränkungen von nichttarifären Handelshemmnissen als Hauptursache für Handelsverzerrungen abgelöst wurden, bietet sie das geeignetste Instrument, das diskriminierende Potential einer Maßnahme zu beurteilen.

4.1.3 Ausnahmen und institutionelle Probleme

Politische Hindernisse führten zu zahlreichen Ausnahmebestimmungen, die die eben vorgestellten Grundregeln einschränken und „denen häufig klare Konturen fehlen. Hierunter leidet auch die normative Steuerungskraft des GATT erheblich" (Herdegen 1993: 103). Der Agrarhandel war bis zur Uruguay-Runde[117] fast vollständig aus dem Regelungsbereich des GATT ausgeklammert und ist ein Musterbeispiel für politisch verursachtes Marktversagen. Eine mittlerweile äußerst wichtige Ausnahmeregelung gilt für Freihandelszonen und Zollunionen, die abweichende und für Nichtmitglieder diskriminierende Bestimmungen erlassen dürfen. Die Größe und vor allem das Handelsvolumen der EU oder auch der nordamerikanischen North American Free Trade Association (NAFTA) sorgt inzwischen gerade im Agrarbereich für ganz erhebliche Handelsprobleme.

Das GATT war im Gegensatz zu vergleichbaren internationalen Organisationen institutionell nicht darauf ausgelegt, schnell auf solche negativen Entwicklungen durch eine Anpassung seiner Regeln zu reagieren. Modifiziert werden die Regelungen, wenn alle Vertragsparteien im Konsensverfahren zustimmen. Die Urteile von Streitschlichtungspanels waren bis zur WTO-Gründung nicht verbindlich. Auch in der WTO werden Entscheidungen über Liberalisierung des Handels und Zollsenkungen im Konsensverfahren getroffen. Die fehlenden Sanktionsmöglichkeiten innerhalb des GATT waren eine entscheidende institutionelle Schwäche, die mit der Gründung der WTO nun teilweise behoben ist (vgl. Jackson 1998). Die WTO leidet aber trotzdem noch unter der für internationale Organisationen typischen Schwierigkeit, Maßnahmen und Verhaltensänderungen auf Seiten der Mitgliedsstaaten durchzusetzen. Für institutionelle Veränderungen gilt:

> Der erste Teil des GATT erfordert die Zustimmung jedes einzelnen Vertragspartners und Änderungen der übrigen GATT-Artikel sind ohne eigene Zustimmung nicht verpflichtend. Diese Rechtslage hat dazu geführt, dass im GATT stets bis zum *Konsens aller Vertragspartner* verhandelt wird (Senti 1986: 68).

---

[117] Das Abkommen über Handel mit landwirtschaftlichen Produkten regelt ansatzweise den erweiterten Marktzugang, indem nichttarifäre Hindernisse durch Zölle ersetzt werden. Der Abbau von Subventionen und sonstigen Regierungsprogrammen ist der zweite Punkt, der vor allem die künstliche Preisstützung landwirtschaftlicher Produkte und Überproduktion verringern soll. Dazu gehört auch die Verringerung regierungsgestützter Exportförderung, die durch Zuzahlungen die niedrigen Weltmarktpreise ausgleichen soll. Diese ersten grundsätzlichen Programmpunkte sind als langfristig angelegter Rahmen gedacht, der die sukzessive Verregelung des gesamten Agrarhandels ermöglichen soll (GATT 1993b: 8f).

Dieses Verfahren bremst häufig die Ausdehnung des Freihandelsprinzips und destabilisiert das Abkommen. Das zeigte sich nicht zuletzt während der gescheiterten Ministerkonferenz in Seattle 1999. Mit den anfänglich 23 Vertragsparteien war es noch praktikabel Konsensentscheidungen zu treffen, bei den derzeitigen 135 WTO-Mitgliedern (Stand Anfang 2000) scheint dies fast unmöglich. Die letzte Handelsrunde mit fast achtjähriger Verhandlungszeit zeigte allzu deutlich, daß viel eher Blockade als Handelsliberalisierung die Folge des Konsensgebots ist. Außerdem führte das Konsensverfahren bis zum Ende der Tokio-Runde zu einer großen Anzahl von Nebenabkommen, die nur für die ausdrücklich zustimmenden Vertragsparteien verbindlich waren und so zu weiteren Unsicherheiten und unterschiedlichen Standards führten. Im Endeffekt wurde dadurch die Basis der multilateralen Handelsregeln im internationalen Handelsverkehr noch zusätzlich untergraben (Jackson 1992a).[118] Aber trotz institutioneller Schwachpunkte und jüngster Schwierigkeiten ist das GATT aus ökonomischer Sicht gerade aufgrund seiner institutionell schwachen Strukturen ein Erfolg internationaler Kooperation, die wesentlich zur Stabilisierung der Welthandelsbeziehungen und zum globalen Wirtschaftswachstum beitrug.[119]

4.1.4 Multilaterale Handelsrunden

Bis zum Jahr 2000 gab es insgesamt acht Handelsrunden. Wie die folgende Tabelle zeigt, gingen die Fortschritte bei den Zollsenkungen mit einer beträchtlichen Erweiterung des Welthandelsvolumens einher. Die im Zusammenhang mit dem Konflikt zwischen GATT/WTO und Umweltschutzbestimmungen im Vordergrund stehenden Entwicklungen und Bestimmungen bildeten sich jedoch erst mit der Tokio-Runde heraus, weshalb nur auf die letzten beiden Runden näher eingegangen wird.

4.1.5 Wichtige Weichenstellungen

Bis zur Gründung der WTO waren die multilateralen Handelsrunden die wichtigsten Auslöser der institutionellen Fortentwicklung des GATT. Die Tokio- und Uruguay-Runden haben die bisher tiefgreifendsten Veränderungen nach sich gezogen. Die Tokio-Runde widmete sich neben weiteren Zollsenkungen hauptsächlich den nichttarifären Handelshemmnissen, die mit den weltwirtschaftlichen Krisenerscheinungen zu Beginn der siebziger Jahre verstärkt auftraten (GATT 1992b: 27f). Daneben verzeichnete sie auch eine erhebliche Erweiterung

[118] Mit dem Abschluß der Uruguay-Runde und der Gründung der WTO wurden diese Abkommen jedoch in den Gesamtrahmen des GATT aufgenommen und sind nun für alle Mitglieder verbindlich. Dies ist ein sehr wichtiger Schritt hin zur institutionellen Stärkung der WTO und ein sehr beachtlicher Erfolg der Handelsrunde.

[119] Im Durchschnitt wuchs das Welthandelsvolumen seit 1950 um 5,4 % jährlich und liegt damit meistens über dem jährlichen Produktionswachstum (French 1993: 158).

Tabelle 5: Multilaterale Handelsrunden im Rahmen des GATT

Handelsrunde	Zeitraum	Teilnehmer-anzahl	zusätzliches Handels-volumen	durch-schnittliche Zollsenkung	Durch-schnittszoll nach Verhandlung
Genf	1947	23	US$ 10 Mrd	35 %	-
Annecy	1949	33	nicht verfügbar	-	-
Torquay	1950	34	nicht verfügbar	-	-
Genf	1956	22	US$ 2,5 Mrd	-	-
Dillon	1960-61	45	US$ 4,9 Mrd	-	-
Kennedy	1962-67	48	US$ 40 Mrd	35 %	8,7 %
Tokio	1973-79	99	US$ 155 Mrd	34 %	4,7 %
Uruguay	1986-93	124	$US 755 Mrd	40 %	3,9 %

Quelle: Jackson (1992a: 53), GATT (1993a: 8)

des Kompetenzbereiches von GATT, indem neue Warengruppen und bisher nicht verregelte Industriezweige einbezogen wurden. Die Tokio-Runde war auch ein Ergebnis der strukturellen Veränderungen der Weltwirtschaft, das schon das Flexibilitätspotential des GATT und seiner Vertragsparteien andeutete. Der Abschluß der Uruguay-Runde und die Gründung der WTO waren ein weiterer Schritt der Anpassung an die veränderten Rahmenbedingungen der Weltwirtschaft. Diese Dynamik scheint erst seit dem Scheitern der Ministerkonferenz in Seattle 1999 vorerst gestoppt.[120]

Aufgrund der zahlreichen Rechtsquellen innerhalb des Gesamtkomplexes GATT traten in diesem Bereich nicht nur Interpretations-, sondern auch Zuständigkeitsprobleme auf, da viele der Nebenabkommen ihre eigenen Streitschlichtungsverfahren vorsahen, deren rechtliche Hierarchie im Verhältnis zum Allgemeinen Abkommen nicht festgelegt war. Es war durchaus denkbar, daß ein GATT-Streitschlichtungsausschuß eine Meinung vertritt, die von der Meinung der Streitschlichtungsinstanz eines Nebenabkommens abweicht. Im Zusammenhang mit dieser rechtlichen Zersplitterung wurde auch das Stichwort von der „Balkanisierung" des GATT geprägt (vgl. Jackson 1992a: 55f, Bail 1990: 435).

Obwohl das GATT beim Abbau von Zöllen sehr erfolgreich war, wurde schon sehr bald nach der Tokio-Runde klar, daß die Fragmente aus rechtlich selbständigen Abkommen den zukünftigen Herausforderungen nicht mehr gerecht werden konnten. 1986 wurde eine neue multilaterale Handelsrunde mit der Minister-

[120] Auf die Umstände, die dazu führten, daß in Seattle keine neue Handelsrunde begonnen wurde, wird nachfolgend noch näher eingegangen. An dieser Stelle soll nur darauf hingewiesen werden, daß die mangelndes Interesse bei einigen Mitgliedern sowie schlechte Vorbereitung und Durchführung der Konferenz maßgeblich zu ihrem Abbruch beigetragen haben.

deklaration von Punta del Este in Uruguay offiziell eröffnet.[121] Die Erklärung enthielt zwei für die Verhandlungen richtungsweisende Teile, die beide auf die institutionelle Stärkung des GATT abzielten. Bestimmungen zum Warenhandel sollten weiter präzisiert, und neue Bereiche wie der Handel mit Dienstleistungen, Agrarprodukten und der Schutz geistigen Eigentums sollten erstmals ins GATT integriert werden.

Der Wunsch nach institutioneller Stärkung des GATT nährte sich aus den negativen Erfahrungen, die man mit der unzulänglichen Umsetzung der Ergebnisse der Tokio-Runde gemacht hatte. Dem GATT selbst standen praktisch keine Sanktionsmöglichkeiten zur Verfügung, wenn die Vertragsparteien ihre Zölle nicht gemäß den Vereinbarungen senkten oder sonstige Absprachen nicht einhielten. Die Schiedssprüche der sogenannten Streitschlichtungspanels mußten von allen Vertragsparteien, einschließlich der unterlegenen Vertragspartei, im Konsens angenommen werden. Wenn die unterlegene Partei das Urteil nicht akzeptierte, hatte es keine Verbindlichkeit. Im Grunde genommen nahm das GATT deshalb nur eine lockere Klammerfunktion zwischen Staaten bzw. Regierungen ein, die in Handelsliberalisierung und Freihandel grundsätzlich wirtschaftlich positive und erstrebenswerte Ziele sahen. Dementsprechend flexibel nutzten sie das GATT bei der Verfolgung ihrer Interessen. Handelsproblemen stand die Staatengemeinschaft oder das GATT als Institution jedoch unilateraler Politik meistens machtlos gegenüber. Einige Staaten, vor allem die großen Handelsmächte, nutzten das Abkommen zwar als Verhandlungsforum, trugen aber häufig nicht alle Entscheidungen in letzter Konsequenz mit oder hielten sich nicht an Abmachungen, wenn es ihren Interessen gerade nicht entsprach. Insofern konnte man das GATT nie einer herkömmlichen internationalen Organisation gleichsetzen, die ihre eigene Agenda unabhängig vom direkten Einspruch ihrer Mitglieder festlegen konnte. Im Rahmen des GATT wurden Entscheidungen nur im Konsens getroffen. Dieses Verfahren wird auch in der WTO praktiziert und ist ein wesentlicher Faktor, der bei Reformvorschlägen berücksichtigt werden muß. Abgesehen von langwierigen Verhandlungen und vielen Nebenabkommen, die nur für die Unterzeichner der jeweiligen Nebenabkommen galten, kann dies aber auch der Grund dafür sein, daß einmal getroffene Vereinbarungen trotz der relativen institutionellen Schwäche dauerhaft und erfolgreich umgesetzt werden konnten.[122]

Diese aus ökonomischer Sicht positive Flexibilität reichte jedoch im Zeitalter der ökonomischen Globalisierung nicht mehr für eine langfristige institutionelle Stärkung aus, und so einigten sich die Vertragsparteien 1994 auf die Gründung der WTO. Mit vierzigjähriger Verspätung sollte mit GATT/WTO nunmehr ein

---

[121] Einen detaillierten Überblick über die Geschichte der Uruguay-Runde bietet die Monographie des ehemaligen Mitarbeiters des GATT-Sekretariats John Croome „Reshaping the World Trading System" (1995).

[122] Die vorige Tabelle zeigt, daß gerade im Bereich der Reduktion der Zollwerte aus ökonomischer Sicht enorme Fortschritte erreicht wurden.

drittes vollwertiges Mitglied neben dem internationalem Währungsfonds und der Weltbank in das System der internationalen Wirtschaftsorganisationen unter der Schirmherrschaft der Vereinten Nationen aufrücken (Bail 1990: 436).

4.1.6 Die WTO

Angesichts des Verhandlungsumfangs ist es in der Tat erstaunlich, daß es am 15.12.1993 zu einer Einigung zwischen allen Beteiligten gekommen ist. Am 15.04.1994 wurde nach fast achtjährigen Verhandlungen das 22 000 Seiten starke Abkommen in Marakesch von 124 Staaten unterzeichnet. Es beinhaltet neben den oben angesprochenen Regelungen auch das Gründungsabkommen der WTO, die seit dem 01.01.1995 organisatorisch über dem GATT steht. Das Allgemeine Abkommen bleibt dabei als „GATT 1994"[123] prinzipiell die verbindliche normative Grundlage für die internationalen Handelsbeziehungen. Die WTO repräsentiert die institutionelle Stärkung des GATT, da an ihre Mitgliedschaft auch die automatische rechtliche Anerkennung aller in der Uruguay-Runde ausgehandelten Abmachungen gekoppelt ist. Jetzt müssen sich alle Mitglieder an alle Abkommen halten, auch in den neuen Sachbereichen Dienstleistung, Agrarprodukte und Schutz des geistigen Eigentums (WTO 1995b: 9). Außerdem ist mit der Mitgliedschaft auch die Anerkennung des schnelleren Streitschlichtungsverfahrens verbunden. Die Schlichtungssprüche sind inzwischen verbindlich und müssen umgesetzt werden. Mit dieser Verschärfung führte man jedoch gleichzeitig eine Berufungsinstanz ein, die die gründliche Prüfung eventueller Einwände gegen einen Schlichtungsspruch und damit auch die endgültige Umsetzung gewährleisten soll (Jackson 1994: 140, ders. 1998).

Die Organisationsstruktur der WTO ist auf die Mitgliedstaaten abgestellt. Das höchste Entscheidungsgremium ist die Ministerkonferenz, die nun spätestens alle zwei Jahre tagen muß. Sie kann Entscheidungen zu allen die WTO betreffenden Themen treffen, was auch die Verhandlung von handelspolitischen Abkommen außerhalb der Handelsrunden ermöglicht und zu einer Entzerrung der Verhandlungskomplexe und einer effizienteren Entscheidungsfindung beitragen kann.[124]

Momentan ist es noch zu früh, die Errungenschaften der Uruguay-Runde abschließend zu beurteilen. Die WTO selbst zieht eine positive Bilanz. Die negativen Zahlen für das Jahr 1998 hängen mit der asiatischen Finanzkrise im Jahr 1998 zusammen. Das Welthandelsvolumen stieg auch 1996 und 1997 um ca.

---

[123] Das „GATT 1994" unterscheidet sich vom „GATT 1947" lediglich in ein paar zusätzlichen Interpretationsvereinbarungen, die aber im Zusammenhang mit Umweltschutz unwichtig sind.

[124] Die erste Ministerkonferenz praktizierte das, als sie im Dezember 1996 in Singapur wichtige Entscheidungen zur Liberalisierung des Telekommunikationsmarktes traf.

Tabelle 6: Entwicklung der Im- und Exporte

Exporte % Durchschnitt 90-96	Exporte % 1996	Exporte % 1998		Importe % Durchschnitt 90-96	Importe % 1996	Importe % 1998
5,5	4,0	-2,0	Weltweit	6,0	4,5	-1,0
7,0	5,5	-1,0	Nordamerika*	7,0	5,5	4,5
8,5	11,0	-2,0	Lateinamerika	11,0	10,5	5,0
5,0	4,0	2,5	Westeuropa	4,0	3,0	5,0
3,0	4,0	3,0	Europäische Union (15)	4,0	2,5	3,5
3,5	3,5	-1,0	Transformationsländer	2,5	12,0	3,0
7,0	2,5	-6,0	Asien	9,5	4,5	-17,5
1,0	-0,5	-8,0	Japan	6,0	2,5	-17,0
10,0	3,5	-7,5	sechs ostasiatische Staaten**	10,5	4,0	-25,0

*Kanada und USA
**Hong Kong, Südkorea, Malaysia, Singapur, Taiwan, Thailand

Quelle: WTO 1997a: 3, WTO 1999: 4

4 %.[125] Allerdings wurde während der Vorbereitungen auf die Ministerkonferenz in Seattle 1999 auch deutlich, daß gerade die Entwicklungsländer mit der Umsetzung der Uruguay-Runde durch die Industrieländer im Agrar- und Textilbereich nicht zufrieden sind. Ihrer Meinung nach öffnen die Industrieländer ihre Märkte für die Produkte aus Entwicklungsländern nicht so schnell, wie die Entwicklungsländer ihre Märkte öffneten (de Jonquières 1999: IV)

Das straffere Streitschlichtungsverfahren mit dem Berufungsverfahren hat sich als sehr erfolgreich erwiesen, nachdem die Parteien nach Abschluß der Verfahren die Schlichtungssprüche größtenteils umsetzen. Man muß jedoch noch abwarten, ob die Autorität der WTO auch über längere Zeit und bei politisch brisanten Fällen zu einer Lösung des Handelskonflikts beiträgt. Das umstrittene Helms-Burton-Gesetz, das amerikanische Importrestriktionen gegen ausländische Firmen zuläßt, die mit von den USA boykottierten Ländern Geschäfte abschließen, ist zunächst vor ein Streitschlichtungspanel gebracht worden, wurde dann jedoch auf höchster politischer Ebene eines amerikanisch-europäischen Wirtschaftsgipfels und nicht in der WTO geregelt (vgl. Frankfurter Allgemeine Zeitung 1998). Dieser Vorgang zeigt, daß das Verfahren offensichtlich dann an seine Grenzen

[125] 1994 und 1995 waren zwei außergewöhnliche Jahre, in denen das Welthandelsvolumen jeweils um 9,5 % und 8 % wuchs.

stößt, wenn Staaten mit Hilfe von Handelsmaßnahmen politisch besonders brisante Interessen durchsetzen wollen.

Trotz der weitreichenden Vereinbarungen der Uruguay-Runde sind noch nicht alle handelspolitisch relevanten Bereiche vollständig geregelt. Schon bei Abschluß der Uruguay-Runde mahnten Kritiker, daß die Liberalisierung der Finanzmärkte, staatlicher Telekommunikationsmonopole, der Hochseeschiffahrt und die grenzüberschreitende Vermittlung von Arbeitskräften sehr bald geregelt werden müssen, falls das GATT/WTO-System den Ansprüchen gerecht werden soll (International Herald Tribune 1994: 4).

Bei der ersten Nachfolgekonferenz auf ministerieller Ebene, die nun alle zwei Jahre stattfinden, erwiesen sich neben umweltpolitischen Zusammenhängen vor allem Arbeitnehmerschutzbestimmungen als besonders dringende „new issues"[126], deren Potential als Wettbewerbsfaktor den schon vorgestellten Wettbewerbsaspekten von Umweltschutzregeln entspricht. Auch in diesem Zusammenhang spricht man von unfairen Wettbewerbsvorteilen, wenn die Konkurrenz weniger Arbeitnehmerrechte beachten muß und dadurch Kosten spart (Financial Times 1996: 6). Vor allem die Entwicklungsländer sind gegen die Integration der „new issues" in das GATT/WTO-System, weil sie nicht ohne Grund weitere finanzielle Belastungen und Exporthindernisse befürchten (WTO 1999).

Auf einer anderen, eher sozialwissenschaftlich und demokratietheoretischen Ebene ist die prozedurale Kritik am GATT/WTO-System angesiedelt. Einer der häufigsten Kritikpunkte ist dabei, daß die Bevölkerungen und einzelnen Interessengruppen noch keinen direkten Einfluß auf die Verhandlungen und die substantiellen Regelungen innerhalb des Handelssystems haben. Auch die Formulierung geltender Standards, die sehr häufig mit normativen Wertvorstellungen zusammenhängen, seien sie religiöser, traditioneller oder konsumorientierter Art, können sie nicht direkt mitbestimmen. Gesellschaftliche Akteure werden weder an laufenden Handelsrunden noch am täglichen WTO-Prozeß beteiligt, obwohl sie beispielsweise neue Regeln der Zulässigkeit von Hormonen in Nahrungsmitteln ihre Lebenswelt unmittelbar betreffen (Jackson 1994: 146).[127] Diese Intransparenz ist einer der Hauptkritikpunkte an der WTO der unterschiedlichsten gesellschaftlichen Gruppen (vgl. International Forum on Globalisation 1999).

---

[126] Als „new issues" werden die Querschnittsthemen bezeichnet, wie beispielsweise Umwelt- und Arbeitnehmerschutz, Investitionsschutz und Wettbewerbspolitik, die durch striktere Regulierung auf nationaler Ebene direkte Auswirkungen auf die Handelspolitik haben können, indem sie entweder die Wettbewerbsposition eines Landes verschlechtern oder den Ruf nach Subventionen bzw. Einfuhrbeschränkungen laut werden lassen.

[127] Einige dieser Kritikpunkte werden im umweltpolitischen Zusammenhang noch einmal aufgegriffen.

4.2 Die WTO und Umweltschutz

Obwohl während der Uruguay-Runde der Streit über den Schutz von Delphinen beim Thunfischfang ins Rampenlicht trat und auf das konflikthafte Verhältnis von Umweltschutz und GATT aufmerksam machte, spielte dieses Thema in den Verhandlungen keine Rolle. Trotzdem gewann der Umweltschutz in der WTO anBedeutung, was jedoch noch nicht als effektive Integration von Umweltschutz in die Regeln des GATT/WTO-Systems gewertet werden kann.

4.2.1 Institutionelle Entwicklungen

Bemerkenswerterweise hat sich jedoch das „Trade Negotiations Committee", jenes Organ, das die verschiedenen Verhandlungsgremien der Uruguay-Runde sowie deren Inhalte koordinierte, der Umweltschutzproblematik zugewandt, indem es beim Abschluß der Verhandlungen der handels- und entwicklungsrelevanten Umweltschutzproblematik mit der „Decision on Trade and Environment" einen festen Platz in der WTO sicherte (GATT 1994a). Diese Entscheidung etablierte die dauerhafte Bearbeitung diverser Aspekte handelsrelevanter Umweltschutzpolitik im Rahmen der neu gegründeten WTO und rief das „Committee on Trade and Environment" (CTE) ins Leben.[128] Das CTE geht auf die 1971 in Vorbereitung auf die Stockholmer UN Konferenz gegründete „Group on Environmental Measures and International Trade" (EMIT) zurück, die jedoch erst 1991 auf Drängen der skandinavischen Staaten und der Schweiz zum ersten Mal einberufen wurde (GATT 1991a). Im Vergleich zu EMIT hat sich die Agenda des CTE um einige Punkte erweitert, und nun werden teilweise auch Fragen diskutiert, die von außen an das Komitee heran getragen werden.

Die Entscheidung ist handelspolitisch voreingenommen, weil sie auf der Annahme basiert, daß internationaler Handel weiterhin liberalisiert werden muß. Die Tendenz, wirtschaftsliberale Ziele in den Vordergrund zu stellen, hängt eng dem Hinweis zusammen, daß das CTE nachhaltige Entwicklung nach den von UNCED 1992 festgelegten Eckpunkten verfolgen soll. Diese zielen auf ein stabiles und auf weitere Liberalisierung gerichtetes Handelssystem, das eine notwendige Bedingung für tragfähige Entwicklung ist. Dabei werden auch die speziellen ökonomischen Interessen der Entwicklungsländer berücksichtigt, vor allem jene der ärmsten unter ihnen.

Das GATT/WTO-System setzt sich in drei unterschiedlichen Bereichen mit umweltpolitischen Themen auseinander: dem Allgemeinen Abkommen, den Nebenabkommen wie jenem über technische Handelshemmnisse und dem CTE.

Im GATT 1994 wurden die „Umwelt" oder der „Umweltschutz" als Ausnahmetatbestände für zulässige Handelsmaßnahmen nicht integriert, aber sie fanden Eingang in die Präambel der WTO. Die Präambel enthält den aus-

[128] Das Arbeitsprogramm wird im Abschnitt 4.5 ausführlich vorgestellt und analysiert.

drücklichen Hinweis, daß nachhaltige Entwicklung und Umweltschutz durch die WTO unterstützt werden sollen.[129] Dort heißt es:

> *Recognizing* that their relations in the field of trade and economic endeavour should be conducted with a view to raising standards of living, ensuring full employment and a large and steadily growing volume of real income and effective demand, and expanding the production of trade in goods and services, *while allowing for the optimal use of the world's resources in accordance with the objective of sustainable development, seeking both to protect and preserve the environment and to enhance the means for doing so* (Herv. d. Aut.) in a manner consistent with their needs and concerns at different levels of economic development (GATT 1994b: 9).

Über die Bedeutung und die politischen Auswirkungen solcher Präambeln läßt sich streiten, allerdings zeugt es vom Bewußtsein der Mitgliedstaaten, daß ökonomische Gewinne nicht ohne die gleichzeitige Berücksichtigung ihrer Auswirkungen verfolgt werden können. Auch wenn die inhaltliche Bedeutung von „sustainable development" unklar und umstritten ist, so ist man sich zumindest einig, daß man unterschiedliche menschliche Handlungen zu einander in Beziehung setzen und ihre Auswirkungen auf die Menschen und die natürlichen Ressourcen gegeneinander abwägen muß.

Im Allgemeinen Abkommen gibt es mit Art. XX eine Ausnahmeklausel, die Handelsrestriktionen unter bestimmten, eng begrenzten Voraussetzungen zuläßt.[130] Die relevanten Passagen des Art. XX besagen:

> General Exceptions
> Subject to the requirement that such measures are not applied in a manner which would constitute a means of arbitrary or unjustifiable discrimination between countries where the same conditions prevail, or a disguised restriction on international trade, nothing in this Agreement shall be construed to prevent the adoption or enforcement by any contracting party of measures:
> (...)
> (b) necessary to protect human, animal or plant life or health; (...)
> (g) relating to the conservation of exhaustible natural resources if such measures are made effective in conjunction with restrictions on domestic production or consumption.

Die kontroverse Diskussion über die Rolle von GATT im internationalen Umweltschutz hat sich vor allem daran entzündet, daß Art. XX Umweltschutz in gewisser Weise indirekt berücksichtigt, aber nicht explizit nennt. Der Streit dreht sich deshalb um die Frage, wieviel Umweltschutz Art. XX tatsächlich erlaubt, d. h. wie stark und mit welchen Mitteln kann Handel zugunsten des Umweltschutzes eingeschränkt werden.

---

129 GATT 1994 wurde jedoch nicht geändert, d. h. „Umweltschutz" oder „Umwelt" sind nicht als Ausnahmebestimmungen zugelassen und werden außer in der Präambel nicht im Abkommen erwähnt.

130 Diese Ausnahmeklausel berücksichtigt nur solche Situationen, die nicht an anderer Stelle im Abkommen vorgesehen sind, z. B. Antidumpingmaßnahmen oder die Ausnahmen für Entwicklungsländer, und die eine Reaktion der öffentlichen Hand notwendig machen.

Petersmann (1992) liefert eine vorläufige Zusammenfassung der als verbindlich einzustufenden Richtlinien zum Umweltschutz im GATT/WTO-System, die immer noch aktuell, aber nicht unumstritten ist. Da das GATT streng auf das Freihandels- und Nichtdiskriminierungsprinzip ausgerichtet ist, bestimmt sich dadurch auch die Rangordnung der Regulationsinstrumente.[131] An oberster Stelle steht dabei das Gebot der Nichtdiskriminierung, das sich durch „nichtdiskriminierende interne Steuern (zum Beispiel auf umweltschädigende Produktionen und Produkte), andere interne Regeln (wie Produktionsverbote, Emissionsbeschränkungen, Pfandregeln zu Wiederverwendung leerer Flaschen), Steuervorteile (Beispielsweise für umweltfreundliche Produkte) und Produktionssubventionen" (Petersmann 1992: 259) konkretisiert. Regelungen, die bei der Überschreitung von Landesgrenzen in Kraft treten, dazu ist beispielsweise auch das angesprochene Thunfischembargo zu rechnen, dürfen ebenso nur als nichtdiskriminierende Zölle, Steuerausgleichsabgabe, automatische Lizenzsysteme und handelspolitische Schutzmaßnahmen erfolgen. „Mengenmäßige Einfuhr- und Ausfuhrbeschränkungen, Exportsubventionen sowie andere handelspolitische Diskriminierungen sind" nach Art. I, III, XI, XIII, XVI (b) und XVII nicht zulässig (ebd.). Welche Leitlinien sich im Laufe der Zeit durch die Interpretationen der jeweiligen Rechtsgrundlagen durch die Panels entwickelten, wird nachfolgend noch detaillierter ausgeführt. Man kann jedoch vorwegnehmen, daß von Verfechtern des GATT/WTO-Systems immer wieder betont wird, das GATT mische sich in keinster Weise in die Art und das Niveau nationaler Umweltpolitik ein, solange nicht gegen Importwaren und ausländische Produzenten diskriminiert wird (Eglin 1995: 775). Nichtdiskriminierung ist demnach der erste und wichtigste Punkt, der aus Sicht des Handelssystems bei der Beurteilung der Angemessenheit von Umweltpolitik wichtig ist. Während Umweltschützer darin eine Normenkollision sehen, die es zu lösen gilt, stellen viele Handelspolitiker das GATT ungeprüft über nicht-handelspolitische Ziele. Äußerungen, wie die des japanischen GATT-Botschafters Ukawa als EMIT-Vorsitzender, daß das GATT/WTO-System nicht zu einem Forum für die Verhandlung über Umweltschutzstandards werden soll oder kann, belegen dies (vgl. GATT 1993a: 7).

Man darf jedoch nicht vergessen, daß schon das Abkommen über Technische Standards (TBT)[132] der Tokio-Runde Umweltschutzstandards in das GATT-System integrierte. In der Öffentlichkeit werden diese Details bisher kaum wahrgenommen, weil sich an den Ausnahmebestimmungen zum Umweltschutz im TBT-Abkommen keine Handelskonflikte entzündeten (GATT 1991a: 10). Das Abkommen zu gesundheitspolizeilichen und pflanzenschutzrechtlichen Produktvorschriften (SPS) läßt ebenso Einschränkungen aufgrund von Umweltschutz-

[131] Diese Rangordnung ist aus den bisherigen Schlichtungsverfahren abgeleitet und wird bei der Darstellung der Fälle ausführlich dargelegt.

[132] TBT steht für „Technical Barriers to Trade", zu dem es noch ein gesundheitspolizeiliches und pflanzenschutzrechtliches Pendant gibt: „Sanitary and Phytosanitary Measures" (SPS). Sie sind seit der WTO-Gründung für alle Mitglieder verbindlich.

erwägungen zu, wenn es entsprechende wissenschaftliche Beweise gibt. Seit der Uruguay-Runde sind auch Umweltschutzsubventionen in begrenztem Umfang möglich. Art. 8.2 (c) des Subventionsabkommens legt die Modalitäten fest (vgl. GATT 1994b: 239):

> assistance to promote adaptation of existing facilities[133] to new environmental requirements imposed by law and/or regulations which result in greater constraints and financial burden on firms, provided that the assistance:
> (i) is a one-time non-recurring measure; and
> (ii) is limited to 20 per cent of the cost of adaptation; and
> (iii) does not cover the cost of replacing and operating the assisted investment, which must be fully borne by firms; and
> (iv) is directly linked to and proportionate to a firm's planned reduction of nuisances and pollution, and does not cover any manufacturing cost savings which my be achieved; and
> (v) is available to all firms which can adopt the new equipment and/or production processes.

Wichtiger ist, daß gegen diese Subventionen keine Gegenmaßnahmen verhängt werden dürfen. Dies gilt auch für finanzielle Unterstützungen im Agrarbereich, wenn es sich um Umweltschutzmaßnahmen wie Renaturierungsprogramme und Flächenstillegungen aus Umweltschutzgründen handelt. Das Abkommen zum Schutz des geistigen Eigentums sieht Ausnahmen für Produkte vor, deren Veränderung negative Umweltfolgen mit sich bringen würde, z. B. eine Verringerung der genetischen Vielfalt. Und nicht zuletzt ist es nun den Streitschlichtungspanels ausdrücklich erlaubt, unabhängigen wissenschaftlichen Rat von außen einzuholen und mit anderen internationalen Organisationen zu kooperieren, wenn diese in einem bestimmten Bereich über größere umweltpolitische Kompetenz verfügen (GATT 1993b: 29).

Trotz dieser schrittweisen Öffnung gilt das GATT/WTO-System in den Augen vieler Umweltschützer als äußerst umweltfeindlich (French 1993, Arden-Clarke 1993, LeQuesne/Arden-Clarke 1997), hauptsächlich weil „Umwelt" nicht als schutzwürdiges Gut im Rahmen der allgemeinen Ausnahmetatbestände des Art. XX festgeschrieben ist und deshalb eine umweltpolitische Begründung für Handelsrestriktionen kaum möglich ist. Das ist einerseits historisch zu erklären, da in der Zeit, als das GATT entworfen wurde, Umweltschutz kein politisches Thema war. Und andererseits ist der Großteil der Vertragsparteien überzeugt, daß die bestehenden Regeln ausreichen.

Nach dem Thunfischurteil brach eine regelrechte Medienkampagne der NGOs gegen das GATT los, in der die ganzseitigen Zeitungsanzeigen mit delphin-

---

[133] Der Begriff „bestehende Einrichtungen" bezieht sich auf solche, die bei Erlaß einer neuen Umweltschutzvorschrift schon seit mindestens zwei Jahren aktiv sind.

fressenden GATTzillas (Esty 1994a: 34)[134] nur die Spitze des Eisberges waren. In der Anzeige wurde gegen das GATT als geheimniskrämerische ausländische Bürokratie polemisiert, die weitreichenden Einfluß auf amerikanische Gesetze gewinnen wird und damit amerikanische Gesetze zum Nahrungsmittel-, Gesundheits-, Naturschutz und letztlich Arbeitsplätze bedroht. So könnte das GATT sogar demokratisch gefaßte innenpolitische Entscheidungen außer Kraft setzen. Der Sierra Club warnte davor, daß mit dem Abschluß der Uruguay-Runde die international gültigen Handelsregeln fundamental transformiert werden und es in der Macht der WTO stehe, nationale und bundesstaatliche Umwelt- und Gesundheitschutzstandards anzugreifen, wenn diese strenger als international üblich sind. Das führt mittelfristig zu deren Rücknahme und folglich zu einer Absenkung des Umwelt- und Gesundheitsschutzniveaus in den USA (Sierra Club 1994). Auf die Feinheiten des TBT- und SPS-Abkommens ging der Sierra Club genauso wenig ein, wie auf die Tatsache, daß solche „Angriffe" gegen nationales Recht nur auf Initiative anderer Mitglieder aber nicht durch die WTO oder deren Sekretariat möglich sind.[135]

Umweltpolitisch bedeutsam ist das Argument, das Greenpeace vorbrachte, indem die NGO darauf aufmerksam machte, daß das GATT bei weiterer Liberalisierung im Rahmen der WTO zu noch schnellerem Ressourcenverbrauch beitragen wird, weil es die ungehinderte Nutzung natürlicher Ressourcen propagiere. Indirekt wirkten die GATT-Regeln durch die Androhung von Schlichtungsverfahren durch Vertragsstaaten unter anderem auf Indonesien und Österreich ein, bestimmte handelsrestriktive Umweltschutzbestimmungen zurückzunehmen. Indonesien nahm daraufhin sein Exportverbot für Rohholz zurück,[136] und Österreich verzichtete auf Strafzölle (70 %) für nicht tragfähig produziertes Tropenholz. Die größte Sorge lag für Greenpeace jedoch in den Implikationen, die das GATT für internationale Umweltschutzabkommen hat, die mit Handelsrestriktionen arbeiten, denn die könnten durch das GATT bedroht sein. Dann besteht die Möglichkeit, daß GATT-Vertragsparteien, die das Umweltabkommen nicht unterzeichnet haben, ein Verfahren gegen jene Parteien beginnen, die Handelsrestriktionen aufgrund eines solchen Umweltschutzabkommens erlassen. Deshalb fordert Greenpeace neue GATT-Regeln, die Umweltschutz explizit den

---

[134] Daran waren neben vielen kleinen Umweltschutzgruppen auch die landesweit und international operierenden Sierra Club, Public Citizen, Greenpeace, Friends of the Earth und Clean Water Action beteiligt (vgl. Farber/Hudec 1996: 61).

[135] Die nachfolgende Beschreibung des Thunfisch-Falles geht auch auf die teilweise verzerrte Darstellung ein.

[136] Auch in diesem Fall war im übrigen schon 1994 klar, daß es während des indonesischen Exportverbots zu verstärkter Abholzung kam und deshalb das Umweltschutzargument in diesem Fall gar nicht zutreffend ist (s. voriges Kapitel). Das kanadische Exportverbot für unverarbeiteten Lachs wird unter 4.3 noch ausführlich beschrieben, aber man kann an dieser Stelle schon vorwegnehmen, daß auch in diesem Fall die Umweltschutzabsichten und -effekte nicht eindeutig sind.

Vorrang vor Handelsliberalisierung einräumen und feste Umweltschutzstandards vorgeben, die die Möglichkeit unilateraler Handelsmaßnahmen gegen andere zulassen, wenn sie national höhere Standards umsetzen wollen (Greenpeace 1994: 7). Diese Forderung wird mittlerweile auch schon von einigen WTO-Migliedern mitgetragen, unter anderem der EU (EG 1999).

Auch der WWF appellierte an die GATT-Vertragsparteien, den Umweltschutz in Zukunft über handelspolitische Ziele zu stellen und solche Restriktionen zuzulassen, die an sich gleiche Produkte nach der Umweltfreundlichkeit ihrer Herstellungsweise unterscheiden und jene benachteiligen, die mit hohen Umweltkosten hergestellt werden. Solange das nicht zulässig ist, kommt es kaum zu einer Umstellung zur tragfähigeren Produktion. Das GATT ignoriert so die Notwendigkeit zur Kosteninternalisierung, die nur mit prozeßbezogenen Kriterien die volle Integration aller Umweltkosten sicherstellt. Wenn allerdings unilateral Handelsmaßnahmen, wie im Thunfisch-Fall geschehen, über Umweltschutz gestellt werden, kann man Handel und Umweltschutz nicht sinnvoll integrieren, denn dafür müßte man die Prioritäten umdrehen. Das GATT zeigt durch seine Herangehensweise, daß es keinen Raum für umweltpolitische Maßnahmen läßt und aufgrund seiner von handelspolitischen Prinzipien geprägten Ausgangsposition überhaupt keine umweltpolitische Kompetenz besitzt, um über umweltpolitische Handelsmaßnahmen zu urteilen (Arden-Clarke 1992: 5).

NGOs aus den Entwicklungsländern vertreten teilweise andere Auffassungen. Viele von ihnen wehren sich gegen eine generelle Aufnahme von „Umweltschutz" ins GATT. Vor allem sind sie gegen die Zulässigkeit von unilateralen umweltpolitischen Handelsmaßnahmen. Sie befürchten, daß das den Industrieländern die Möglichkeit gibt, den ärmeren Ländern ungehindert entweder teuere Umweltstandards oder entsprechend verlustbringende Handelsrestriktionen aufzuzwingen.

> They could also change the basic principles of non-discrimination and the character of the multilateral trading system and change the basic rules of the game and the conditions of competion under the guise of protecting the environment and promoting sustainable development. In practice it will add additional burdens on the South (Third World Network 1994: 8).

Sie fürchten vor allem, daß durch weitere Liberalisierung die Wirtschaftsmacht des Nordens weiter steigt. Aus diesem Grund sind sie gegen eine Ausweitung der Umweltschutzregeln im GATT/WTO-System. Denn die Stärkung des Nordens würde höchstwahrscheinlich auch eine verstärkte Durchsetzung der Umweltschutzstandards nördlicher Industriestaaten mit sich bringen, die Schwellen- und Entwicklungsländer nur ansatzweise umsetzen können. Entwicklungsländer würden dadurch erhebliche Einschränkungen bei ihren wirtschaftlichen Wachstums- und Entwicklungszielen erleiden (Lin 1999: 11). Für sie steht vielmehr der Finanz- und Technologietransfer und die Öffnung von Märkten der Industrieländer im Vordergrund. Solche Strategien dienen ihrer Meinung nach dem wirtschaftlichen Fortschritt. Davon profitiert dann auch die regionale und globale Umweltsituation (Third World Network 1994: 8). Die WTO-kritischen NGOs bilden deshalb nicht unbedingt eine einheitliche Gruppe mit vergleichbaren

Zielen. Gerade die NGOs aus Industrieländern steckten an diesem Punkt in einem argumentativen Dilemma, wenn sie umweltpolitische Handelsmaßnahmen fordern, ohne die Armutsprobleme in Entwicklungsländern ausreichend zu berücksichtigen. Mittlerweile messen viele von ihnen diesem Zusammenhang mehr Gewicht bei, indem sie sogenannte „sustainability impact assessments" für internationale Handelsabkommen fordern. Diese Evaluierungen internationaler Handelsabkommen sollen demanch auch die sozioökonomischen Auswirkungen und ihre Wechselwirkungen mit der Umweltdegradation berücksichtigen, um einen akzeptablen Mittelweg zwischen Umweltschutz und Entwicklung zu finden (WWF 1999).

Deshalb attackieren Umweltgruppen die juristischen Grenzen, die GATT nationalen Umweltschutzvorschriften setzt, mit unterschiedlicher Vehemenz. Viele sind der Meinung, diese GATT-Regeln seien zu statisch und die Anforderungen, die an die umweltpolitische Rechtfertigung der Regierungen gestellt werden, seien zu hoch. Die Weigerung, bei der Analyse handelsrelevanter umweltpolitischer Bedenken und Probleme von der liberalistischen Sichtweise abzugehen, spricht für den Unwillen und die Unfähigkeit des Welthandelssystems, eine ausgewogene und den Problemen angemessene Analyse vorzunehmen. Deshalb ist gegenwärtig kein Ausgleich zwischen den beiden Politikfeldern möglich (Farber/Hudec 1996: 60).

Die Kritik ist seit dem Thunfisch-Urteil sachlicher und wissenschaftlich-analytisch weiterentwickelt worden (vgl. Esty 1994a, Charnovitz 1994, Makuch 1996, von Moltke 1996).[137] Sie konzentriert sich nun auf pragmatische, mittelfristige institutionelle Reformen im GATT/WTO-System und die Koordination zwischen den verschiedenen internationalen Organisationen. Die Diskussion könnte dann entweder in einem neu zu gründenden intergouvernementalen Panel stattfinden oder in bestehende Organisationen wie UNEP oder CSD[138] eingegliedert werden, um der handelspolitischen Schlagseite im GATT/WTO-System ein Gegengewicht zu bieten (Makuch 1996: 110f). Ein weiterer Vorschlag ist die Gründung einer globalen Umweltorganisation, die eine starke Gegenposition zur WTO bilden sollte (Biermann/Simonis 1998). Allerdings sind solche Lösungen mittelfristig nicht realistisch, weil die Mehrheit der Staaten keiner weiteren internnationalen Organisation mit weitreichenden Kompetenzen zustimmen würde.

1999 veröffentlichte das WTO-Sekretariat einen Sonderbericht zum Thema „Trade and Environment" (Nordström/Vaughan 1999), der eine Reaktion auf die wachsende Kritik von Umweltschützern an der WTO war. Der Bericht beschäftigte sich hauptsächlich mit den Fragen, ob ökonomische Integration durch Handel

---

[137] Inzwischen hat auch Greenpeace einen versöhnlicheren Ton angeschlagen und spricht sich vor allem für den Vorrang von Handelsmaßnahmen internationaler Umweltschutzabkommen vor GATT aus.

[138] Die „Commission on Sustainable Development" koordiniert seit 1992 das weitere Vorgehen im Rahmen des UNCED-Prozesses.

eine Bedrohung für die Umwelt darstellt, ob Handel die Regulationsfähigkeit von Staaten beim Ressourcenschutz untergräbt und inwieweit ökonomisches Wachstum durch Handel nachhaltige Entwicklung fördern kann. Die Autoren kommen zu dem Ergebnis, daß Handel und ökonomische Integration zweifellos Auswirkungen auf die Umweltsituation haben und auch die Regulationsfähigkeit von Staaten negativ beeinflussen kann. Aus diesem Grund sollten Staaten verstärkt auf internationaler und globaler Ebene im Umweltschutz kooperieren. Internatitionale Kooperation vermeidet nicht nur Handelskonflikte, sondern auch suboptimale Ergebnisse durch unilateralen, begrenzten Umweltschutz. Da der Bericht größtenteils die Arbeit des WTO-Sekretatiats sowie die politischen Entwicklungen in der WTO im Zusammenhang mit umweltpolitischen Fragestellungen zusammenfaßt und keine eigenständige Analyse vorstellt, brachte er keine neuen Impulse.

4.2.1 Die Konferenz von Seattle und mögliche Folgen[139]

Durch die massiven und gewalttätigen Proteste sowie die umstrittenen Polizeiaktionen, die bis hin zu einer nächtlichen Ausgangssperre reichten, erlangte die WTO-Ministerkonferenz in Seattle vom 30.11-03.12.99 eine bislang für die WTO unbekannte Medienpräsenz. Die „Battle of Seattle" war plötzlich in aller Munde ebenso wie die Angst vor wirtschaftlicher Globalisierung und dem Verlust nationaler Gesundheits-, Arbeits- und Umweltstandards. Der Abbruch der Verhandlungen wurde denn teilweise auch als Sieg der Demonstranten bzw. als Beweis für den Einfluß zivilgesellschaftlicher Gruppen und Nichtregierungsorganisationen gewertet.

Dieses Urteil ist jedoch nicht ganz zutreffend, wenn man sich näher mit den zur Diskussion stehenden Themen und dem Verhandlungsablauf auseinandersetzt. Tatsächlich trugen eine ganze Reihe von Entwicklungen zum Abbruch der Verhandlungen bei. Um dies zu verdeutlichen, geht der nachfolgende Bericht ausführlich auf die Hintergründe und die ursprünglichen Zielsetzungen der Ministerkonferenz in Seattle ein. In einem weiteren Schritt werden die inhaltlichen Schwerpunkte sowie der Verhandlungsablauf der Ministerkonferenz erläutert. Abschließend folgt eine kurze Bewertung des Abbruchs der Verhandlungen und dessen mögliche Auswirkungen auf die zukünftigen Liberalisierungsverhandlungen im Kontext der WTO.

---

139 Dieser Abschnitt basiert auf einem Bericht, den die Autorin für das „Proklima" Programm der GTZ nach der Ministerkonferenz in Seattle 1999 verfasste. Ein umfassendes Archiv mit aktuellen Berichten über den Themenkonplex „Handel und Umwelt" sowie zur Konferenz in Seattle bietet „Bridges", der von International Centre for Trade and Sustainable Development in Genf herausgegebene „Weekly Trade News Digest" (ICTSD 1999).

Hintergrund und Zielsetzungen der Ministerkonferenz in Seattle

Das Ziel der Ministerkonferenz war der Beschluß einer konkreten Verhandlungsagenda für weitere Liberalisierungen mindestens im Agrar- und Dienstleistungssektor. In den Bereichen Agrargüter- und Dienstleistungshandel führte die letzte Runde von Handelsliberalisierungen nur ansatzweise zu Ergebnissen. Deshalb wurde zugleich mit dem Abschluß der Uruguay-Runde 1995 eine „built-in agenda" für die WTO beschlossen, welche Verhandlungen in den genannten Sektoren ab dem Jahr 2000 vorsieht. Vor allem die EU war an einer umfassenderen Handelsrunde mit Verhandlungen in weiteren Sektoren interessiert.

Die EU wollte weitere Regelungen in den Bereichen nicht-landwirtschaftlicher Zölle, Investitionen, Wettbewerbspolitik, Hemmnisse im Bereich der Abwicklung von Im- und Exporten und der Zollabwicklung, Handel und Umwelt, Urheberrechtschutz, öffentlicher Auftragsvergabe, nichttarifärer Handelshemmnisse und Anti-Dumping Maßnahmen. Die EU war der Meinung, daß eine umfassende Runde für alle WTO-Mitglieder einen Interessenausgleich zwischen sektorspezifischen Verhandlungsergebnissen bringen könnte. Damit wollte die EU vor allem die Entwicklungsländer ansprechen, die dadurch die Chance bekämen, ihre besonderen Probleme und Interessenlagen in einer „Entwicklungsrunde" der WTO zur Sprache zu bringen.

Die anderen WTO-Mitglieder waren weniger an einer umfassenden Verhandlungsrunde interessiert, weil sie vor allem im Bereich der „built-in agenda" eine Öffnung und Deregulierung des EU-Marktes erreichen wollten. Die Entwicklungsländer äußerten sich am vehementesten gegen umfassende Verhandlungen, weil sie sich von den zur Diskussion stehenden Themen keine zusätzlichen Vorteile versprachen, sondern in der weiteren Öffnung ihrer nationalen Märkte und dem Abbau staatlicher Kontrollen eher eine Bedrohung für den Aufbau ihrer Volkswirtschaften sahen.

In den Vorverhandlungen in Genf konnte man sich nicht auf den Umfang einer neuen Verhandlungsrunde einigen, und so begann die Ministerkonferenz ohne den Entwurf einer Abschlußerklärung, was ein Novum in der Geschichte der WTO ist und verdeutlicht, wie unterschiedlich die Interessen waren. In Ermangelung einer Diskussionsgrundlage verringerten sich auch die Chancen einer Einigung auf eine Verhandlungsagenda, da zu Beginn des Treffens überhaupt nicht klar war, worüber geredet werden sollte. Vor Beginn der Konferenz verständigte man sich lediglich auf fünf thematisch unterschiedliche Arbeitsgruppen, um die Gespräche in Seattle zu strukturieren.

Themen, Positionen und Verhandlungsverlauf in Seattle

Die Arbeitsgruppen zu den Themen Landwirtschaft, Marktzugang, Implementation und neue Themen (die sogenannten „new issues"), die vor allem neue Wirtschaftszweige und Querschnittsgebiete der Handelspolitik mit anderen Politikbereichen betreffen, orientierten sich an den in Genf vorausgegangenen Diskussionen. Die fünfte Arbeitsgruppe zu „systemic issues" bzw. der internen

Organisation der WTO zielte vor allem auf die Integration von Entwicklungsländern in die Arbeit der WTO in Genf ab.

- *Landwirtschaft*

In dieser Arbeitsgruppe stand die Liberalisierung des Handels mit landwirtschaftlichen Produkten im Mittelpunkt. Dieser Bereich ist nach wie vor der größte Problemkomplex in der WTO, weil die Liberalisierung zumeist weitreichende soziale Auswirkungen hat und gerade in den Industrieländern für viele Bauern den wirtschaftlichen Bankrott bedeutet. Obwohl die Verhandlungen unabhängig vom Ausgang der Ministerkonferenz in Seattle im Jahr 2000 beginnen müssen, konnte man sich auch in diesem Bereich nicht auf den Verhandlungsgegenstand einigen. Die EU sperrte sich dabei vor allem gegen die Forderung anderer Industrieländer, den Handel mit landwirtschaftlichen Produkten unter dem GATT zusammenzufassen.

Die Interessen der Entwicklungsländer im Agrarbereich beziehen sich auf die Verbesserung ihres Marktzugangs und auf den Subventionsabbau im Norden. Letzterer umfaßt die Exportsubventionen und direkte Einkommenshilfen für Landwirte in den Industrieländern. Gleichzeitig, und darin stimmen sie mit der EU überein, sollten Regierungen ihrer Meinung nach jedoch weiterhin die Möglichkeit zur Unterstützung der eigenen Landwirte und Beschränkung von Importen besitzen, wenn dies im nationalen Interesse liegt. Dazu zählen unter anderem Maßnahmen zur Unterstützung kleiner Bauernhöfe, die gegenüber der agroindustriellen Produktion nicht mehr konkurrenzfähig sind. Diese Aspekte, die nicht unmittelbar den Handel mit landwirtschaftlichen Gütern betreffen, bei verstärkter Liberalisierung aber aufgrund der sozio-ökonomischen Auswirkungen relevant werden, faßt man auch unter dem Stichwort Erhalt der „Multifunktionalität" der Landwirtschaft zusammen. Dazu gehört auch, daß im Zuge der Unterstützung ländlicher Entwicklung Agrarproduktion und Bauern mit Subventionen unterstützt werden können, weil sie wichtige landschaftspflegerische Aufgaben übernehmen.

Zu den nicht-handelsbezogenen Aspekten gehören auch Ernährungssicherheit und Produktsicherheit. Im Zusammenhang von Ernährungssicherheit stellt sich die Frage, ob und wie man in Zukunft Handelsbeschränkungen im Bereich der Biotechnologie bzw. konkret den Umgang mit genmanipulierten Organismen im Rahmen der WTO regelt. Diese Frage ist außerordentlich schwierig, weil das Abkommen über den Schutz der Urheberrechte (TRIPs) hier schon eine sehr liberale Regelung enthält, die mittlerweile jedoch von vielen Mitgliedern, vor allem aus den Reihen der Entwicklungsländer, als äußerst problematisch angesehen wird. Zum einen ermöglicht das TRIPs-Abkommen die Patentierung und damit den urheberrechtlichen Schutz von ursprünglichem und bisher unverändertem Genmaterial von Pflanzen und Tieren. Zum anderen schützt es auf dieser Grundlage auch alle daraus entwickelten gentechnisch oder anderweitig biotechnologisch veränderten Organismen. Das führte beispielsweise im Saatgutbereich dazu, daß Bauern ihre während der Ernte gewonnenen Samen nicht mehr zur Wiederaussaat benutzen durften bzw. die Samen wieder neu käuflich erwerben mußten. Gerade in den ärmeren Ländern können sich viele Landwirte die teuren Samen nicht leisten. Hinzu kommt, daß die großen Saatgutkonzerne mit Hilfe der Biotechnologie sogenannte Hybridsamen entwickelten, die in der zweiten Generation ohnehin eine viel geringere Leistung erbringen. Durch diese Entwicklung sehen viele Entwicklungsländer ihre Ernährungssicherheit bedroht, weil sich ihre Bauern oder der Staat die Samen entweder nicht leisten können oder staatliche Hilfen zum Samenkauf als unzulässige Subventionen angegriffen werden könnten. Das führt auch zu politisch tiefgreifenden Konflikten, weil das genetische Material für diese Entwicklungen sehr häufig aus Entwicklungsländern stammt, ebenso wie das Wissen über seine Wirkung. Die wirtschaftlichen Gewinne aus seiner Nutzung kommen aber ausschließlich den Firmen in den Industrieländern zu gute. Ganz ähnliche Entwicklungen sind im pharmazeutischen Bereich zu beobachten. Dort lassen sich Firmen mehr oder weniger wahllos Pflanzen patentieren, die irgendwann einmal bei der Arzeimittelentwicklung eine Rolle spielen könnten. Aus diesem Grund fordern betroffene Entwicklungsländer die Neuverhandlung des TRIPs-Abkommens und ein Verbot der Patentierung lebender Organismen. Mit dem Argument, daß die gegenwärtigen TRIPs-Regelungen auch zu einer gefährlichen Verringerung der Biodiversität durch die kommerzielle Nutzung und Weiterentwicklung einiger weniger Arten beitragen, versuchen die Entwicklungsländer, dieser Forderung Nachdruck zu verleihen.

Die von den Industrieländern zu diesem Themenbereich im Vorfeld unterbreiteten Vorschläge gehen nicht auf diese Befürchtungen ein, sondern stellen die wirtschaftlichen Aspekte des Handels mit genveränderten Substanzen und die Produktsicherheit in den Vordergrund. Kanada schlug eine WTO- Arbeitsgruppe zur Biotechnologie vor, die prüfen soll, inwieweit die bestehenden WTO-Abkommen zu sanitären Maßnahmen (SPS), nichttarifären Handelshemmnissen (TBT) und TRIPs Fragen der Produktsicherheit abdecken. Die USA plädierten für die Einrichtung einer internationalen Zulassungsbehörde, die auf wissenschaftlicher Grundlage die Unbedenklichkeit gentechnisch veränderter Organismen prüft. Die EU dagegen argumentierte für eine Klärung der SPS-Regeln, die Handelsbeschränkungen auf der Grundlage wissenschaftlicher Beweise zulassen, und eine Integration des europäisch geprägten Vorsorgeprinzips in diese Regeln. Auf dieser Grundlage könnte man dann gentechnisch veränderte Produkte bei wissenschaftlicher Unsicherheit über deren Auswirkungen Importbeschränkungen unterwerfen.

- *Implementation*

Die Arbeitsgruppe zur „Implementation" entstand aus der Ablehnung einer neuen Runde durch die Entwicklungsländer. Sie verlangen, daß vor bzw. während einer solchen Runde zunächst die Umsetzung und Auswirkungen der Uruguay-Runde überprüft werden, um eine weitere Liberalisierung vom bisher erreichten Stand abhängig zu machen. Der Hintergrund dieser Forderung sind die negativen Erfahrungen der Entwicklungsländer mit den Verhandlungsergebnissen der Uruguay-Runde. Während sie ihre Märkte für Produkte und Dienstleistungen der Industrieländer öffneten, geht beispielsweise die Öffnung der Agrarmärkte und der Abbau der Beschränkungen im Textilbereich in vielen hoch industrialisierten Ländern nur schleppend voran. Diese Situation wird noch dadurch verschärft, daß im Agrarbereich eine Friedenspflicht besteht, die den Entwicklungsländern die Möglichkeiten eines Streitschlichtungsverfahrens trotz offensichtlicher Handelsrestriktionen versagt. Auf der anderen Seite müssen sie spätestens ab 2000 die Abkommen zum Schutz der Urheberrechte, handelsbezogener Investitionsmaßnahmen und Textilien umsetzen, ohne administrativ und inhaltlich wirklich darauf vorbereitet zu sein. Um diesen Problemen zu begegnen, kündigte die britische Entwicklungshilfeministerin Claire Short vor Beginn der Konferenz die EU-Initiative für eine „Null-Zoll-Politik" gegenüber den fünfzig ärmsten Ländern für „essentially all products" an. Die vollständige Zollbefreiung ist in bezug auf landwirtschaftliche Produkte der EU eingeschränkt, die ansonsten nicht mehr konkurrenzfähig wären. Obwohl dieser Vorschlag bis zum Schluß im Entwurf der Verhandlungsagenda enthalten war, ist nicht klar, ob diese Initiative nun nach dem Abbruch der Konferenz weitergetragen wird.

- *Organisation*

Die Abeitsgruppe zu „systemic issues" geht teilweise auf die Unzufriedenheit der ärmeren Länder mit den Arbeitsabläufen innerhalb der WTO zurück und hängt eng mit den Implementationsproblemen zusammen. Viele Entwicklungsländer sind aufgrund des Mangels an Personal und finanziellen Ressourcen nicht in der Lage, die vielen parallel laufenden Diskussions- und Verhandlungsprozesse in Genf zu verfolgen und mit zu gestalten. Gerade die Analyse der nationalen Auswirkungen bestimmter Vereinbarungen in Bereichen wie Biotechnologie, Urheberrechte, nichttarifäre Handelshemmnisse oder sanitäre und phytosanitäre Maßnahmen liegt dann meistens außerhalb der Möglichkeiten dieser Länder. Drei der ärmsten WTO-Mitglieder unterhalten nicht einmal eine diplomatische Vertretung in Europa, die den Entwicklungen in der WTO folgen könnte. Diese Nachteile machen sich mittlerweile vor allem bei den wichtigen Streitschlichtungsverfahren bemerkbar. Die Durchführung eines Streitschlichtungsverfahrens verlangt enormes juristisches Expertenwissen, das bei vielen der ärmeren Länder nicht vorhanden ist und das sie sich auch nicht einkaufen können. Für viele ist deshalb faktisch die Teilnahme an Streitschlichtungsverfahren nicht möglich. Deshalb ist die Initiative einiger Industrie- und Entwicklungsländer vom 02.12.99, ein Zentrum zu gründen, das den ärmsten Ländern eine kostenlose Rechtsberatung und Unterstützung in Streitschlichtungsverfahren anbietet, sehr positiv zu bewerten. Aus der EU haben Dänemark und die Niederlande ihre finanzielle Unterstützung zugesagt.

Während der Vorbereitungen auf Seattle wuchs der Widerstand bei den Entwicklungsländern gegen eine neue Runde enorm an, weil die sogenannte QUAD-Gruppe, USA, Japan, die EU und Kanada, mehr oder weniger allein versuchten, die Tagesordnung zu bestimmen. In sogenannten „Green Room"-Verhandlungen, inoffiziellen Gesprächen, die nur für geladene Teilnehmer offen waren, versuchten diese Länder zusammen mit den ihrer Meinung nach wichtigsten Ländern, einen Entwurf für eine Abschlußerklärung auszuarbeiten.

Die dadurch geförderte Intransparenz und Ungleichheit wurde in Seattle besonders deutlich. In Seattle hatten viele Entwicklungsländer weniger als zehn Personen in ihrer Delegation, während die EU-Kommission allein über 40 Personen verfügte, die in den unterschiedlichen Foren Verhandlungskompetenz besaßen. Die US-Delegation umfaßte offiziell sogar rund 300 Personen. Die gleichberechtigte Teilnahme an den Diskussionen und Verhandlungen in der WTO ist unter solchen Bedingungen nicht mehr möglich. Die interne Transparenz hat in diesem Prozeß sehr gelitten, weil auch viele der WTO-Mitglieder Dokumente, die Verhandlungsgrundlage waren, nicht rechtzeitig erhielten.[140]

- *Neue Themen*

Im Zusammenhang mit einer neuen Runde kamen auch die sogenannten „new issues" zur Sprache, die nicht mehr in der Uruguay-Runde verhandelt und deshalb während der ersten WTO-Ministerkonferenz in Singapur 1996 als noch zu regelnde Bereiche festgelegt wurden. Dazu gehören handelsrelevante Aspekte der Biotechnologie, die hauptsächlich mit dem Patentrechtsschutz von genetischem Material, aber auch mit der Frage nach WTO-konformen Handelsrestriktionen von genmanipulierten Organismen zusammenhängen. Seit dem Ende der Uruguay-Runde wird auch die Notwendigkeit und Möglichkeit der Integration von Umwelt- und Sozialstandards in das WTO-Regelwerk intensiv debattiert. Außerdem steht zur Diskussion, ob allgemeine Investitionsregeln zum Abbau von Investitionsbarrieren, die weit über die bisherigen handelsbezogenen Investitionsmaßnahmen hinaus gehen, innerhalb der WTO geregelt werden sollen. Daneben stehen im Bereich der neuen Themen noch ein Abkommen über den Handel mit Kulturgütern und kulturellen Dienstleistungen bzw. handelsbeschränkende Maßnahmen zum Schutz nationaler Kulturgüter zur Diskussion. Da es bei dieser Diskussion weniger um den klassischen Güter- oder Dienstleistungshandel geht als um damit zusammenhängende unilaterale bzw. innerstaatliche Kontrollmöglichkeiten, diskutieren die WTO-Mitglieder momentan, ob diese Themen in

---

[140] Ein vom Handelsminister und Delegationsleiter aus Guyana berichteter Vorfall zeigt beispielhaft die Intransparenz der Verhandlungen in Seattle auf. Am Donnerstagabend (02.12.99) erfuhr er von einem „Green Room"-Treffen zu den Agrarverhandlungen und wollte daran teilnehmen. Er wurde an der Tür zum Konferenzraum abgewiesen, weil er keine persönliche Einladung für dieses Treffen besaß. Er konnte nicht sagen, wer dieses Treffen organisiert hatte und wer ihm den Zugang verweigerte. Die Personen an der Tür trugen keine Namensschilder, obwohl eigentlich jeder im Konferenzzentrum dazu verpflichtet war. Daraufhin äußerte er seinen Unmut zwar lautstark, wurde aber weiterhin nicht zu dem Treffen zugelassen. Er beschwerte sich daraufhin offiziell beim Managementkomitee über die offensichtliche Benachteiligung seines Landes. Dabei blieb es zunächst. Am frühen Freitagmorgen (03.12.99) gegen 6: 30 Uhr wurde er dann in seinem Hotelzimmer geweckt, als jemand einen Briefumschlag unter der Tür durchschob. Darin befand sich eine Einladung für das Green-Room-Meeting zu den Agrarverhandlungen an diesem Morgen, allerdings ohne Unterschrift oder Nennung des Einladenden.

die „built-in agenda" aufgenommen und sukzessive außerhalb von offiziellen Handelsrunden geregelt werden sollen.

Dies betrifft auch die Integration von Umwelt- und Sozialstandards in die WTO-Regeln. Hinter beiden Bemühungen sehen die Entwicklungsländer vor allem die Absicht der Industrieländer, ihre komparativen Nachteile bei den Produktionskosten auszugleichen. Nach Meinung der Entwicklungsländer wird diese protektionistische Absicht gerade bei den Arbeits- und Sozialstandards deutlich. Dieses Thema wurde von einigen Industrieländern wieder auf die Tagesordnung gesetzt, obwohl die erste Ministerkonferenz in Sigapur 1996 beschloß, daß diese Fragen im Kompetenzbereich der internationalen Arbeitsorganisation ILO liegen. Im Bereich der Umweltstandards haben sich die WTO-Mitglieder noch nicht so deutlich für die Zuständigkeit anderer internationaler Foren ausgesprochen, dennoch liegt die Ablehnung von Umweltstandards in der Angst begründet, diese würden lediglich als protektionistische Instrumente genutzt. Diese Vermutung wurde auch schon durch eine Reihe von GATT- und WTO-Streitschlichtungsentschiedungen bestätigt.

Vertreter der Entwicklungsländer reagierten entsprechend empört, als Präsident Clinton in einem Interview in einer lokalen Zeitung für die Durchsetzung grundlegender Sozialstandards mit Hilfe von Handelssanktionen plädierte. Die Verärgerung wurde noch gesteigert, als am 02.12.99 eine Arbeitsgruppe zu Arbeits- und Sozialstandards zusammentrat, von der zu Beginn der Konferenz noch gar nicht die Rede war.

Umweltstandards und Umweltschutz im allgemeinen spielten in den Verhandlungen in Seattle eine eher untergeordnete Rolle. Als eine Erfolgsmeldung läßt sich die offiziell eingerichtete Kooperation zwischen UNEP und der WTO verbuchen. Die Kooperationsvereinbarung sieht vor allem den regelmäßigen Austausch von nicht-vertraulichen Informationen, regelmäßige Treffen und den Zugang zu handelsrelevanten Umweltdatenbanken vor. Durch die Kooperation will UNEP auch zur frühzeitigen Lösung möglicher Kompatibilitätsprobleme zwischen multilateralen Umweltschutzabkommen und den WTO-Regeln beitragen.

Daneben wurden Umweltschutzaspekte indirekt im Zusammenhang mit den handelsrelevanten Auswirkungen einer stärkeren Regulierung im Bereich der Biotechnologie angesprochen. Die Biotechnologie rückte in den Mittelpunkt der Diskussion, nachdem die EU-Kommission am zweiten Verhandlungstag (01.12.99) eine WTO-Arbeitsgruppe zur Biotechnologie anbot, um die Zustimmung der USA und Japans für eine umfassende Handelsrunde zu gewinnen. Diese Arbeitsgruppe zu Biotechnologie wurde bisher von der EU immer abgelehnt, weil sie fürchtete, daß Kanada und die USA dadurch ihre ökonomischen Interessen in diesem Bereich besser durchsetzen können. Der im Vorfeld in Genf präsentierte amerikanische Vorschlag, eine internationale Behörde zur Lizenzierung und wissenschaftlichen Prüfung biotechnologischer Entwicklungen einzurichten, ließ beispielsweise keinen Raum für europäische Vorsorgeregelungen, wie sie im

Zusammenhang von Lebensmitteln mit genmodifizierten Zutaten angewendet werden.

Die Zustimmung zu einer solchen Arbeitsgruppe wurde von der EU an zwei Bedingungen geknüpft, bei denen jedoch unklar war, ob die EU diese in den Verhandlungen hätte durchsetzen können. Erstens wollte die EU dieser Arbeitsgruppe nur bei einem erfolgreichen Abschluß des „Biosafety Protocols" zustimmen. Dieses Protokoll wird seit 1998 im Rahmen der Biodiversitätskonvention verhandelt und soll internationale Sicherheitsstandards für den Umgang mit gentechnisch veränderten Organismen und zur Erhaltung der Biodiversität festlegen. Dabei werden auch Bewertungsmaßstäbe für zulässige Handelsrestriktionen zum Schutze der Biodiversität und zum Schutz vor negativen Auswirkungen gentechnisch veränderter Organismen diskutiert. Zweitens sollte das Mandat der Arbeitsgruppe auch die Diskussion und Implementation von Vorsorgemaßnahmen sowie entsprechende Handelsrestriktionen abdecken. Da die USA die europäische Version des Vorsorgeprinzips und dessen Version im „Biosafety Protocol", das im Februar 2000 erneut zur Verabschiedung ansteht, kategorisch ablehnen, war dieser Vorschlag aussichtslos. Gegen Ende der Konferenz rückte die EU auch von ihrem Vorschlag einer Arbeitsgruppe zur Biotechnologie ab, nachdem ihr die anderen WTO-Mitglieder vor allem im landwirtschaftlichen Bereich nicht genug entgegen kamen.

- *Verhandlungsablauf*

Nachdem sich der offizielle Beginn der Konferenz durch die Proteste und Blockaden am Dienstag (30.11.99) um mehr als einen halben Tag verzögerte, war der Zeitplan sehr gedrängt und aufgrund der großen Differenzen und dem Fehlen eines Verhandlungstextes bestanden schon zu Beginn Zweifel an den Erfolgsaussichten der Konferenz.

Abgesehen von den genannten Hilfs- und Kooperationsmaßnahmen versank der Rest der Konferenz im Chaos. Die Arbeitsgruppen diskutierten mangels Textgrundlage kaum inhaltlich, wenn sie überhaupt zusammentraten. Den meisten Teilnehmern, eingeschlossen die meisten Regierungsvertreter, war es völlig unklar, wann und welche Verhandlungen und Arbeitsgruppengespräche stattfanden. Diese Situation verbesserte sich auch nicht wesentlich, als am Mittwochabend (01.12.99) ein Textentwurf der EU zirkulierte, der zwar nicht als offizielle Verhandlungsgrundlage galt, aber eine zielorientiertere Diskussion ermöglichen sollte.

Der Text war aus Sicht der Entwicklungsländer in Teilen akzeptabel, weil die EU bereit war, über die Reduktion, wohlgemerkt nicht die Abschaffung, von Exportsubventionen und direkten Einkommenshilfen für Landwirte zu sprechen. Gleichzeitig verschwanden die umweltpolitischen Ziele des EU-Mandats wie z. B. die Gleichstellung der Regeln internationaler Umweltschutzabkommen mit denjenigen der WTO sowie die Integration des Vorsorgeprinzips in das WTO-Regelwerk aus dem Text.

Welche Rolle dieser Text in den Verhandlungen spielte und wie sich die Verhandlungen entwickelten, war für Beobachter, aber auch für die meisten

Regierungsdelegationsmitglieder nicht nachvollziehbar, da die substantiellen Verhandlungen in den „Green Rooms" stattfanden.

Gleichzeitig wuchs bei fast allen Beteiligten die Verwunderung und das Unverständnis über den Ablauf der Konferenz. Treffen wurden angesetzt und kurzfristig wieder abgesagt, ohne daß deutlich wurde, wer diese Entscheidungen traf. Da es keine zentrale Anzeige zu den Veranstaltungsräumen und –zeiten gab, mußten sich die Delegierten oftmals auf Mund-zu-Mund-Propaganda verlassen.

Die Gesamtheit solcher Vorkommnisse führte dazu, daß die Entwicklungsländer ihren Unmut über die Verhandlungsorganisation der USA und der großen Handelsnationen offen äußerten. Die afrikanischen Länder veröffentlichten im Namen der OAU gar ein Statement, in dem sie ihre Enttäuschung und Ablehnung der gegenwärtigen Verhandlungen darlegten. Sie fühlten sich marginalisiert und von Verhandlungen ausgeschlossen, die sie unmittelbar betrafen, gerade im Agrar- und TRIPs-Bereich. Deshalb forderten sie den amerikanischen Konferenzvorsitz auf, ihre volle Beteiligung in Zukunft zu gewährleisten. Trotz dieser deutlichen Warnungen und informeller Eingeständnisse von Delegationsmitgliedern aus Entwicklungsländern, daß sie aufgrund der Vorgänge es vorziehen würden, mögliche Ergebnisse der Konferenz abzulehnen, war nicht klar, ob die Entwicklungsländer einen solchen Schritt tatsächlich gewagt hätten.

Bewertung

Der Abbruch ist für die Entwicklungsländer und für Umweltschützer ein eher positives Ergebnis, weil sich durch ihn die gegenwärtige Situation zumindest nicht verschlechtert hat. Da sich die EU nach der Vertagung nicht mehr an ihre in Seattle geäußerten Positionen gebunden fühlte, wird hier nicht näher auf die zuletzt verhandelten Positionen eingegangen. Statt dessen werden mögliche Auswirkungen der Ministerkonferenz auf die WTO und zukünftige Verhandlungen thematisiert. Ein wichtiges Ergebnis ist, daß die offenen Proteste der Entwicklungsländer und die Drohung, einer neuen Runde unter diesen Voraussetzungen nicht zuzustimmen auch zu einer Bewußtseinsänderung bei den Industrieländern geführt haben. Ob diese jetzt allerdings tatsächlich stärker auf die Forderungen der Entwicklungsländer eingehen, muß sich erst noch zeigen.

Aus umweltpolitischer Sicht war das Scheitern der Konferenz ein positives Ergebnis, da der letzte Verhandlungsstand die Integration von Umweltschutzerwägungen in die WTO-Regeln nicht in angemessener Art und Weise vorsah. Aus Sicht der Umwelt-NGOs hat die umweltpolitische Agenda der EU im Zusammenhang mit der WTO auch erheblich an Glaubwürdigkeit verloren, da der Verhandlungsverlauf nur allzu deutlich machte, daß konkrete umweltpolitische Zielsetzungen hauptsächlich als „Bargaining Chip" dienten, um die agrarpolitischen Ausnahmebestimmungen der EU zu erhalten.

4.2.2 Gründe für das „Scheitern" und Blick in die Zukunft

Was die Ursachen für das Scheitern der Ministerkonferenz angeht, wurde mit etwas zeitlichem Abstand deutlich, daß es nicht einen spezifischen Grund für den Abbruch oder das Scheitern der Seattle-Konferenz gab, sondern daß viele Faktoren eine Rolle spielten.

Die amerikanische Verhandlungsführerin Charlene Barshevsky gab als Grund für den Abbruch die fehlende Kompromißbereitschaft aller Mitglieder an. Vermutungen, die USA seien wegen wahlkampftaktischer Gründe an einer Einigung gar nicht interessiert gewesen, verwarf sie jedoch nachdrücklich. Ihrer Meinung nach waren die Themen zu komplex, und die WTO-Mitglieder sich selbst noch nicht so richtig im klaren, wo ihre Interessen eigentlich liegen.

Der EU-Verhandlungsführer Pascal Lamy betonte, daß der organisatorische Rahmen der Konferenz der Komplexität der Themenstellungen nicht gewachsen war. Laut Lamy muß jeder neuen Handelsrunde, egal welchen Ausmaßes, eine institutionelle Reform der WTO-Verhandlungsmodalitäten vorausgehen.

Die Entwicklungsländer trugen insofern indirekt zum Abbruch bei, indem sie ihre Vetomacht einer möglichen Zustimmungsverweigerung deutlich zu verstehen gaben. Damit zwangen sie der EU, die als einziger Akteur eine umfassende Runde will, einen verhandlungspolitischen Spagat zwischen unterschiedlichen Zugeständnissen für die USA und die Entwicklungsländer auf, den sie letztlich nicht durchhalten konnte. Die Entwicklungsländer gaben zu verstehen, daß sie nicht mehr ohne weiteres bereit sind, die Handelspolitik der großen Vier einfach so hinzunehmen, wenn auf ihre Interessen nicht eingegangen wird.

Viele NGO-Vertreter und auch die Demonstranten haben den Abbruch der Verhandlungen und die „Battle of Seattle" als ein Erfolg ihres Protestes verbucht, aber diese Sicht ist nicht ganz zutreffend, weil trotz der Proteste Verhandlungsgespräche geführt wurden, bei denen die Forderungen der Demonstranten keine Rolle spielten. Nichtsdestotrotz ist der Legitimationsdruck für weitere Liberalsierungsverhandlungen in den westlichen Industriestaaten enorm angestiegen, und die Vernachlässigung der Bedenken und Ängste der Bevölkerungen kann zukünftige Liberalisierungsinitiativen zum Scheitern bringen.

Eine größere Rolle als die öffentlichen Proteste spielte die unzureichende inhaltliche und organisatorische Vorbereitung und Durchführung der Konferenz. Im nachhinein meinen viele Beteiligte, daß die Konferenz aufgrund der großen inhaltlichen Differenzen gar nicht hätte stattfinden sollen. Die Tatsache, daß man sich nicht auf einen Verhandlungstext einigen konnte, macht deutlich, wie weit man vom notwendigen Konsens entfernt war. Außerdem verhielten sich die USA als Gastgeber undiplomatisch und wenig integrationsfördernd. Neben der umstrittenen Konferenzleitung durch Barshevsky und der Rede Clintons nutzten noch einige Kongressabgeordnete und Senatoren das Treffen als Bühne für ihren persönlichen Wahlkampf. Diese Beobachtungen verstärkten bei vielen Teilnehmern den Eindruck, daß die USA nicht an einem „erfolgreichen" Abschluß der

Konferenz interessiert waren, sondern nationale Interessen in den Vordergrund stellten.

Welche Auswirkungen der Abbruch der Gespräche auf die weiteren Verhandlungen und die WTO haben wird, ist momentan noch nicht absehbar. Manche Kommentatoren glauben, daß man jetzt in Genf die Agenda schnell weiter treiben kann, weil die Karten größtenteils auf dem Tisch liegen und nach Seattle eine schnelle Einigung die Effektivität der Organisation unterstreichen würde. Auf der anderen Seite beginnen die ab 2000 anstehenden Verhandlungen über die Liberalisierung des Agrar- und Dienstleistungssektors ganz von vorne. Da die EU, der zentrale Akteur, bei der gegenwärtigen Situation in diesen Sektoren wenig zu gewinnen hat, ist sie nicht unbedingt an einer schnellen Einigung auf eine Verhandlungsagenda interessiert.

Vieles spricht demnach dafür, daß Seattle tatsächlich eine tiefe Zäsur für die WTO bedeutet, weil tiefgehende institutionell-organisatorische und strukturelle Probleme deutlich wurden, die institutionelle und inhaltliche Reformen unumgänglich erscheinen lassen.

Die Intransparenz der Verhandlungen, unter der die Mehrheit der Teilnehmer litt, ist ein anschauliches Beispiel für die institutionellen Probleme der WTO. Die für den kurzen Verhandlungszeitraum viel zu breite Agenda verstärkte das Mißtrauen der meisten Delegierten gegenüber den QUAD-Staaten, die das bestehende Verhandlungssystem mehr als andere zu ihrem eigenen Vorteil nutzen konnten. Andererseits zeigen die Forderungen des EU-Verhandlungsführers Lamy in bezug auf einen neuen institutionellen Rahmen, daß auch die Wortführer Schwierigkeiten mit diesem Verhandlungssystem haben.

Die strukturellen Probleme beziehen sich dagegen auf den Inhalt der zu regelnden Fragestellungen. Da Handelsregeln beispielsweise in bezug auf Investitionen, Wettbewerbsrecht, Umweltschutz, aber auch zu klassischen Themen wie Subventionsabbau häufig tiefgreifende innerstaatliche Auswirkungen haben bzw. die Reform innerstaatlicher politischer und gesellschaftlicher Handlungsabläufe und Beziehungen notwendig machen, ist die Konsensfindung bei diesen Themen enorm schwierig. Von daher ist für einen Verhandlungserfolg nicht nur eine bessere Vorbereitung und frühzeitige Abstimmung nötig, sondern auch eine grundsätzliche Auseinandersetzung darüber, welche Bereiche und Sektoren innerhalb der WTO und welche in anderen internationalen Foren geregelt werden sollen. Von besonderer Bedeutung ist dabei die Festlegung der zuständigen Streitschlichtungsverfahren und, welche Institution letztlich die Zulässigkeit von Handelsbeschränkungen bewertet. Dies ist notwendig, weil momentan die WTO als einzige Organisation über ein verbindliches Streitschlichtungsverfahren verfügt und die bisher fehlende abschließende Regelung der Zuständigkeit die Durchsetzungsfähigkeit anderer Institutionen untergraben könnte. Bisher ereignete sich zwar noch kein direkter Konflikt, die Auseinandersetzungen zwischen der EU und den USA über die Behandlung genmanipulierter Substanzen in Lebensmitteln in Verbindung mit der Ratifizierung des Biosafety Protokolls könnte jedoch zu einem WTO-Verfahren führen. Wenn die strittigen Fragen der Zulässigkeit von Handelsbeschränkungen dann nach dem üblichen WTO-Muster entschieden werden, bleibt kaum Flexibilität für präventive Beschränkungen des Handels aufgrund wissenschaftlicher Unsicherheit über die Auswirkungen dieser Produkte.

Das Jahr 2000 wird zeigen, ob die WTO zum „business as usual" zurückkehren oder ob die Verwirrung und Nachdenklichkeit zu einer vorläufigen Lähmung führen, die die angestrebten Liberalisierungsverhandlungen in den Hintergrund drängen. Institutionelle Reformen, wie sie von manchen gefordert werden, sind momentan nicht absehbar. Der amerikanische Wahlkampf, der schon die Ministerkonferenz in Seattle überschattet hat, wird solche Bestrebungen zumindest im Jahr 2000 blockieren, so daß die USA vor der Wahl eines neuen Präsidenten nicht viel Verhandlungsinitiative zeigen werden. Und da auch der EU der Anreiz für die Verhandlung der „built-in agenda" fehlt, werden im Jahr 2000 kaum weitreichende Liberalisierungsverhandlungen und auch keine Reformen initiiert. Reformen sind erst wahrscheinlich, wenn sich die Organisation über längere Zeit hinweg selbst blockiert hat und aus ihrer Sicht drängende Probleme, wie beispielsweise die Liberalisierung der Agrarmärkte, nicht lösen konnte.

4.3 Streitschlichtungsverfahren aufgrund umweltpolitischer Handelsmaßnahmen

Die Streitschlichtungsverfahren sind das zentrale Element für die Bestimmung des Verhältnisses zwischen Umweltschutz und Handelspolitik, da sie entscheidend zur Bestimmung der geltenden Regeln beigetragen haben (Jackson 1998). Das GATT/WTO-System hat in seiner Geschichte hunderte von Streitschlichtungsverfahren abgeschlossen, die trotz der schwachen Sanktionsmöglichkeiten größtenteils umgesetzt wurden. Daran kann man erkennen, daß das Prinzip diffuser Reziprozität nicht nur ein theoretisches Konzept ist, sondern auch bei immer komplexeren und intensiveren Handelsbeziehungen seine Wirkungen entfaltet. Die ökonomische Interdependenz veranlaßt Regierungen zu vorsichtigerem Handeln und gegebenenfalls zum Nachgeben in umstrittenen Fällen, weil damit zu rechnen ist, daß man sonst unter Umständen in anderen Sektoren unter Druck gesetzt wird, die wirtschaftlich vielleicht bedeutsamer sind. Diese gegenseitige Abhängigkeit trägt dazu bei, daß die Schlichtungsempfehlungen größtenteils befolgt werden.

4.3.1 Entwicklung im GATT

Zwischen 1948 und 1989 wurden 88 % aller zugelassenen Beschwerden so umgesetzt, daß der ursprüngliche Verstoß nicht mehr bestand. In den achtziger Jahren ging die Erfolgsquote zwar zurück, verharrte aber immer noch bei über achtzig Prozent. Im untersuchten Zeitraum strengten die USA, die EU (15), Kanada, Japan und Australien zusammen 73 % aller Verfahren an. Zu 83 % waren diese Länder mit Ausnahme Australiens auch die Beklagten, bei 92 % aller Verfahren waren entweder die USA oder die EU (oder ihre Mitglieder) beteiligt. Für den gesamten Zeitraum waren zu 52 % nichttarifäre Handelshemmnisse Gegenstand der Verfahren, weiterhin ging es in 21 % der Fälle um Zölle, in 16 % um Subventionen und in 10 % der Verfahren um Antidumping- oder deren Gegenmaßnahmen in Form von Strafzöllen. Bei den Sektoren läßt sich beobachten, daß der agrarpolitische Protektionismus immer häufiger Anlaß zu Beschwerden gab. Während sich in den fünfziger Jahren nur 23 % aller Fälle darum drehten, hatten zwischen 1960 und 1984 die Hälfte aller Verfahren landwirtschaftspolitische Maßnahmen zum Gegenstand, davon bezogen sich viele wiederum auf die gemeinsame Agrarpolitik der EG (vgl. Hudec 1993).

4.3.2 Streitschlichtung in der WTO

Das WTO-Streitschlichtungsverfahren wurde gegenüber dem des GATT zeitlich erheblich gestrafft und durch den „Dispute Settlement Body" institutionell gestärkt. Die Schiedssprüche sind spätestens mit Abschluß eines Berufungsverfahrens verbindlich und ermöglichen Sanktionen durch die Mitglieder, falls die Urteile nicht umgesetzt werden.[141] Wenn dementsprechend nach den obligatorischen Beratungen zwischen den Streitparteien nach 60 Tagen keine Einigung erreicht wird, können sie beim Streitschlichtungsausschuß ein Panel beantragen, das sich innerhalb von 30 Tagen mit drei unabhängigen Schlichtern von nicht beteiligten WTO-Mitgliedern konstituieren muß. Das Panel trifft sich zweimal, um die Parteien anzuhören, der endgültige Bericht muß dann binnen sechs Monaten den Parteien zugehen. Die Parteien können nach einer zweiwöchigen Einspruchsfrist entscheiden, ob sie die Entscheidung annehmen oder ein Berufungsverfahren beantragen, in dem die ihrer Meinung nach inakzeptablen Ergebnisse noch einmal überprüft werden.

Die Berufungsinstanz („Appellate Body") besteht aus sieben unabhängigen Rechtsexperten und kann sich bis zu 90 Tage beraten. Wenn das Ergebnis der Berufungsinstanz immer noch nicht von einer Partei akzeptiert wird und das umstrittene Handelshemmnis weiter besteht, kann die andere Partei offiziell handelspolitische Gegenmaßnahmen beantragen und durchführen (WTO 1995b: 15f). Dieses neue Streitschlichtungsverfahren stellt eine der wichtigsten institutionellen Neuerungen im Welthandelssystem dar und wird auch maßgeblich zu seiner zukünftigen Stabilität beitragen. Die Berufungsinstanz verleiht dem Welthandelssystem neuen Impetus, indem sie die Zustimmung zum Panelbericht durch die Überprüfung der erstinstanzlichen Entscheidung rechtsverbindlich ersetzt. Eine Blockade der Urteile durch die Mitglieder ist formal nicht mehr möglich (Jackson 1994: 141).

---

[141] Im GATT zogen sich die Verfahren oft über mehrere Jahre hin. Ihre Ergebnisse mußten nicht umgesetzt werden, wenn eine der Parteien sich bei der notwendigen Zustimmung durch den GATT-Rat gegen die Annahme aussprach.

In der WTO wurde nach weniger als zwei Jahren im August 1997 bereits das 100. Panel beantragt. Bis dahin wurden auch alle sechs abgeschlossenen Berufungsverfahren umgesetzt. Entwicklungsländer nutzen den Streitschlichtungsausschuß inzwischen häufiger als im GATT, sie haben insgesamt 31 Beschwerden eingereicht. Die TBT- und SPS-Vorschriften waren mit 20 Verfahren am häufigsten Gegenstand von Schlichtungsverfahren. Im Oktober 1997 liefen noch 56 der bisher 100 in der WTO initiierten Verfahren. Die USA sind auch in der WTO mit bisher 34 Klagen die aktivsten Beschwerdeführer, und sie nehmen mit 20 Anzeigen auch eine Spitzenposition als Beklagte ein. Nur die EU und ihre Mitglieder waren mit 21 Fällen häufiger Gegenstand von Beschwerden, sie hat im übrigen auch genauso häufig Beschwerde gegen angeblich unfaire Handelspraktiken anderer eingelegt, gefolgt von Kanada (9) sowie Japan, Mexiko und Indien (jeweils 5) (WTO 1997b).

4.3.3 Streitschlichtung bei umweltpolitischen Handelsmaßnahmen

Die Panelverfahren, die umweltpolitische Handelsmaßnahmen betrafen, werden in chronologischer Reihenfolge vorgestellt. Dabei zeigt sich zunächst, daß die direkte Auseinandersetzung des GATT/WTO-Systems mit der Umweltschutzproblematik unsystematisch erfolgte, weil diese Panels nur auf Anfrage der Mitglieder aktiv werden und sich mit fallspezifischen rechtlichen Fragen auseinandersetzen. Im Laufe der Zeit deckten diese Streitfälle jedoch ein breites Spektrum des facettenreichen Verhältnisses zwischen Handel und Umweltschutz ab. Deshalb ergibt sich mittlerweile ein relativ kohärentes Bild der Problemlösungsansätze aus handelspolitischer Perspektive. Umgekehrt werden dadurch auch die noch ungeklärten oder bestehenden Problemkonstellationen deutlich. Bei der Fallbeschreibung wird zunächst nur die unmittelbare, auf den Fall bezogene, handels- und umweltpolitische Problematik herausgearbeitet, so daß die Fälle miteinander verglichen werden können und die unterschiedlichen Nuancen des Konfliktverhältnisses zwischen den beiden Politikbereichen plastischer hervortreten. Es wird aber auch Wert auf die politischen Umstände der jeweiligen Maßnahmen gelegt, soweit sie sich aus den Panelberichten und der Sekundärliteratur ablesen lassen, weil diese für die umweltpolitische Bewertung der Entscheidungen eine wichtige Rolle spielen. Als Vorbemerkung muß noch erwähnt werden, daß Verfahren, die sich auf das SPS oder TBT-Abkommen beziehen (z. B. Hormone in Rindfleisch) nicht berücksichtigt werden, da sie nicht auf umweltpolitische, sondern auf gesundheitspolitische Maßnahmen und Verbraucherschutz abzielen.

Amerikanisches Importverbot kanadischen Thunfisches und sämtlicher kanadischer Thunfischprodukte[142]

Im August 1979 erließen die USA ein Importverbot für kanadischen Thunfisch und kanadische Thunfischprodukte aufgrund des „Fishery Conservation and Management Act" von 1976. Die GATT-Konformität der Maßnahme wurde mit Art. XX (g) begründet, der solche Importverbote zum Schutz erschöpfbarer natürlicher Ressourcen zuließ, wenn diese im Zusammenhang mit einer gleichzeitigen Einschränkung der inländischen Produktion und des inländischen Konsums stehen.

Der Streit begann damit, daß die USA den Importboykott veranlaßten, nachdem Kanada amerikanische Fischerboote festgesetzt hatte, die in der kanadischen exklusiven 200 Seemeilen-Wirtschaftszone fischten. Obwohl die USA teilweise die Rechtmäßigkeit der Wirtschaftszone anerkannten, taten sie dies jedoch nicht (und ohne Angaben von Gründen) im Fall des Thunfischfanges. Bemerkenswert ist nicht nur die wechselnde Auffassung zum Umfang der exklusiven Wirtschaftszonen von Küstengewässern, für die keine Erklärung geliefert wird. Ebenso interessant ist die Tatsache, daß die im Mittelpunkt stehende Bestimmung des genannten Fischereigesetzes das Importverbot nicht etwa beim Verstoß gegen amerikanische Vorschriften zum Schutz der Thunfischbestände vorsieht, sondern für eben den Fall festgehaltener Fischerboote (2.3). Das läßt darauf schließen, daß solche Festsetzungen schon häufiger vorgekommen und offensichtlich ein gängiges politisches Druckmittel sind. Des weiteren bestand Kanada auf einer Panelentscheidung, obwohl in einem bilateralen Abkommen die Kompetenzen bei der fraglichen Spezies des Albacore-Thunfisches bilateral geregelt waren. Kanada befürchtete jedoch durch das weiterhin bestehende Gesetz der USA neue Importverbote (2.9) und wollte sicherstellen, daß diese Bestimmung generell gegen das GATT verstößt. Außerdem verwies Kanada darauf, daß das Gesetz den wirtschaftlichen Interessen der mächtigen Fischereiindustrie an der amerikanischen Westküste entspricht, die so Zugriff auf Thunfisch erhalte, der sehr häufig in kanadische Küstengewässer abwandert. Außerdem war Kanada der Ansicht, daß

> the important principle involved in this trade dispute was whether or not a contracting party should have the right to disregard obligations under the GATT in order to use trade measures to bring bilateral pressure to bear on non-trade issues (3.4).

---

[142] Vgl. GATT, 1983: United States – Prohibition of Imports of Tuna and Tuna Products from Canada (L/5198), BISD 29. Supplement, angenommen am 22.02.1982, BISD/29S/91. Die in Klammern angegebenen Abschnittsnummern beziehen sich auf die Abschnittsnummerierung im Panelreport, die in den Jahresberichten des GATT-Sekretariats abgedruckt sind, den „Basic Documents and Selected Instruments" (BISD). Im ersten Fall beispielsweise handelt es sich um das „29. Supplement" erschienen 1982, die nachfolgenden Berichte werden entsprechend zitiert. Seit Anfang der neunziger Jahre werden wichtige Panelreports auch in „International Legal Materials" (ILM) veröffentlicht.

Die USA machten dagegen auf den geringen wirtschaftlichen Anteil des umstrittenen Thunfischproduktes im amerikanischen Fischereisektor aufmerksam und prangerte das Festhalten amerikanischer Boote durch Kanada als unzulässigen unilateralen Schritt an, der internationale Schutzbestrebungen beeinträchtigt. Das Problem sei vielmehr, daß Thunfisch der einzige kommerziell nutzbare Meeresfisch ist, der beträchtlich wandert und deshalb die unilaterale Regulierung der Bestände bei Thunfisch nicht angebracht ist. Als Rechtfertigung wurde auch vorgebracht, daß ein wichtiger Zweck der Bestimmung die Absicht ist, dadurch andere Länder zur internationalen Kooperation bei der Konservierung von Thunfischbeständen anzuhalten (3.12). Im übrigen galten ähnliche Importverbote noch gegen Costa Rica, Ecuador, Mexiko und Peru, was gegen das Diskriminierungsargument sprechen würde (3.8).

Das Panel wies bei seiner Entscheidung darauf hin, daß es sich auf die amerikanischen Handelsmaßnahmen im Rahmen der GATT-Bestimmungen konzentriert, dabei geht es aber davon aus, daß der Streit Teil eines größeren Konflikts zwischen Kanada und den USA über Fischereipolitik und Management von Fischressourcen ist (4.1). Für das Panel war der Verstoß gegen das Verbot quantitativer Importrestriktionen offensichtlich (4.6). Der Status von Thunfisch als erschöpfbare natürliche Ressource wurde weder von den beiden Parteien noch vom Panel bestritten (4.9). Deshalb konzentrierte es sich auf die Prüfung des Zusammenhangs zwischen nach außen wirksamen Maßnahmen, dem Importverbot, und den internen Maßnahmen, die sich in Produktions- oder Konsumeinschränkungen der fraglichen natürlichen Ressource niederschlagen sollte. Das Panel erkannte aber keine vergleichbaren internen Restriktionen, da die USA keine inländischen Restriktionen beim Fang und Verbrauch von Albacore-Thunfisch erlassen hatten. Dieser machte wiederum den größten Anteil der kanadischen Exporte aus, und insofern wurde die Maßnahme als unzulässige Diskriminierung kanadischer Exporte gewertet (4.10). Neben der Feststellung des Verstoßes gegen Art XI, 1 fand das Panel:

> It did not find that the United States representative had provided sufficient evidence that the import prohibition on all tuna and tuna products from Canada as applied from 31 August 1979 to 4 September 1980 complied with the requirements of Article XX and notably subparagraph (g) of that article (4.15).

Umweltpolitische Relevanz gewinnt dieser Fall vor allem wegen der Anerkennung einer wirtschaftlich relevanten Spezies als erschöpfbare natürliche Ressource durch ein GATT-Panel. Es besteht sogar ein Schutzbedürfnis, auch wenn sie sich außerhalb nationaler Territorien befindet. Dabei scheint es bei diesem Fall jedoch auch eine Rolle zu spielen, daß es gleichzeitig internationale Gremien gab, die sich mit Fangbestimmungen im Pazifik und Atlantik beschäftigten und somit die Relevanz von koordinierten Fangbestimmungen unterstrichen. Das Schutzinteresse bzw. die daraus abgeleiteten Handelsmaßnahmen zur Durchsetzung des Schutzinteresses relativieren sich aus Sicht der GATT-Systematik am Diskriminierungsgehalt der Maßnahmen: wenn sich dadurch die wirtschaftlichen Vorteile zugunsten der Partei verschieben, die die Maßnahme erläßt, dann ist das GATT-widrig, weil handelspolitisch unfair. Der Umweltschutzzweck wird dabei nicht weiter berücksichtigt. Aus Sicht des Umweltschutzes muß man das kritisieren, weil so die Abwägungsfrage umgangen wird, ob und wann Umweltschutz vor handelspolitische Fairness gestellt werden kann. Allerdings kann man allgemein wohl auch davon ausgehen, daß der tatsächliche Umweltschutzeffekt gering ist, wenn im inländischen Markt, so wie oben festgestellt, keine mit den an Importprodukte angelegten vergleichbar hohen Maßstäbe gefordert werden. Tatsächlich haben die Amerikaner weiter in kanadischen Gewässern gefischt, denn sonst wären sie schließlich nicht von den Kanadiern festgesetzt worden.

Im übrigen fällt noch auf, daß dieser Fall eine ganze Reihe von Ereignissen umfaßt, die nur mittelbar mit einem genuinen Schutzinteresse der Thunfischbestände zusammenhängen. Dazu zählt neben dem Auslöser des Importverbots auch die unterschiedliche Anerkennung der 200-Seemeilen-Wirtschaftszone sowie die unterschiedlichen Restriktionen für verschiedene Thunfischarten, die teilweise auch schon wieder aufgehoben waren (vgl. 4.10). Für effektiven Artenschutz hätte man wahrscheinlich strikter vorgehen und langfristige Fangquoten für alle kommerziell nutzbaren Arten vergeben müssen.[143]

USA: Steuern auf Mineralöl und bestimmte importierte Substanzen[144]

Mit dem „U.S. Superfund Amendments and Reauthorization Act of 1986 (Superfund Act)" autorisierte die amerikanische Regierung finanzielle Unterstützungsleistungen, um Umweltschäden durch Giftmüll zu beseitigen, die über erhöhte Steuern auf Mineralölprodukte und bestimmte chemische Substanzen in Endprodukten finanziert werden sollten. Drei unterschiedliche Steuerarten waren gleichzeitig vorgesehen: eine Verbrauchssteuer auf Mineralöl, eine Steuer auf bestimmte Chemikalien und eine Steuer auf importierte Produkte, die diese Chemikalien enthielten.[145]

Die Beschwerdeführer Kanada und die Europäische Gemeinschaft brachten im Zusammenhang mit der Steuer auf importierte Chemikalien als Teil von Endprodukten umweltpolitische Argumente in die Diskussion ein. Obwohl die USA klarstellten, daß die Importsteuern auf die relevanten Chemikalien exakt den

[143] Daneben deuten sich mit der Frage nach der Zulässigkeit unilateraler Druckausübung durch Handelsmaßnahmen in nichthandelspolitischen Themenbereichen schon Konfliktkonstellationen an, die in späteren Fällen eine zentrale Rolle spielen, was aber in der wissenschaftlichen Literatur bisher nicht aufgegriffen wurde.

[144] GATT, 1987: United States – Taxes on Petroleum and certain imported substances (L/6175), BISD 34. Supplement, angenommen am 17. Juni 1987.

[145] Der Streit drehte sich eigentlich um die Rechtmäßigkeit einer erhöhten Importsteuer für importierte Mineralölprodukte, die übrigens als nichtig angesehen wurde (5.1.12), da es aber in diesem Zusammenhang nicht um umweltpolitisch relevante Fragestellungen ging, wird dieser Teil der Schlichtungsentscheidung nicht näher beschrieben.

internen Steuersätzen und damit GATT-konformer Grenzausgleichsmaßnahmen entsprächen, wurde das von der EG und Kanada bestritten. Die EG machte geltend, daß man diese Steuern nicht durch Grenzausgleichsmaßnahmen auf Importprodukte übertragen kann, weil sie ursprünglich dazu gedacht waren, Verschmutzungsaktivitäten in den USA zu besteuern und mit den Steuereinnahmen Umweltschutzprogramme in den USA zu finanzieren, die auch nur dort ihre Wirkung entfalten.

> The pollution created in the production of the imported substances did not occur in the United States. It was therfore inappropriate to tax these substances upon entry in the United States. It was equally inappropriate to exempt export sales from the tax on certain substances because the pollution caused by the production of these chemicals occurred in the United States whether the chemicals were sold in the domestic market or abroad (3.2.7).

Die EG machte zudem noch auf den Widerspruch der amerikanischen Vorschriften mit dem Verursacherprinzip aufmerksam. Nach diesem Verursacherprinzip könne man davon ausgehen, daß schon im Produktionsland entsprechende Abgaben aufgrund des negativen Umwelteffekts durch die Chemikalienproduktion entrichtet wurden. Der Superfund Act führte so in letzter Konsequenz zu einer Art Doppelbesteuerung:

> A substance containing the chemical exported from the EEC to the United States would have to bear the costs twice: once in the exporting country in accordance with the Polluter-Pays Principle and upon importation into the United States and the Superfund Act. What the United States was in fact doing under the label of border tax adjustments was to ask foreign producers to help defray the costs of cleaning up the environment for the United States industries (3.2.8).

Die USA erwiderten darauf, daß zum einen das Verursacherprinzip nicht von den Vertragsparteien des GATT anerkannt ist, und zum anderen sei der vorrangige Zweck der Steuer die Einkommenserhöhung des Staates und nicht umweltpolitische Lenkung. Das wichtigste Argument für die Steuer ist jedoch, daß die negativen Umweltauswirkungen dieser Chemikalien nicht nur bei der Produktion entstehen, sondern eben auch bei deren Entsorgung (3.2.10). Der letzte Beschwerdepunkt von der EG und Kanada war die geplante höhere Importsteuer, falls Produzenten und Importeure nicht mit adäquaten Inhaltsinformationen bezüglich der in Frage kommenden Substanzen aufwarten konnten. Dies widerspräche dem Grenzausgleichsgebot, das nur Ausgleichsmaßnahmen[146] in Höhe der internen Steuern vorsieht. Außerdem hätten Importeure und Produzenten ohnehin schon einen faktischen Nachteil, da sie die ganzen Informations- und administrativen Pflichten erfüllen mußten, die einheimische Produzenten nicht betreffen (3.2.14).

Das Panel ging auf das Verursacherprinzip nicht ein, weil dieses Prinzip nicht Bestandteil des GATT ist. Deshalb prüfte es zunächst, ob die Grenzausgleichs-

---

[146] Das ist der allgemeine Ausdruck für die zusätzlich fälligen Abgaben, wenn Importprodukte die entsprechenden Vorschriften nicht erfüllen.

maßnahmen der USA GATT-konform waren. Nach Meinung des Panels muß man zwischen Steuern, die direkt auf Produkte angewendet werden, und indirekten Steuern wie Sozialabgaben unterscheiden.[147] Erstere können als Grundlage für Grenzausgleichsmaßnahmen dienen, während letztere keine solche Kompensationsmaßnahmen nach sich ziehen dürfen:

> the tax adjustment rules of the General Agreement distinguish between taxes on products and taxes not directly levied on products; they do not distinguish between taxes with different policy purposes. Whether a sales tax is levied on a product for general revenue purposes or to encourage the rational use of environmental resources, is therefore not relevant for the determination of the elegibility of a tax for border tax adjustment. For these reasons the Panel concluded that the tax on certain chemicals, being a tax directly imposed on products, was eligible for border tax adjustment independent of the purpose serve (5.2.4).

Danach prüfte das Panel, ob auch die nationale Gleichbehandlungspflicht beim Superfund Act gewährleistet war. Es kam zum Ergebnis, daß die Importsteuern auf bestimmte Chemikalien jenen Steuern entsprach, die auch amerikanische Produzenten zu tragen hatten.

Aus umweltpolitischer Sicht ist erwähnenswert, daß das Panel die umweltpolitische Strategien und deren Lenkungswirkung nicht von vornherein als GATT-widrig ausschließt. Die EG legt ein sehr selektives Umweltbewußtsein an den Tag, wenn sie die negativen Umwelteffekte bei der Entsorgung von Chemikalien nicht berücksichtigt bzw. nicht als legitimen Grund für die Erhebung zusätzlicher Abgaben zur Entsorgungsfinanzierung anerkennt. Das Panel läßt sich dagegen auf die umweltpolitische Diskussion nicht ein, sondern beurteilt lediglich die gegenwärtigen handelspolitischen Effekte nach ihrer protektionistischen bzw. diskriminierenden Wirkung. Es kommt ihm nur auf die Form, nicht auf den Inhalt an. Damit umgeht es auch die heikle, aber durchaus relevante Frage nach der umweltpolitischen Doppelbesteuerung von Produkten. Gerade im Hinblick auf die umfassendere Frage nach der Abwägung zwischen und Vergleichbarkeit unterschiedlicher Umweltpolitiken, die sich auch im Verursacherprinzip spiegelt, ist das von Bedeutung. Allerdings hätte bei der Prüfung einer solchen Doppelbelastung auch die EG konkretere Beweise für die tatsächliche Besteuerung ihrer Exportprodukte gemäß dem Verursacherprinzip erbringen müssen.

Kanada – Exportverbot für unverarbeiteten Lachs und Hering[148]

Kanada untersagte den Export von unverarbeitetem Sockeye- und rosa Lachs sowie von unverarbeitetem Hering, um den Bestand langfristig zu gewährleisten. Der Export von verarbeitetem Lachs und Hering wurde indessen nicht ein-

---

[147] Das Panel bezieht sich dabei auf einen internen GATT-Report von 1970, der sich auf dieses Problem bezog und nun in der für das angelsächsische Fallrecht typischen Art als verbindlicher Präzedenzfall gilt.

[148] GATT, 1988: Canada – Measures Affecting Exports of Unprocessed Herring and Salmon (L/6268), BISD 35. Supplement, Report angenommen am 22.03.1988.

geschränkt. Als Begründung nannte die kanadische Regierung das Exportverbot ein notwendiges Element ihrer Gesamtstrategie in der Fischereipolitik, die schon seit 1908 immer wieder auf solche Maßnahmen zurückgreift, wenn bestimmte Fischarten durch Überfischung in ihrem Bestand bedroht sind. Außerdem wären diese Maßnahmen notwendig zur Planung zukünftiger Fangrestriktionen und gleichzeitigen Qualitätssicherung kanadischer Fischexporte. Als Beschwerdeführer behaupteten die USA jedoch, daß das Exportverbot gegen das Verbot quantitativer Export- und Importrestriktionen in Art. XI und auch gegen Art. XX (g) verstößt.

Kanada verwies darauf, daß das Exportverbot nicht „per se" eine Konservierungsmaßnahme sei, sondern als Teil einer Gesamtstrategie verstanden werden muß (3.5), die gerade für die im Mittelpunkt stehenden Fischarten so restriktiv sein muß, da deren biologische Eigenheiten Schutzmaßnahmen außerordentlich schwierig gestalten. Um die Entwicklungen der Bestände direkt verfolgen und angemessene Strategien erarbeiten zu können, müssen unverarbeitete Fangmengen in Kanada ebenso erfaßt werden wie die nachfolgende Verarbeitung im Inland. Nur so kann die hohe Qualität kanadischer Fischereiprodukte sichergestellt werden. Dazu gehört auch die gleichmäßige Auslastung der Verarbeitungsbetriebe, die nur durch solche Maßnahmen sichergestellt ist (3.6). Das Exportverbot wird deshalb von Art. XI, 2 gedeckt, der Ausnahmen für das Verbot quantitativer Exportrestriktionen vorsieht, wenn dadurch notwendige Standards bei der Zollklassifikation und der Bewertung oder Vermarktung von Gütern im internationalen Handel umgesetzt werden können. Kanada betonte ausdrücklich, daß es mit dem hohen Schutzniveau und den daraus entstehenden Qualitätsvorteilen eine Marktnische im internationalen Markt sichern will und deshalb das Exportverbot für unverarbeiteten Lachs und Hering entscheidend für die Vermarktung qualitativ hochwertiger Produkte ist (3.17). Außerdem deckt Art. XX (g) die Maßnahme, da sie offensichtlich zum Schutz natürlicher Ressourcen erlassen wurde, die auch mit den allgemeinen Schutzmaßnahmen und intern geltenden Fangrestriktionen zusammenhängt (3.28). Kanada verwies in diesem Zusammenhang auf das GATT-widrige Thunfischembargo der USA von 1979, das nicht mit entsprechenden inländischen Restriktionen verbunden war (3.24).

Die USA machten darauf aufmerksam, daß sie einerseits Kanada immer mit den entsprechenden statistischen Daten versorgt hätten und ein entsprechendes Exportverbot deshalb nicht notwendig wäre. Außerdem käme Kanada beim Management anderer Fischbestände auch ohne Exportverbote aus (3.9). „This situation clearly suggested that the purpose and effect of Canada's export restrictions was not to conserve resources or ensure product quality. Rather, the purpose was to protect Canadian processors and help maintain employment in British Columbia" (3.11). Dafür sprach auch, daß kanadische Fischprodukte in verarbeiteter Form in den USA und Drittländern Höchstpreise erzielten und deshalb der Zweck des Exportverbots weniger statistischen Notwendigkeiten als eher dem Versuch der Realisierung größerer Exportgewinne entsprang (3.33).

Kanada entgegnete, daß nach Art. XX (g) die Maßnahmen nicht im Sinne von Umweltschutz notwendig sein müssen, sondern lediglich im Zusammenhang mit Konservierungsmaßnahmen stehen sollten. Deshalb plädierte es auch für eine „weite" Auslegung von Ressourcenerhaltung, die „rather than being a narrow concept dealing just with maintaining physical levels of a resource, should be considered to be a broad concept covering the range of scientific and economic issues arising from resource utilization" (3.37). Gerade im Bereich der Fischereipolitik umfaßt ein solches Konzept neben biologischen auch sozio-ökonomische Themen, die sich auch in diversen internationalen und bilateralen Abkommen niedergeschlagen haben. Dazu gehören auch regierungsfinanzierte Aufzucht- und Forschungsprogramme, die sich auf das sozio-ökonomische Umfeld der Fischereiwirtschaft erstreckten und neben den Fischbeständen den gesamten kommerziellen Fischereisektor beeinflussen. Wie der erste Thunfischstreitfall so sei auch dieser Streit über Lachs und Hering Teil einer größeren Auseinandersetzung im Fischereisektor zwischen den USA und Kanada (3.39). Die USA pochten jedoch darauf, daß es hier hauptsächlich um ungerechtfertigte Exportrestriktionen geht. Kanada habe beispielsweise für den Hering keine besonderen Aufzuchtprogramme, was die Exportrestriktionen um so ungerechtfertigter erscheinen läßt (3.38). Im übrigen ist eine weite Auslegung des Art. XX nicht angebracht, weil „the preamble to Art. XX made it very clear that all the exceptions to the article should be narrowly construed so as to prevent disguised restrictions on international trade" (3.40).

Das Panel begann mit der Prüfung, ob der kanadischen Interpretation des Exportverbots als Ausnahme im Rahmen des Art. XI, 2 gefolgt werden kann. Es verneinte diese Möglichkeit aber, weil Kanada praktisch den Export eines Gutes zugunsten des verstärkten und gewinnträchtigeren Exportes eines anderen verbot. Das ist eine unzulässig weite Interpretation der Unterstützungsmöglichkeiten zu Vermarktungszwecken (4.3).

Danach prüfte es, ob die Voraussetzungen des Art XX (g) erfüllt waren. Es teilte die Auffassung Kanadas, daß die Maßnahmen nach Art. XX (g) nicht unbedingt notwendig sein müssen, und es genügt, wenn sie systematisch mit dem Schutzeffekt einer internen Maßnahme zusammenhängen und entsprechende inländische Restriktionen umfaßt. Da der erste Thunfischfall hier nicht als Präzedenzfall herangezogen werden konnte, weil damals keine internen Restriktionen festgestellt wurden, stellte das Panel das kanadische Exportverbot in den systematischen Zusammenhang mit dem Allgemeinen Abkommen. Das gibt mit der Meistbegünstigung und der nationalen Gleichbehandlung die Eckwerte für die Zulässigkeit von Handelseinschränkungen vor. Dementsprechend kann Art. XX nicht beliebig weit ausgelegt werden, um bestimmte handelspolitische Ziele durchzusetzen, sondern nur als Ausnahme für notwendige Ressourcenschutzmaßnahmen, die ansonsten durch GATT-Regeln behindert würden.

> The Panel concluded for these reasons that, while a trade measure did not have to be necessary or essential to the conservation of an exhaustible natural resource to be considered „relating to" conservation within the meaning of Article XX (g). The Panel,

similarly, considered that the terms „in conjunction with" in Article XX (g) had to be interpreted in a way that ensures that the scope of possible actions under that provision corresponds to the purpose for which it was included in the General Agreement. A trade measure could therefore in the view of the Panel only be considered to be made effective „in conjunction with" production restrictions if it was primarily aimed at rendering effective these restrictions (4.6).

Für die Zulässigkeit einer Handelsmaßnahme ist demnach zentral, ob sie vorwiegend auf die interne Schutzabsicht gerichtet ist und nicht etwa auf eventuell entstehende Wettbewerbsvorteile. Das Panel prüfte folglich, ob das Exportverbot vorwiegend auf den effektiven Schutz der natürlichen Ressource zielte und verneinte das, vor allem weil Kanada selbst darauf verwiesen hatte, daß die Maßnahme nicht „per se" auf den Erhalt der Art gerichtet war, sondern neben den angesprochenen Qualitätseffekten auch einen Konservierungseffekt hatte (4.7). Daneben beschränkt Kanada nicht generell den Zugang zu Fischressourcen, sondern nur den zu bestimmten Lachs- und Heringsarten, ebenso ist nur der Verkauf dieser bestimmten Arten in seiner unverarbeiteten Form an Ausländer verboten (4.7). Da weder die Ausnahmebestimmung des Art. XI, 2 noch des Art. XX (g) griffen, befand das Panel das kanadische Exportverbot als nicht GATT-konform (5.1).

Das Urteil entspricht den vorangegangenen, indem es Umweltschutzerwägungen nach handelspolitischen Gesichtspunkten bewertet. Das sieht man vor allem daran, daß der Schutz natürlicher Ressourcen trotz der relativ vagen, aber auch flexibel erscheinenden Bestimmungen des Art. XX (g), immer auch an ihrem Handelseffekt gemessen wird. Warum eine Maßnahme nach Art. XX (g) in bestimmter Weise erlassen wurde, spielt in der Bewertung durch das Panel keine Rolle, solange sie klar mit internen Restriktionen zusammenhängt, die die gleiche Schutzabsicht verfolgen. Das Interesse richtet sich dann auf die Frage, wann genau dieser Zusammenhang gegeben ist und wie die Kriterien für die Überprüfung einer vorwiegend umweltpolitischen Absicht aussehen. Der Lachs/Hering-Fall gibt dafür keine eindeutigen Hinweise, weil die kanadischen Maßnahmen zu intransparent waren. Obwohl dies kurz erwähnt wurde, gab es anscheinend keine absoluten Fangrestriktionen für kanadische Fischer oder zumindest keine, die restriktiver als jene der Amerikaner waren. Außerdem konnte Kanada nicht darlegen, inwieweit das Exportverbot unverarbeiteten Fisches mehr dem Management der Bestände nützt als allgemeinere Fangrestriktionen, und es wurde auch nicht plausibel dargestellt, wie das Gesamtregime kanadischer Fischereipolitik mit einem Exportverbot unverarbeiteter Güter und dem Konservierungszweck zusammenhängt. Insofern gab es die nach Art XX notwendigen inländischen Restriktionen nicht, und der GATT-Verstoß ähnelt dem von Kanada selbst beanstandeten Importembargo der USA für kanadische Thunfischprodukte.

Thailand – Importverbot für ausländische Zigaretten[149]

Thailand verbot schon seit den fünfziger Jahren sämtliche Im- und Reexporte ausländischer Zigaretten und Tabakprodukte. Die Maßnahme wurde zum einen mit einer möglichen Ausnahme des Verbots quantitativer Restriktionen nach Art, XI, 2 (c) für Agrarprodukte[150] begründet und andererseits auf die Ausnahmebestimmungen des Art. XX (b) gestützt, der solche Verbote bei Gefährdung der menschlichen Gesundheit zuläßt. Die Hauptbegründung für das Importverbot der thailändischen Regierung war die Absicht, dadurch mit Hilfe des staatlichen Zigaretten- und Tabakmonopols, Produktion und Verbrauch besser steuern zu können. Thailand ging auch davon aus, daß amerikanische Zigaretten durch bestimmte Zusätze und Chemikalien schädlicher seien als die thailändischen (14).

Die USA brachten diesen Fall vor das Panel, weil Zigaretten und Tabakprodukte, die sich direkt zum Genuß eignen, keine Agrarprodukte im Sinne des Art. XI, 2 (c) sind. Auch die Ausnahmebestimmung zum Schutz der öffentlichen Gesundheit greifen nicht, weil die drastische Maßnahme des Importverbots nicht „notwendig" im Sinne des Art. XX (b) ist. Es sind alternative, weniger restriktive Maßnahmen denkbar, die auch den allgemeinen Zweck einer Verringerung des schädlichen Zigaretten- und Tabakkonsums erreichen können. Außerdem veranlaßte Thailand keine entsprechenden internen Produktions- oder Konsumrestriktionen.

Thailand machte geltend, daß es schon eine ganze Reihe interner Maßnahmen wie Aufklärungsprogramme, Warnhinweise auf Verpackungen oder Rauchverbote in öffentlichen Verkehrsmitteln erlassen hatte und jüngst (nachdem das Panel einberufen wurde) auch an Strategien arbeitete, wie man die Produktion von Zigaretten und den Tabakanbau langfristig reduzieren könnte (24). Die von den USA geforderte Marktöffnung lehnte Thailand ab, weil es dadurch zu einem noch höheren Zigarettenkonsum kommen könnte, da die westlichen Produkte verträglicher sind und so unter Umständen auch zu verstärktem Genuß anregen würden. Gerade Frauen wären den leichteren westlichen Zigaretten gegenüber offener und könnten deshalb häufiger zur Zigarette greifen (27). Vor allem wären aber die diversen chemischen Zusätze amerikanischer Zigaretten besonders schädlich (28).

Die USA bestritten die besondere Gefährlichkeit ihrer Produkte und erinnerten daran, daß diese im Vergleich zu thailändischen Produkten weitaus geringeren Teer- und Nikotingehalt aufweisen. Auch die chemischen Zusätze, die nur den Geschmack verbesserten, stellten nach Meinung ihrer eigenen Gesundheitsbehörden keine außerordentlichen Gesundheitsrisiken dar (62).

---

[149] GATT, 1991b: Thailand – Restrictions on Importation of and Internal Taxes on Cigarettes (DS 10/R), BISD 37. Supplement, Panelreport angenommen an 07.11.1990.

[150] Zu diesem Zeitpunkt waren noch fast alle Agrarprodukte von den GATT-Bestimmungen ausgenommen.

Auf Anfrage Thailands wurde vom Panel ein Vertreter der Weltgesundheitsorganisation eingeladen, um eine Expertise über die Gefährlichkeit von Zigarettenkonsum und mögliche Strategien zur Reduktion des Zigarettenkonsums abzugeben. Er räumte ein, daß die Produkte von Entwicklungsländern wegen des höheren Teer- und Nikotingehalts grundsätzlich schädlicher sind als jene westlicher Industrieländer. Aber er unterstützte auch das thailändische Argument, daß eine Marktöffnung unter Umständen zur absoluten Erhöhung des Konsums führen könnte, gerade wegen der zu erwartenden marktbeherrschenden Stellung der Importprodukte. Außerdem hätten die Erfahrungen mit Marktliberalisierungen in Lateinamerika, Afrika und Asien gezeigt, daß sie meistens mit einem Anstieg des absoluten Zigarettenkonsum einher gingen (52). Die WHO empfahl als Gegenmaßnahmen absolute Werbeverbote für Tabakprodukte, Preiserhöhungen für Tabakprodukte sowie die allmähliche Schaffung alternativer Verdienstmöglichkeiten für Beschäftigte des Tabaksektors (56).

Das Panel prüfte zunächst, ob die Maßnahme tatsächlich unter die Ausnahmebestimmung für Agrarprodukte fällt, teilte aber die thailändische Auffassung nicht, weil sich die gängige Definition für solche Agrarprodukte auf frische, zur Weiterverarbeitung bestimmte Waren bezog (70).

Dann prüfte es die Zulässigkeit der Maßnahme nach Art. XX (b). Da das Panel sich der Meinung des WHO-Experten anschloß und das Rauchen auch als ernsthaftes Gesundheitsrisiko einstufte, lag die Maßnahme im Bereich des Art. XX (b). Um ein Importverbot zu rechtfertigen, muß sie aber auch „notwendig" sein. Eine Maßnahme ist nicht notwendig

> if an alternative measure which it could reasonably be expected to employ and which is not inconsistent with other GATT provisions is available to it. By the same token, in cases where a measure consistent with other GATT provisions is not reasonably available to it, a contracting party is bound to use, among the measures reasonably available to it, that which entails the least degree of inconstistency with other GATT provisions (74).[151]

Im vorliegenden Fall wäre das Importverbot GATT-konform, wenn es keine alternativen Möglichkeiten gäbe, dem ernsten Gesundheitsrisiko zu begegnen. Das Panel sah jedoch die Möglichkeit strikter, nichtdiskriminierender Beschriftungs- und Warnhinweise, die auch die Regierungskontrolle und die Information der Bevölkerung sicherstellen würde (77). Als Begleitmaßnahme wäre auch ein allgemeines Werbeverbot denkbar. Mögliche Wettbewerbsnachteile für die neuen Konkurrenten gegenüber schon etablierten Marken würden dann als unvermeidlich und damit „notwendig" im Sinne des Art XX (b) betrachtet werden (78). Die angestrebte Nachfragereduzierung bei Tabakprodukten könnte mit Hilfe höherer Preise durch zusätzliche Steuern auch ohne Diskriminierung erreicht werden (79). Zusammengenommen gab es aus Sicht des Panels also mehrere

[151] Diese Klarstellung wurde ursprünglich bei der Interpretation des im Wortlaut ähnlichen Art. XX (d) von einem Panel über bestimmte Arten der Zollwertbestimmung festgelegt, vgl. BISD/36S/345 (1990) Abschnitt 5.26.

alternative Möglichkeiten, den Zigarettenkonsum auch bei einer Liberalisierung des Marktes zu steuern und langfristig zu senken, ohne dabei Importprodukte übermäßig zu belasten oder gar ganz auszuschließen (81).

Seine umweltpolitische Relevanz entfaltet dieser Bericht erst auf den zweiten Blick, da er sich über weite Strecken wie eine Auseinandersetzung darüber liest, wer die weniger schädlichen Zigaretten und die besseren Vermeidungsstrategien hat. So gesehen hängt dieser Fall nicht direkt mit der Umwelt- und Ressourcenschutzproblematik zusammen. Diese Verbindung stellt jedoch die Auslegung des Art. XX (b) her, wonach „Notwendigkeit" im Sinne von GATT an den zur Verfügung stehenden Alternativen gemessen wird, die, wenn sich Behinderungen schon nicht vermeiden lassen, wenigstens so gering wie möglich sein sollten. Diese Interpretation setzt einen weiteren Eckpunkt für die GATT/WTO-interne Konfliktlösung bei handelsrelevanter Umweltpolitik, der sich entscheidend auf die Abwägung zwischen handels- und umweltpolitischen Zielsetzungen auswirken kann. Denn die hier formulierte Haltung zur „Notwendigkeit" könnte sich als großes Hindernis für umweltpolitische Handelsmaßnahmen erweisen.

USA- Importembargo für mexikanischen Thunfisch und Thunfischprodukte[152]

Mexiko verlangte im Januar 1991 eine Panelentscheidung über das diskriminierende amerikanische Importembargo für mexikanischen Thunfisch. Die Einberufung des Panels war der vorläufige Höhepunkt eines schon seit längerem schwelenden Konflikts, der sich am 1972 verabschiedeten „U.S. Marine Mammal Protection Act" (MMPA) entzündete. Die umstrittene Regelung war eine Reaktion auf die Fangmethode für eine spezifische Thunfischart im östlichen tropischen Pazifik, bei der auch eine große Anzahl von Delphinen unabsichtlich getötet wird.

Aus bisher unbekannten Gründen schwimmen dort Delphine mit „Yellowfin Tuna"-Gruppen zusammen bzw. sie halten sich meistens direkt über den Thunfischen auf. Delphingruppen waren so für Fischer ein verläßliches Anzeichen für darunter schwimmende Thunfische. Fischer entwickelten aus dieser Beobachtung heraus die sogenannte „Purse Seine Fishing"-Methode, die zu der großen Anzahl unabsichtlich getöteter Delphine führte. Dabei wird ein großes Netz, ähnlich einem Tennisnetz, um die Delphine herum ausgelegt, um den Thunfischschwarm einzukreisen. Das Netz wird dann von unten geschlossen und auf das Boot gezogen. So werden nicht nur die Thunfische, sondern auch die Delphine eingefangen. Anfang der siebziger Jahre lag die Zahl der jährlich getöteten Delphine bei ca. 300 000. Der MMPA legte neben der verbindlichen Ausrüstung, die das Entkommen der Delphine sichern sollte, auch die zulässige Höchstzahl unabsichtlich getöteter Delphine bei 20 500 für amerikanische Fischer fest. Außerdem galten zusätzlich noch Höchstgrenzen für bestimmte Delphinunterarten. Thunfischprodukte konnte man nur in die USA exportieren, wenn die

[152] GATT, 1991c: United States – Restriction on Imports of Tuna (DS 21/R), die Entscheidung ging den Parteien am 03.09.1991 zu, sie wurde aber von den Parteien nie angenommen.

amerikanische Rate getöteter Delphine nicht um mehr als 1,25 % überschritten wurde, sonst belegten die USA diese Waren mit einem absoluten Importembargo. Mexiko, Venezuela, Vanuatu, Panama und Ecuador wurden im August 1990 erstmals mit einem solchem Importembargo belegt, wobei auch deren in Drittländern verarbeiteten und über Drittländer in die USA eingeführten Thunfischprodukte von diesem Embargo betroffen waren.

Nachdem der MMPA in Kraft trat, begannen amerikanische Fischer allmählich ihre Fangflotten in andere Gebiete zu verlegen, wo das Phänomen der mit Thunfischen gemeinsam auftretenden Delphine nicht auftrat. Andere wiederum flaggten ihre Schiffe um und konnten so die höhere Quote in Anspruch nehmen (3.14).

Mexiko verlangte vom Panel die Feststellung der GATT-Widrigkeit des amerikanischen Embargos, weil es darin einen Verstoß gegen den Art. XI des Verbots mengenmäßiger Importbeschränkungen sah. Außerdem wurden die Quotenvorgaben und deren Transparenz als diskriminierend bezeichnet, da ein Unterschied zwischen Produkten aus unterschiedlichen geographischen Gegenden gemacht würde, der jedoch das Importprodukt als Ganzes betraf, also auch mexikanischen Thunfisch aus anderen Gewässern, wo keine Delphine zu Tode kamen. Dies widerspricht auch Art. III, der die nationale Gleichbehandlung fordert. Die USA machten jedoch einen Unterschied zwischen zwei gleichen Produkten aufgrund der unterschiedlichen Produktionsmethode, der Fangmethode, was nicht Art. III entspricht. Aus dem gleichen Grund sollte das Drittländerembargo aufgehoben werden, und schließlich sollte noch die GATT-Konformität des gleichzeitig mit dem MMPA erlassenen „Dolphin Protection Consumer Information Act" (CPCIA) überprüft werden, der entsprechende Kennzeichnungspflichten über die Fangmethode auf der Verpackung des Endproduktes verbindlich vorschrieb. Mexiko leitete aus dem Hinweis auf „dolphin safe" Thunfischprodukte amerikanischer Fischer einen unzulässigen Marketingvorteil ab, der gegen die nichtdiskriminierenden Herkunftsbestimmungen des Art XI und die Meistbegünstigung in Art. I verstößt (3.1).

Die USA hingegen sahen im Importembargo eine interne Regulierung, soweit es sich um den Verkauf, das Anbieten zum Verkauf, den Kauf selbst, Vertrieb und Konsum von Thunfisch und Thunfischprodukten handelt. Das Embargo ist mit Art III, 4 konform, der den Hinweis auf die notwendige Gleichbehandlung „gleicher" Produkte beinhaltet, um gleiche Wettbewerbsbedingungen für alle Produkte zu schaffen. Da mexikanischer Thunfisch aufgrund der anderen, weniger aufwendigen Fangmethode nicht mit amerikanischen Thunfischprodukten vergleichbar ist, handelt es sich auch nicht um einen Verstoß gegen Art. III. Die USA leugneten dabei nicht, daß es sich bei den Bestimmungen des MMPA um spezielle Prozeß- und Produktionsmethoden (PPM) handle, allerdings leugneten sie deren generelle Unzulässigkeit im Rahmen des GATT. Da die umstrittenen PPM zum Schutz von Delphinen ausgelegt sind, müsse vielmehr gefragt werden, ob die Schutzbestimmungen anderer Länder mit jenen des MMPA kompatibel sind, und wenn nicht, ob sie generell zulässig sind oder nicht. Deshalb nahmen die USA auch Art. XX (b) und (g) für sich in Anspruch (3.6).[153]

Die USA teilten die mexikanische Auffassung nicht, wonach das Embargo eine mengenmäßige Beschränkung im Sinne des Art. XI ist, sondern sahen darin vielmehr eine interne Regelung, die auf gleiche Importprodukte angewendet wird. Deshalb trifft Art. III zu (3.11). Mexiko kritisierte die Verknüpfung des Handels von Thunfischprodukten mit den Delphinschutzbestimmungen, die sich auch noch auf ein begrenztes geographisches Gebiet beziehen. Die USA fanden, daß eine unzulässige Produktionsmethode durchaus den Verkauf eines Produktes unzulässig machen kann (3.18). Außerdem räumten sie durch die großzügigere Quotenbemessung den Mexikanern Vorteile ein, die amerikanische Fischer nicht hatten (3.20). Mexiko griff dagegen die fehlende Transparenz der Quotenregelung auf. Erstens erfuhren mexikanische Fischer ihre Höchstquote erst nach der Fangsaison, weil sich diese nach der tatsächlichen Menge der von Amerikanern getöteten Delphine richtet und nicht nach der zulässigen Höchstquote von 20 500. Ferner gibt es auch noch zusätzliche Höchstquoten für bestimmte Delphinunterarten, die sich auch nach dieser zunächst unbekannten amerikanischen Quote richtet (3.22, 3.23). Die amerikanische Auffassung, wonach das Embargo auf jeden Fall unter die Ausnahmebestimmungen des Art. XX (b) und (g) fällt, konterte Mexiko mit dem Hinweis, daß

> nothing in Article XX entitled any contracting party to impose measures in the implementation of which the jurisdiction of one contracting party would be subordinate to the legislation of another contracting party. It could be deduced from the the latter and the spirit of Article XX that it was confined to measures contracting parties could adopt or apply within or from their own territory (3.31).

Die USA sahen im Delphin jedoch eine gemeinsame bzw. geteilte Ressource, die außerhalb des Rechtsbereichs jeder Vertragspartei liegt. Die USA regulierten so lediglich den Zugang von Produkten in ihr eigenes Territorium (3.32). Mit Blick auf Art. XX (b) machten die USA geltend, daß es keine Alternative zum Importembargo gäbe, da sich die Fischereimethoden nur durch die Quotenfestlegung drastisch änderten. Mexiko erinnerte an seine eigenen Schutzmaßnahmen und empfahl, im Rahmen eines internationalen Abkommens die unterschiedlichen Schutzmaßnahmen miteinander abzugleichen, denn sonst wären solche unilateralen Maßnahmen eine unzulässige Ausdehnung nationaler Gesetze auf internationaler Ebene (3.34). Die USA hielten dagegen, daß die bestehenden Institutionen unzureichend und deshalb Importembargos notwendig sind.[154] Das Importembargo ist also lediglich Teil einer notwendigen Maßnahme, die mit

---

[153] Danach sind Ausnahmen einerseits zum Schutz des Lebens von Mensch, Tier und Pflanzenwelt und der allgemeinen Gesundheit und andererseits zum Schutz erschöpfbarer natürlicher Ressourcen möglich, wenn diese Maßnahmen notwendig und gleichzeitig mit entsprechenden internen Restriktionen von Produktion und Konsum verbunden sind.

[154] Z. B. wurden Verhandlung in der Inter-American Tropical Tuna Commission verschleppt.

internen Restriktionen korrespondiert (3.41). Mexiko bestritt dagegen den Gefährdungsgrad von Delphinen, die weder in ihrem Bestand bedroht sind, noch als ernsthaft bedrohte Art eingestuft werden. Das legt die Vermutung nahe, daß die USA hauptsächlich daran interessiert sind, ihre Maßstäbe anderen aufzuerlegen. Auch wenn ökonomisch gesehen nur ein kleiner Anteil der amerikanischen Importe betroffen war und das Embargo deshalb strategisch nur wenig ins Gewicht fällt, dürfen die protektionistischen Wirkungen nicht übersehen werden. Es wäre möglich, daß rein protektionistische Ziele einfach mit anderen Begründungen versehen werden:

> Mexico and other countries had been object of earlier embargoes for not having agreed to allow the United States fleet access to their resources; embargoes stemming from problems concerning access to resources were clearly being replaced by embargoes imposed for ecological considerations; and during the considerations of most recent ammendments to the MMPA a United States Congressman had made an on-the-record statement that the ecological embargo against Mexico should not be lifted until Mexico allowed access to its waters (3.58).

Das Panel stand nun vor der schwierigen Aufgabe, all diese Fakten auseinanderzuhalten und den entsprechenden GATT-Bestimmungen zuzuordnen. Es begann mit der Prüfung der mengenmäßigen Beschränkung und der nationalen Gleichbehandlung. Der zwischen den beiden Parteien umstrittene Abschnitt Art. III, 4 zur Gleichbehandlung besagt:

> The products of the territory of any contracting party imported into the territory of any other contracting party shall be accorded treatment no less favourable than the like domestic products of national origin in respect of all laws, regulations and requirements affecting their internal sale, offering for sale, purchase, transportation, distribution or use.

Ein später angefügter interpretativer Zusatz führt weiter aus:[155]

> Any internal tax or other internal charge, or any law, regulation or requirement of the kind referred to [in Art. III] which applies to an imported product and the like domestic product and is collected or enforced in the case of the imported product at the time or point of importation, is nevertheless to be regarded as an internal tax or other internal charge, or a law, regulation of the kind referred to in [Art. III, 1], and is accordingly subject to the provisions of Art. III.

Dieser Abschnitt ist wichtig, um das amerikanische Argument zu überprüfen, ob es sich bei dem Importembargo tatsächlich nur um eine interne Regelung handelt, die genauso auf Importprodukte übertragen werden kann. Das Panel merkte allerdings an, daß sich Art. III nur auf „Produkte“ und deren Verkauf im Inland bezieht und dementsprechend auch nur „gleiche“ importierte Produkte

---

[155] Vgl. GATT (1986). Die Vertragsparteien haben nach und nach während einzelner Handelsrunden sogenannte „interpretative note ads" verabschiedet, die verbindlich für die Interpretation der jeweiligen GATT-Artikel in Streitfällen gelten.

zutrifft (5.11). Die Standards des MMPA betreffen jedoch nicht das Produkt an sich – den Thunfisch – sondern die Produktionsweise bzw. die Fangmethode:

> The Panel noted that the MMPA regulates that the domestic harvesting of yellowfin tuna to reduce the incidental taking of dolphin, but that these regulations could not be regarded as being applied to tuna products as such because they would not directly regulate the sale of tuna and could not possibly affect tuna as a product. Therefore, the Panel found that the import prohibition on certain yellowfin tuna and on certain yellowfin tuna products of Mexico and the provisions of the MMPA under which it is imposed did not constitute international regulations covered by the Note Ad Article III (...). Article III, 4 calls for a comparison of the treatment of imported tuna as a product with that of domestic tuna as a product. Regulations governing the taking of tuna could not possibly affect tuna as a product (5.15).

Da sich also nach Meinung des Panels die Produkte im Sinne ihrer Qualität zum Verzehr geeigneter Thunfischprodukte nicht unterscheiden, rückt mit Art XI wieder das Verbot mengenmäßiger Beschränkungen ins Blickfeld. Das Importembargo stellt für das Panel eine unzulässige mengenmäßige Beschränkung dar, weil es nicht unter Art. III, 4 fällt, der nur die unterschiedliche Behandlung von Produkten zuläßt, die nicht gleich sind (5.18).

Nun prüfte das Panel, ob die Abschnitte (b) und (g) des Art. XX eine Basis für das amerikanische Importembargo sein können. In Anlehnung an frühere Verfahren schickte das Panel seinen Erläuterungen zur Interpretation dieser Passagen noch die Anmerkung voraus, daß die Zugeständnisse des Art. XX eine begrenzte und an strikte Bedingungen gebundene Ausnahme zum Allgemeinen Abkommen darstellen und keine positive Regelung sind, die auf diese Weise neue Verpflichtungen für andere schaffen können. Daher werden Ausnahmetatbestände im Rahmen des Art. XX sehr eng ausgelegt, und die Beweislast für den Ausnahmetatbestand liegt bei der Vertragspartei, die den Art. XX für sich in Anspruch nimmt (5.21).

Bei Art. XX (b) machten die USA geltend, daß es keine alternative Möglichkeit zum effektiven Schutz der Delphine gegeben hätte. Mexiko hingegen sah in der Anwendung der Maßnahmen auf ein Gut, das sich außerhalb nationaler Grenzen befand, eine unzulässige Ausdehnung der amerikanischen Gesetzgebung. Art. XX besagt nicht ausdrücklich, ob sich die Ausnahmetatbestände nur auf interne, territorial gebundene Maßnahmen beziehen. Außerdem ist unklar, ob er Produktionsmethoden als Bewertungskriterium einschließt. Um die ursprünglich beabsichtigte Reichweite feststellen zu können, widmete sich das Panel deshalb dem historischen Entstehungsprozeß dieser Norm.[156] Zusätzlich bedachte das Panel auch mögliche Konsequenzen einer weiten Auslegung, wie sie in diesem Fall von den USA angestrebt wurde.

---

[156] Dies entspricht dem üblichen juristischen Vorgehen beispielsweise bei der Interpretation von Verfassungsnormen, wo man häufig auf die Beratungsprotokolle der satzungsgebenden Gremien zurückgreift. Im Fall des GATT sind es die Protokolle, die während der Beratungen 1946 in London und in 1947 Havana angefertigt wurden.

Die historische Auslegung ergab, daß die Vorschrift auf den Schutz des Lebens und der Gesundheit von Mensch, Tier und Natur des Importlandes abzielt und keine extraterritorialen Maßnahmen berücksichtigte. In bezug auf die Auswirkungen auf das GATT wurde festgestellt, daß jede Vertragspartei ihre eigenen Standards setzen kann, solange sie notwendig sind und keine willkürliche, ungerechtfertigte oder verdeckte Restriktion des internationalen Handels feststellbar ist. Davon wären sogar interne Vorschriften gedeckt, die unter Umständen mit GATT kollidieren, aber aufgrund überwältigender öffentlicher Sorge ein unumgänglicher Nachteil sind. Was die Konsequenzen einer weiten Auslegung angeht, gelangte das Panel zu der Ansicht, daß dann jede Partei unilateral Lebens- und Gesundheitsstandards bestimmen kann, von denen keine andere Partei abweichen könnte, ohne ihre vom GATT zugestandenen Rechte zur Disposition zu stellen.

> The General Agreement would then no longer constitute a multilateral framework for trade among all contracting parties but would provide a legal security only in respect of trade between a limited number of contracting parties with identical internal regulations (5.27).

Und selbst bei einer weiten Auslegung des Art. XX (b) bezüglich der Zulässigkeit extraterritorial wirkender Schutzbestimmungen würde das amerikanische Importembargo nicht die erforderliche Bedingung der „Notwendigkeit“ erfüllen. Das Panel schwenkte damit auf die mexikanische Argumentationslinie ein, die schon die Aushandlung eines internationalen Abkommens als Alternative hervorhob und den Handel auf jeden Fall weniger behindern würde. Zumindest sollte zunächst einmal der Versuch des Abschlusses internationaler Vereinbarungen gemacht werden, bevor auf unilaterale Handelsmaßnahmen zurückgegriffen wird (5.28). Da es aber anscheinend keine Kooperationsbemühungen von amerikanischer Seite gab, und mit Blick auf die intransparente Quotenhandhabung kam das Panel zu dem Schluß, daß das Importembargo nicht mit Art. XX (b) zu rechtfertigen ist, weil es nicht eindeutig „nicht willkürlich“ ist (5.29).

Die USA führten als Begründung an, daß der Schutz erschöpfbarer natürlicher Ressourcen nach Art. XX (g) zwar nicht von einer ebenso strengen Notwendigkeitsvoraussetzung ausgehe, er verlange aber die Verbindung extern wirksamer Maßnahmen mit entsprechenden internen Produktions- und Konsumeinschränkungen. Das Panel vertrat die Meinung, daß effektiver Ressourcenschutz dieser Prägung auch hauptsächlich auf den Schutz von Ressourcen abzielt, die sich auf dem eigenen Territorium befinden. Die internen Regelungen werden durch flankierende Handelsmaßnahmen vor einer Aushöhlung durch Handelseffekte bewahrt. Das war bei den umweltpolitischen Handelsmaßnahmen nicht der Fall, insofern ist das Embargo auch nach Art. XX (g) und im Zusammenhang mit den obigen Erläuterungen nicht GATT-konform. Auch hier gilt, daß Maßnahmen nur gerechtfertigt sind, solange sie nicht zwischen In- und Ausländern diskriminieren. „A measure could be considered as relating to the conservation of exhaustible natural resources within the meaning of Article XX (g) only if it was primarly aimed at such conservation" (5.33). Aufgrund der fehlenden Transparenz der amerikanischen Bestimmungen zweifelte das Panel an der überwiegenden Schutzabsicht für Delphine und sah das Embargo auch nicht nach Art. XX (g) als gerechtfertigt an (5.34). Es spezifizierte dabei jedoch nicht genauer, warum es hier die primäre Schutzfunktion des Handelsembargos nicht anerkannte.

Das Drittländerembargo wurde im übrigen aus den gleichen Gründen als nicht GATT-konform verworfen (5.40). Etwas anders gestaltete sich das Ergebnis bei der Prüfung der Kennzeichnungsvorschriften. Die Bestimmungen des DPCIA sind GATT-konform, weil sie nicht zwischen einheimischen und importierten Waren unterscheiden und gleiche Auflagen für alle Produzenten vorschreiben. Das Panel ließ das mexikanische Argument nicht gelten, wonach der DPCIA diskriminierende Wirkungen entfalte, weil sich die Bestimmungen nur auf ein ganz bestimmtes geographisches Gebiet richten und vor allem die Staaten benachteiligen, die hauptsächlich dort aktiv seien. Das Panel stellt klar, daß der DPCIA zum einen nicht den Verkauf von Produkten ohne „dolphin safe"-Etikett verbot, und zum anderen handele es sich bei den fraglichen Gebieten um frei zugängliche Gewässer, so daß potentiell alle Länder gleich betroffen sind (5.42, 5.44).

Am Ende hob das Panel noch einmal hervor, daß nicht die Artenschutzbestimmungen der beiden Länder auf dem Prüfstand gestanden hätten, sondern nur deren eingeschränkte Prüfung im Lichte der relevanten GATT-Bestimmungen. Dabei wurde betont:

> that the provisions of the General Agreement impose few constraints on a contracting party's implementation of domestic environmental policies. (...) A contracting party is free to tax or regulate imported products and like domestic products as long as its taxes or regulations do not discriminate against imported products or afford protection to domestic producers, and a contracting party is also free to tax or regulate domestic production for environmental purposes (6.2).

Daneben erwähnte das Panel noch die Möglichkeit eines „waivers" innerhalb des GATT, der als ganz spezifische Ausnahmebestimmung durch die Zustimmung der Mehrheit der Vertragsparteien auch Ausnahmen von Art. XX erlauben könnte (6.4). Dieses Urteil hat heftige Reaktionen ausgelöst und es ist bis heute sehr umstritten. Im Grunde genommen war es der Auslöser der allgemeinen „Handel und Umwelt"-Diskussion. Es gibt mehrere Punkte, die die Außergewöhnlichkeit dieses Falles ausmachen. Sie werden hier kurz dargestellt, ohne sie abschließend zu bewerten. In der systematischen Gesamtbetrachtung aller hier vorgestellten Streitfälle zeigt sich dann, daß dieser Streitfall teilweise überbewertet wird.

Zunächst einmal ging es um die Verknüpfung eines Schutzgutes durch ein Handelsembargo mit einem Produkt, das nur mittelbar mit dem Schutzgut in Zusammenhang stand. Die Produktionsmethode war dabei der Verursacher des „Umweltschutz"-Problems, ohne daß sich die Folgen der negativen Umwelteffekte direkt in der Qualität des Produktes niederschlugen und sich in irgendeiner Art und Weise in Qualität des Produkts äußerten. Auch unterschied sich das ohne negative Umwelteffekte produzierte Gut in der Qualität, Wirkung und Nutzen nicht von dem mit negativen Umwelteffekten produzierten. Das Panel richtete seine Aufmerksamkeit nur auf die Produktqualität, da das Allgemeine Abkommen sich auch nur auf Produkte bezieht. Selbst wenn man der Panelentscheidung in diesem Fall aufgrund der speziellen Umstände zustimmt, muß man sehen, daß dieser Denkansatz mit Blick auf die Entwicklungen in der Umweltpolitik, die zunehmend die Produktionsweise und -prozesse von Gütern regelt, kurzsichtig ist und ein erhebliches Konfliktpotential birgt. Diese Bewertung der Umweltverträglichkeit von Gütern aufgrund des gesamten Lebenszyklusses entspricht modernen umweltpolitischen Anforderungen.

Ein weiterer Aspekt dieses Falles, der als äußerst problematisch erscheint, ist der Schutz der globalen Güter, die keinem nationalen Territorium zuzurechnen sind. Unilaterale Maßnahmen zum Schutz globaler Güter können nicht mit Handelsmaßnahmen kombiniert werden, die eventuell die Belastung einheimischer Produzenten etwas verringern, indem man von den Handelspartnern die Übernahme vergleichbarer nationaler Standards verlangt. Aus amerikanischer Sicht schmälert das die Effektivität der Umweltschutzmaßnahmen empfindlich. Pragmatischer und trotzdem umfassender Schutz von globalen öffentlichen Gütern ist damit kaum möglich, weil internationale Kooperation als Alternative erfahrungsgemäß schwerfällig ist und bei der Suche nach Konsens häufig auf einem niedrigen Niveau verharrt.

Auf der anderen Seite macht dieser Fall deutlich, daß Umweltschutzmaßnahmen, auch wenn dies nicht unbedingt beabsichtigt ist, empfindliche protektionistische Wirkungen entfalten können. Und es zeigt sich, daß das GATT mit seinen teils vagen Bestimmungen dort an seine Grenzen stößt, wo es sich um komplexe internationale oder gar globale Umweltproblematiken dreht. Umweltpolitischen Vorstößen steht das GATT so zweifellos im Weg und behindert unter Umständen umweltpolitische Fortschritte.

USA – Gasguzzler Tax und Corporate Average Fuel Economy Requirements[157]

Die EG beschwerte sich über drei unterschiedliche, aber ihrer Meinung nach zusammenhängende Abgaben der USA für Autohersteller, die einen überdurchschnittlich nachteiligen Effekt auf europäische Autohersteller besaßen und sie im direkten Wettbewerb mit amerikanischen Herstellern erheblich benachteiligten. Zum einen verlangten die USA ab 1990 eine Luxussteuer von 10 % auf bestimmte Produkte, die mehr als US$ 30 000 kosteten, die auch für Autos galt.[158] Die zweite Maßnahme war die sogenannte „Gas Guzzler Tax", eine Abgabe, die die Hersteller (oder Importeure) entrichten mußten, wenn ein Personenwagen pro Gallone weniger als 22,5 Meilen zurücklegte. Die Höhe der Abgabe war gestaffelt und erhöhte sich, je mehr die Wagen verbrauchten. Von dieser Regelung waren Kleinlastwagen und „Minivans" ausgenommen. Die „Corporate Average Fuel

---

[157] ILM, 1994a: Dispute Settlement Panel Report on United States Taxes on Automobiles. In: 33 ILM 1397 (1994), der Bericht wurde nicht angenommen.

[158] Ab 1993 wurde diese Luxussteuer für Boote, Flugzeuge, Pelze und Schmuck wieder zurückgenommen, und sie betraf effektiv nur noch Autos.

Economy Regulation" (CAFE) komplementierte die Gas Guzzler Steuer insofern, als Strafen für die Hersteller fällig wurden, wenn die gesamte Produktpalette eines Autoherstellers oder Importeurs im Gesamtdurchschnitt nicht mindestens 27,5 Meilen pro Gallone zurücklegte.[159]

Bei der Gas Guzzler Tax machte die EG einen Verstoß gegen die nationale Gleichbehandlung nach Art. III, 2 geltend, weil auch hier die europäischen Importe aufgrund der Berechnungsmethoden, die sich nach Modellgruppen und nicht den einzelnen Fahrzeugen richteten, überproportional belastet wurden. Die amerikanischen Hersteller hatten aufgrund ihrer ausgedehnten Modellgruppen die Möglichkeit, den Benzinverbrauch innerhalb einer Gruppe auszugleichen, indem beispielsweise große Wagen mit normalerweise relativ hohem Benzinverbrauch mit schwachen Motoren ausgestattet wurden, während bei der limitierten Produktpalette europäischer Hersteller wie BMW, Mercedes, Porsche oder Volvo oft nur ein Wagenmodell in eine Gruppe gehörte. Sie hatten so viel ungünstigere Ausgangsbedingungen, die vorgeschriebene Benzineffizienz innerhalb der Modellgruppen zu erreichen. Dieser protektionistische Effekt wurde durch die Ausnahme von Kleinlast- und Geländewagen und den immer beliebter werdenden Minivans noch verstärkt, da diese nicht hauptsächlich kommerziellen Zwecken dienen, wie in der Begründung für die Steuer posuliert, sondern in den USA als Familienautos genutzt werden und deshalb herkömmlichen Personenkraftwagen entsprechen. Diese Ungleichbehandlung widerspricht Art. III, 2 und 4, weil es sich um gleiche Produkte handelt, die unterschiedlich eingestuft werden. Dagegen bezeichneten die USA ihre Maßnahmen als „facially neutral" (3.107) also im Ansatz neutral. Der von der EG behauptete überproportional negative protektionistische Effekt habe hauptsächlich etwas mit den Produktionsentscheidungen europäischer Hersteller zu tun, die sich auf limitierte Produktpaletten der Oberklasse spezialisiert hätten.

Das Panel prüfte zunächst, ob die Unterscheidung in Modellgruppen importierte Wagen von vornherein benachteiligte. Es stellt aber fest, daß europäische Hersteller das Know-How und die wirtschaftlichen Möglichkeit besäßen, jederzeit Fahrzeuge zu bauen, die das angestrebte Verbrauchsniveau erreichen könnten.

---

[159] Die Luxussteuer hatte zwar keinen unmittelbaren umweltpolitischen Bezug, ihre Zulässigkeit spielt aber in der Gesamtkonstellation des Falles eine wichtige Rolle. Die Grenze von U.S. $ 30 000 für Luxusgüter trifft europäische Autoimporte überproportional stark, deren Produkte sich aufgrund ihrer begrenzten Produktpalette größtenteils in diesem Bereich bewegten. Für das Panel war die Steuer neutral, weil die Absicht einer Erhöhung der Staatseinnahmen eindeutig im Vordergrund stand. Für die Grenze sprach auch, daß nur eine relativ kleine Anzahl von Autos im Verkaufspreis darüber lag. Daß dabei ein großer Anteil europäischer Autoexporte von der Steuer betroffen war, bewies noch keine protektionistische Absicht (5.12). Auch wäre es den Europäern technisch möglich gewesen, billigere Autos in die USA zu exportieren, ebenso produzierten die USA selbst teurere Autos, so daß keine inhärente protektionistische Absicht zu unterstellen sei (5.14).

> the technology to manufacture high fuel economy automobiles – above the 22.5 mpg threshold – was not inherent to the United States, nor were low fuel economy automobiles inherently foreign in origin (...). Thus the fact that EC automobiles bore most of the burden of the tax did not mean that the measure had the effect of affording protection to United States production (5.26).

Und gemessen am Ziel der Maßnahme, die Hersteller zu benzinsparenden Modellen zu drängen, kann man auch sagen, daß Autos unter der Verbrauchsgrenze von 22,5 mpg anders sind als jene darüber, weshalb die Ungleichbehandlung durchaus gerechtfertigt ist (5.32). Was die Ausnahme von Kleinlastwagen und Minivans betrifft, folgte das Panel der amerikanischen Argumentation, wonach diese einen anderen, hauptsächlich kommerziellen Zweck erfüllten und die eingeführten Modelle dieser Art schließlich ebenso von der Abgabe befreit seien (5.35). Es wies deshalb die Beschwerde der EG in diesem Punkt zurück (5.37).

Bei der Klage der EG über die auf die gesamte Produktpalette angewendeten Strafabgaben bei Nichterreichen der Grenze von 27,5 mpg brachte sie dasselbe grundlegende Argument vor. Auch in diesem Fall sind hauptsächlich europäische Produzenten betroffen, die eben keine Klein- und Mittelklassewagen bauen bzw. in die USA exportieren, was einen erheblichen positiven protektionistischen Effekt für die amerikanischen Hersteller zu Folge hat. So wurde eine getrennte Berechnung für im Ausland hergestellte Fahrzeuge eingeführt, die es den Herstellern ermöglichte, Teile von Wagen mit hohem Verbrauch, die aber in den USA montiert wurden, mit ganz im Ausland hergestellten Kleinwagen der gleichen amerikanischen Hersteller zu verrechnen. So wurde der Gesamtverbrauch der in den USA hergestellten Flotte gedrückt.[160] Außerdem erfüllte nach Meinung der EG weder die „Gas Guzzler"-Steuer noch die CAFE-Bestimmung die entsprechenden Voraussetzungen des Art. XX (g), da die Schutzbestimmungen nicht mit den internen Restriktionen korrelierten. Die EG sah in der Besteuerung des Verbrauchs eine Alternativmaßnahme, die eine wesentlich geringere Belastung für Importprodukte bedeuten würde. Abschliessend betonte die EG noch, daß das Panel unbedingt den kumulierten Effekt der drei Maßnahmen bedenken sollte, da eine Gesamtbetrachtung der Effekte die überproportional negativen Auswirkungen der Maßnahmen auf europäische Automobilproduzenten in aller Deutlichkeit zeigt. Die USA stritten wieder die protektionistische Absicht ab. Gerade CAFE wurde zu einer Zeit eingeführt, als der Benzinverbrauch europäischer Wagen bei weitem unter dem der amerikanischen Konkurrenz lag. Das spricht nicht so sehr für eine protektionistische Absicht der USA, sondern für eine Fehleinschätzung der Marktentwicklung durch europäische Automobilunternehmen.

---

[160] So konnte z. B. Ford seine in Europa produzierten Kleinwagen auf das amerikanische Kontingent anrechnen lassen.

Das Panel prüfte zunächst die nach In- und Ausland getrennte Berechnung der Produktpaletten. In diesem Fall stellte es tatsächlich eine Benachteiligung fest.

> The Panel noted seperate foreign fleet accounting prevented manufacturers of large domestic cars from meeting the CAFE requirement for their domestic fleet by adding to it small foreign cars, or small cars made from foreign parts. In such cases the CAFE measure placed small foreign cars and foreign parts in a less favourable competitive position with respect to small domestic cars and domestic parts. The Panel also noted that the CAFE measure prevented manufacturers of large foreign, but not domestic, cars from meeting their CAFE requirements for their imported fleet by adding to it small domestic cars. In such cases the CAFE measure also placed large foreign cars in a less favourable competitive position with respect to large domestic cars. The Panel therefore found that the requirement of seperate foreign fleet accounting under the CAFE regulation accorded to particular products of foreign origin conditions of competition less favourable than those accorded to like domestic products (5.47).

Die Berücksichtigung der gesamten Flotte als Grundlage von CAFE beanstandete das Panel jedoch nicht und ging nicht auf die EG-Argumentation des überproportional nachteiligen Effekts und der daraus abzuleitenden protektionistischen Absicht gegenüber europäischen Produzenten ein. Die Maßnahme ist durch Art. XX (g) gedeckt, wenn obige Beanstandung beseitigt wird. Wie üblich wurde bei Art. XX (g) zunächst geprüft, ob die Bestimmung in den Bereich des Art. XX (g) fällt, was positiv beschieden wurde, da die Reduktion des Benzinverbrauchs zweifellos mit sparsamem Mineralölverbrauch zusammenhängt. Weiterhin prüfte man, ob die Maßnahme auch mit entsprechenden internen Restriktionen verbunden ist, ohne willkürlich und absichtlich zu diskriminieren. Da die überwiegende Absicht die Senkung des Benzinverbrauchs ist, entspricht die Maßnahme Art. XX (g).

> The Panel observed that if there were no requirement placed on imported cars, the objectives of the CAFE programme would be prejudiced, as imported large cars would not be subject to any restriction of fuel consumption. Thus the application of fleet averaging to imported cars in a similar manner to its application to domestic cars clearly served the purpose of fuel conservation, and served to render effective the conservation measure. In these respects, fleet averaging met two of the key requirements of Article XX (g) (5.65).

Alternative Maßnahmen waren nach Art. XX (g) nicht notwendig und so machte das Panel lediglich darauf aufmerksam, daß die getrennte Flottenberechnung aufgehoben werden müßte, um die protektionistische Wirkung zu beenden (5.66). Den von der EG so betonten kumulativen Effekt der Maßnahme tat das Panel mit der etwas lapidaren Feststellung ab, daß

> the EC had not shown that the combined effect of the measures in terms of conditions of competition was greater than the sum of their individual effects. (...) The Panel did not find therefore that the combined effect of the three measures let to any further inconsistency with the General Agreement than did the three measures considered seperately (5.70).

Es kam demnach zu dem Ergebnis, daß alle Maßnahmen bis auf die Verrechnung von im In- bzw. im Ausland hergestellten Fahrzeugen und Fahrzeugteilen GATT-konform waren (6.1).

Zwei Punkte sind unmittelbar zu diesem Fall anzumerken. Einerseits wird klar, daß das Panel streng im engeren Sinne zwischen protektionistischer Absicht und protektionistischem Effekt oder Wirkung unterschieden hat. Es war nicht geneigt, die amerikanische Politik als ein System unterschiedlicher Maßnahmen zu betrachten, die in ihrer Gesamtheit alle auf eine „Schwäche" europäischer Autohersteller abzielten, nämlich ihre begrenzte Produktpalette. Das wird zu einem faktischen Vorteil für die amerikanischen Hersteller, weil sich ihre europäischen Konkurrenten auf teure Fahrzeuge mit hohem Benzinverbrauch konzentrieren. Letztere haben zwar insgesamt eine gute Wettbewerbsposition im amerikanischen Markt, sie sind aber gleichzeitig am stärksten von den drei Maßnahmen betroffen. Hier von Absicht oder Protektionismus mit System zu sprechen, ist für ein Schlichtungsgremium äußerst heikel. Es gibt keine „Beweise" außer den ausgeklügelten technischen Regeln, die alle zufällig größere Nachteile für europäische Produzenten mit sich bringen, aber nicht unmittelbar gegen GATT verstoßen. Sie sind „facially neutral", und alles andere kann ein Panel nicht beurteilen. Das zeigt sich auch bei der Bewertung des kumulativen Effekts, der eben nicht kumulativ ist, weil sich keine zusätzlichen Nachteile ergeben. Ob eine politische oder protektionistische Absicht hinter der spezifischen Konstruktion dieser Maßnahmen steht, wird nicht überprüft.

An dieser Stelle könnte eine umweltpolitische Herangehensweise weiterhelfen, denn dieser Fall zeigt, wie eine „umweltbewußte" Expertise die Beurteilung von Maßnahmen verändert. Aus handelspolitischer Sicht wurden nur wettbewerbspolitische oder strukturelle Vorteile ausgenutzt. Hätte das Panel das Problem aber mit mehr umweltpolitischem anstatt nur handelspolitischem Sachverstand angegangen, hätte es auch den protektionistischen Effekt anders würdigen und vielleicht besser beurteilen können. Aus umweltpolitischer Sicht gilt nämlich die ausschließliche Besteuerung bzw. Regulierung der Hersteller als wenig effizient.[161] Inzwischen ist es Konsens, daß die Besteuerung des Energieverbrauchs bei entsprechender Kosteninternalisierung die größte umweltpolitische Lenkungswirkung entfaltet.[162] Angesichts der niedrigen Treibstoffpreise in den USA ist es zumindest fraglich, ob die alleinige Regulierung der Hersteller einen wirksamen Einspareffekt beim Benzinverbrauch erzielt. Vom umweltpolitischen

---

161 Das zeigt sich an der theoretischen Konstruktion ökonomischer Instrumente in der Umweltpolitik, die neben der Herstellung vor allem auch die Nutzung eines Gutes bzw. den Verbrauch mit Abgaben belegen, wenn darin die Ursache des Umweltproblems liegt. Gerade beim Auto zeigt sich, wie wichtig die umweltpolitische Beeinflussung seiner Nutzung neben dem grundsätzlich sparsamen Verbrauch ist. Zumal in jüngster Zeit die technischen Fortschritte im Automobilbau mit Blick auf den Umweltschutz durch die wachsende Anzahl der Fahrzeuge und die Vorliebe für größere Motorenleistung wieder zunichte gemacht werden.

162 In diesem Zusammenhang wird auf die Ausführungen im vorigen Kapitel verwiesen. Dort werden die Vor- und Nachteile einzelner Instrumente und ihre grundsätzlichen Wirkungen ausführlicher beschrieben.

Standpunkt aus betrachtet, ist die Maßnahme skeptisch zu beurteilen, und bei der Berücksichtigung dieser Punkte hätte auch die Panelentscheidung anders ausfallen können. Die Entscheidung wurde von der EG dann auch nicht angenommen.

USA – Importembargo für Thunfischprodukte aus Drittländern[163]

Diese Entscheidung befaßt sich ein weiteres Mal mit dem Thunfischembargo der USA, nachdem die Entscheidung von 1991 nicht angenommen wurde. Daraufhin strengten die EG und Niederlande 1992 ein weiteres Schlichtungsverfahren an, weil sie von dem immer noch bestehenden Drittstaatenembargo betroffen waren. Das Embargo traf Staaten, die Thunfisch jener Staaten verarbeiteten und in die USA exportierten, die die von den USA festgelegte Quote für unabsichtlich getötete Delphine überschritten. Zu diesem Zeitpunkt waren das Costa Rica, Italien, Japan und Spanien. Das Embargo blieb in Kraft, obwohl im Juni 1992 innerhalb der „Inter-American Tropical Tuna Commission"[164] ein internationales Abkommen mit den am Fang des Yellowfin-Tuna beteiligten Nationen geschlossen wurde, das die sukzessive Senkung der Quote unabsichtlich getöteter Delphine auf 5 000 bis Ende 1999 vorsah. Gleichzeitig wurde auch der MMPA noch einmal verschärft, so daß ein Embargo automatisch bei Überschreiten der Quote wirksam wird. Länder, die einem Embargo zuvorkommen wollten, mußten Vorschriften zum Delphinschutz erlassen, die von den USA auf ihre Stichhaltigkeit geprüft wurden. Außerdem verlangten die USA eine obligatorische Teilnahme an spezifischen Forschungsprogrammen zum Delphinschutz (2.10).

Die Klage der EG und der Niederlande gegen das Drittländerembargo glich den Feststellungen Mexikos, namentlich daß es sich um eine unerlaubte mengenmäßige Beschränkung nach Art. XI, 1 handle und damit um einen Verstoß gegen die nationale Gleichbehandlung in Art III. Ferner sei das Drittländerembargo nicht durch die Ausnahmen in Art. XX gedeckt. Bei der Ausnahme für Ressourcenschutz des Art. XX (g) verwiesen sie auf die Feststellung vorangegangener Panels, daß sich die verbindliche Durchsetzung unilateraler Vorschriften nur auf das eigene Territorium beschränken kann.

Die USA gingen auf die Konformität des Embargos mit Art. III bzw. XI, 1 bei der Rechtfertigung der Maßnahme kaum ein, sondern konzentrierten sich bei ihrer Verteidigung auf die weite Interpretation von Art. XX (g). Sie gingen auf die Empfehlung ein, unbedingt eine international kooperative Lösung zu suchen. Die USA stellten fest, daß es hier schon Ansätze gäbe, die aber nicht ausreichten, und deshalb müßte ein Staat im Rahmen seiner souveränen Rechte auch die Möglichkeit haben, allein Maßnahmen zu ergreifen. Die komplexen globalen Probleme des Umweltschutzes und der globalen öffentlichen Güter rechtfertigten auch Handlungen, die in den Rechtsbereich anderer Staaten eingreifen. Die USA

---

[163] ILM (1994b): Dispute Settlement Panel Report on United States Restrictions on Imports of Tuna. Dieser Report wurde nicht angenommen.

[164] Diese Organisation überwacht den Fang und plaziert auf jedem Schiff einen Beobachter. Diese Beobachter lieferten die Zahlen unabsichtlich getöteter Delphine.

wiesen dabei den impliziten Vorwurf der unilateralen Maßnahmen, die andere zur Übernahme amerikanischer Standards zwingen, als Fehlcharakterisierung zurück (3.12). Art. XX macht keinen Unterschied zwischen „unilateralen" und anderen Maßnahmen. Unter anderem leiteten die USA daraus auch eine weite Auslegung des Ressourcen- und Artenschutz des Art. XX ab. Viele Ressourcen und Arten befinden sich außerhalb nationaler juristischer Zuständigkeit oder überschreiten politische Grenzen und müssen trotzdem geschützt werden. Die große Zahl existierender Umweltschutzabkommen mit Handelsmaßnahmen zeige, daß es auch ein globales Schutzinteresse gibt. Eine enge Auslegung würde den Schutz eines Großteils der Ressourcen der Erde von vornherein ausschließen, zumindest bis man sich zu einem Abkommen durchgerungen habe, was erfahrungsgemäß sehr lange dauern kann (3.18). Daß diese Möglichkeit nicht ausdrücklich in Art. XX niedergeschrieben wurde, liege nur daran, daß die Verfasser von GATT ein globales Schutzinteresse und damit ein weites Verständnis von Art. XX als selbstverständlich angesehen hätten (3.29). Der Begründung des vorangegangenen Panels, wonach eine weite Auslegung kontraproduktiv wäre und grundsätzlich Rechte der diffusen Reziprozität außer Kraft setzen würde, widersprachen die USA. Die Befürchtung, daß dann jeder unilaterale handelsrestriktive Standards erlassen könnte, die das Handelssystem gefährden, sei reine Spekulation und könne von einem Panel nicht beurteilt werden (3.33).

Die EG und die Niederlande nahmen jedoch genau dieses Argument auf und wiederholten noch einmal:

> If there were no jurisdictional limitation to the objects of measures justified by these paragraphs, then each contracting party could unilaterally determine international conservation, and life and health protection policies from which other contracting parties could not deviate without jeopardising their rights under the General Agreement. (...) This argument was particularly pertinent to the intermediary nation embargo provisions applied by the United States, which were not aimed merely at forcing trading partners to follow United States conservation policies in international waters, but at forcing United States trading partners to force in turn other states into submitting to such unilateral United States conservation policies (3.36).

Bei der Prüfung des Art. XX (g)[165] beschritt das Panel einen anderen Weg als das Panel zum ersten Thunfisch-Fall. Die Prüfung begann mit der schon bekannten dreistufigen Analyse, die zuerst danach fragt, ob die Maßnahme in den Bereich des Artikels fällt und auch im Zusammenhang mit dem Erhalt natürlicher Ressourcen bei gleichzeitigen internen Restriktionen steht, um schließlich am Ende zu prüfen, ob die Maßnahme auch handelsneutral und nicht verdeckt protektionistisch ist.

---

[165] Das Panel folgte im übrigen bei der Beurteilung des Embargos nach Art. III und XI, 1 der Argumentation des ersten Thunfischpanels und sah im Embargo einen Verstoß gegen die Gleichbehandlung und gegen das Verbot mengenmäßiger Beschränkungen.

Der erste Punkt war unproblematisch, da Delphine und andere Arten schon von früheren Panels als natürliche Ressource anerkannt wurden. Allerdings hing daran immer die Frage, wie weit die Regelungskompetenz eines Staates beim Schutz einer natürlichen Ressource geht bzw. ob eine Vorschrift auch außerhalb seines juristischen Territoriums Wirkung entfaltet. Eindeutig war für das Panel, daß ein Staat seine Souveränitätsrechte auf seine außerhalb seiner nationalen Grenzen weilenden Bürger oder wahlweise auch Schiffe ausdehnen kann (5.17). Das leitet zu der Frage der Reichweite des Art. XX über. Der amerikanische Hinweis, wonach eine Anzahl anderer Abkommen die Ausdehnung staatlicher Kompetenzen auch jenseits seines juristischen Territoriums schon vorgenommen hätten, könnte jedoch nicht aufs GATT übertragen werden, da sie als spezielle Abmachungen von anderen Voraussetzungen ausgehen (5.19). Das Panel wies auch darauf hin, daß die häufigen Versuche, die Antwort in den Entwurfsprotokollen der ITO zu finden, letztlich zum Scheitern verurteilt sind, weil die Protokolle jeweils in die eine oder andere Richtung interpretiert werden könnten.

> The Panel also found that the statements and drafting changes made during the negotiation of the Havanna Charter and the General Agreement cited by the parties did not provide a clear support for any particular contention of the parties on the question of the location of the exhaustible natural resource in Article XX (g). In the view of the above the Panel could see no valid reason supporting the conclusion that the provisions of Article XX (g) apply only to policies related to the conservation of exhaustible natural resources located within the territory of the contracting party invoking the provision. The Panel consequently found that the policy to conserve dolphins in the eastern tropical Pacific Ocean, which the United States pursued within its jurisdiction over its nationals and vessels, fell within the range of policies covered by Article XX (g) (5.22).

Diese Einsicht beeinflußte auch die nachfolgende Prüfung des Zusammenhangs zwischen extern wirksamen Maßnahmen und internen Restriktionen. Hier geht es um die Frage, ob die Maßnahme hauptsächlich auf das beabsichtigte Schutzziel gerichtet ist. Das Panel stellte fest, daß das Drittländerembargo allein nicht die vorgegebenen Schutzziele der USA erreichen konnte. Ebensowenig konnte das direkte Embargo seinen Zweck vollständig erfüllen, wenn Drittstaaten ihre Politik gegenüber den Fischern von Thunfisch änderten. Daraus leitete das Panel die Absicht der USA ab, diese Staaten durch die Herstellung einer gegenseitigen Abhängigkeit in bezug auf die Exportmöglichkeit in die USA – direkt oder indirekt – zu einer politischen Kursänderung zu zwingen (5.24). Deshalb stelle sich nun vor allem die Frage, ob diese Art von Zwang nach Art. XX (g) zulässig ist. Auch in dieser Hinsicht ist der Text des Artikels ambivalent. Infolge dessen fragte sich das Panel, was passieren würde, wenn der Artikel eine solche Zwangsausübung zuließe. Solange eine Partei Maßnahmen ergreift, die dem GATT widersprechen, um damit natürliche Ressourcen in ihrem Territorium zu schützen, würden grundlegende Prinzipien des GATT aufrechterhalten.

> If however Article XX were interpreted to permit parties to take trade measures so as to force other contracting parties to change their policies within their jurisdiction, including their conservation policies, the balance of rights and obligations among contracting parties,

in particular the right of access to markets, would be seriously impaired. Under such an interpretation the General Agreement could no longer serve as a multilateral framework for trade among contracting parties. The Panel concluded that measures taken so as to force other countries to change their policies, and that were effective only if such changes occurred, could not be primarily aimed at either the conservation of an exhaustible resource, or at rendering effective restrictions on domestic production or consumption, in the meaning of Article XX (g). (5.26, 5.27).

Die nachfolgende Überprüfung des Art. XX (b) folgte dem gleichen Schema und kam bei der zentralen Frage nach der Notwendigkeit dieser Maßnahmen zu einem ähnlichen Ergebnis. Eine Maßnahme, die nur aufgrund der Verknüpfung mit einer weiteren Maßnahme wirksam ist, die nicht unmittelbar dem Schutzgut dient, kann nicht als „notwendig" im Sinne des Art. XX (b) gelten, da sie die prinzipiellen Grundlagen des GATT aushöhlt (5.39). Nicht die Geeignetheit der amerikanischen Maßnahmen zum Schutz der Delphine standen zur Debatte, sondern inwieweit die Umsetzung dieser Ziele GATT-konform war. Das Panel wiederholte auch den Hinweis, daß es innerhalb des GATT die Möglichkeit gab, inkonsistente Maßnahmen durch einen „waiver" durchzusetzen, wenn dies die überwiegende Mehrheit der Vertragsparteien wünscht (5.42, 5.43).

Diese Entscheidung hat in vielerlei Hinsicht die kritischen Punkte des ersten Thunfischpanels aufgenommen und präzisiert. Die Vertragsparteien beschäftigten sich ausgiebig mit der Reichweite des Artikel XX, und das Panel hat sozusagen die Flucht nach vorne angetreten und die absolut unklare Rechtslage anerkannt. Es hat dieses Dilemma aber in gewisser Weise produktiv genutzt und die Rechtmäßigkeit der extraterritorialen Zwangsausübung aufgrund des Allgemeinen Abkommens systematisch überprüft, indem es fragte, ob die Maßnahme allein schon zur Erreichung des Ziels dient. Im Gegensatz zum ersten Panel lieferte es auch eine handfeste Begründung, warum man sich auf unsicheres Terrain begibt, wenn man Art. XX weit auslegt. Dadurch könnten konträre Dynamiken entstehen, die handelspolitische Chancen eher schmälern als vergrößern, und das widerspricht dem multilateralen Charakter des GATT. Handelspolitische Zwangsausübung für nichthandelspolitische Zwecke widerspricht vor allem dem Meistbegünstigungs- aber auch dem diffusen Reziprozitätsprinzip.

Obwohl das Panel dem umweltpolitischen Ziel gegenüber offener scheint, wie sich bei der Prüfung des Art. XX zeigte, beurteilt es die umweltpolitische Maßnahme wieder nach handelspolitischen Erwägungen bzw. GATT-Prinzipien, ohne die Angemessenheit der umweltpolitischen Zielsetzung gegen mögliche Handelsbeschränkungen abzuwägen. Das Panel deutet aber mit seinen abschließenden Bemerkungen an, daß diese Abwägung, selbst wenn es sie vornehmen wollte, außerhalb seines Kompetenzbereichs liegt. Wenn die Vertragsparteien eine Beurteilung der Maßnahme nach umweltpolitischen Gesichtspunkten wünschen, müssen sie das außerhalb des Streitschlichtungsverfahrens tun. Dazu bietet ihnen das Allgemeine Abkommen diverse Möglichkeiten.

Diese letzten Hinweise kann man in unterschiedlicher Weise deuten. Einerseits schiebt das Panel die umweltpolitische Verantwortung von sich und auf andere ab.

Andererseits könnte man darin auch eine Aufforderung an die Vertragsparteien ablesen, sich systematisch auf einer allgemeinen Ebene mit dem Querschnittsbereich von Umweltschutz und internationalem Handel zu beschäftigen, da Streitschlichtungsverfahren bei der momentanen Rechtslage offensichtlich ein unzulängliches Instrument sind.

USA – Technische Standards für Verbrennungsqualität für Benzin[166]

Dies war innerhalb der neuen WTO der erste umweltpolitische Fall, der zu einem Berufungsverfahren führte, nachdem die unterlegene Partei mit dem Panelspruch nicht einverstanden war. Aus diesem Grund wird der ursprüngliche Streitfall etwas knapper dargestellt, da die wichtigen Argumente im Berufungsverfahren wieder aufgegriffen wurden.

Ab 1. Januar 1995 galten in den USA neue Standards für die Verbrennungsqualität von Benzin. Durch die Verringerung besonders schädlicher Inhaltsstoffe wie Benzol, sollte die Luftqualität verbessert und die akute Bodenozongefahr verringert werden. Um amerikanischen Raffinerieunternehmen und Treibstoff verarbeitenden Betrieben die Umstellung zu erleichtern, wurden für sie auf der Grundlage von Daten aus dem Jahr 1990 individuelle, neue Qualitätsziele festgelegt (Baselines), die ihr Produkt bis 1995 erreichen mußte. Erst später sollten verbindliche Standards für alle gelten. Das betraf auch importierte Treibstoffe unterschiedlicher Qualität, die in den USA mit anderen Rohstoffen gemischt wurden, um so eine spezifische Verbrennungsqualität zu erreichen (sogenannte „blender"). Die Importprodukte wurden aber im Gegensatz zu einheimischen Produkten mit allgemeinen, von der amerikanischen Umweltbehörde festgelegten Standards belegt, da davon ausgegangen wurde, daß die notwendigen Daten für individuelle Baselines für auswärtige Hersteller nicht vorhanden waren.

Brasilien und Venezuela erhoben den Vorwurf, daß die unterschiedlichen Baselines – individuelle für Amerikaner und allgemeine für Ausländer – eine Ungleichbehandlung darstellen, die gegen Art. III verstößt. Die USA begründeten die Konformität der Maßnahme mit GATT auf der Basis der möglichen Ausnahmen in Art. XX (g) und (b).

Zunächst prüfte das Panel, ob die Maßnahme mit Art. III konform ist. Brasilien und Venezuela beanstandeten vor allem, daß für sie eine Benachteiligung durch die von der Umweltbehörde festgelegten Baselines entsteht, da ihre individuellen Ausgangspositionen nicht direkt berücksichtigt und auf ihre besondere Produktionssituation abgestimmt werden, wie das für die amerikanischen Produzenten der Fall ist (3.12). Durch die allgemein festgelegten Standards wurden importierte Produkte gerade wegen des üblichen Mischens von Treibstoffen unterschiedlicher Qualität benachteiligt, denn die ausländischen Zulieferer mußten häufig Preisnachlässe gewähren, weil ihr Produkt durch den festgelegten Standard in eine

---

[166] WTO, 1996a: United States – Standards for Reformulated and Conventional Gasoline. Appellate Body Report and Panel Report. WT/DS2/9, 20 May 1996.

Kategorie gedrängt wurde, die teilweise unter der tatsächlichen Qualität lag. Das Panel sah darin eine Benachteiligung des Importproduktes (6.12).

Danach prüfte es, ob Art. XX (b) diese Ungleichbehandlung rechtfertigt. Saubere Luft ist eine wichtige Voraussetzung, um das Wohlbefinden von Mensch, Tier und Natur zu gewährleisten, es ist dennoch fraglich, ob die Ungleichbehandlung von Importprodukten durch allgemein festgelegte Standards notwendig ist, um dieses Ziel zu erreichen. In der Streitschlichtung des GATT hat sich inzwischen die Meinung herausgebildet, daß eine Handelsmaßnahme nur „notwendig" sei, wenn es keine realistischen Alternativen gibt, die entweder GATT-konform oder zumindest weniger handelsverzerrend sind. Vom Argument der USA, individuelle Bestimmungen für jedes einzelne ausländische Produkt wären technisch und administrativ unmöglich, war das Panel nicht überzeugt. Innerhalb des GATT gibt es Wege und Mittel, ähnlich wie bei Antidumping-Verfahren, solche Informationen zu erhalten (6.21). Außerdem gab es auch die Möglichkeit zur Verhängung von Geldstrafen bei Nichteinhaltung von Standards, die für einheimische und ausländische Produkte gleichermaßen gelten. Nach Meinung des Panels konnte die USA nicht ausreichend darlegen, warum die nachteiligen Maßnahmen für Importprodukte notwendig waren, und sah deshalb die Maßnahme auch nicht durch Art. XX (b) gerechtfertigt (6.28).

Danach prüfte es, ob Art. XX (g) mit dem darin angesprochenen Schutz natürlicher Ressourcen greift. Hier kommt es darauf an, daß die Maßnahme, mit der die Importprodukte belegt wird, mit der nationalen Strategie zum Schutz natürlicher Ressourcen und gleichzeitigen internen Restriktionen bei Produktion und Verbrauch zusammenhängt. Die Handelsmaßnahmen müssen vorwiegend auf die effektive Umsetzung interner Strategien gerichtet sein und so nationale Umweltpolitik unterstützen.

> The Panel saw no direct connection between less favourable treatment of imported gasoline that was chemically identical to domestic gasoline, and the US objective of improving air quality in the United States. Indeed in the view of the Panel, being consistent with the obligation provided no less favourable treatment would not prevent the attainment of the desired level of conservation of natural resources under the Gasoline Rule. Accordingly, it could not be said that the baseline establishment methods that afforded less favourable treatment to imported gasoline were primarily aimed at the conservation of natural resources. In the Panel's view, the above-noted lack of connection was underscored by the fact that affording treatment of imported gasoline consistent with its Article III, 4 obligations would not in any way hinder the United States in its pursuit of its conservation policies under the Gasoline Rule. Indeed, the United States remained free to regulate in order to obtain whatever air quality it wished. The Panel therefore concluded that the less favourable baseline establishments methods at issue in this case were not primarily aimed at the conservation of natural resources (6.41).

Da mit der fehlenden Verbindung zwischen den unterschiedlichen Baselines mit dem Ziel der sauberen Luft eine wichtige Bedingung des Art. XX (g) nicht eingehalten wurde, konnte die Maßnahme auch nicht nach Art. XX (g) gerechtfertigt werden, und das Panel empfahl den USA, ihr Benzinimportregime entsprechend zu ändern.

Für die USA war diese Ablehnung und vor allem die Begründung für die Inkonsistenz der Maßnahme nach Art. XX (g) nicht nachvollziehbar, und sie legte Berufung ein, um die Panelbegründung für die Ablehnung noch einmal überprüfen zu lassen. Und in der Tat weist die Begründung am entscheidenden Punkt einen beträchtlichen Mangel an systematisch-logischer Argumentation auf (s. obiges Zitat). Es ist unklar, warum das Panel keine echte Verbindung zwischen den Baselines für Importprodukte und dem Schutzziel erkennen kann. Es geht sofort zu der festgestellten Ungleichbehandlung über und sieht darin auch eine unzulässige Vorgehensweise, interne Ziele zu erreichen. Wie eine direkte Verbindung zwischen Importstandards und dem Schutzziel bzw. den internen Restriktionen für Produktion und Verbrauch ausgesehen hätte, läßt das Panel offen.

Am 21. Februar 1996 legten die USA beim WTO Appellate Body Berufung[167] ein, weil das Panel ihrer Meinung nach die Baselines nicht korrekt gemäß der Eingangsbestimmung des Art. XX und des Abschnitts (g) ausgelegt hatte. Man bezweifelte, „that the baseline establishment rules do not constitute a „measure“ „relatig to“ the conservation of clean air within the meaning of Article XX (g) of the General Agreement" (9). Deshalb war es nach Ansicht der USA auch falsch, weder die Maßnahme nach Art. XX (g) weiter zu prüfen noch den Einleitungssabsatz des Artikels zu berücksichtigen. Die Berufungsinstanz unterzog dementsprechend die Interpretation des Art. XX (g) durch das Panel einer Überprüfung.

Der erste Schritt bestand in der Klärung der Frage, welche Maßnahme sich auf welche Vorschrift stützte und ob das Prüfungsergebnis des Panels auch Art. XX (g) entsprach. Die Berufungsinstanz nahm sich dafür den oben zitierten Abschnitt (6.40) noch einmal vor und stellte fest, daß dieser nur schwer verständlich und die Analyse selbst oberflächlich ist. Offensichtlich ist dem Panel bei der Anwendung des Begriffes „Maßnahme" ein Fehler unterlaufen, da es die Baselines für Importprodukte mit dem allgemeinen Gesetz in Beziehung setzte und nicht, wie es für einen Vergleich der Wirkungen zwischen Regeln für Importe und einheimische Produkte angemessen gewesen wäre, zwischen den jeweiligen Baselines. Denn instrumentell gesehen, stehen die Baselines für die Importprodukte mit jenen für amerikanisches Benzin in Beziehung. Hätte die Regierung nur für amerikanisches Benzin strikte Regeln bezüglich der Verbrennungsrückstände erlassen, ohne gleichzeitig auch die Angleichung von Importprodukten zu verlangen, wären die Vorteile für die Luftqualität durch die Verbesserungen bei der Verbrennungsqualität amerikanischen Benzins durch die schlechtere Qualität des Importbenzins wieder zunichte gemacht worden. Von daher besteht sehr wohl ein Zusammenhang zwischen den Baselines. Ob diese GATT-konform angewendet wurden und in dieser Form notwendig waren, ist eine andere Frage, die sich anhand von Art. XX (b) und den Eingangsbestimmungen des Art. XX prüfen läßt. Das Panel hat

[167] WTO (1996a) WT/DS2/AB/R, die Zitate und Fundstellen beziehen sich auf das Originaldokument der WTO, die Fundstellen sind nach Seiten angegeben, da es keine Abschnittsnumerierung gibt.

also zwei unterschiedliche Prüfungsvorgänge miteinander vermischt oder gar verwechselt (16). Im Sinne der GATT-Systematik kommt es vielmehr darauf an, daß zwischen den Wettbewerbern gleiche Bedingungen herrschen. Es kann jedoch kein Test der umweltpolitischen Wirkungen beabsichtigt gewesen sein, weil das kaum durchführbar ist:

> In the first place, the problem of determining causation, well-known in both domestic and international law, is always a difficult one. In the second place, in the field of conservation of exhaustible natural resources, a substantial period of time, perhaps years, may have to elapse before the effects attributable to implementation of a given measure may be observable. The legal characterization of such a measure is not reasonably made contingent upon occurrence of subsequent events (21).

Die Berufungsinstanz kommt bei ihrem Test erwartungsgemäß zu dem Ergebnis, daß ein Zusammenhang zwischen den Baselines besteht, und prüft deshalb nach Art. XX (g) weiter, ob diese auch mit dem Eingangsabsatz, dem sogenannten Chapeau, des Art. XX in Einklang stehen. Dort werden die Ausnahmebedingungen genannt, die Handelsdiskriminierung zum Schutze der menschlichen Gesundheit und natürlicher Ressourcen zulassen, wenn es sich nicht um willkürliche, verdeckte und ungerechtfertigte Diskriminierung zwischen Ländern handelt, in denen vergleichbare Bedingungen herrschen. Das heißt nichts anderes, als daß diskriminierende Nachteile für Importe zum Schutz der menschlichen Gesundheit, natürlicher Ressourcen usw. hingenommen werden müssen, solange diese als notwendig erachtet werden und auch mit internen Maßnahmen im Zusammenhang stehen, die nicht zu einer willkürlichen, ungerechtfertigten oder verdeckten Protektion von Inländern führen. Das Panel hatte dagegen jede Form von Benachteiligung und damit auch die Anwendung von Art. XX (g) insgesamt ausgeschlossen.

Die Berufungsinstanz holte nun den Test nach, ob und inwieweit die unterschiedlich wirkenden Baselines im Sinne des Chapeaus ungerechtfertigte Diskriminierung darstellen. Dabei rückte die Frage in den Vordergrund, inwieweit zwischen den Ländern ungleiche Voraussetzungen herrschen, die auch ungleiche Baselines rechtfertigen. Im Berufungsverfahren wurden die USA noch einmal gefragt, warum man für die Importprodukte nicht auch individuelle Baselines etablieren konnte bzw. warum man nicht für alle, auch die Inländer, allgemein festgelegte Baselines vorschrieb. Ersteres war nach Meinung der USA aufgrund technischer und administrativer Probleme nicht praktikabel, außerdem hätte es im Ausland die Möglichkeit der Datenmanipulation gegeben, was letztlich ein Nachteil für einheimische Produzenten bedeutete. Die Berufungsinstanz fand dieses Argument nicht stichhaltig und verwies auf die Prüfungsmöglichkeiten solcher Fakten, die sich schon lange im GATT in anderen Zusammenhängen entwickelt hatten (27). Gegen gleiche Baselines für alle sprach nach Ansicht der Amerikaner:

> Application of the statutory baseline to domestic producers of reformulated and conventional gasoline in 1995 would have been physically and financially impossible

> because of the magnitude of changes required in almost all US refineries; it thus would have caused a substantial delay in the programme. Weighing the feasability of policy options in economic or technical terms in order to meet an environmental objective was a legitimate consideration and did not, in itself, constitute protectionism, as alleged by Venezuela and Brazil. Article XX did not require a government to choose the most expensive possible way to regulate its environment (3.52).

Die USA räumten demnach ihren Produzenten einen gewissen Grad an Flexibilität ein, um ihnen finanzielle Belastungen zu ersparen und die Umstellung zu erleichtern, den sie allerdings den ausländischen Produzenten nicht zugestehen wollten. Deshalb kam auch die Berufungsinstanz letztlich zum Ergebnis, daß die Maßnahme der allgemein festgelegten Baselines für Importprodukte nicht der in Art. XX geforderten Anwendung entsprach, sondern vielmehr

> in their application, constitute „unjustifiable discrimination" and a „disguised restriction on international trade". We hold in sum, that the baseline establishment rules, although within the terms of Article XX (g), are not entitled to the justifying protection afforded by Article XX as a whole (29).

Aus umweltpolitischer Sicht ist dieses Verfahren enorm wichtig, weil es zeigt, daß umweltpolitisch motivierte Diskriminierung von Handelspartnern, wenn auch unter extrem anspruchsvollen Bedingungen, innerhalb des GATT/WTO-Systems möglich ist. Mit etwas Abstand betrachtet, sind die Ansprüche des Art. XX aber keineswegs so hoch, da sie ganz im Sinne der Grundprinzipien des GATT lediglich die „even-handedness" (21) der Maßnahmen fordern. GATT steht Einschränkungen im internationalen Handel durch nationale Standards nicht per se entgegen, sonst gäbe es den Artikel XX auch gar nicht, sondern fordert lediglich, daß In- wie Ausländer gleichermaßen belastet werden.

Besonders bemerkenswert an der Berufungsentscheidung ist auch die umweltpolitische Einsicht, daß man die wirtschaftliche Belastung von Umweltpolitik nicht bzw. nicht sofort anhand der Effektivität der Maßnahme bei der Erreichung des umweltpolitischen Ziels bewerten kann. Das umweltpolitische Ziel wird überhaupt nicht bewertet, sobald die Maßnahme erkennbar im Bereich des Artikel XX liegt, sondern es wird vielmehr geprüft, ob die Ausgangsbedingungen für die Erfüllung der entsprechenden Maßnahmen und die dadurch zusätzlich entstehenden Belastungen für Importprodukte mit jenen vergleichbar sind, die auch für einheimische Produkte bestehen. Das Hindernis ist demnach nicht die umweltpolitische Begründung, sondern die Notwendigkeit zu zeigen, daß diese Maßnahme kein willkürlicher Protektionismus ist. Die Durchsetzungsfähigkeit der umweltpolitischen Begründung leidet aber unter der Tatsache, daß die Beweislast bei der Partei liegt, die Artikel XX für sich in Anspruch nimmt. Ihr wird im Rahmen des GATT sozusagen zunächst absichtlich Protektionismus unterstellt, wenn protektionistische Wirkungen auftreten, auch wenn diese im Prinzip nach Art. XX erlaubt sind. Insofern sind die Ausnahmebedingungen des Art. XX extrem anspruchsvoll. Nicht die klageführende Partei muß zeigen, daß die umweltpolitische Begründung nicht gerechtfertigt ist und es sich deshalb um

Protektionismus handelt, sondern die beklagte Partei muß plausibel machen, daß das Umweltproblem nur mit handelsrestriktiven Maßnahmen gelöst werden kann.

USA – Importverbot für bestimmte Garnelen und Garnelenprodukte[168]

Zum Ende der ersten fünf Jahre des Bestehens der WTO im Jahr 2000 war der „Shrimp-Turtle"-Fall der letzte und bis zu diesem Zeitpunkt vielleicht sogar der wichtigste umweltpolitisch relevante Streitfall. Diese Einschätzung leitet sich aus der Tatsache ab, daß trotz der erneuten Ablehnung einer umweltpolitischen Begründung eines Importverbotes der Fall aus umweltpolitischer Sicht positiv zu werten ist. Der Grund für die positive Bewertung liegt in einigen wichtigen, für den Umweltschutz relevanten Bestätigungen von Entscheidungen vorangegangener Panels.

Dieser Fall ist jedoch aus einem weiteren Grund besonders bemerkenswert, weil er in seiner Problemstellung sehr den beiden Thunfisch-Delphin-Fällen ähnelt, aber die Entscheidung des Appellate Body's die fast 10-jährige Entwicklung in der umweltpolitisch relevanten GATT/WTO-Streitschlichtung sehr deutlich werden läßt. Der Fall ist auch ein Ausdruck für das gewachsene Selbstbewußtsein der Entwicklungsländer in der WTO, die dieses Verfahren auch aus prinzipiellen Gründen angestrengt haben. Für sie bot sich darin die Möglichkeit deutlich, zu machen, warum sie solche Maßnahmen für unfair und protektionistisch halten, indem sie die ihrer Meinung nach die willkürliche und protektionistische Nutzung des Umweltschutzarguments anhand der negativen ökonomischen Auswirkungen verdeutlichen konnten. Die Entscheidung der Berufungsinstanz stellte aber klar, daß Umwelt- bzw. Ressourcen- und Artenschutz mittlerweile selbstverständlich anerkannte Gründe für Handelsmaßnahmen sind.[169] Einige WTO-Mitarbeiter sind der Ansicht, daß sich in diesem Streitfall auch das gestiegene Selbstbewußtsein der Schwellen- und Entwicklungsländer ausdrückt, die gerade in diesem Fall einen Streit aus prinzipiellen Gründen ausfechten, um den USA Paroli zu bieten.[170] Bei der Prüfung der Zulässigkeit der Maßnahme konzentriert sich der Appellate Body fast ausschließlich auf die

---

168 WTO 1998a: United States – Import Prohibition of certain shrimp and shrimp products: Report of the Panel, WT/DS 58/R, 15 May 1998. WTO 1998b: United States – Import Prohibition of certain shrimp and shrimp products: Report of the Apellate Body, WT/DS 58/AB/R, 12 October 1998.

169 Einige WTO-Mitarbeiter sind der Ansicht, daß sich in diesem Streitfall auch das gestiegene Selbstbewußtsein der Schwellen- und Entwicklungsländer ausdrückt, die gerade in diesem Fall einen Streit aus prinzipiellen Gründen ausfechten, um den USA Paroli zu bieten.[169]

170 So äußerten sich Sabrina Shaw und Doaa Motaal, die die Arbeit des CTE im WTO-Sekretariat administrav unterstützen. Jean Chin von UNCTAD fügt noch hinzu, daß auch in diesem Fall nicht die Problemverursacher in der Industriefischerei getroffen werden, sondern die wahren Leidtragenden die kleinen Küstenfischer sind, die oft nicht einmal ein Motorboot besitzen, geschweige denn die finanziellen Mittel für die notwendige Technik zum Schutz der Schildkröten aufbringen können. Diese Meinungen wurden im persönlichen Gespräch mit der Autorin im September 1997 geäußert.

genaue Prüfung der Anwendung dieser Maßnahme und, inwieweit diese fair und zumutbar ist.

Indien, Malaysia, Pakistan und Thailand erlangten im Januar 1997 die Einrichtung eines Streitschlichtungspanels, um von den USA die Aufhebung eines Importembargos für Garnelen und Garnelenprodukte, die ohne die TEDs gefischt wurden, zu erwirken. Das Embargo ging auf eine amerikanische Maßnahme von 1987 zurück, die auf der Basis des amerikanischen Artenschutzgesetzes amerikanischen Garnelenfischern vorschrieb, ab 1990 obligatorisch TEDs zu benutzen, um den unbeabsichtigten Fang und Tötung der im Bestand gefährdeten Meeresschildkröten zu verhindern. Die „Section 609" des Public Law 101-162 (16 United States Code § 1537) vom 21.11.1989 verlangte gleichzeitig die frühestmögliche Aufnahme von bi- und multilateralen Verhandlungen zum Schutz der gefährdeten Meeresschildkröten mit Ländern, deren Garnelenfischerei zur Dezimierung der Schildkrötenbestände beiträgt. Darüber hinaus sah Section 609 (b) (1) auch die Verhängung eines Importverbots ab dem 01.05. 1991 gegen jene Länder vor, die die Schildkrötenbestände durch ihre Garnelenfischerei gefährden. Section 609 (b) (2) legte fest, daß dieses Embargo nicht für Länder gilt, deren Garnelenfischerei von den amerikanischen Behörden als unbedenklich zertifiziert wurde. Dafür mußten die Länder darlegen, daß sie a) in Aquakulturen gezüchtete Garnelen exportieren, b) TEDs benutzen, die ähnlich effektiv sind, wie die US-amerikanischen, c) manuell bzw. nicht mit Schleppnetzen gefischte Garnelen exportieren, oder d) Garnelen aus kalten Gewässern exportieren, wo keine Meeresschildkröten vorkommen. Die Zertifizierung wurde vom State Departement vorgenommen, das die Angaben der Länder zu Fangmethoden und Schutzmaßnahmen für Meeresschildkröten überprüfte und entsprechend Importlizenzen vergab. Diese Importbeschränkungen galten zunächst nur für Länder der weiteren karibischen und westatlantischen Region, mit denen die USA ein Abkommen zum Schutz von Meeresschildkröten, unter anderem mit Hilfe von TEDs, abgeschlossen hatte. Diese Länder hatten drei Jahre Zeit, ihre Fischtrawler umzurüsten.

Zusätzlich wurde das Importembargo nicht sofort in Kraft gesetzt, sondern erst, nachdem, ähnlich wie beim ersten Thunfisch-Fall, das Earth Island Institute beim amerikanischen Außenhandelsgerichtshofs per Klage gegen die amerikanische Regierung die Implementation dieses Embargos zum 1. Mai 1996 erwirkte. Außerdem setzte das Gericht fest, daß das Embargo, das zuvor nur die karibischen und westatlantischen Handelspartner betroffen hätte, auf alle Länder ausgedehnt werden muß.

Die Kläger machten geltend, daß das Embargo aufgrund seiner quantitativen Beschränkungen gegen Art. XI, 1 und XIII, 1 verstieß und auch nicht von den allgemeinen Ausnahmebestimmungen des Art. XX gedeckt wurde. Die Auseinandersetzungen zwischen den Streitparteien drehten sich erstens um die Frage, inwieweit ihre nationalen Bestimmungen zum Schutz der Meeresschildkröten einerseits adäquat sind sowie die Anwendung von TEDs überflüssig machen und andererseits aufgrund nationaler Besonderheiten nicht notwendig sind, weil sich beispielsweise während der Garnelensaison kaum Meeresschildkröten in der

Region aufhalten.[171] Zweitens waren Indien, Malaysia, Pakistan und Thailand strikt gegen die Berücksichtigung der sogenannten „Amicus Curie Briefs" mehrerer Nichtregierungsorganisationen durch das Panel, die die USA in Teilen in ihre schriftliche Eingabe integriert hatte.[172] Und schließlich ging es um die Frage, inwieweit die Maßnahme von Art. XX gedeckt würde.

In bezug auf die bestehenden Schutzmaßnahmen argumentierten die Kläger, daß sie eine Vielzahl von Schutzmaßnahmen implementiert haben, die inzwischen auch schon positive Ergebnisse zeigen würden. Außerdem hätten die USA den Klägern zu wenig Zeit zur Umsetzung der Maßnahme gelassen, während die amerikanischen Fischer fast zehn Jahre für die Umstellung hatten und die karibischen Staaten immerhin noch drei Jahre. Sie selbst hatten jedoch nur vier Monate. Die USA machte dagegen darauf aufmerksam, daß der Shrimpfang immer noch die häufigste Todesursache für Meeresschildkröten ist und deshalb TEDs die einzige effektive Maßnahme zur Lösung dieses Problems darstellen. Was die Umsetzungsfrist betrifft, machten die USA darauf aufmerksam, daß sie sowohl Schulungskurse für die Anwendung von TEDs gegeben hatten und als auch die Kläger von der langen Testphase in den USA und den Parteien des interamerikanischen Abkommens zum Schutz der Meeresschildkröten profitieren würden, da die TEDs zum Zeitpunkt der verbindlichen Nutzung technisch ausgereift waren. Aus Sicht der USA brauchten die Kläger keine längere Umstellungsfrist.

Im Hinblick auf die Amicus Briefs machten die Kläger geltend, daß laut Art. 13.2 des Streitschlichtungsabkommens das Panel nur Informationen berücksichtigen darf, die es selbst nachgefragt hatte. Die USA waren dagegen der Meinung, daß ein Panel auch unaufgeforderte Informationen berücksichtigen kann, wie Policy Papiere und Positionspapiere von NGOs und anderen gesellschaftlichen Gruppen und Einzelpersonen, wenn sie der Entscheidungsfindung dienen.

Mit Blick auf Art. XX argumentierten die Kläger, daß die Maßnahme nicht unter die Ausnahmebestimmungen fällt, weil Meeresschildkröten keine globale natürliche Ressource sind. Ihrer Meinung nach fallen darunter nur endliche nichtlebende Ressourcen, wie Eisenerz oder Erdöl. Außerdem entfaltet die amerikanische Maßnahme eine extraterritoriale Wirkung, die sie zwingt, ihre interne

[171] Da die Parteien bei ihren Begründungen pro und contra Notwendigkeit von TEDs wechselseitig aus wissenschaftlichen Berichten zitierten, die für die jeweils andere Streitpartei erstellt wurden, um ihre Haltung zu begründen, berief das Panel unabhängige Experten ein, die nach Notwendigkeit, Effektivität und den sozioökonomischen Auswirkungen der amerikanischen Maßnahmen befragt wurden. Diese Befragungen erbrachten kein eindeutiges Meinungsbild. Welche Auswirkungen die Expertenmeinungen auf die Panelentscheidung hatte, ist nicht klar, da das Panel in seiner Entscheidung nicht explizit darauf einging.

[172] CIEL 1998: Amicus Brief to the Appellate Body on United States – Import Prohibition of Certain Shrimp and Shrimp Products.

Politik zu ändern, was nach der Entstehungsgeschichte des Artikels nicht beabsichtigt war. Die Maßnahme ist aus Sicht der Kläger auch nicht notwendig, weil sie andere Schutzmaßnahmen implementierten, sondern vielmehr eine Zwangsmaßnahme seitens der USA darstellt. Malysia sah die Maßnahme

> as an appplication of force by a foreign nation to change its turtle conservation policy without the slightest consideration of its serious, effective and continuous efforts to ensure the survival of turtles both domestically and internationally. As such the US import prohibition had the effect of forcing Malysia to change its policy with regard to the protection of turtles over and above the turtle conservation measures currently in place (S. 103).

Und schließlich ist die Maßnahme gemäß der Eingangsbestimmung des Art. XX willkürlich, weil andere Handelspartner der USA mehr Zeit für die Umrüstung auf TEDs hatten.

Die USA dagegen sehen Meeresschildkröten als eine vom Aussterben bedrohte globale natürliche Ressource an, die wichtige Funktionen im Ökosystem Ozean übernehmen und nur durch TEDs wirksam geschützt werden können, weil die anderen Maßnahmen offensichtlich nicht ausreichen. Die USA teilen auch nicht die Ansicht, daß Art. XX keine Auswirkungen auf die nationale Politik zuläßt, da der Artikel nicht verlangt, daß sich die schützenswerte Ressource in einem Land befinden muß. Die Maßnahme entspricht ihrer Meinung nach auch der Eingangsbestimmung des Art. XX, weil der Zertifizierungsprozeß eine faire Behandlung aller Handelspartner gewährleistet.

Das Panel stellte zunächst klar, daß es die Eingaben der NGOs nicht berücksichtigte, weil es nicht nach diesen Informationen gefragt hatte und zum anderen das Streitschlichtungsabkommen (Dispute Settlement Understanding – DSU) die Information des Panels durch NGOs nicht vorsieht. Es wies jedoch darauf hin, daß die Streitparteien diese Amicus Briefs durchaus im Rahmen ihrer Eingaben berücksichtigen können.

Daraufhin stellte es fest, daß das Embargo gegen das Meistbegünstigungsverbot in Art. I, 1 und gegen das Verbot mengenmäßiger Restriktionen im Art. XI, 1 verstößt, weil es auch mit TEDs gefangene Garnelen erfaßt, wenn die Länder nicht zertifiziert sind. Die folgende Prüfung des Art. XX begann das Panel mit der Frage, ob dieser einschlägig ist, wenn ein Mitglied eine Marktzugangsbestimmung für bestimmte Produkte aufgrund spezifischer umweltpolitischer Schutzbestimmungen erläßt. Um diese Frage zu beantworten, fragte das Panel zunächst nach dem Geltungsbereich („scope") von Art. XX bzw., ob dieser die Reglementierung des Marktzugangs aufgrund von umweltpolitischen Maßnahmen abdeckt. Da der Artikel in diesem Zusammenhang nicht eindeutig ist, interpretierte das Panel den Artikel gemäß dem Kontext und Ziel des GATT '94 und des WTO-Abkommens. Mit Blick auf den Gasoline-Fall weist das Panel darauf hin, daß der Geltungsbereich von Art. XX gleichermaßen von den Eingangsbesimmungen und den Einzelbestimmungen in den Abschnitten a) bis g) bestimmt wird (S. 286). Mit dem Hinweis, daß einige Panels erst die spezifischen Ausnahmebestimmungen prüften, der Chapeau jedoch auf alle Einzelbestimmungen gleichermaßen zutrifft, prüft das Panel zunächst die Übereinstimmung der amerikanischen Maßnahme mit der Eingangsbestimmung. Damit kehrte es ohne sachliche Begründung die bis dahin im Zusammenhang von Art. XX etablierte Prüfsystematik um. Folglich stand nicht die Frage im Vordergrund, ob die Maßnahme unter die in den Abschnitten a) bis g) genannten Ausnahmesituationen subsumiert werden konnte, sondern wie die Maßnahme angewendet wurde. Diese Vorgehensweise machte die Bewertung der Maßnahme als potentielle, gerechtfertigte Handelsbeschränkung überflüssig bzw. unmöglich. Das Panel kam dann zum Schluß, daß die Anwendung des Embargos auf nicht zertifizierte Länder, die eigentlich die Bestimmungen der USA erfüllen, tatsächlich diskriminierend ist. Diese Diskriminierung kann jedoch zulässig sein, wenn sie nicht willkürlich und ungerechtfertigt ist.

Um das zu prüfen, bezog sich das Panel auf ältere Entscheidungen, hauptsächlich die Thunfischfälle, und stellte fest:

> When invoking Article XX, a Member invokes the right to derogate to certain specific substantive provisions of GATT 1994 but that, in doing so, it must not frustrate or defeat the purposes and objects of the General Agreement and the WTO Agreement or its legal obligations under the substantive rules of GATT by abusing the exception contained in Article XX (S. 289).

Auch mit Blick auf das Ziel und den Zweck des WTO-Abkommens stellte das Panel fest, daß zwar in der Präambel Umwelt- und Ressourcenschutz als Ziele genannt werden, aber die Förderung der ökonomischen Entwicklung der zentrale Zweck von GATT '94 und des WTO-Abkommens sind. Die Eingangsbestimmung des Art. XX erlaubt Ausnahmen von GATT '94 nur, wenn diese nicht das multilaterale Handelssystem gefährden. Das bedeutet auch, daß Marktzugang und Erwartungssicherheit gewährleistet sein müssen. Nach Auffassung des Panels gefährdete das amerikanische Embargo jedoch dieses Ziel und damit auch das internationale Handelssystem. Die Balance zwischen Rechten und Pflichten wird nach Ansicht des Panels aufgehoben, wenn Mitglieder den Marktzugang nur ermöglichen, nachdem ihre Handelspartner ihre interne Politik entsprechend änderten. Außerdem war die amerikanische Maßnahme nicht durch ein multilaterales Umweltschutzabkommen gedeckt, und gefährdete durch die unilaterale Anwendung das multilaterale Handelssystem.

> For instance, a US requirement, that US norms regarding the characteristics of a given product be met for that product to be allowed on the US market, would not constitute such a threat. Such types of measures are contemplated be the WTO Agreement on Technical Barriers to Trade and the Agreement on Sanitary and Phytosanitary Measures. However, requiring that other Members adopt policies comparable to the US policy for their domestic markets and all other markets represents a threat to the WTO multilateral system (S. 293).

Die USA strengten auf dieses Urteil hin ein Berufungsverfahren an, weil sie der Meinung waren, daß das Panel nicht angefragte NGO-Eingaben durchaus berücksichtigen kann und Art. XX falsch geprüft und interpretiert hat. Das Panel prüfte nicht, wie es aus Sicht der USA richtig gewesen wäre, ob das Importverbot ein zulässiges Handelshemmnis darstellt mit Blick auf die Tatsache, daß Shrimptrawling die Hauptursache für die Dezimierung der Meeresschildkrötenbestände ist. Mit der gewählten Prüfungsabfolge beim Art. XX wich das Panel vom mittlerweile etablierten Prüfungsschema ab und propagierte eine Interpretation des Artikels, die Ausnahmen eigentlich überhaupt nicht zuläßt: [173]

> It is a legal error to jump from the observation that the GATT 1994 is atrade agreement to the conclusion that trade concerns must prevail over all other concerns in all situations arising under the GATT rules. The very language of Article XX indicates that the state interests protected in that article are, in a sense, pre-eminent' to the GATT's goals of promoting marktet access (p. 8).

Demzufolge muß man Art. XX b) und g) vor der Eingangsbestimmung prüfen, um feststellen zu können, ob eine Maßnahme nicht doch ein gerechtfertigtes Handelshemmnis ist. Wenn man diesem Schema nicht folgt und die Unterabschnitte des Art. XX nicht prüft, die zulässige Handelshemmnisse umschreiben, entzieht man einer Bewertung der Maßnahme faktisch die Bewertungsgrundlage.

Die Entwicklungsländer argumentierten im Berufungsverfahren, daß die Vorgehensweise des Panels bei der Prüfung der Anwendungsmöglichkeit des Art. XX korrekt war. Die USA „abused Article XX by unilaterally developing a trade policy, and unilaterally imposing this policy through trade a embargo, as opposed to proceeding down the multilateral path" (p. 14).

Die Berufungsinstanz klärte zunächst, daß das Panel laut Art. 12 und 13 des DSU auch nicht nachgefragte Informationen berücksichtigen kann. Das Panel handelte aber durchaus im Rahmen des DSU, als es den Parteien erlaubte, die Amicus Briefs der NGOs in ihre Statements zu integrieren.

Danach befaßte sich die Berufungsinstanz mit der Frage, ob es sich bei der Entscheidung, die Maßnahme nach Art. XX für unzulässig zu erklären, um einen Irrtum handelte. Die Berufungsinstanz stellte fest, daß das Panel bei seiner Prüfung der Anwendbarkeit des Art. XX weder den durch andere Verfahren etablierten Schritten folgte noch bei seiner Interpretation des Art. XX den unmittelbaren Kontext desselben berücksichtigte, ebensowenig wie dessen Ziel und Zweck. Nach Meinung der Berufungsinstanz kann man jedoch nicht feststellen, ob eine Handelsmaßnahme gerechtfertigt ist, wenn man die spezifischen Begründungen nicht berücksichtigt. In dieser Hinsicht war die Vorgehensweise des Panels nicht korrekt, weshalb die Berufungsinstanz überprüfte, ob der Sachverhalt des Embargos von Art. XX gedeckt würde (S. 45).

Zuerst wurde geprüft, wie von den USA gefordert, ob Art. XX g) die Maßnahme deckt und Meeresschildkröten als natürliche Ressource gelten. Nach Meinung des Panels sind Meeresschildkröten unbedingt als globale natürliche Ressource zu werten, wenn man andere Panelentscheidungen in diesem Zusammenhang berücksichtigt und man der Entwicklung des GATT in den letzten 50 Jahren Rechnung trägt. Die schlägt sich in besonderem Maße in der WTO-

---

[173] Die folgenden Zitate beziehen sich auf den Bericht des Appellate Body WT/DS58/AB/R, WTO 1998b.

Präambel nieder, die Umweltschutz und nachhaltige Entwicklung als ein Ziel von freierem Handel propagiert (S. 51). Im nächsten Schritt prüfte die Berufungsinstanz, inwieweit die Maßnahme mit nationalen amerikanischen Maßnahmen zusammenhing. Nach Meinung der zweiten Instanz entsprechen das Zertifizierungssystem bzw. die Pflicht, TEDs einzuführen direkt der externen Anforderung, TEDs zu nutzen.

> The means are, in principle, reasonably related to the ends. The means and ends relationship between Section 609 and the legitimate policy of conserving an exhaustible, and, in fact, endangered species, is obviously a close and real one, a relationship that is every bit as substantial as that which we found in the United States – Gasoline between EPA baseline establishment rules and the conservation of clean air in the United States (S. 53).

Weil die Berufungsinstanz den Zusammenhang zwischen internen und externen Maßnahmen als ausreichend ansah, prüfte sie Art. XX b) nicht mehr, sondern untersuchte im letzten Schritt, ob diese Maßnahme gemäß dem Chapeau des Art. XX nicht ungerechtfertigt und willkürlich und dadurch diskriminierend ist.

Laut Berufungsinstanz weist die Präambel der WTO, die Umweltschutz und nachhaltige Entwicklung als ein WTO-Ziel nennt, gleichzeitig daraufhin, daß die WTO eine Balance zwischen dem Recht auf Handelseinschränkung eines Mitglieds und dem Recht auf Handel der anderen Mitglieder anstrebt. Das Chapeau des Art. XX soll dafür sorgen, daß dessen Anwendung begrenzt bleibt und dadurch nicht das multilaterale System bedroht. Die Frage ist nun, ob die Maßnahme – das Embargo – diskriminierend ist. Da die Maßnahme den anderen Staaten aber keine Flexibilität bei der Implementation von Schutzmaßnahmen läßt und sie faktisch zur Anwendung von TEDs zwingt, ist die Maßnahme diskriminierend und nicht zulässig, vor allem wenn auch jene Länder von der Einfuhr ausgeschlossen sind, die zwar TEDs anwenden aber nicht zertifiziert sind. Die USA setzen damit ihre eigenen Standards durch, ohne die spezifischen Umweltbedingungen in den anderen Ländern zu berücksichtigen. Nach Meinung der zweiten Instanz handelt es sich auch um Diskriminierung, wenn die Angemessenheit der Schutzpolitik in anderen Ländern nicht ausreichend geprüft wird.

Außerdem hatte die USA mit den vom Embargo betroffenen Staaten keine Verhandlungen über angemessene Schutzmaßnahmen geführt, obwohl Section 609 diese Möglichkeit erwähnt und diese mit den karibischen Staaten auch praktiziert wurde. „Clearly, the United States negotiated seriously with some, but not with other Members (including the appellees), that export shrimp to the United States. The effect is plainly discriminatory and, in our view, unjustifiable" (S. 70).

Daneben monierte die Berufungsinstanz noch, daß die karibischen und westatlantischen Partner des interamerikanischen Abkommens zum Schutz der Meeresschildkröten drei Jahre Zeit für die Umstellung auf TEDs hatten, während Indien, Malaysia, Pakistan und Thailand nur vier Monate Zeit für die Umstellung hatten. Zusätzlich befand die Berufungsinstanz aufgrund des undurchsichtigen Zertifizierungssystems das Embargo für willkürlich. Dieser Prozeß war intransparent, da die Antragsteller keinen direkten Ansprechpartner im State

Department hatten, es keine Regeln für die Antragstellung und auch keine verbindlich festgelegten Einspruchsregeln und -fristen gab. Länder, deren Antrag auf Zertifizierung abgelehnt wurde, erhielten keine Benachrichtigung darüber, warum ihr Antrag abgelehnt wurde. Nach Ansicht der Berufungsinstanz entspricht dieser Prozeß nicht der Fairness und den Transparenzanforderungen der Art X, 1, 3 des GATT '94. Aus diesem Grund befand die Berufungsinstanz, daß

> the United States measure is applied in a manner which amounts to a means not just of „unjustifiable discrimination" between countries where the same conditions prevail, contrary to the requirements of the chapeau of Art. XX. The measure therefore, is not entitled to the justifying protection of Article XX. (S. 75).

Gleichzeitig betont die Berufungsinstanz

> we have not decided that the protection and preservation of the environment is of no significance to the Members of the WTO. Clearly, it is. We have not decided that the sovereign nations that are Members of the WTO cannot adopt effective measures to protect endangered species, such as sea turtles. Clearly, they can and they should. And we have not decided that sovereign states should not act together bilaterally, plurilaterally or multilaterally, either within the WTO or in other international fora, to protect endangered species or to otherwise protect the environment. Clearly, they should and do (S. 75).

Im Vergleich zu den vorangegangenen Fällen sieht man die Entwicklung innerhalb der Streitschlichtungsverfahren hin zu mehr Offenheit für Umweltschutz und eines etablierten Verfahrens bei der Prüfung von Art. XX.

Der Appellate Body hat in diesem Fall die Schutzwürdigkeit von bedrohten Arten und die in den „CAFE" und „Gasoline" Fällen etablierten Prüfungsschritte für Art. XX noch einmal ausdrücklich bestätigt. Außerdem stellte der Appellate Body klar, daß NGOs Eingaben machen dürfen und diese nicht nur von den Parteien übernommen werden können, sondern daß das Panel diese Eingaben auch berücksichtigen darf, wenn es die darin enthaltenen Informationen als relevant für seine Entscheidung betrachtet. Das amerikanische Importverbot für Garnelen aus Ländern, die Meeresschildkröten nicht ausreichend schützen, scheint letztlich nur an der knappen Umsetzungsfrist bei der obligatorischen Einführung von sogenannten „Turtle Excluder Devices" (TEDs) und dem undurchsichtigen amerikanischen Zertifizierungsverfahren für Garnelen exportierende Länder gescheitert zu sein. Unklar bleibt allerdings, wie sich die Berufungsinstanz zu der vom Panel beanstandeten Grundlage des Embargos stellt, dem Produktionsstandard der obligatorischen TEDs. So wie die Entscheidung des Appellate Body's ausfiel, könnte man den Eindruck gewinnen, daß die obligatorische TED-Anwendung mit Artikel XX vereinbar gewesen wäre, wenn die USA den Beschwerdeführern eine längere Übergangszeit gewährt und ein internationales Schutzabkommen angestrebt hätten. Daraus könnte man ableiten, daß dieser Fall unter Umständen einen Präzedenzfall für die GATT-konforme Anwendung von PPMs hätte schaffen können. Diese Interpretation ist jedoch eine unzulässige Spekulation, da das Berufungsverfahren in dieser Hinsicht keine eindeutigen Aussagen erbrachte. Man kann aber sagen, daß die USA zur Klärung dieser Frage hätten beitragen können, wenn sie stärker auf die internationale Kooperation gesetzt hätten bzw. die Anwendung von TEDs und entsprechenden Einfuhrbeschränkungen im Rahmen von CITES verfolgt hätten.

Trotzdem macht dieser Fall aufgrund der ansonsten sehr deutlichen Aussagen zum Umwelt- bzw. Artenschutz mehr als alle vor ihm deutlich, daß die Maßnahme offensichtlich weniger am Embargo an sich gescheitert ist als vielmehr an der unfairen Anwendung des Embargos. Diese Tatsache legt die Vermutung nahe, daß ähnlich restriktive Maßnahmen, die mehr Vorlaufzeit haben und die unter Umständen auch schon international diskutiert und verhandelt wurden, GATT-konform sein könnten, wenn sie mit nationalen Maßnahmen direkt zusammenhängen.

4.4 Eine vorläufige Analyse der Schlichtungsverfahren

Die wichtigste Frage ist, ob und unter welchen Voraussetzungen umweltpolitische Handelsmaßnahmen zulässig sind. Dieser Abschnitt widmet sich den unmittelbaren Implikationen der Schlichtungsverfahren für die Umweltpolitik auf nationaler und internationaler Ebene. Neben einer allgemeinen Situationsbeschreibung geht es vor allem um die offenen Fragen, die aufgrund der begrenzten Analyse in den Verfahren noch nicht abschließend geklärt sind. Dies soll ein erster Schritt hin zu den übergeordneten Problemen sein, die zusammen mit der WTO-internen Diskussion über Umweltschutz im Welthandelssystem eine sozialwissenschaftliche Verortung der Problematik mit Blick auf den polit-ökonomischen Kontext ermöglichen soll. Die normative Frage, wann umweltpolitische Handelsmaßnahmen zulässig sein sollen, wird hier nicht beantwortet, sondern noch einmal anhand der Fragestellungen der Streitfälle problematisiert.

4.4.1 Internationale Umweltschutzabkommen

Die Handelsbestimmungen internationaler Umweltschutzabkommen (Multilateral Environmental Agreements – MEA) waren bisher noch nicht Gegenstand eines Streitschlichtungsverfahren. Trotzdem befürchten gerade Umweltschützer, daß die gegenwärtigen GATT-Bestimmungen eine Gefahr für die MEA darstellen, weil deren Handelsmaßnahmen in Analogie zum amerikanischen Embargo mexikanischen Thunfisches gegen das GATT verstoßen. Es verwundert etwas, daß diese Angst ausgerechnet bei diesem Fall geäußert wurde, weil das Panel sich sehr offen gegenüber MEAs zeigte und andeutete, daß man eine Maßnahme innerhalb eines multilateralen Abkommens eher tolerieren könne. Diese Einschätzung wird durch weitere Verfahren, nicht zuletzt Shrimp-Turtle, bekräftigt. MEAs spielen demnach keine untergeordnete Rolle in den Erwägungen der Panels.[174] Im Grunde genom-

[174] Es gibt momentan ca. 20 solcher Abkommen, die umweltpolitische Handelsmaßnahmen beinhalten. Die meisten davon hängen mehr oder weniger mit den drei wichtigsten CITES,

men erscheint es auch eher unwahrscheinlich, daß es jemals zu einem solchen Verfahren kommen wird. Dafür sprechen zwei unterschiedliche Entwicklungen.

Einerseits zeigen diverse Panels in den Schlichtungsverfahren eine gewisse Offenheit gegenüber diesen Abkommen, indem sie entweder darauf Bezug nehmen oder wie beim Embargo für mexikanischen Thunfisch sogar implizit den Abschluß eines solchen Abkommens als Alternative für unilaterale Handelsmaßnahmen empfahlen. Und auch die Anhörung des WHO-Experten im Streitfall über das thailändische Zigarettenimportverbot zeigt, daß auf internationale Kooperation und vor allem auf gemeinsam beschlossene Maßnahmen bei Nichtbeachtung von Regeln Wert gelegt wird.

Andererseits verzeichnen die wichtigen internationalen Umweltschutzabkommen mittlerweile mehr Vertragsstaaten als die WTO Mitglieder. Man kann also davon ausgehen, daß die meisten WTO-Mitglieder auch Vertragsstaaten dieser Abkommen sind und wohl kaum im Rahmen der WTO gegen Handelsmaßnahmen Beschwerde einlegen, die sie in MEAs vereinbart haben (vgl. Makuch 1996: 102). Zumal die MEAs meistens über eigene interne Schlichtungsinstanzen verfügen. MEAs, deren primärer Gegenstand Handelseinschränkungen sind, wie bei CITES und der Basler Konvention, wären von den Vertragsstaaten wohl nicht ratifiziert worden, wenn sie den Handelsrestriktionen nicht zustimmen würden. Die Gefahr des Konflikts zwischen Handelsmaßnahmen im Rahmen von MEAs verringert sich auch noch durch die institutionelle Verankerung der Maßnahmen innerhalb der Abkommen. Sie sind hauptsächlich als Strafandrohung im Falle des Regelverstoßes gedacht aber häufig nicht verbindlich, bzw. es dauert sehr lange, bis sich die Vertragsstaaten zu einer solchen Maßnahme durchringen. Im Rahmen von CITES, das 1975 in Kraft trat, gibt es viele Anzeichen für lückenhafte Überwachung der Handelskontrollen, es ist bisher aber nur einmal zu Boykottmaßnahmen wegen Regelverstößen gekommen (Bergesen/Parmann 1994).[175]

Obwohl die Konfliktwahrscheinlichkeit relativ gering ist, bleibt natürlich das theoretische Problem der sogenannten Drittstaatenproblematik bestehen. Es wäre möglich, daß ein Land zwar nicht Vertragspartei eines Umweltschutzabkommens aber WTO-Mitglied ist und als solches von einer Handelsmaßnahme betroffen ist, die im Rahmen eines internationalen Umweltschutzabkommens verhängt wird. Daraus ergibt sich ein völkerrechtliches Problem der Normenhierarchie. Die Wiener Konvention über die Auslegung internationaler Verträge legte einige allgemeine Auslegungsrichtlinien fest, die unter anderem besagen, daß jüngere

---

Montrealer Protokoll und dessen Folgeabkommen sowie der Basler Konvention zusammen (vgl. WTO 1996b).

[175] Eine ähnliche Schwerfälligkeit ist im Rahmen des Montrealer Protokolls zu beobachten. Es ist inzwischen ein offenes Geheimnis, daß Rußland und Cina illegal große Mengen von FCKW exportierten. Bei einem solchen Regelverstoß waren eigentlich als Gegenmaßnahme weitere Handelsrestriktionen vorgesehen, aber bisher ist wegen der Befürchtung, eventuelle wirtschaftliche Sanktionen könnten die instabile politische Lage in Rußland weiter verschlechtern, noch nichts unternommen worden (Brack 1996).

Abkommen vor den älteren Vorrang haben, was der WTO und GATT '94 momentan einen Vorteil gegenüber vielen MEA verleiht. Sollte es sich jedoch um ein jüngeres Umweltschutzabkommen handeln, wie beispielsweise das Kyoto-Protokoll zum Klimaschutz oder das Biosafety-Protokoll im Rahmen der Biodiversitätskonvention, so gilt das MEA, da es das spezifischere im Vergleich zu GATT/WTO ist und demnach Vorrang hätte (Cameron/Robinson 1992).

Das Biosafety-Protokoll, das im Januar 2000 nach langem politischen Ringen und starkem Widerstand der USA verabschiedet wurde, könnte einen Präzedenzfall schaffen. Im Rahmen des Biosafety-Protokolls können Staaten Handelsbeschränkungen erlassen, wenn sie Bedenken gegen die umwelt- und gesundheitspolitischen Implikationen bestimmter gentechnisch oder sonst biotechnologisch veränderter Produkte haben. Das Protokoll legt im Ansatz fest, daß im Rahmen von Streitfällen, die umweltpolitische Fragestellungen zum Gegenstand haben, die Streitschlichtungsmechanismen der Biodiversitätskonvention aktiviert werden, während das Streitschlichtungsverfahren der WTO genutzt werden soll, wenn es um gesundheitspolitische und die Nahrungsmittelsicherheit betreffende Fragen geht (Financial Times 2000: 8). Der Text des Protokolls ist allerdings sehr vage und verteilt die Zuständigkeiten nicht eindeutig. Er schließt nicht aus, daß eine Partei auch umweltpolitische Streitfragen vor die WTO bringt. Auch wenn die ansatzweise Klärung des Verhältnisses zwischen dem Biosafety-Protokoll und den GATT/WTO-Regeln ein Fortschritt ist, muß in diesem Fall die zukünftige Entwicklung abgewartet werden, um Aussagen treffen zu können, inwieweit das MEA tatsächlich Vorrang genießt.

Diese Konstellationen sprechen eher für die informelle gegenseitige Anerkennung als für einen permanenten Konflikt zwischen dem GATT/WTO-System und internationalem Umweltschutz. Die Befürchtung, daß das internationale Handelssystem internationale Umweltschutzabkommen auf dieser Ebene untergräbt, scheint jedoch übertrieben angesichts der bisherigen Entwicklungen und den Äußerungen im Rahmen von Panelverfahren.

4.4.2 Produktions- und Prozeßmethoden

Die Regulierung von Produktions- und Prozeßmethoden (PPM) ist ein wichtiges Element in der modernen Umweltpolitik, weil sie über den materiellen Input und dessen Verwendung wahrscheinlich den größten Teil der Umwelteffekte eines Produktes bestimmen. Die Umweltfreundlichkeit eines Produktes wird entscheidend durch die umweltbewußte Gestaltung des Inputs bis hin zu seiner endgültigen Entsorgung beeinflußt. Die wissenschaftliche und technische Entwicklung hat in den letzten Jahren große Fortschritte bei der Beurteilung und Lenkung dieser Effekte gemacht. Aber der damit verbundene technische und finanzielle Aufwand für Umwelttechnologie kann der Auslöser von Konflikten im Bereich von Handel und Umweltschutz sein. Entwicklungsländer werden unter Umständen doppelt bestraft, wenn ihnen die Möglichkeit zur wirtschaftlichen Entwicklung durch Handel aufgrund des Nichterreichens bestimmter Standards genommen wird und sie deswegen auch langfristig kaum die notwendigen technischen und finanziellen Ressourcen aufbauen können, die ihnen prinzipiell entsprechende umweltpolitische Kapazitäten ermöglichen. Arme Länder sehen diese Entwicklung mit Sorge und sind gegen die Ausweitung der GATT-Bestimmungen auf PPM mit umweltpolitischen Bezug. Zum handelspolitischen Problem werden PPM, wenn sie zur Bedingung für den Import oder Export eines Gutes werden und so auch in interne Produktionsentscheidungen eines Staates eingreifen (Schlagenhof 1995: 141).

Die Streitfälle zeigten, daß PPM, außer bei den Thunfisch-Fällen und Shrimp-Turtle, keine zentrale Rolle gespielt haben.[176] Außerdem konkretisiert sich die in diesem Zusammenhang wichtige Frage der „Gleichheit" von Produkten aufgrund von Produktionseigenschaften, die man mittlerweile differenzierter beantworten kann. Die Beurteilung der Gleichheitscharakteristika hängt dabei vom Zweck der jeweiligen Maßnahme ab. Wenn beispielsweise das entscheidende Kriterium einer Handelsmaßnahme niedriger Treibstoffverbrauch bei Autos ist, so sind Autos, die 15 Liter im Stadtverkehr verbrauchen, durchaus anders als solche, die nur sechs Liter verbrauchen, auch wenn sie sonst in Ausstattung oder Gebrauchszweck als Transportmittel genau gleich sind.[177] Die Meinung des Panels beim Thunfisch-embargo gegen Mexiko, daß die Produkte aufgrund ihrer Qualität „gleich" seien, weil sich die unterschiedlichen Fangmethoden nicht in Geschmack oder den Verwendungsmöglichkeiten niederschlagen, aber aufgrund des Embargos ungleich behandelt würden, ist insofern inkohärent zu den früheren Panel-entscheidungen. Plausibler wäre es gewesen, wenn man von einer Ungleich-behandlung ausgegangen wäre und geprüft hätte, ob diese Behandlung tatsächlich gerechtfertigt ist.[178] „The lawfulness of any environmental measure under the rules established by the GATT hinges not on the existence or non-existence of protectionism, but rather on like products being accorded like treatment" (Zedalis 1997: 109).

Daß diese strikte Konzentration auf Produktcharakteristika manchmal zu umweltpolitisch unsensiblen Entscheidungen führt, zeigt der CAFE-Fall. Darin führte ein formalistisch angewendeter Produktbegriff zu zumindest suboptimalen Ergebnissen, insbesondere was den umweltpolitischen Lenkungseffekt der Maßnahmen angeht. Und auch die Beurteilung der chemischen Identität der

---

[176] Bei den Verbrennungsstandards für Benzin ging es um produktbezogene Standards, die die Qualität des Produkts entscheidend beeinflußten. Außerdem war die technische Vorschrift selbst nicht das Problem, sondern deren unterschiedliche Anwendung.

[177] Diese differenzierte Betrachtungsweise wurde erstmals in der Panelentscheidung zu amerikanischen Beschränkungen für den Import von Bier ausdrücklich praktiziert, vgl. BISD 39S/206-299 (GATT 1992c).

[178] Die Intransparenz der Quotenfestlegung und die faktische Unsicherheit, die dadurch für mexikanische und andere Fischer entstand, bot vermutlich immer noch genug Spielraum, die Maßnahme als GATT-widrig zu klassifizieren, weil sie nicht „hauptsächlich auf Umwelt-schutz" gerichtet war.

Treibstoffe beim Streit über die Verbrennungsqualität von Benzin geht völlig am umweltpolitischen Hintergrund der Maßnahme vorbei, da die Standards genau auf die unterschiedlichen Inhaltsstoffe abstellen, die offensichtlich nicht nur mit internen Restriktionen, sondern auch direkt mit dem umweltpolitischen Zweck zusammenhängen. Das Festhalten an Produktcharakteristika bei der Frage nach der Gleichbehandlung von Produkten stellt somit ein großes Hinderniss für Umweltpolitik dar, die auf eine langfristige Verhaltensänderung abzielt.

Es scheint aber eine Möglichkeit zu geben, PPM-bezogene Maßnahmen indirekt auf Importprodukte auszudehnen. Wenn man das Thunfischembargo gegen Mexiko mit dem „Superfund"-Fall vergleicht, fällt auf, daß es für die Panels einen Unterschied zu machen scheint, ob es sich wie beim ersten Fall um produktionstechnische Regulierungen handelt, die beim Grenzübertritt wirksam werden oder wie bei Superfund um Grenzausgleichssteuern, die sich auf Produktionsvorgänge beziehen (Demaret 1994a: 63). Man kann nationale Umweltsteuern und solche, die sich auf PPMs beziehen, teilweise auch auf Importprodukte ausdehnen oder die eigenen Produzenten beim Export entschädigen, wenn die besteuerten Gegenstände noch physisch im Endprodukt enthalten sind (Demaret/Stewardson 1994). Das entspricht vollständig der GATT-Systematik. Hätte die EG im Superfund-Fall das Verursacherprinzip tatsächlich strikt angewendet und solche Steuern EG-weit erhoben, könnte sie den Produzenten die bereits abgeführten Umweltsteuern zurückerstatten, um die von ihr angeführte Gefahr der Doppelbesteuerung zu vermeiden.

Allerdings ist diese Strategie einer entscheidenden Einschränkung unterworfen, weil nicht immer alle Grenzausgleichsmaßnahmen oder Exportrückerstattungen GATT-konform sind. GATT erlaubt sogenannte Grenzausgleichsmaßnahmen nur bei indirekten Steuern (auch solche, die sich auf Inputs beziehen und physisch im Endprodukt vorhanden sind), nicht aber die Rückerstattung direkter Steuern auf die Arbeitsleistung, wie beispielsweise Sozialabgaben. Das wird bei Steuern zum Problem, die langfristig den Verbrauch senken sollen, z. B. bei Steuern auf Kohlendioxidausstoß oder den Energieverbrauch. Diese schlagen sich zwar im Produktendpreis nieder, es kann aber sein, daß das besteuerte Element weder physisch im Produkt enthalten ist noch bei der Nutzung des Produktes die Umwelt belastet. Nach der bisherigen Rechtslage können diese zusätzlichen Kosten nicht beim Export zurückerstattet werden. Das kann Wettbewerbsnachteile zur Folge haben. Dieses Problem tauchte bei der geplanten CO_2-Steuer der EU auf und war mit ein Grund, daß sie am Widerstand der Unternehmen und Mitgliedstaaten scheiterte (vgl. Düerkop 1994).

Hier tritt das Problem der nicht-produktbezogenen Produktions- und Prozeßmethoden auf. Dabei geht die Umweltgefahr nicht vom Produkt aus, sondern vom Produktionsprozeß. Da solche PPM-bezogenen Steuern nicht rückerstattet werden können, ohne gegen GATT-Regeln zu verstoßen, kommen hier Wettbewerbsaspekte ins Spiel, die dann den flächendeckenden Einsatz dieser effektiven Steuern blockieren (Schlagenhof 1995: 143). Es gibt zwar Anzeichen, daß gleichermaßen auf Import- wie einheimische Produkte auferlegte Steuern GATT-konform sind, solange die besteuerten Elemente physisch im Endprodukt enthalten sind (Demaret/Stewardson 1994). Bisher handelt es sich dabei jedoch um rechtliche Konstruktionen, die aus Fallentscheidungen und der allgemeinen GATT-Systematik abgeleitet wurden. Von den Panels oder gar der WTO gibt es keine verbindliche Aussage, die in dieser Hinsicht eine stabile und verläßliche Basis für nationale Umweltpolitik darstellen könnte.

Die Weiterentwicklung der Normen, die für eine stabile Grundlage der Umweltpolitik wichtig wäre, kann dagegen nicht allein durch das Fallrecht geschehen, das eher zufällig und vor allem lückenhaft vorangetrieben wird. Die Kompetenz für Regelveränderungen besitzen nur die Mitgliedstaaten, und so ist letztlich ihr politischer Wille für die Beantwortung der Frage entscheidend, inwieweit sich das GATT/WTO-System den neuen umweltpolitischen Herausforderungen stellt.

Die Kritik an der Blockade der Umweltpolitik durch das GATT/WTO-System und die daraus abgeleiteten Reformvorschläge dürfen aber andererseits das reale Problem des verdeckten Protektionismus nicht unterschlagen Die Sachverhalte der bisherigen Streitfälle konnten den Verdacht, daß umweltpolitische Begründungen zur Verschleierung protektionistischer Absichten vorgeschoben werden, selten ganz ausräumen. Mißt man die jeweiligen Maßnahmen und ihre Begründungen mit hohen umweltpolitischen Erwartungen und an hohen Standards, dann ist die Überzeugungskraft der umweltpolitischen Begründungen der Maßnahmen eher ambivalent. Aus umweltpolitischer Sicht hätte es meistens sinnvollere Umweltschutzstrategien gegeben, die den Handel nicht unbedingt stärker behindert hätten. Allerdings wäre dann von den Akteuren ein größerer umweltpolitischer Einsatz abverlangt worden. Das GATT verlangt lediglich, daß die umweltpolitischen Handelsmaßnahmen alle Akteure gleichermaßen betreffen. Wenn Umweltpolitik systematisch umgesetzt wird, kann man davon ausgehen, daß die Maßnahmen, die auf Akteure zukommen, vergleichbar sind. Die GATT-Maßstäbe können dann sogar als Richtwert für eine effiziente Umweltpolitik aufgefaßt werden, weil sie sicherstellen, daß die umweltpolitischen Vorschriften für alle gleich gelten. Vielleicht sollte man das GATT/WTO-System in dieser Hinsicht nicht als Hindernis, sondern vielmehr als Chance für bessere Umweltpolitik begreifen.

4.4.3 Artikel XX – Präambel

Als erster Punkt fällt auf, daß keines der Panels, die den Art. XX in einem Streitfall über umweltpolitische Handelsmaßnahmen prüfen mußten, die Umweltschutzbegründung, beispielsweise Ressourcenschutz, generell in Frage stellten. Im Gegenteil, die Begründung wurde als gegeben akzeptiert, lediglich ihre protektionistischen Auswirkungen und das Maß der Handelsbehinderung stand zur Begutachtung an. In der Prüfungssystematik, die fragt, ob solche Maßnahmen nicht eventuell durch andere substantielle GATT-Normen wie Art. I oder III gedeckt werden, zeigte sich der begrenzte und absolute Ausnahmecharakter des

Art. XX. Deshalb liegt auch die Beweislast bei dem Mitgleid, das den Art. XX für sich in Anspruch nimmt.

Das Berufungsverfahren zum Gasoline-Fall setzte die Eingangsbestimmung des Art. XX wieder an den Anfang der Prüfungsabfolge. Zuvor ging man mit der Frage, ob die Maßnahme überhaupt in den Bereich der Ausnahmebestimmung fällt, sofort zu den Unterabschnitten über. Die Berufungsinstanz im Gasoline-Fall kehrte diese Vorgehensweise jedoch um, da es dort um grundsätzliche protektionistische Effekte ging und in der Präambel zu Art. XX die Bedingungen für zulässige Ausnahmen bei protektionistische Handelsmaßnahmen genannt werden. Handelsbehinderungen können demnach zulässig sein, wenn sie nicht willkürlich und ungerechtfertigt (d. h. sie müssen gleichzeitig den Kriterien der Abschnitte (a) bis (j) entsprechen) sind. Indem die Berufungsinstanz diese Prüfung von der bloßen Frage nach der ordentlichen Bekanntmachung einer Maßnahme auf die interpretative Betrachtung von Ziel und Zweck ausdehnte, war die Abwägung zwischen umweltpolitischem Ziel und handelspolitischem Zweck möglich. Damit schuf sie eine Möglichkeit, die protektionistische Absicht hinter einer Maßnahme festzustellen. Im Gasoline-Fall zeigte sich das in der Feststellung, daß eine protektionistische Absicht nicht zweifelsfrei auszuräumen war, weil nach Meinung der Juroren einerseits die Kontrollmöglichkeiten bei Importprodukten nicht voll ausgeschöpft und andererseits die zusätzlichen Kosten für ausländische Lieferanten nicht berücksichtigt wurden. Diese Betrachtungsweise einer „sui generis type of non-discrimination" (WTO 1997d: 6) ermöglicht tatsächlich eine viel bessere Einschätzung des protektionistischen Effekts oder von protektionistischen Absichten, weil man stärker auf die Begleitumstände von Maßnahmen und auf handelspolitische Alternativen abheben kann.

Welche Auswirkungen das auf die Qualität von Umweltpolitik haben wird, ist schwer zu sagen. Einerseits könnte es zu einer strengeren Bewertung und dadurch wahrscheinlicheren Ablehnung von oberflächlich neutralen umweltpolitischen Handelsmaßnahmen kommen, was ein fast unüberwindlich hohes Hindernis für umweltpolitische Begründungen wäre. Andererseits könnte eine solche Prüfung langfristig auch zu besserer Umweltpolitik führen, weil sie stichhaltig begründet und kohärenter sein muß. Das könnte wiederum zu einer stärkeren institutionellen Verankerung von Umweltpolitik auf der nationalen Ebene beitragen. Dann wären die hohen Anforderungen des GATT/WTO-Systems an die Zulässigkeit umweltpolitischer Handelsrestriktionen langfristig sogar ein Vorteil. Dieser Prozeß ist aber keineswegs automatisch, sondern hängt stark vom politischen Willen und entsprechendem Umweltbewußtsein der handelspolitischen Akteure ab.

4.4.4 Artikel XX (b)

Im Laufe der Zeit hat sich eine dreistufige Prüfungsreihenfolge entwickelt, die zunächst fragt, ob eine Maßnahme überhaupt in den Rechtsbereich von Art. XX (b) fällt. Danach stellt sich die Frage, ob die spezifische Maßnahme notwendig ist, und als letztes vergewissert sich das Panel dann, ob diese Maßnahme auch nicht willkürlich und ungerechtfertigt ist. Der erste Schritt ist eher eine formale Angelegenheit, da die Charakterisierung einer Maßnahme zum Schutz für Mensch, Tier oder natürlicher Umwelt nicht beanstandet wird, solange ein formaler Zusammenhang besteht. Der Gasoline-Fall zeigt dies sehr anschaulich, denn nicht die umweltpolitische Lenkungswirkung der Baselines wurde in Frage gestellt, sondern deren unterschiedliche Anwendung. Der zweite Schritt, die Prüfung der Notwendigkeit einer umweltpolitischen Handelsmaßnahme, ist das wichtigste Element in Art. XX (b). Bemerkenswerterweise hat bisher kein Panel eine umstrittene Handelsmaßnahme je für „notwendig" befunden, was an den speziellen Anforderungen an die „Notwendigkeit" in der handelspolitischen Analyse liegt. Denn aus dieser Sicht ist eine Maßnahme nur „notwendig", wenn es keine Alternativen ohne oder mit geringerem Handelseffekt gibt. Diese Anforderung entpuppt sich als besonders problematisch bei Umweltproblemen, die sich nicht nur auf nationale Grenzen beschränken.

Daran schließt sich die Frage nach dem juristisch-territorialen Geltungsbereich von Art. XX an und, ob eine nationale Maßnahme extraterritoriale Wirkung dergestalt entfalten darf, daß sie andere Staaten zu einer Änderung ihrer internen Umweltpolitik zwingt, wenn diese Handelsrestriktionen vermeiden wollen. Im Shrimp-Turtle-Fall ging das Panel noch weiter und mutmaßte, daß durch die Wirkung der Handelseinschränkung das multilaterale Handelssystem gefährdet würde, was nicht im Sinne des GATT/WTO-Systems sein könne. Diese Interpretation von Art. XX wurde heftig angegriffen und als völlig falsch dargestellt: gerade weil der Geltungsbereich nicht genau spezifiziert wird, sei klar, daß er über nationale Grenzen hinaus gelten soll. Die Frage nach dem Geltungsbereich wurde in den beratenden Versammlungen nicht angesprochen, was darauf hindeutet, daß die Zulässigkeit extraterritorialer Maßnahmen für die Urheber von GATT so offensichtlich war, daß sie es einfach nicht mehr erwähnten (Charnovitz 1992: 209). Diese Behauptung ist etwas kühn, denn man kann nicht davon ausgehen, daß man etwas berücksichtigt, was man nicht kennt. Die Zusammenhänge transnationaler und globaler Umweltprobleme waren 1947 sicherlich nicht jedermann bewußt.

Da aus dem Wortlaut des Art. XX und den Beratungsprotokollen der Geltungsbereich tatsächlich nicht zu erkennen ist, fragte das zweite Thunfisch-Panel, was passiere, wenn eine solche extraterritoriale Wirkung zulässig wäre. Nationale Handelsmaßnahmen, die andere zur Verhaltensänderung zwingen sollen, sind gleichbedeutend mit unilateralen Handelsmaßnahmen. Eine sogenannte weite Auslegung des Art. XX, die unilaterale Handelsmaßnahmen zuläßt, bedeutet, daß GATT als multilaterales Regelwerk nicht mehr multilateral wäre und die Rechte der Mitgliedstaaten – Meistbegünstigung und nationale Gleichbehandlung – faktisch außer Kraft gesetzt wären. Da dies den grundsätzlichen Prinzipien von GATT widerspricht, kann eine weite Auslegung des Art. XX nicht zulässig sein. Und dann können auch unilaterale Handelsmaßnahmen nicht notwendig sein, weil sie nur mit entsprechenden Maßnahmen in anderen Ländern effektiv sind. In diesem Zusammenhang wurde oft die Gefahr des „slippery slope" hingewiesen. Die übermäßige Anwendung extraterritorialer Maßnahmen kann allmählich zu einer Erodierung der GATT-Regeln führen. Umweltschutz kann dann zum Element strategischer Handelspolitik werden und dadurch den Bestand des GATT gefährden (Thaggert 1994: 74).

Aus umweltpolitischer Sicht ist diese Haltung höchst problematisch, da dann internationalen oder globalen Umweltproblemen nur noch durch MEAs oder mit gleichzeitigen Handelsmaßnahmen aller oder fast aller Länder begegnet werden kann. Da Verhandlungen über MEAs und deren effektive Implementation häufig sehr lange dauern, verwehrt dieses Verbot einzelnen Staaten die Möglichkeit, eine umweltpolitische Vorreiterrolle einzunehmen. Negative Wettbewerbseffekte können nicht durch Handelsmaßnahmen ausgeglichen werden oder durch effektive Umweltpolitik in einzelenen Ländern beschleunigt werden. Angesichts der bisher eher ernüchternden Erfahrungen mit den mühsamen und langwierigen Kooperationsbemühungen und den meist mageren substantiellen Ergebnissen internationaler Kooperation beim Umweltschutz scheint diese Haltung nicht mehr zeitgemäß, vielmehr blockiert sie Fortschritte in der internationalen Umweltpolitik.[179]

4.4.5 Artikel XX (g)

Hier steht in der Prüfungsabfolge nicht die Notwendigkeit einer handelsrestriktiven Maßnahme im Mittelpunkt, sondern der Test prüft neben der Frage, ob diese tatsächlich unter die Bedingung des Erhalts einer natürlichen Ressource fällt, vor allem, inwieweit die Handelsmaßnahme mit dem Ressourcenschutz zusammenhängt (related to) und ob diese mit vergleichbaren internen Restriktionen von Produktion und Verbrauch (if such measures are made effective in conjunction with restrictions on domestic production or consumption) durchgeführt wird. Erst nach diesem doppelten Test schließt sich die letzte Frage an, ob dies gegebenenfalls den Eingangsbestimmungen des Art. XX widerspricht.

Wie bei Art. XX (b) haben die Panels die Frage, ob der Schutz von Mensch und Tier oder natürlichen Ressourcen auch tatsächlich in den Bereich der Ausnahmebestimmung fallen bzw. tatsächlichen umweltpolitischen Gehalt besitzen, nie abgelehnt. Das sieht man auch an der Akzeptanz der „sauberen Luft“ als natürlicher Rohstoff und deren Schutz durch rückstandsfreieren Treibstoff durch das Gasoline-Panel.

Im Zusammenhang mit dem zweiten Prüfungsschritt fällt auf, daß nicht die allgemeine gesetzliche Maßnahme auf ihre Rechtmäßigkeit im Hinblick auf GATT geprüft wird, sondern lediglich die Handelseinschränkung. Ein weiterer wichtiger Punkt ist der Unterschied, daß eine solche Maßnahme nicht wie im

---

[179] Dieser Vorwurf wurde schon während und nach der UNCED-Konferenz 1992 laut, und Umweltschützer zogen nach der Nachfolgeveranstaltung 1997 eine ernüchternde Bilanz, weil sich die Umweltsituation in den meisten Fällen eher verschlechtert als verbessert hat. (vgl. UNEP 1997).

Abschnitt (b) notwendig im Sinne von alternativlos oder am geringsten handelsbehindernd sein muß. Es sind mehrere Möglichkeiten denkbar, die in unterschiedlicher Art und Weise mit der Schutzabsicht zusammenhängen können, allerdings müssen sie vorrangig dem Ressourcenschutz und nicht handelspolitischen Zwecken dienen. Beispielsweise wurde im Gasoline-Fall nach Ansicht des Panels nicht klar, inwieweit die nachteiligere Behandlung von Importprodukten entscheidend zur Verbesserung der Luftqualität beitrug.

Der zweite Teil der Prüfung untersucht genau diesen Zusammenhang zwischen externen und internen Maßnahmen, der unbedingt gegeben sein muß, um eine Handelseinschränkung aus Naturschutzgründen zu begründen. Im Lachs-Hering-Fall widmete sich das Panel ausführlich dieser Problemkonstellation und machte deutlich, daß es auf jeden Fall interne Einschränkungen oder Vorschriften über Nutzungsbedingungen bei Produktion und Verbrauch von natürlichen Ressourcen geben muß, um externe Maßnahmen zu rechtfertigen. Das Gasoline-Panel stellte dabei mit einiger Weitsicht fest, daß es bei der Prüfung dieses Zusammenhangs nicht um einen genauen empirischen Test gehen kann, der sicherstellt, daß die Belastung von Importprodukten genau den zusätzlichen Kosten für die einheimischen Produkte entspricht. Gerade bei umweltpolitischen Maßnahmen seien monetäre Kosten kaum vergleichbar, da sie von Marktbedingungen in den jeweiligen Ländern abhängig sind, die sich erheblich unterscheiden können. Außerdem kann es oft Jahre dauern, bis man den umweltpolitischen Effekt einer Maßnahme tatsächlich messen kann, ganz zu schweigen davon, daß die Ausgangsdaten für „Messungen“ zwischen Ländern dann nicht unbedingt vergleichbar sind. Deshalb wird so viel Wert auf den unmittelbaren Zusammenhang der Maßnahmen gelegt.

Was den Gültigkeitsbereich des Art. XX (g) angeht, kam das Panel bei der zweiten Verhandlung über das amerikanische Thunfischimportverbot zum gleichen Ergebnis wie bei der Prüfung des Abschnitts (b). Unilaterale extraterritoriale Maßnahmen würden dem GATT seinen Charakter als multilaterales Abkommen nehmen und die Mitgliedstaaten müßten einen Teil ihrer im Rahmen des Abkommens erworbenen Rechte wieder aufgeben. Ein Befürworter dieses Ansatzes betont, daß

> [b]y inducing governments to apply those environmental policy instruments which are efficient from the point of view of environmental economics, GATT law also restrains protectionist abuses of discriminatory policy instruments („green protectionism“). The GATT requirements of unconditional most-favoured nation treatment (Articles I, III) prohibit poweroriented foreign interferences into environmental policies of other countries („green imperialism“) (Petersmann 1995: 22).

4.5 Das Komitee für Handel und Umwelt

Das „Committee for Trade and Environment" (CTE) ist aus institutioneller Sicht von Interesse, weil man anhand seiner Entwicklung sehr gut sehen kann, wie die WTO als Institution das neue Sachproblem Umweltschutz verarbeitet. Die sich abzeichnenden Strukturen bestimmen auch das umweltpolitische Potential der Institution. Es hat durch seine ausschließlich beratende Funktion bisher nicht entscheidend zu Fortschritten in der umweltpolitischen Sensibilisierung oder Reform des GATT/WTO-Systems beigetragen. Die Diskussion im CTE gibt einen aber einen Einblick in die umweltpolitische Haltung und vorrangigen Bedenken und Ziele der einzelnen WTO-Mitglieder.

Im CTE wird aus der „Handel-und-Umwelt"-Diskussion eine „Handel-Umwelt-und-Entwicklung"-Diskussion. Ein ausgezeichneter Kenner der Problematik meint: „The environmental significance of this committee is that the transition from environmental management to sustainable development entails a linking of the agendas of environment and development" (von Moltke 1996: 23).

4.5.1 Institutionelle Entwicklung

Das CTE geht auf die schon 1971 ins Leben gerufene „Working Group on Environmental Measures and International Trade" (EMIT) zurück. Sie wurde damals auf Bitten der UN eingerichtet, die im Zuge der Vorbereitung der ersten internationalen Umweltschutzkonferenz 1972 in Stockholm auch vom GATT einen allgemeinen Bericht über bestehende Zusammenhänge und Probleme zwischen Umweltschutz und Welthandel anfragte. Sie trat aber nie zusammen, da offensichtlich aus Sicht der Vertragsstaaten kein Interesse bestand.[180]

Erst 1990 verlangten die EFTA-Staaten eine Reaktivierung von EMIT, weil die jüngsten Entwicklungen im internationalen Umweltschutz und der verstärkte Rückgriff auf umweltpolitisch motivierte Handelsrestriktionen eine Auseinandersetzung mit dieser Entwicklung im Rahmen des GATT notwendig machten.[181] In der konstituierenden Sitzung 1991 wurde beschlossen, daß EMIT von nun an regelmäßig zusammentreten soll. Das Arbeitsprogramm umfaßte neben dem Verhältnis von MEAs und deren Handelsmaßnahmen zum GATT auch noch mögliche Transparenzprobleme, die nationale Umweltpolitik für den Güteraustausch aufwerfen können, und Handelseffekte von Beschriftungs- und Verpackungsvorschriften (GATT 1993a). Dieses Programm sprach zwar die wichtigsten Problempunkte an, da sich die Gruppe aber zunächst lediglich der

---

[180] Der Bericht „Industrial Pollution Control and International Trade" (GATT 1971) wurde vom Sekretariat verfaßt und ging damals noch davon aus, daß die Verschmutzungskapazität und dessen Niveau Teil der natürlichen Faktorausstattung eines Landes ist, die nach Wunsch eines Landes zur Erreichung von Wettbewerbszielen eingesetzt werden konnte.

[181] Für konkrete Diskussionsvorschläge, die aber nicht angenommen wurden, siehe GATT (1991a).

Problemsondierung in diesen Bereichen widmen wollte, blieb EMIT zunächst ein oberflächliches Diskussionsforum. Das machte der Abschlußbericht deutlich, der vor allem auf eine strikte Trennung von Umweltschutz und Handelspolitik abhob und darauf verwies, daß die momentanen GATT-Regeln zusammen mit den Bestimmungen zu technischen Handelshemmnissen und den zu erwartenden Klarstellungen durch den Abschluß der Uruguay-Runde vollkommen ausreichen würden, um den zu erwartenden Problemen zu begegnen. GATT sei kein Forum zur Entwicklung von Umweltschutzstandards, da es dazu nicht das Mandat habe und als Handelsorganisation auch gar nicht haben sollte (GATT 1993a: 7). Außerdem stünde GATT keineswegs nationaler Umweltpolitik im Wege, schließlich könne sie ganz nach Wunsch der einzelnen Staaten gestaltet werden, solange dadurch Handelspartnern keine Nachteile und Belastungen entstehen, die einheimische Produzenten nicht tragen.

Die Ursache für das vage Arbeitsprogramm lag in dem schon bei der Gründung festgelegten Ziel, die EMIT nur als Diskussionsforum zum Informations- und Meinungsaustausch von Akteuren zu nutzen, die nicht mit Umweltschutz vertraut waren.[182] Von vornherein war klar, daß hier weder Reformvorschläge ausgearbeitet noch substantielle Entscheidungen in bezug auf eine andere oder umweltfreundlichere Herangehensweise des GATT an umweltpolitische Handelsmaßnahmen vorbereitet werden sollten.

NGOs kritisierten, daß sie nicht nur von der Teilnahme an den Panelverfahren ausgeschlossen waren (Greenpeace 1995), sondern auch die EMIT-Diskussionen und die Sitzungen der Vertragsstaaten unter Ausschluß der Öffentlichkeit stattfanden. Damit würde nicht nur den NGOs die Arbeitsgrundlage entzogen, sondern das GATT verschließe sich systematisch umweltpolitischer Expertise, was letztlich zu einer folgenschweren Behinderung internationalen Umweltschutzes beiträgt.[183] In bezug auf die Arbeit des CTE forderten die NGOs vor allem, daß das GATT Umweltschutz in seine Ausnahmebestimmungen integriert und ausdrücklich Handelsmaßnahmen im Rahmen von MEAs legitimiert. Daneben verlangen sie mehr Transparenz des GATT und die Möglichkeit, eine unabhängige umweltpolitische Expertise ins GATT aufzunehmen, um dessen Arbeit langfristig umweltbewußter zu gestalten.

4.5.2 Das CTE in der WTO

1994 wurde mit der Entscheidung zu Handel und Umwelt im Rahmen der Uruguay-Abschlußkonferenz in Marakesh das CTE ins Leben gerufen. In dieser Entscheidung zeigt sich laut damaligem GATT-Generalsekretär Peter Sutherland

[182] Erst durch die massive Kritik an GATT nach der ersten Thunfischentscheidung wurden die meisten Akteure auf die handelspolitischen Effekte von Umweltpolitik aufmerksam und setzten sich gezwungenermaßen mit ihnen auseinander.

[183] Die Kritikpunkte kann man in der Zusammenfassung eines Symposiums nachlesen, welches das GATT-Sekretariat im Juni 1994 veranstaltet hat (vgl. GATT 1994c).

die grundsätzliche Anerkennung der Notwendigkeit eines integrierten Lösungsansatzes bei der Überlappung von Handel und Umwelt mit Blick auf tragfähige Entwicklung. Er dämpfte aber gleichzeitig die Erwartungen, da sich die Arbeit des GATT nur auf die handelspolitische Seite beschränken könne, weil es kein Mandat für umweltpolitische Entscheidungen besitze (GATT 1994c: 2). Im Gegensatz zu EMIT hat sich jedoch die Zielsetzung und das Arbeitsprogramm erheblich konkretisiert und einen neuen Grad an Verbindlichkeit erreicht, indem das Verhältnis zwischen handels- und umweltpolitischen Maßnahmen klargestellt werden soll, um so tragfähige wirtschaftliche Entwicklung zu fördern. Außerdem sollte das CTE Empfehlungen ausarbeiten, ob und welche Modifikationen im GATT hinsichtlich dieses Ziels notwendig sind. Das CTE ist kein Ausschuß einiger weniger Vertreter, die Spezialisten auf ihrem Gebiet sind, sondern ein Treffen von Vertretern der Länderdelegationen am WTO-Sitz in Genf. Es handelt sich zumeist um Diplomaten, die sich hauptberuflich mit Handelspolitik und nur im Rahmen der CTE-Sitzungen mit Umweltschutz beschäftigen. Inzwischen nehmen fast alle WTO-Mitglieder regelmäßig an den Treffen teil.[184] Bei Entscheidungsverfahren im CTE gilt das WTO-übliche Konsensverfahren.

Mit der Entscheidung zu Handel und Umwelt von 1994 wurde das CTE mit der Erstellung eines Berichts bis zur ersten ministeriellen Konferenz der Mitgliedstaaten Ende 1996 in Singapur beauftragt. Er sollte die ersten konkreten Ergebnisse der seit über fünf Jahren andauernden Beratungen zusammenfassen und als Grundlage für die umweltpolitische Stellung der neuen WTO im internationalen System dienen. Der Bericht wurde von der Ministerkonferenz angenommen, die gleichzeitig die Fortsetzung der CTE-Beratungen beschloß (WTO 1997f: 9). Das Arbeitsprogramm der EMIT wurde ausgeweitet und dem aktuellen Erkenntnisstand der Debatte sowie den neuesten Entwicklungen im Querschnittsbereich von Handels- und Umweltpolitik angepaßt.

4.5.3 Das CTE-Arbeitsprogramm[185]

Die WTO-Entscheidung von 1994 zur Gründung des CTE nannte zunächst vier Schwerpunktthemen, die das CTE bearbeiten sollte. Nach der konstituierenden Sitzung wurde das Arbeitsprogramm konkretisiert und umfaßte folgende 11 Punkte:

---

[184] Die EU wird durch ihre ständige Genfer Kommissionsdelegation sowie Repräsentanten des Europäischen Parlaments und der Mitgliedstaaten vertreten. Die EU koordiniert auch die Abstimmung mit den Mitgliedstaaten, deren Vertreter meistens an den Sitzungen als Repräsentanten ihrer Staatsregierungen teilnehmen. Vorschläge und Redebeiträge werden meistens jedoch als EU-Beiträge formuliert und vorher entsprechend unter den EU-Mitgliedern abgesprochen.

[185] Die Zusammenfassung stützt sich dabei im wesentlichen auf den CTE-Bericht (vgl. WTO 1996b) und einige Eingaben der Mitgliedstaaten.

- Das Verhältnis zwischen dem multilateralen Handelssystem und umweltpolitischen Handelsmaßnahmen, einschließlich entsprechender MEAs.
- Das Verhältnis zwischen Streitschlichtungsmaßnahmen des multilateralen Handelssystems und jenen von internationalen Umweltschutzabkommen.[186]
- Das Verhältnis zwischen handelsrelevanter Umweltpolitik und umweltpolitischen Maßnahmen mit signifikanten Handelseffekten und den Regeln des multilateralen Handelssystems.
- Das Verhältnis zwischen den Regeln des multilateralen Handelssystems und umweltpolitischen Abgaben und Steuern.
- Das Verhältnis zwischen dem multilateralen Handelssystem und umweltpolitischen Produktstandards, technischen Verpackungs-, Beschriftungs- und Recyclingvorschriften.
- Die Regeln des multilateralen Handelssystems im Hinblick auf Transparenz umweltpolitischer Handelsmaßnahmen und solche mit signifikanten Handelseffekten.
- Der Effekt von Umweltpolitik auf den Marktzugang in bezug auf ärmere Entwicklungsländer und der umweltpolitische Nutzen der Abschaffung von Handelsrestriktionen und -verzerrungen.
- Der Export von Produkten, deren Verkauf auf dem heimischen Markt verboten ist.
- Umweltpolitisch relevante Regeln des Abkommens zum Schutz von Urheberrechten.
- Umweltauswirkungen des Dienstleistungsabkommen.
- Ausgestaltung des Verhältnisses mit IOs und NGOs.

Im folgenden wird die Diskussion über einige der wichtigsten Punkte zusammengefaßt. Diese Zusammenfassung der Argumente und Positionen basiert auf dem Bericht des CTE an die Ministerkonferenz in Singapur 1996. Obwohl die Diskussionen im CTE teilweise sehr sachkundig geführt wurden, hat sich das CTE trotz massiven politischen Drucks von gesellschaftlichen Gruppen und einigen Mitgliedern im Vorfeld der Vorbereitungen auf die Ministerkonferenz in Seattle 1999 nicht konkret zum umweltpolitischen Reformbedarf der WTO geäußert.

Das Verhältnis zwischen dem multilateralen Handelssystem und umweltpolitischen Handelsmaßnahmen, einschließlich entsprechender MEAs.

Es geht um unilaterale umweltpolitische Handelsmaßnahmen, die außerhalb nationaler juristischer Zuständigkeit liegen und andere Staaten zu Änderungen ihrer umweltpolitischen Standards zwingen, wenn sie nicht ihre Exportmärkte verlieren wollen. Die vorrangige Frage ist, ob GATT/WTO tatsächlich geändert werden und Umweltschutz bzw. substantielle Regeln über den Umgang mit umweltpolitischen

---

[186] In der ursprünglichen Nummerierung des Arbeitsprogrammes wurde dieser Punkt als Nr. 5 geführt. Im Laufe der Zeit hat es sich aufgrund des systematischen Zusammenhangs mit dem ersten Punkt der Agenda ergeben, daß diese nun immer zusammen beraten werden.

Handelsmaßnahmen ins Regelwerk aufgenommen werden müssen. Darüber besteht nach wie vor keine Einigkeit. Manche Mitgliedstaaten sind der Meinung, daß das Problem überbewertet wird. Angesichts der Tatsache, daß nur ca. 20 MEAs von mehr als 200 umweltpolitische Handelsmaßnahmen vorsehen und es innerhalb des GATT noch kein Panelverfahren wegen nichttarifärer Handelshemmnisse durch MEAs gab, reichen die bestehenden Regeln voll aus. Schließlich bestünde zwischen den Mitgliedern Konsens darüber, daß Umweltpolitik mit Hilfe von Handelsrestriktionen ohnehin nur die zweitbeste Lösung sein kann und man sich vielmehr in anderen Foren um die Lösung am Ursprung des Problems bemühen sollte.

Vor allem die Entwicklungsländer teilten diese Auffassung und mahnten, daß eine Änderung des GATT zu mehr Protektionismus und zu einer Aufweichung des GATT führt, weil dadurch auch immer häufiger nicht-produktbezogene Kriterien in die Regulierung des Güterhandels eindringen. Sie sind gegen unilaterale Aktionen, da die Erfahrung mit den Problemen von Handel und Umwelt noch nicht repräsentativ sind. Auch läßt sich Umweltschutz in diesem Zusammenhang noch nicht abschließend definieren, deshalb ist eine Behandlung von Fall zu Fall anhand bisheriger Panelentscheidungen die beste Strategie. Eine Gegenmeinung hierzu warnt vor der zu starken Betonung des Fallrechts, zumal umweltpolitische Maßnahmen aufgrund der strengen Kriterien ohnehin kaum möglich sind. Die Mitgliedstaaten sollten sich überlegen, ob sie nicht gewisse Proportionalitätsrichtlinien aufstellen wollen, die eine Abwägung zwischen Handelsliberalisierung und Umweltschutz ermöglichen und die potentielle Behinderung umweltpolitischer Initiativen verhindern.

Eine weitere Fraktion war für eine Zwischenlösung, die auf eine GATT-Reform hinauslaufen könnte. Sie schlugen eine besondere, in Umfang und Zeitraum ex ante festgelegte Ausnahmeregelung – einen sogenannten Waiver nach Art. XXIII – für Handelsmaßnahmen im Rahmen von MEAs vor. Nach einer Evaluation sollte dann eine endgültige Entscheidung über den Status umweltpolitischer Handelsmaßnahmen getroffen werden. Die Schweiz plädierte mit einer „Kohärenz-Klausel" für eine Lösung, die nicht die umweltpolitischen Begründungen prüft, sondern lediglich, ob sie absichtlich und willkürlich handelspolitische Nachteile für Importprodukte nach sich ziehen.

Die EU[187] ist dagegen für eine substantielle Änderung der primären GATT-Regeln, nicht zuletzt weil ihrer Meinung nach die Überschneidungen in Zukunft verstärkt nach klaren Regeln verlangen. Nur auf diese Weise kann Tragfähigkeit und gleichzeitig ein offenes Welthandelssystem mit stetigem Entwicklungspotential gewährleistet werden. Sie schlägt vor, daß entweder das Wort „Umwelt"

[187] Die Haltung der EU wird hier ausführlicher dargestellt als die der anderen Mitglieder, weil diese im Zusammenhang mit der allgemeinen EU-Umweltpolitik noch eine Rolle spielen wird, wenn im nächsten Kapitel die Stellung der EU als Akteur in der internationalen Umweltpolitik analysiert wird.

oder ein entsprechender Passus über Handelsmaßnahmen in MEAs in Artikel XX (b) aufgenommen wird. Eine weitere Möglichkeit ist ein zusätzlicher Art. XX (k), in dem auf ein Nebenabkommen verwiesen wird, das die spezifischen Regeln der Zusammenarbeit und Beziehung zwischen GATT und MEAs festlegt. So würden Maßnahmen im Rahmen von MEAs in den Beobachtungsbereich der WTO fallen, und ein von ihr favourisiertes kollektives bzw. weites Verständnis des Art. XX wäre dann unproblematisch. Für Streitfälle schlägt das CTE eine unterschiedliche Herangehensweise vor, je nachdem ob beide Parteien MEA-Vertragsstaaten sind oder nur eine. Bei der ersten Konstellation sollte der Streit im Rahmen des Umweltschutzabkommens geregelt werden. Ist jedoch nur eines der beiden WTO-Mitglieder auch MEA-Vertragsstaat, fällt der Konflikt in den Geltungsbereich der WTO, wobei das Panel nicht die „Notwendigkeit" der Maßnahme prüfen sollte, sondern nur die Eingangsbestimmungen des Art XX mit Blick auf das protektionistische Potential und, ob sich die Notwendigkeit der Maßnahme auf spezifische Regeln des MEA stützt.[188]

Die USA, die als einziger Mitgliedsstaat für die Zulässigkeit unilateraler extraterritorial wirksamer umweltpolitischer Handelsmaßnahmen eintreten, plädieren für eine allgemein stärkere Betonung von Umweltschutz im GATT/WTO-System durch die Mitgliedstaaten und wünschen, daß die Ministerkonferenz in Singapur prinzipiell ein Bekenntnis zur Unterstützung von Umweltschutz durch die WTO abgibt.

Das Verhältnis zwischen Streitschlichtungsmaßnahmen des multilateralen Handelssystems und jenen von internationalen Umweltschutzabkommen[189]

Hier steht die Frage im Vordergrund, welches Forum zuständig ist, wenn a) ein Streit zwischen zwei WTO-Mitgliedern entsteht, die beide MEA-Unterzeichner sind und b) zwischen WTO-Mitgliedern, wovon nur eines MEA-Unterzeichner ist. Außerdem wird noch die Rolle externer Umweltschutzexpertise in der WTO diskutiert.

Dabei wurde von allen Teilnehmern betont, daß das vorrangige Ziel der WTO die Konfliktvermeidung bzw. die konsensuale multilaterale Problembearbeitung ist. Deshalb ist es auch wichtig, daß Regierungen vor allem darauf achten, daß sie nicht sich widersprechende Abkommen unterzeichnen. Die meisten Teilnehmer waren der Meinung, daß dieser Punkt erst geklärt werden kann, wenn das allgemeine Verhältnis zwischen umweltpolitischen Handelsmaßnahmen und der WTO geregelt ist. In der Zwischenzeit sollte von Fall zu Fall entschieden werden. Die EU verwies in Verbindung mit ihrem Vorschlag zum vorigen Punkt darauf, daß bei Unstimmigkeiten zwischen MEA-Vertragsstaaten die internen Verfahren angewendet und nicht die WTO belastet werden sollte.

---

188 Vgl. Non-Paper der EU vom 19. Februar 1996.

189 In der ursprünglichen Nummerierung des Arbeitsprogrammes wurde dieser Punkt als Nr. 5 geführt. Im Laufe der Zeit hat es sich aufgrund des systematischen Zusammenhangs mit dem ersten Punkt der Agenda ergeben, daß diese nun immer zusammen beraten werden.

Als Empfehlung für Singapur wurde in bezug auf die beiden Punkte noch einmal festgehalten, daß unilaterale Handelsmaßnahmen mit extraterritorialer Wirkung unterbleiben sollen, obwohl man sich des schwierigen Ausgleichs zwischen Handelsliberalisierung und Umweltschutz durchaus bewußt ist. Die WTO-Mitglieder erkennen auch an, daß bestimmte Handelsmaßnahmen im Rahmen von MEA wichtig und notwendig sind, um diese überhaupt erst effektiv zu gestalten. Das CTE empfiehlt deshalb vor allem eine verstärkte Kooperation zwischen der WTO und den Sekretariaten der MEAs sowie intergouvernementalen Organisationen, die sich mit dem Problemfeld der Beziehung zwischen Handels- und Umweltpolitik beschäftigen. Konflikte sollten nach Möglichkeit innerhalb der MEAs geregelt werden. Bei Verfahren im Rahmen der WTO-Streitschlichtung kann unabhängige umweltpolitische Expertise von diesen Institutionen eingeholt werden.

Das Verhältnis zwischen handelsrelevanter Umweltpolitik und umweltpolitischen Maßnahmen mit signifikanten Handelseffekten und den Regeln des multilateralen Handelssystems

Hier werden Maßnahmen wie ökonomische Instrumente, handelbare Emissionsrechte, fiskalpolitische Instrumente, Emissionssteuern, Subventionen, verbilligte Kredite, Pfandsysteme, Umwelthaftung und Neugestaltung von Eigentumsrechten analysiert.

Umweltschutzsubventionen waren der wichtigste Diskussionspunkt, wobei häufig darauf verwiesen wurde, daß das Subventionsabkommen der Uruguay-Runde solche Subventionen in begrenztem Maße zulasse. Die Mitgliedstaaten wissen, daß Subventionen positive und negative Handels- und Umweltschutzwirkungen entfalten können, man verfügt aber momentan nicht über genügend empirische Kenntnisse, um Handlungsempfehlungen aussprechen zu können.

Die USA schlagen eine Art Ökoauditing für Handelsabkommen vor, wie sie es selbst im Rahmen des NAFTA-Abkommens vornehmen. Indien will eine generelle Untersuchung über die Vergleichbarkeit und Beziehung von handels- und umweltpolitischen Prinzipien, beispielsweise von Tragfähigkeit und dem Prinzip 12 der Agenda 21, der gegenseitigen Unterstützung von Handelsliberalisierung und Umweltschutz, der Meistbegünstigung und Transparenz oder auch des Konzepts der geringsten Handelsverzerrung und Proportionalität. Die EU plädiert für die Einführung des Verursacher- und Vorsorgeprinzips in die WTO.

Für die Zukunft empfiehlt das CTE die verstärkte empirische Untersuchung dieser Probleme. Die umweltpolitische Evaluation von Handelsabkommen wurde abgelehnt.

Das Verhältnis zwischen dem multilateralen Handelssystem und umweltpolitischen Produktstandards, technischen Verpackungs-, Beschriftungs- und Recyclingvorschriften

Es geht darum, ob Umweltgütesiegel in den Bereich der nichttarifären Handelshemmnisse fallen und inwieweit nicht-produktbezogene Standards darin integriert werden können.

Die umweltpolitische Wirkung ergibt sich aus einem angenommenen Marketingvorteil durch die anerkannte Umweltfreundlichkeit eines Produktes. Dabei wurde festgestellt, daß es bisher nur ca. 20 solcher Programme gibt, die regierungs- und industrieunabhängig aufgrund von vorher festgelegten Richtlinien diese Zeichen vergeben. Empirische Erkenntnisse über deren Effekte sind kaum vorhanden, allerdings kann man sagen, daß aufgrund der geringen Anzahl dieser Programme für relativ marginale Produkte, gemessen am Welthandelsvolumen, deren wirtschaftliche Auswirkung momentan vernachlässigbar ist. Die Brisanz für das GATT/WTO-System ergibt sich aber auch hier aus dem Zusammenhang von Umweltschutz und Prozeß- und Produktionsmethoden. Denn die spielen auch bei der Vergabe solcher Umweltzeichen eine zentrale Rolle. Bei der Beurteilung der Umweltverträglichkeit eines Produktes werden nicht nur seine Umweltwirkungen bei Nutzung und Entsorgung gemessen, sondern auch schon bei seiner Entstehung. Fortschrittliche Umweltzeichen basieren auf „Life Cycle Assessment" (LCA), das wiederum den Rahmen der GATT-Regeln sprengt, die sich nach wie vor nur auf das Produkt selbst beziehen.

Nun hat das bisher noch zu keinem Streitfall geführt, und auch die umweltschutzrelevanten technischen Produktstandards, die in der WTO durch das Abkommen zu technischen Handelshemmnissen über standardisierte Benachrichtigungsverfahren angekündigt werden müssen, wurden bisher klaglos von allen Mitgliedern akzeptiert. Im CTE diskutierten die Staaten hauptsächlich mit Blick auf die Zukunft, da sie einen verstärkten Einsatz solcher Umweltzeichen erwarten und teilweise auch propagieren. Deshalb ging es um die Frage, ob diese Programme, obwohl meistens freiwillig, regierungsunabhängig und auf PPMs basierend[190], zukünftig unter das TBT-Abkommen gefaßt werden sollen. Das ist nach dem Wortlaut des TBT-Abkommens nicht möglich, und die Entwicklungsländer wehren sich vehement dagegen. Sie fürchten die Konsequenzen, die auf ihre Klein- und Kleinstbetriebe durch das LCA auf sie zukommen. Sie haben weder die technischen noch finanziellen Ressourcen, den Entwicklungen in den Industrieländern zu folgen und schnell genug ihre Produktionsweise umzustellen. Drastisch schlechtere Marktzugangschancen wären die Folge, da ihre Produkte auf den Märkten der Industrieländer unverkäuflich sind.

Andere Mitglieder wiederum fanden, daß man die Verfahren des TBT-Abkommens auf Umweltgütesiegel ausdehnen sollte, wobei sichergestellt sein müßte, daß alle Beteiligten und Betroffenen bei der Entwicklung der Vergabekriterien teilnehmen können. Die EU argumentiert für eine Anwendung des TBT-Verfahrens bei vollständiger Transparenz der Entwicklung und Vergabe der Umweltzeichen. Sie weist außerdem noch daraufhin, daß diese Programme durch die freiwillige Teilnahme kaum handelsverzerrend und deshalb nicht protektionistisch sind, obwohl indirekt immer wieder Behinderungen auftreten können. Sollten LCA-Umweltzeichen unter das TBT-Abkommen gefaßt werden, ist es

---

[190] Das GATT trifft nur auf gesetzlich verbindliche, technische Produktstandards zu.

wichtig, daß man sich gleichzeitig auf die Gültigkeit des mit dem TBT-Abkommen zusammenhängenden „Code of Good Practice" (GATT 1994b) mit seinen verbindlichen Informations- und Einspruchsverfahren verständigt. Da die EU ein großes Interesse an einer positiven Regelung für Umweltgütesiegel hat, will sie die Diskussion von der generellen Frage des Ja oder Nein wegführen und schlägt fünf konkretere Fragen vor, auf die sie auch schon vorläufige Antworten gibt. Erstens, ist ein Regime für die Transparenz von LCA-Umweltzeichen notwendig? Die EU ist der Meinung, eine verbindliche Regelung würde auf jeden Fall die effektive und volle Transparenz der Zeichenvergabe gewährleisten. Zweitens, deckt das TBT-Abkommen LCA-Zeichen? Momentan ist das unklar, und es herrscht keine Einigkeit unter den Mitgliedern. Das liegt hauptsächlich an der Definition von „Standard" im Abkommen, die nicht-produktbezogene Eigenschaften ausschließt. Drittens, reicht der „Code of Good Practice", um volle Transparenz von LCA-Zeichen zu gewährleisten? Da er auf der gleichen Standarddefinition beruht, müßte man sich entweder auf seine Gültigkeit einigen oder ein Ad-hoc-Abkommen verhandeln, das Richtlinien und Kriterien festlegt. Die EU plädiert für ein pragmatisches Vorgehen, das erst einmal prüft, ob der aktuelle Problemdruck wirklich ein zusätzliches Abkommen notwendig macht. Viertens, sollen multilaterale Richtlinien oder Kriterien für LCA-Standards ausgehandelt werden? Solche Standards könnten nach Meinung der EU zu einer Problemverschiebung hin zu Konflikten über deren tatsächliche Einhaltung führen. Da es diese Richtlinien ohnehin noch nicht gibt, ist es effektiver, das flexiblere TBT-Abkommen anzuwenden, das lokale Bedingungen berücksichtigt. Fünftens, welche Transparenzkriterien sollen für Umweltzeichen gelten, die von der Industrie entwickelt werden? In diesem Fall ist es besonders wichtig, daß volle Transparenz gegeben ist und jeder Interessent die Möglichkeit zur Mitarbeit hat bzw. Einwände von ausländischen Konkurrenten gehört und berücksichtigt werden.[191]

Kanada schlug außerdem noch vor, Umweltzeichen nur unter das TBT-Abkommen zu fassen, wenn sie auf multilateral vereinbarten PPM-Standards basieren, um die Multilateralität dieser Programme zu gewährleisten. Darauf wandten die Entwicklungsländer ein, daß sie diesen Aufwand kaum betreiben könnten und es momentan auch gar keine multilateral vereinbarten PPM-Standards gäbe. Außerdem stehen sie den Bemühungen im Rahmen der ISO und ISO-14000 Richtlinien zu Umweltverträglichkeit reserviert gegenüber. Auch da hätten sie wegen der für die Mitarbeit nötigen Ressourcen nur beschränkte Teilnahmemöglichkeiten. Sie forderten die gegenseitige Anerkennung nationaler Standards und die Vereinbarung von Äquivalenzkriterien für nationale Standards, auf deren Basis man die nationalen Standards dann vergleichen und allmählich angleichen kann.

---

[191] Vgl. Non-Paper der EU vom 24. Juli 1996

Bei dem Punkt, ob Umweltzeichen unter das TBT-Abkommen gefaßt werden können oder gar sollen, kam das CTE zu keiner Einigung, obwohl diese als effektives Instrument anerkannt sind. Die negativen Auswirkungen auf den Marktzugang von Entwicklungsländern und die transparente Handhabung solcher Programme bedürfen nach Ansicht des CTE jedoch noch detaillierter Analysen.

Der Effekt von Umweltpolitik auf den Marktzugang in bezug auf ärmere Entwicklungsländer und der umweltpolitische Nutzen der Abschaffung von Handelsrestriktionen und -verzerrungen.

Dieser Punkt soll klären, wie man die eigenen Handelsbeziehungen mit der effizientesten Ressourcennutzung in einem offenen Handelssystem auf der Grundlage von Tragfähigkeit durchführen, gleichzeitig die Umwelt schützen und die Handelsmöglichkeiten von allen Beteiligten zusätzlich steigern kann.

Auf den ersten Blick scheint es, als ob dieser Punkt nach der Quadratur des Kreises strebt. Die Zusammenfassung der Elemente leitet sich aus der Definition von Tragfähigkeit des Brundlandt-Reports und der nachfolgenden Agenda 21 ab, die die gegenseitige Unterstützung von Handelsliberalisierung und nachhaltigem Ressourcenschutz verlangten. In Rio wurde außerdem festgelegt, daß globaler Umweltschutz nicht ohne die wirtschaftliche Entwicklung und Verringerung der Armut in den Entwicklungsländern zu erreichen ist, wofür eine weitere Liberalisierung der Weltmärkte und ein stabiles internationales Handelssystem eine notwendige Bedingung sind. So gesehen stellt dieser Punkt den Versuch dar, innerhalb der WTO die gegensätzlichen Interessen zwischen Industrie- und Entwicklungsländern bezüglich umweltpolitischer Einschränkungen und Investitionen auszugleichen. Entwicklungsländer sehen sich zu Umweltpolitik auf Industrieländerniveau nur imstande, wenn sie auch die wirtschaftlichen Ressourcen dafür schaffen können. Das ist langfristig nur über verstärkte Exporte möglich.

Die Mitglieder stellten fest, daß Handel in den seltensten Fällen der Auslöser von Umweltproblemen ist, er kann sie aber verstärken. Außerdem haben Entwicklungsländer häufig ganz andere Umweltprobleme als Industrieländer und sind schlichtweg mit den Anforderungen moderner Umweltpolitik überfordert. Neben den unmittelbaren Umweltproblemen, wie der Abwasseraufbereitung, Verringerung urbaner Luftverschmutzung oder Bodenerosion, wird von ihnen auch noch eine angemessene Beteiligung an globalem Umweltschutz oder die Berücksichtigung von Verbraucherwünschen in Industrieländern gefordert. In der Diskussion kristallisierten sich mit der Forderung nach der Identifikation von „win-win"-Situationen, in denen der Abbau von Handelsschranken gleichzeitig zu mehr Umweltschutz führt, schon sehr bald konkrete Themen heraus, die die gegenseitige Unterstützung von Handels- und Umweltpolitik ansprechen.

Argentinien nannte einige Beispiele, wie subventionierte Agrarproduktion in der EU und den USA zu negativen Umweltauswirkungen in Lateinamerika führt. Beispielsweise hatte die durch diverse politische Förderprogramme unterstützte Rinderzucht in Europa in Argentinien die Umstellung von Rinderzucht auf von

Eukalyptusplantagen zur Folge, die den Boden in kürzester Zeit dauerhaft schädigen.[192] Neben dem Landwirtschaftssektor, der gerade in den Industrieländern ein undurchsichtiges System von umweltbelastenden staatlichen Subventionen verzeichnet, kommen dafür auch noch der Textil-, Fischerei und Holzsektor in Frage. In erster Linie müßten neben Subventionen auch Exportsteuern für natürliche Rohstoffe und Zolleskalationen für halbfertige und fertige Produkte abgebaut werden.

Das sind politisch äußerst sensible Problemfelder, und gerade mit Blick auf den Landwirtschaftssektor forderten einige CTE-Mitglieder, daß man den noch laufenden Verhandlungen im Agrarbereich nicht vorgreifen sollte. Für die EU liegt das Ausgangsproblem in den unterschiedlichen Interessen zwischen Industrie-, Schwellen- und Entwicklungsländern. Erstere sind über die Wettbewerbsnachteile wegen niedriger Umweltschutzstandards in Entwicklungsländern besorgt und letztere sind über Wettbewerbsnachteile wegen hoher Umweltschutzstandards in Industrieländern arlarmiert. Eine Lösung ist nur durch die gemeinsame aber differenzierte Verantwortung[193] zu finden. Sie setzt jedoch eine angemessene Umweltpolitik in allen Ländern voraus, da es keineswegs eine automatische Korrelation zwischen dem Abbau von Handelsschranken oder Subventionen und verbessertem Umweltschutz gibt. Deshalb muß man auch sicherstellen, daß auf nationaler Ebene eine angemessene Umweltpolitik betrieben wird, d. h. man muß Umweltkosten vollständig internalisieren, ansonsten können die größeren Marktchancen zu noch rapiderem nichttragfähigen Ressourcenverbrauch führen. Eine vollständige Kosteninternalisierung erfordert aber auch einen verstärkten Einsatz moderner Umweltschutzinstrumente, vor allem ökonomischer Instrumente, die momentan noch den WTO-Rahmen sprengen, da die meisten nicht im engen Sinne produktbezogen sind.

Subventionsabbau und Marktzugang verlangen also auch eine gewisse Öffnung der WTO. Um in der Diskussion weiterzukommen, empfiehlt die EU wiederum eine pragmatische Vorgehensweise, die sich zunächst auf die unmittelbaren Probleme konzentriert. Dazu zählen die Auswirkungen umweltpolitischer Maßnahmen auf kleine und Kleinstbetriebe in Entwicklungsländern, die Vergrößerung der Marktchancen von umweltfreundlichen Produkten aus diesen Ländern und die Frage, ob neue WTO-Normen in diesem Zusammenhang notwendig sind. Beim Abbau von Subventionen und Zollschranken muß noch mehr analytische Arbeit geleistet werden, um die Maßnahmen zu fördern, die tatsächlich einen doppelten positiven Effekt der Marktöffnung und des verstärkten Umweltschutzes erbringen.

---

[192] Vgl. Non-Paper Argentinien vom 20. März 1996, WTO 1996c, WT/CTE/W24.

[193] Hierbei handelt es sich um eine Art Code-Wort, das während der UNCED-Konferenz aufkam und signalsieren soll, daß Entwicklungsländer zwar ihre Umweltschutzverantwortung sehen, gleichzeitig aber davon ausgehen, daß die Industrieländer die Hauptlast und -verantwortung für Umweltschutz tragen.

Länder, die ihre Märkte und Exportchancen vergrößern wollen, sollten sich verstärkt mit der Möglichkeit der Produktdiversifizierung befassen.[194]

Nach der kontroversen Diskussion mit unzureichenden empirischen Informationen beschloß das CTE die verstärkte Analyse von möglichen positiven Umwelteffekten durch Handelsliberalisierung, die die Bedürfnisse der Entwicklungsländer berücksichtigt. Für sie ist Marktzugang die oberste Priorität, um die Ressourcen für nachhaltigen Umweltschutz überhaupt erst zu erhalten, dafür ist gerade auch die zügige Umsetzung der Beschlüsse der Uruguay-Runde enorm wichtig. Alle Mitglieder sollten möglichst gleichzeitig die effizientere Ressourcenallokation und Umweltkosteninternalisierung anstreben. Im Vordergrund müssen deshalb zunächst Sektoranalysen mit positiven Korrelationen zwischen Handelsliberalisierung und verstärkter Umwelteffizienz stehen, die auch die Exportchancen umweltfreundlicher Produkte aus Entwicklungsländern berücksichtigen.

4.5.4 Aktueller Diskussionsstand

Die auffälligste Entwicklung im CTE ist die zwischen Industrie- und Entwicklungsländern umstrittene Behandlung von nicht-produktbezogenen PPMs, die ein typisches Problem der Überlappung von Handel und Umwelt ist. Die Entwicklungsländer wollen die Aufnahme von PPMs in das WTO-System verhindern, weniger weil sie Umweltschutz prinzipiell ablehnen, sondern wegen der folgenschweren Implikationen, die in anderen und für sie momentan wirtschaftlich weitaus wichtigeren Bereichen auftreten könnten. Sie fürchten, daß die Einführung von PPMs im Zusammenhang mit Umweltschutz einen Präzedenzfall für die Einführung von Sozial- und Arbeitsschutzvorschriften schafft, bei deren Durchsetzung Unternehmen aus weniger entwickelten Ländern nicht erfüllbaren Forderungen gegenüberstehen würden, was ihre Entwicklungschancen langfristig zunichte macht.

Damit ist eine Problemdimension angesprochen, die nicht nur innerhalb der WTO bzw. ausschließlich durch sie geregelt werden kann. Sie hat dafür weder die normativen Grundlagen, noch besteht ein Grundkonsens darüber, wie diese lauten sollten. Bei der Diskussion über die Beziehung zwischen Handels- und Umweltpolitik innerhalb des GATT/WTO-Systems und wie die WTO darauf reagieren soll, geht es um eine Mandatsanpassung. Bei der Mandatsfrage ist jedoch zu bedenken, daß sich die Mitgliedsstaaten selbst das Mandat geben, und ein Hinweis auf das „fehlende Mandat" kann nur eine vorgeschobene Ausrede sein. Schließlich hat sich das GATT im Laufe der Jahre den handelspolitischen Entwicklungen und der verstärkten Globalisierung immer wieder aufs Neue angepaßt und dabei des öfteren auch entsprechend das Mandat geändert. Auch wenn man sich momentan noch mit der fehlenden empirischen Analyse herausreden kann, so scheint doch kein Weg an der substantiellen Eingliederung

---

[194] Vgl. Non-Paper der EU vom 23. Juli 1996.

umweltpolitischer Normen und Regelungen in das GATT/WTO-System vorbeizuführen.

4.5.5 Öffentliche Kritik

Die Kritik von NGO-Seite am CTE und der Bearbeitung des Problemfeldes Handel und Umwelt in der WTO ist seit dem Bericht an die Ministerkonferenz 1996 und vor der Ministerkonferenz in Seattle 1999 nicht leiser geworden. Im Vorfeld der Ministerkonferenz 1996 verlangten NGOs umweltpolitische Reformen im WTO-Regelwerk durch das CTE und eine verstärkte Kooperation zwischen CTE und anderen UN-Organisationen. Forderungen des WWF, sich innerhalb des CTE mit Handelseffekten von unterschiedlichen PPMs, Streitschlichtungsmethoden und Verbesserung des Marktzugangs für umweltfreundliche Produkte aus Entwicklungsländern zu beschäftigen (Hunt 1996: 181), kam das Komitee zwar nach, aber aus NGO-Perspektive mit enttäuschenden Ergebnissen. Während des zweiten NGO-Symposiums der WTO im Mai 1997 waren sich die Teilnehmer einig, daß das CTE kaum etwas erreicht hat. Der gravierendste Kritikpunkt war wiederum der Vorwurf, die WTO blockiere internationale Umweltschutzabkommen bzw. die Integration umweltpolitischer Handelsmaßnahmen in Umweltschutzabkommen, weil die WTO keine verbindlichen Regeln über das Verhältnis zwischen dem internationalen Handelssystem und internationalen Umweltschutzabkommen vorgebe (WTO 1997e). Diese Kritik wird indirekt sogar vom WTO-Sekretariat in einem internen Papier zu Struktur und gegenwärtigen Stand der Umsetzung des Montrealer Protokolls und seiner Folgeabkommen bestätigt. Darin heißt es, daß man aufgrund der unentschlossenen Haltung zum Verhältnis zwischen GATT-Regeln und umweltpolitischen Handelsmaßnahmen dem Sekretariat des Montrealer Protokolls keine verbindliche Aussage über den rechtlichen Status von Handelsmaßnahmen im Rahmen des Protokolls für den Fall eines Konflikts geben kann. Dies hat offensichtlich die Verhandlungen im Montrealer Protokoll über zusätzliche Handelsmaßnahmen zur Kontrolle ozonzerstörender Stoffe blockiert: „Unless the WTO is in a position to respond quickly to queries, the parties to the Protocol may not be able to consult the WTO before taking trade measures considered by them to be essential" (WTO 1997g).

Überdies zeigte sich in den Diskussionen des CTE jedoch auch ein strukturelles Problem, das für die Förderung von Umweltschutz innerhalb des internationalen Handelssystems einen beträchtlichen Nachteil bedeutet. Im CTE sitzen mehrheitlich Handelspolitiker, die Umweltschutz nur als ein Randproblem der Handelsliberalisierung wahrnehmen. Andere dagegen, so die meisten Vertreter der Entwicklungsländer, sehen darin ein protektionistisches Instrument der Industrieländer, das ihre wirtschaftlichen Exporterfolge erheblich behindert. Sie nehmen an den CTE-Sitzungen teil, um eine weitere Aufweichung der produktbezogenen Regeln des GATT durch Umweltschutznormen zu verhindern, nicht zuletzt wegen der Implikationen, die das für sie in anderen Bereichen wie arbeitsschutzrechtlichen Bestimmungen haben könnte.[195] Woran es wirklich noch zu fehlen scheint, ist eine grundsätzlich sensiblere Haltung gegenüber der Notwendigkeit von verstärktem Umweltschutz im Zusammenhang mit GATT-Regelungen und gegenüber der Dringlichkeit dieser Probleme. Die NGOs wollen, daß umweltpolitische Handelsmaßnahmen im Rahmen von MEAs als grundsätzlich nützlich anerkannt werden. Das CTE erwähnt im Bericht von 1996 zwar die Möglichkeit einer positiven Wirkung, es konnte sich aber nicht zu einer verbindlichen Ausnahmeregelung für MEAs durchringen.

Einige erkennen zwar die Bemühungen des CTE und seine sachliche und wissenschaftlich informierte Diskussion an, sie halten sie aber noch für zu planlos und ineffizient (Makuch 1996: 110). Teilweise scheint die Kritik der NGOs auch überhöhten Erwartungen über die Entscheidungskapazitäten des CTE zu entspringen, die demzufolge nicht den Kern des Problems trifft. Das CTE besteht nicht aus einer Expertengruppe mit klarer Zielsetzung und klaren oder gar ähnlichen Umweltschutzinteressen, sondern aus Staatenvertretern, die sich nur am Rande mit Umweltschutz beschäftigen und dabei wechselnde bzw. größtenteils handelspolitische Interessen verfolgen. Umweltschutz erfährt dadurch einen strategischen Nachteil, weil es in solchen politischen Foren immer sehr lange dauert, bis Entscheidungen getroffen werden, zumal wenn ein striktes Konsensverfahren gilt.

Positiv wird lediglich die verstärkte Kooperation zwischen der WTO und anderen UN-Organisationen gewertet, die sich auch mit handelsrelevanten Umweltschutzproblemen auseinandersetzen. Damit geht ein informeller Meinungs- und Informationsaustausch zwischen den Sekretariaten der internationalen Organisationen und MEAs mit Beobachterstatus einher.[196] Diese institutionelle Kooperation spricht für eine schnellere, wissenschaftlich fundierte und sachliche Zusammenarbeit, die sehr wahrscheinlich weniger von tagespolitischen Auseinandersetzungen geprägt ist. Die Diskussion im CTE wurde nicht nur sachlicher und mit mehr Interesse geführt, sondern sie orientierte sich durchaus an umweltpolitischer Expertise, die neueste Forschungsergebnisse berücksichtigte. Das läßt sich auch aus den Hintergrundberichten des WTO-Sekretariats und den Diskussionspapieren der Teilnehmer ablesen. Die enttäuschenden Ergebnisse im CTE sind nicht nur mangelndem Umweltbewußtsein, Interesse oder Expertise zuzuschreiben, sondern sind vor allem auf die Befürchtungen über die potentiellen politischen und wirtschaftlichen Konsequenzen einer stärkeren umweltpolitischen Ausrichtung der WTO zurückzuführen. Im Grunde genommen spiegelt sich im CTE das ganze Spektrum der politischen Meinungen und wirtschaftlichen Ängste wider, die die Diskussion in allen Bereichen beeinflußt. Die vielfältigen

---

[195] Diese Aussage stützt sich unter anderem auf ein persönliches Gespräch der Autorin mit Doaa Abdel Motaal, einer Mitarbeiterin des WTO Sekretariats und Jean Chin, die 1996 Verhandlungsführerin von ASEAN im CTE war.

[196] Beispielsweise besprechen WTO und UNCTAD gegenseitig ihre Arbeitspapiere zum Thema Handel und Umwelt.

Einflußfaktoren kommen konkret zur Sprache, ebenso wie die real erwarteten Konsequenzen, mit der sich internationale Umweltschutzpolitik in Zukunft verstärkt auseinandersetzen muß.

Es deutet sich an, daß die „WTO", das „GATT" oder auch das „CTE" als Ziel der Kritik der falsche Ansatz ist. Im Gegensatz zu anderen internationalen Organisationen hat das GATT/WTO-System als Institution nur ein begrenztes Eigenleben, weil sie lediglich den formellen Rahmen für das Handeln von Staatsregierungen umreißt. Wenn diese sich nicht konsensual auf spezifische handelspolitische Entscheidungen einigen, wird nicht im Rahmen der WTO gehandelt. Das Sekretariat wird nur auf Initiative der Mitgliedstaaten aktiv, Hintergrundstudien oder auch die Kooperation mit anderen Organisationen kommen nur auf Veranlassung von Mitgliedern und des „General Councils" zustande. Umweltpolitische Reformen im GATT/WTO-System liegen somit in der Hand jedes einzelnen Mitglieds. Diese gilt es zu beeinflussen, und sie müssen sich für mehr Umweltschutz im Welthandel entscheiden. Momentan scheinen aber die allerwenigsten politischen Entscheidungsträger diesen Schritt wirklich wagen zu wollen, da meistens wirtschaftliche Einbußen mit Umweltschutz verbunden sind. Das kann man auch an dem inkohärenten Verhalten von umweltbewußteren Staaten erkennen, deren Umweltpolitik natürlich auch mit wirtschaftlichen Erwägungen zusammenhängt.

Eine substantielle Anpassung der Normen ist nicht unproblematisch, da die wenigsten umweltpolitischen Maßnahmen „win-win"-Situationen sind. Deshalb scheint die wichtigste Aufgabe auch, daß das CTE und die WTO gemeinsame Regeln schaffen, die Vermeidung von Wettbewerbsnachteilen durch Umweltschutz unterstützen. Erst wenn Wettbewerbsnachteile gering, kurzfristig und für alle ähnlich sind, wird Umweltschutz politisch durchsetzbar. Neben den offensichtlichen Ansatzpunkten, wie dem Subventionsabbau im Landwirtschaftssektor, gibt es weitere konkrete Möglichkeiten wie die Reform des Steuerausgleichs bei Grenzübertritt, die zum verstärkten Einsatz von produktions- und prozeßbezogenen Steuern und Abgaben auf nationaler Ebene beitragen würde. Durch die Möglichkeit des Kostenausgleichs wären die unmittelbaren Wettbewerbsnachteile wohl ausgeräumt, und die nicht-produktbezogenen Standards müßte man nicht unbedingt auf Importprodukte ausdehnen. So ließe sich dann auch der Konflikt mit dem GATT vermeiden.

4.6 Implikationen

4.6.1 Die Suche nach dem Ausgleich

Die Analyse der Schlichtungen und des Diskussionsverlaufs innerhalb der Organisation zeigt eine dynamische Entwicklung des umweltpolitischen Bewußtseins im GATT/WTO-System. In den Schlichtungsverfahren wird nicht der ökonomische Gewinn vor Umweltschutz gesetzt, vielmehr wird die Gleichbehandlung und das Bestehen gleicher Ausgangsbedingungen für die Marktteilnehmer zum obersten Gebot. Nun haben Panels bisher diese ungerechtfertigten wirtschaftlichen Vorteile meistens schwerwiegender eingeschätzt als den tatsächlich erzielten umweltpolitischen Nutzen und deshalb die Maßnahmen als unbegründet abgelehnt. Daran entzündete sich die Kritik am GATT/WTO-System, ohne sich dabei wirklich mit dem Ansatz der Panels bei der Prüfung solcher Sachverhalte näher auseinanderzusetzen. Die Kritiker fordern die prinzipielle Zulässigkeit für umweltpolitische Maßnahmen, deren diskriminierendes Potential hingenommen werden kann bzw. muß, weil Umweltschutz wichtiger ist als die Marktchancen einiger weniger. Das Ziel rechtfertigt sozusagen fast jedes Mittel. Mit den soziopolitischen Konsequenzen setzen sie sich nicht auseinander.

Für die Analyse des politischen Konflikts bedeutet das, daß die Frage inzwischen nicht mehr heißt, ob Umweltschutz mit Hilfe handelspolitischer Instrumente gerechtfertigt ist, sondern die gegenwärtige Auseinandersetzung steht eher darum, unter welchen Umständen handelspolitische Restriktionen für umweltpolitische Ziele eingesetzt werden sollen. Die Konsequenzen und Implikationen von offensiver und wirtschaftlichen Druck ausübender Umweltpolitik spielen für die WTO-Kritiker eine untergeordnete Rolle. Das schwächt ihre politische Position, weil sie sich dadurch zum Gegner einiger politischer Akteure machen. Denn die Sorge über Kosten der Umweltpolitik und deren Auswirkungen auf andere politische und soziale Ziele ist gerade bei den betroffenen ärmeren Ländern groß.

Die WTO, ebenso wie Umweltschützer, machten einen Lernprozeß durch, bei dem unterschiedliche Akteure ihre Perspektiven erweitern und revidieren müssen, um das neue Problem, das sich nur allmählich in seiner ganzen Vielfalt ausbildet, zunächst einmal voll zu erfassen. Umweltschützer berücksichtigen mittlerweile stärker, daß man den Handel nicht einfach unterbinden kann, ohne dabei die wirtschaftlichen Konsequenzen für Betroffene zu bedenken (National Wildlife Federation 1999). Vernachlässigt man wirtschaftliche Folgeprobleme, führt das häufig zu noch gravierenderer Umweltzerstörung. Das sehen auch viele Handelspolitiker so.

Die Suche nach dem Ausgleich erinnert an eine klassische Dilemmasituation, vor allem weil Strategien für einen dauerhaften und tragfähigen Ausgleich zwischen Ressourcenverbrauch und Wirtschaftstätigkeit umstritten sind. Kosteninternalisierung und damit die Neuordnung von Märkten funktioniert nur, wenn Regierungen dafür Anreize schaffen und nichttragfähiges Wachstum unrentabel gestalten. Handelsregeln werden teilweise als Instrument zur beschleunigten Umweltkosteninternalisierung eingesetzt. Die neue Vision der gegenseitigen Unterstützung von Handel und Umweltschutz heißt dann „competitive sustainablitiy" (Housman 1992: 1383f). Protektionistische Wirkungen sind zweitrangig, ebenso wie die hohen Transaktionskosten einer mehr oder weniger erzwungenen Anpassung, die Betroffene für die Übergangszeit hinnehmen müssen. In problematischen Fällen können die Industrieländer zusätzliche technische und finanzielle Hilfe leisten.[197]

Die UNCED hat dagegen ein etwas anderes Verständnis von Tragfähigkeit und der Rolle internationaler Handelsregeln festgelegt, und entsprechend wird auch unter der gegenseitigen Unterstützung von Handels- und Umweltpolitik etwas anderes verstanden. Die Agenda 21 ist für die Beziehungen zwischen dem Welthandelssystem und internationalem Umweltschutz im Rahmen von UNCED das zentrale Dokument. Darin wird festgehalten, daß internationale Kooperation und vor allem ein offenes Handelssystem die erste und wichtigste Voraussetzung für die gegenseitige Unterstützung von Handel und Umweltschutz sowie tragfähiger Entwicklung ist. Kapitel 2 der Agenda 21 enthält die für das GATT/WTO-System wichtigsten Aussagen.[198] Darin heißt es, daß für die Förderung von tragfähiger Entwicklung ein offenes, berechenbares und nichtdiskriminierendes multilaterales Handelssystem eine notwendige Voraussetzung ist. Dazu gehört auch ein verbesserter Marktzugang, der Abbau von bestehenden Verzerrungen und ein progressiver Abbau von Subventionen und Protektionismus in der Landwirtschaft. Deswegen muß für tragfähige Entwicklung die Liberalisierung des Handels in allen Sektoren auf globaler Ebene vorangetrieben werden. Der erfolgreiche Abschluß der Uruguay-Runde ist ein erster wichtiger Schritt in diese Richtung, der nun auch zügig umgesetzt werden sollte. GATT und UNCTAD müssen die Regierungen mit Informationen über Probleme durch handelsrelevante Umweltschutzmaßnahmen unterstützen, um staatliche Politik von Anfang an effektiv zu gestalten. Unilaterale Maßnahmen werden abgelehnt, weil sie meistens protektionistische Effekte mit sich bringen und damit die Funktion des multilateralen Handelssystems gefährden.

> Environment and trade policies should be mutually supportive. An open multilateral trading system makes possible a more efficient allocation and use of resources and thereby contributes to an increase in production and incomes and to lessening demands on the environment. It thus provides additional resources needed to sustain economic growth and development and improved environmental protection. (...) Trade measures have thus been used in certain specific instances, where considered necessary, to enhance the effectiveness of environmental regulations for the protection of the environment. Such regulations should address the root causes of environmental degradation so as not to result in unjustified restrictions to trade. The challenge is to ensure that trade and environment policies are

---

[197] Die Diskussion im CTE und auch die Erfahrungen mit den wichtigen MEAs zeigen, daß gerade die praktische Durchführung dieser Hilfeleistungen gegenwärtig alles andere als zufriedenstellend ist.

[198] Die hier zitierten Aussagen sind dem Bericht L/6892/Add: 3 des GATT Sekretariats (GATT 1993c) an die Vertragsparteien entnommen. Außerdem nennt der Bericht noch weitere Kapitel der Agenda 21, die mit den Regeln des Welthandelssystems zusammenhängen bzw. Auswirkungen auf den internationalen Handel haben können. Dazu zählen die entsprechenden Kapitel zum Schutz der Atmosphäre, der Ozeane, der Wälder, der Kampf gegen die Desertifikation, der Erhalt der Biodiversität, Biotechnologie, der Umgang mit toxischen Stoffen und Abfällen, Finanz- und Technologietransfer.

consistent and reinforce the processes of sustainable development. However account should be taken of the fact that environmental standards valid for developed countries may have unwarranted social and economic costs in developing countries.[199]

Eine schelle Reaktion auf Umweltprobleme und umfassende internationale Kooperation ist demnach nur möglich, wenn die reicheren Länder den ärmeren unter die Arme greifen. Da die UNCED sehr stark von den Entwicklungsländern beeinflußt wurde, sind diese Aussagen mit den Ausgangspositionen innerhalb der WTO kongruent.[200] Konkrete Ansätze sind aber auch von UNCED nicht genannt worden (Vaughan 1994).

4.6.2 Implikationen der Streitfälle

Die bisherigen Erfahrungen mit den Streitfällen eignen sich nicht unbedingt für allgemeine Handlungsempfehlungen, weil sie die anstehenden Probleme, wie beispielsweise die Integration von MEAs oder des Vorsorgeprinzips in das GATT/WTO-System, nur streiften. Die umweltpolitische Effizienz einiger Maßnahmen, die in den Schlichtungsfällen im Mittelpunkt standen, wirkt auch aus einer umweltpolitisch differenzierenden Perspektive zweifelhaft. Gerade die Thunfischfälle müssen bei umweltbewußten Beobachterinnen und Beobachtern Kopfschütteln über das selektive Umweltbewußtsein hervorrufen, da neben dem Schutz von Delphinen der Schutz von Thunfischen als natürlicher Ressource und Nahrungsmittelquelle mindestens ebenso wichtig sein sollte. Allein vier Fälle betrafen den Fischereisektor. Verfolgt man das bedrohliche Ausmaß der Überfischung in den letzten 20 Jahren, dann müßte eigentlich der Schutz der Thunfische an erster Stelle stehen. Hier wird nicht argumentiert, daß der Delphinschutz nicht gerechtfertigt bzw. unwichtig ist, sondern daß Streitfälle dieser Art für die Beurteilung der Auswirkungen der WTO auf den Umweltschutz ungeeignet sind. Denn sie treffen entweder nicht den Problembereich, oder die Schlichtungen beschäftigen nicht mit dem gesamten Problemkomplex, sondern regeln nur einen marginalen rechtlichen Aspekt. Eine Auseinandersetzung der Kritiker mit Umweltschutz und Handel findet nicht wirklich statt, weil der umweltpolitische Begründungsansatz in den Streitfällen größtenteils nicht hinterfragt wird. Das bedeutet aber auch, daß eventuelle Lösungs- oder Reformvorschläge für die Integration von Umweltschutz in das Welthandelssystem völlig ungeeignet sind, um langfristig die häufig beschworene gegenseitige Unterstützung der beiden Politikfelder zu erreichen. Die Reformvorschläge werden aus begrenzten Sachverhalten abgeleitet, welche die tatsächlichen Problemkonstellationen von Handel und Umwelt nicht vollständig einbeziehen. Darüber gibt die CTE-

---

[199] Vgl. Abdruck der entsprecheneden Abschnitte der Agenda 21, Kapitel 2, B Abs. 2.19, 2.20 in GATT (1993c).

[200] Nur die USA vertreten innerhalb der WTO relativ offen die Meinung, daß man handelspolitische Instrumente auch unilateral für Umweltschutz einsetzen soll, wenn damit eine schnellere Einigung oder Regelung im umweltpolitischen Bereich erreicht werden kann.

Diskussion wertvolle Hinweise, die sich hauptsächlich mit den strukturellen Effekten umweltpolitischer Maßnahmen beschäftigt.

Trotzdem werden die Reformvorschläge meistens aus den Streitfällen abgeleitet.[201] Sie reichen von zeitlich und inhaltlich gebundenen spezifischen Ausnahmebestimmungen, den Waivern, bis hin zur Einrichtung einer neuen Organisation, die als Gegengewicht zur WTO handelspolitische Umweltschutzmaßnahmen koordinieren soll (Esty 1994a, Runge 1994).[202] Waiver werden von WTO-Mitgliedern, wie auch von deren Kritikern, als ungeeignetes Instrument verworfen, da sie lediglich auf kurzfristige Ausnahmesituationen reagieren sollen. Das Verhältnis von Handel und Umweltschutz hat jedoch eher strukturelle Probleme zum Gegenstand, deshalb sollte man sie durch eine substantielle Reform des Art. XX lösen. Beispielsweise wird ein neuer Unterabschnitt (k) in bezug auf Ausnahmen für Umweltschutz oder ein Zusatz über die Zulässigkeit von Handelsmaßnahmen im Rahmen von MEAs vorgeschlagen (Biermann 1999). Wie der CTE-Zwischenbericht zeigte, sehen manche Mitglieder dabei aber Probleme, weil ihrer Meinung nicht klar ist, was „Umwelt", „Umweltschutz" und „multilaterale Umweltschutzabkommen" eigentlich sind. Die einen verstehen darunter lediglich Ex-post-Maßnahmen, die eventuelle Schäden beheben bzw. am Ende eines Wirtschaftsvorgangs die Emissionen kontrollieren, andere dagegen verlangen einen Ex-ante-Ansatz, der auf der Grundlage des Vorsorgeprinzips negative Umweltauswirkungen und Emissionen von vornherein verhindern soll.

Ein weiterer Vorschlag befaßt sich mit der Abwägung zwischen zulässigem „grünem Protektionismus" und unzulässiger handelspolitischer Diskriminierung. Nach dem Vorbild des US-amerikanischen Commerce Clause kann eine Abwägung zwischen Umweltschutz- und Handelsziel vorgenommen werden (Steward 1992, Esty 1994a: 113f). Prinzipiell soll eine Einschränkung von Freihandel zum Schutz der Umwelt möglich sein, wenn 1. ein berechtigtes öffentliches Interesse besteht, es 2. nur einen unbedeutenden Einfluß auf den zwischenstaatlichen Handel ausübt, 3. im Vergleich zum Umweltschutzeffekt keine übermäßige Belastung für den zwischenstaatlichen Handel mit sich bringt und es 4. keine Möglichkeit gibt, einen vergleichbaren Umweltschutzeffekt mit weniger drastischen Mitteln zu erzielen.

Da hier nicht der Raum für die Gesamtdarstellung der juristischen Feinheiten ist, die sich im Laufe der Jahre durch die Rechtsprechung des Obersten Gerichtshofes der USA entwickelten, soll hier nur auf ein paar wesentliche Punkte eingegangen werden. Der erste Test ist aus Sicht des Umweltschutzes leicht zu bestehen, da lediglich dargelegt werden muß, daß der primäre Zweck einer

[201] Diese Vorschläge werden sehr häufig in der Literatur genannt und unterscheiden sich meistens nicht wesentlich (vgl. Shultz 1994, Jackson 1994, Uimonen/Whalley 1997).

[202] Die Autoren weisen allerdings daraufhin, daß dies momentan keine realistische Forderung ist, sondern propagieren eine in ihren Kompetenzen und Einfluß der WTO vergleichbare Weltumweltorganisation (oder wahlweise eine aufgewertete UNEP) als zukünftige Ideallösung.

Vorschrift ein spezifisches Umweltschutzziel ist, d. h. die Vorschrift muß im Rahmen der Umweltgesetzgebung und beispielsweise nicht als Arbeitsschutzrichtlinie erlassen werden. Der zweite Schritt ist etwas anspruchsvoller. Die Partei, die die Vorschrift erläßt oder in Anspruch nimmt, muß Umweltzerstörung oder -gefährdung nachweisen und auch direkt vom negativen Umwelteffekt betroffen sein. Als letztes prüft man bei der Rechtfertigung der Handelsmaßnahme, ob sie in bezug auf das Umweltproblem auch vernünftig und nicht offensichtlich disproportional zu den erhofften oder angestrebten Umweltschutzeffekten ist und ob es nicht weniger restriktive Alternativen gibt. Ein Beispiel hierfür könnte die CAFE-Regelung sein, die im Vergleich zum handelspolitischen Effekt nur einen geringen Umweltschutzeffekt erzielt, da der tatsächliche Benzinverbrauch hauptsächlich vom Verbraucher abhängt.

Auf den ersten Blick erscheint dieser Vorschlag vernünftig. Wenn man jedoch dieses Schema von der nationalen auf die internationale Ebene überträgt, wird sehr schnell deutlich, daß sich dadurch Komplikationen ergeben können, die das ganze Modell in sich zusammenfallen lassen (Dunoff 1994). Zunächst einmal stellt sich das Problem, wer oder welche Institution diese Abwägung durchführen soll. WTO-Panels könnten das Analyseschema nur teilweise übernehmen, da ihnen beispielsweise noch die rechtliche Kompetenz für das zweite und dritte Kriterium fehlt. Sie haben lediglich eine Rechtsgrundlage zur Beurteilung von handelspolitischen Auswirkungen und zur Bewertung unterschiedlicher Handelsrestriktionen. Der Test stellt aber schon sehr stark auf eine umweltpolitische Sichtweise ab, die so in der WTO noch nicht besteht. Weitaus größer sind aber die Implikationen des dritten Prüfungsschrittes, wenn man ihn auf die momentan herrschende politische Situation im internationalen Bereich übertragen will. Er geht von einem politischen und wissenschaftlichen Konsens bei der Bewertung von Umweltproblemen, Umweltzerstörung und notwendiger wirtschaftlicher Einschränkung aus, der auf internationaler Ebene nicht gegeben ist (vgl. Esty 1994a: 128). Auf dieser Ebene gibt es auch keine übergeordnete Instanz, die diesen Konsens definieren oder herbeiführen könnte. Da das Ergebnis des Tests stark von der ursprünglichen richterlichen Evaluation der Regierungsvorschrift abhängt, spielen Werthaltungen eine sehr große Rolle (Farber/Hudec 1996: 67). Man kann zwar davon ausgehen, daß sich diese Werthaltungen im nationalen Rahmen nicht so stark unterscheiden, weil gerade auch die richterliche Rechtsfortbildung durch die Präzedenzfall gestützte Rechtsprechung einen umweltpolitischen Grundkonsens schafft. Im internationalen Bereich mit national sehr unterschiedlichen Umweltproblemen und dementsprechend unterschiedlichen Problemwahrnehmungen ist dieser Wertekonsens nicht gegeben.

Nun vertreten einige die Meinung, daß man zu solchen gemeinsamen Werthaltungen nur kommen kann, indem man Staaten zum Meinungsaustausch mit dem Fernziel internationaler Kooperation durch die Anwendung von unilateralen umweltpolitischen Handelsmaßnahmen zwingt (Steinberg 1997). Die weitere Entwicklung nach dem ersten Thunfisch-Fall scheint dieses Argument zu bestätigen, denn Mexiko stimmte 1992 einem Abkommen zu, in dem es sich zur kontinuierlichen Senkung der Rate unabsichtlich getöteter Delphine bis 1. März 1994 und zu einem fünfjährigen Moratorium beim „purse-seine-fishing" verpflichtete (Mayer/Hoch 1993: 224f). Ob Mexiko nun aus Artenschutzbewußtsein gehandelt hat oder diese Verpflichtung, die trotz des internationalen Vertrages noch lange nicht von den mexikanischen Fischern umgesetzt ist, im Vergleich zu gescheiterten NAFTA-Verhandlungen das kleinere Übel darstellt, ist aus Sicht der USA und des Umweltschutzes unerheblich. Allerdings wird die Motivfrage wichtig, sobald man aus der Anwendung unilateraler Handelsmaßnahmen für umweltpolitische Zwecke eine allgemeine politische Strategie machen will. Denn zwangausübende unilaterale Handelsmaßnahmen wären vielleicht noch gerechtfertigt, wenn sie tatsächlich das umweltpolitische Ziel erreichen. Aber das ist nicht automatisch gewährleistet. Das Montrealer Protokoll, das allgemein als ein erfolgreiches Beispiel internationaler Umweltpolitik gilt, ist hierfür ein anschauliches Beispiel. In diesem Fall ist nicht klar, ob die Ratifizierung durch Länder mit niedrigen Umweltstandards wegen des negativen Anreizes der drohenden Handelssanktionen oder eher aufgrund des positiven Anreizes der versprochenen technischen und finanziellen Hilfe erfolgte. Außerdem stellt sich mehr und mehr heraus, daß der Abschluß eines MEAs nur der erste Schritt ist und die Implementation der Vereinbarungen die tatsächliche Herausforderung und alltägliche Schwierigkeit darstellt. Bleibt man bei diesem Beispiel, sieht man, daß der Schwarzmarkthandel von FCKW und anderen die Ozonschicht zerstörenden Stoffen inzwischen solche Ausmaße annimmt, daß dessen Gewinnspannen schon mit jenen des internationalen Drogenhandels verglichen werden (Brack 1996: 108).[203]

Die Forderungen, über Handel Umweltschutz zu erzwingen, sind äußerst heikel, weil eine protektionistische Absicht und die aus dieser Diskriminierung entstehenden wirtschaftlichen Vorteile nie ganz auszuschließen sind. Langfristig gesehen dienen unilaterale umweltpolitische Handelsmaßnahmen wohl nicht der effektiven internationalen Kooperation, weil sie der Entwicklung des notwendigen Wertekonsenses nicht genügend Raum lassen (Schlagenhof 1995: 140). Auch diese Tatsache unterstützt die Forderung, bei der Analyse die simplifizierende Schwarz-Weiß-Malerei aufzugeben und mehr auf das polit-ökonomische Umfeld in einer spezifischen Situation zu achten bzw. zu prüfen, ob es neben drohenden Embargos nicht auch noch andere Erklärungen für das staatliche Verhalten gibt.

4.6.3 Politökonomische Zusammenhänge

Die Thunfisch-Entscheidungen werden in der Literatur überbewertet, oder zumindest wird der Schwerpunkt falsch gelegt, wenn anhand dieser Beispiele die negativen Auswirkungen des GATT auf die internationale Umweltpolitik betont werden.

---

[203] Es wird geschätzt, daß in Miami FCKWs das am zweithäufigsten illegal eingeführte Gut sind, das nur noch von Kokain übertroffen wird.

Die Verweigerung der Annahme des ersten Reports durch beide Vertragsstaaten ist nur auf den ersten Blick ungewöhnlich. Der Grund waren die parallel verlaufenden Verhandlungen zwischen den USA und Mexiko über den mexikanischen Beitritt zum Nordamerikanischen Handelsabkommen NAFTA. Die USA setzten Mexiko über diese Verhandlungen unter Druck, auf die Annahme des Reports zu verzichten.[204] Dabei spielten auch amerikanische Umweltverbände eine entscheidende Rolle. Nachdem der Panelspruch bekannt wurde, startete jene NGO, die das Embargo mit einer Klage gegen den US-Handelsminister überhaupt erst in Gang gebracht hatte, eine aufsehenerregende Öffentlichkeitskampagne. Mit ganzseitigen Anzeigen in amerikanischen Tageszeitungen wurden GATT und Mexiko als Verbrecher gegen die Umwelt angegriffen. Daraufhin sah Mexiko seine Chancen auf eine NAFTA-Mitgliedschaft schwinden, weil ohne die Zusicherung der Einhaltung amerikanischer Umweltstandards die Beteiligung Mexikos an NAFTA nicht mehr möglich war. Es kündigte deshalb ebenso über Tageszeitungen sein Einlenken an (Abbot 1992: 230).

Ein ähnlicher Zusammenhang wurde bei dem Streit über die Abgaben und Steuern für Autohersteller vermutet, nur daß dieses Mal nicht eine Partei die andere unter Druck setzte, sondern das GATT/WTO-System indirekt vom amerikanischen Kongreß unter Druck gesetzt wurde. Zu der Zeit, als die Panelentscheidung anstand, wurde ebenfalls im Kongreß über die Ratifizierung der Uruguay-Runde und der WTO debatiert. Beides war im Kongreß sehr umstritten. Die Implikationen einer möglichen Ablehnung der Ergebnisse der Uruguay-Runde durch den amerikanischen Kongreß schwangen daher bei der Panelentscheidung, mit und das könnte zu der wohlwollenden Bewertung des amerikanischen Abgabensystems für Automobilhersteller beigetragen haben (Farber/Hudec 1996: 74).

Auch die Streitfälle zwischen Kanada und den USA im Fischereisektor deuten darauf hin, daß es dabei teilweise eher um fischereipolitische als um umweltpolitische Zielsetzungen geht, die dem wirtschaftlichen Konkurrenzdruck zuzuschreiben sind. Die regelmäßige Wiederkehr von ernsthaften Konflikten zwischen den beiden Ländern im Fischereisektor deutet jedoch darauf hin, daß Umwelt- oder Ressourcenschutz zumindest nicht die Hauptursache für Handelsmaßnahmen sind. Ein im Rahmen von FTA[205] 1990 geregelter Streit über ein amerikanisches Importembargo für kleinere kanadische Hummer ist ein Beispiel für den schwelenden Dauerkonflikt. Die USA untersagten den Import von kleinen kanadischen Hummern mit der Begründung, deren Größe liege unter der amerikanischen Richtgröße, die dem Artenschutz dient. Dabei übersahen die Amerikaner, daß der kanadische Hummer aufgrund des kälteren Wassers von

---

[204] Das bestätigte auch der zuständige Direktor der GATT-Abteilung „Technical Barriers to Trade and Trade and Environment" Richard Eglin in einem persönlichen Gespräch mit der Autorin.

[205] "Free Trade Agreement" zwischen Kanada und USA von 1988.

Natur aus kleiner ist (Esty 1994a: 272). Sie mußten das Embargo zurücknehmen, allerdings hatten ihre Fischer zumindest zeitweise einen erheblichen Wettbewerbsvorteil.

Der Konflikt zwischen Kanada und den USA über die Lachsfischerei dauert immer noch an, da sich die beiden Staaten meistens nicht über die jährlich neu festzusetzenden Fangquoten einigen können. 1997 führte dieser Konflikt zum wiederholten Male zu Blockaden von amerikanischen Fischerbooten und Fähren durch kanadische Fischer (Financial Times 1997: 4).

Diese Zusammenhänge deuten darauf hin, daß neben Umweltschutz auch handfeste wirtschaftliche Gründe eine große Rolle spielen können und es aus wissenschaftlicher Sicht wünschenswert wäre, die GATT- und WTO-Streitschlichtungsverfahren verstärkt unter dem Aspekt der sektorenspezifischen Zusammenhänge und Entwicklungen zu analysieren. Die WTO kann bei der Regelung nicht der einzige und auch nicht der zentrale Akteur sein. Verbindliche Handelsnormen mit ausdrücklichen Regelungen für umweltpolitische Anforderungen im internationalen Bereich sind ein erster wichtiger Ansatzpunkt, aber sektorpolitische Reformansätze sind mindestens ebenso wichtig.

4.6.4 Grenzen der Abwägung

Abschließend noch einige Anmerkungen, die die Erweiterung des Analyserahmens auf politische und kulturelle Strukturen ausdehnen und die Problematik der Ausweitung von GATT auf das gesamte umweltpolitische Instrumentenspektrum aufgreifen. Manche fordern unilaterale Handelsmaßnahmen insbesondere bei der Bekämpfung von internationalen und globalen Umweltproblemen, die sich auf nicht-produktbezogene PPMs stützen. Das Argument dafür lautet, wenn alle davon betroffen seien, rechtfertige das auch eventuelle wirtschaftliche Nachteile für wenige (Charnovitz 1992). Überträgt man dieses Problem aber auf andere Bereiche, zeigt sich sehr schnell das Gefahrenpotential, das von einer Zulassung unilateraler Handelsmaßnahmen für das GATT/WTO-Regelsystem ausgeht. Jackson (1992b: 1243) konstruiert hypothetische Beispielsfälle, die in ihrer Anlage dem ersten Thunfischfall ähneln, indes aber auf ein anderes Politikfeld übertragen werden. So demonstriert er eindrucksvoll die möglichen gegenläufigen Wirkungen von Maßnahmen, wie sie Kritiker des GATT/WTO-Systems fordern. Daran zeigt sich die Komplexität der PPM-Problematik und einer unbedachten Regelerweiterung der WTO.[206]

---

[206] Brack (1996) berichtet im übrigen, daß die Vertragsstaaten des Montrealer Protokolls die Regulierung von Produkten, die mit ozongefährdenden Stoffen hergestellt werden, diese aber nicht beinhalten, zunächst aufgeschoben haben, da momentan nicht klar ist, wie weit in der Produktionskette zurückgegangen werden kann, wenn nicht der größte Teil des Welthandels negativ von der Maßnahme betroffen werden soll. Außerdem ist auch hier empirisch nicht erfaßt, welche Produkte überhaupt mit ozongefährdenden Stoffen produziert werden.

Werden die Parameter „Thunfisch" und „Delphin" durch „Auto" und „Fabrik" ersetzt, wäre folgender Fall denkbar: Ein Land verhängt ein Importembargo gegen Autos, die in Fabriken produziert werden, deren Sicherheits- und Gesundheitsstandards völlig unzulänglich sind, viele Arbeitsunfälle zur Folge haben und den im Importland herrschenden Standards bei weitem hinterher hinken. Das Produkt dagegen unterscheidet sich weder qualitativ von den inländisch produzierten, noch stellt es ein größeres Sicherheits- oder Verschmutzungsrisiko als die einheimischen Automobile dar. Auch hier werden PPMs als Beurteilungskriterien angelegt, die die Frage nach der rechtlichen Zulässigkeit angesichts von Gleichbehandlungs- und Meistbegünstigungsgebot sowie der Ausnahmen des Art. XX aufwerfen. Es gibt noch einige andere Beispiele, die für die enge Auslegung und begrenzte Zulässigkeit des Art. XX sprechen:

- Der Import von Radios wird aufgrund des geringen Lohns der ausländischen Arbeiter verboten, der unter dem Mindestlohn des Importlandes liegt, obwohl dieser zur Bestreitung des Lebensunterhalts im Produktionsland ausreicht.
- Ein Importland verbietet die Beschäftigung von Frauen in bestimmten Produktions- und Fabrikationsbereichen und verbietet deshalb auch den Import von Waren, die gleich oder ähnlich im Ausland unter anderem von Frauen hergestellt wurden.
- Importembargos werden für Güter erlassen, die an religiösen Feiertagen des Importlandes im Ausland hergestellt wurden (vgl. Jackson 1992b: 1242f).

Bei diesen Beispielen erkennt man den offensichtlichen Protektionismus oder zumindest die ungerechtfertigte Diskriminierung aufgrund von unilateralen Standards, die nicht von Art. XX gedeckt sind. Man sieht auch, daß eine Zulässigkeit solcher Maßnahmen mit dem Ende stabiler Welthandelsregeln gleichzusetzen ist, wenn man sich nicht auf eine gemeinsame Interpretation des Art. XX einigt.

Auf der Policyebene stehen mit MEAs und der Integration von PPMs die praktischen Probleme auf der Tagesordnung. Die unterschiedlichen wirtschaftlichen Entwicklungsniveaus stellen das größte Hindernis für eine globale Umweltpolitik dar. Das heißt aber noch nicht, daß es keinen Ausweg gibt. Nicht zuletzt die gescheiterte Ministerkonferenz in Seattle 1999 machte deutlich, daß die Öffnung der Märkte in Industrieländern für wettbewerbsfähige Produkte aus Entwicklungsländern, vor allem im Agrarbereich, ein wichtiger und sehr wirksamer Schritt für den Interessenausgleich wäre. Dieser Interessenausgleich ist eine notwendige Vorbedingung für Fortschritte in der Integration und Stärkung des Umweltschutzes im GATT/WTO-System. Der Norden, und in diesem Fall betrifft das Akteure aus dem politischen, ökonomischen und gesellschaftlichen Bereich, muß verstärkt einer entwicklungsorientierten internationalen Umweltagenda folgen. Aber gerade bei dieser Erfolg versprechenden Strategie ist mit großem Widerstand von jenen zu rechnen, die dadurch ihre bisherigen wirtschaftlichen Vorteile aufgeben und sich auf einen härteren Konkurrenzkampf einlassen müßten.

5 Die EU, Umweltschutz und Handelspolitik

Die EU[207] ist als Akteur vor allem deshalb interessant, weil sie in ihrem Binnenbereich den Ausgleich von handels- und umweltpolitischen Zielen formal durch fest verankerte Rechtsgrundlagen schon erreicht hat. Die EU wurde mit dem GATT vergleichbaren Prinzipien und aus ähnlichen Beweggründen wie das GATT/WTO-System geschaffen. Der EWG-Vertrag von 1958 hatte auch das Ziel, durch wirtschaftlichen Aufschwung den Frieden langfristig zu wahren. Das Interesse an einer europäischen Wirtschaftsgemeinschaft war im Vergleich zum Entwurf eines multilateralen Handelssystems wahrscheinlich noch konkreter an unmittelbaren sicherheitspolitischen und wirtschaftlichen Erwägungen orientiert (Wallace 1990: 5). In den Römischen Verträgen gab es anfangs keine ausdrückliche vertragliche Grundlage für Umweltschutz. In der Zwischenzeit ist jedoch gerade wegen der Wechselwirkungen zwischen ökonomischer Integration und ökologischer Gefährdung eine vertragliche Basis für den gemeinschaftlichen Umweltschutz in den Verträgen verankert und stetig ausgeweitet worden.

Die EU wird nun aufgrund einiger vergleichbarer Ausgangsbedingungen zwischen GATT und EG und der nachfolgenden schrittweisen Integration von Umweltschutz immer häufiger als Referenzpunkt bei der Frage herangezogen, wie denn ein Ausgleich zwischen Handel und Umweltschutz im zwischenstaatlichen Bereich gefunden werden kann (vgl. Sevenster 1993, Bail 1994). Zur Beantwortung dieser Frage muß man die handelspolitische Strategie und die interne Entwicklung der EU-Umweltpolitik näher beleuchten, vor allem im Hinblick auf das Verhältnis von wirtschaftlicher Integration und Umweltschutz in der EU. Diese mögliche Referenz- oder Vorbildfunktion läßt sich anhand des Verhaltens der EU innerhalb des GATT/WTO-Systems gut überprüfen. Trotz aktiver Teilnahme im CTE trat die EU in den Schlichtungsverfahren immer als Gegner der jeweiligen Umweltschutzbegründungen auf, obwohl die EU in der internationalen Umweltpolitik offiziell nach einer Führungsrolle strebt (Liberatore 1993, EG 1993a)

---

207 Der Begriff „EU" wird immer dann verwendet, wenn sich die Aussagen auf politische Ereignisse nach 1992 beziehen. Der Begriff „Gemeinschaft" steht auch danach noch für Handlungen der Institutionen der EU, um diese als Analyseeinheit von der EU als Ganzem bzw. von den Mitgliedstaaten abzugrenzen.

5.1 Umweltpolitik im Binnenmarkt

Die Entwicklung der Umweltpolitik der EG/EU muß man im Zusammenhang mit der europäischen wirtschaftlichen Integration sehen. Die umweltpolitischen Entwicklungen im Binnenmarkt bestimmen durch die beteiligten europäischen Institutionen und die institutionelle Struktur der EU auch maßgeblich die umweltpolitischen Zielsetzungen der Gemeinschaft auf internationaler Ebene. Denn durch den Abbau von spezifischen nationalen Schutzregeln mit protektionistischem Effekt müssen ähnliche Ausgangsbedingungen im zwischenstaatlichen Handel geschaffen werden, die unfaire Wettbewerbsvorteile aufgrund von laxen Umweltschutzvorschriften ausschließen. Dieses „levelling the playing field" schließt eine Harmonisierung oder ungefähre Angleichung technischer und produktspezifischer Standards sowie der PPM-Vorschriften ein. Man geht also davon aus, daß wirtschaftliche Integration ab einem bestimmten Entwicklungsniveau nicht mehr ohne gleichzeitigen Umweltschutz funktioniert (Steinberg 1997: 233). Die folgende Analyse zeigt, wie diese Entwicklung in der EU verlaufen ist.

5.1.1 Die Entwicklung der Umweltpolitik in der EU

Die ursprünglichen Römischen Verträge von 1957 beinhalten keine Regeln oder Vorgaben zur Umweltpolitik und keine dem Art. XX vergleichbare Ausnahmeklausel.[208] Die Rechtsgrundlagen für den angestrebten Gemeinsamen Markt finden sich hauptsächlich in Art. 2 EGV (Schaffung eines Gemeinsamen Marktes), Art. 3a EGV (Abschaffung von Zöllen, mengenmäßigen Beschränkungen und Maßnahmen gleicher Wirkung im Warenverkehr) und Art. 3c EGV (Beseitigung von Hindernissen des freien Personen-, Dienstleistungs- und Kapitalverkehrs).[209] Damit sind die sogenannten vier Freiheiten umschrieben, die die charakteristischen Eigenschaften eines Gemeinsamen Marktes bilden, die weit über die allgemeine Freihandelsdoktrin hinausgehen und gleichzeitig eine viel umfassendere politische und wirtschaftliche Koordination und Kooperation verlangen als die institutionellen Vorstufen der Freihandelszone und der Zollunion.

Der wirtschaftliche Erfolg führte dazu, daß sich die EG umweltpolitisch betätigen mußte, obwohl das nach den Gründungsverträgen nicht vorgesehen war. Einerseits führte die wirtschaftliche Entwicklung verstärkt zu grenzüberschreitenden Umweltproblemen, wie beispielsweise Luft- und Gewässerverschmutzung, denen auf nationaler Ebene kaum wirksam begegnet werden

---

[208] Der einschlägige Art. 235 EGV ist viel allgemeiner formuliert und bezieht nicht auf Ressourcen- oder Gesundheitsschutz, sondern auf Situationen, die im EG-Vertrag nicht vorgesehen sind, aber trotzdem ein Handeln der Gemeinschaft notwendig machen.

[209] Mit der Einheitlichen Europäischen Akte (EEA) wurden 1986 die Art. 8a-c hinzugefügt, die die Verwirklichung des Binnenmarktes bis 1992 sowie Verfahren und Ausnahmeregeln festlegen.

konnte. Andererseits wirkten sich nationale umweltpolitische Produkt- und Produktionsvorschriften immer häufiger als nichttarifäre Handelshemmnisse aus, die den Binnenhandel behinderten. So entstand die europäische Umweltpolitik anfangs weniger aus einer Gemeinschaftsinitiative heraus, sondern sie war eine Reaktion auf die nationale Umweltpolitik einiger weniger Mitglieder – hauptsächlich der Niederlande und Deutschlands – die aufgrund der negativen handelspolitischen Auswirkungen eine gemeinschaftliche Umweltpolitik erforderten (Judge 1993: 3). Die erste umweltpolitische Richtlinie wurde 1967 zur Klassifikation, Verpackung und Beschriftung von gefährlichen Substanzen erlassen (Krämer 1995).

Nach der Stockholmer UN-Konferenz zur menschlichen Umwelt 1972 erklärte der EG-Gipfel in Paris, daß ökonomisches Wachstum kein Selbstzweck ist, sondern in erster Linie zu einer Verbesserung der Lebensqualität beitragen muß, zu der auch eine gesunde Umwelt gehört (Liberatore 1991). Im Zuge dieser Aussage beauftragten die Regierungsvertreter die Kommission mit der Erarbeitung eines Umweltaktionsprogrammes (UAP),[210] das 1973 erstmals die prinzipiellen Ziele europäischer Umweltpolitik darlegte. Demnach ist die beste umweltpolitische Strategie diejenige, welche Umweltverschmutzung von vornherein vermeidet und negative Umwelteffekte schon in der Planungsphase berücksichtigt. Natürliche Ressourcen wiederum sind schützenswerte Produktionsfaktoren, die nicht plan- und bedenkenlos ausgebeutet werden können, weil sie die Grundage aller wirtschaftlicher Aktivität bilden (vgl. Baker 1993: 14). Das dritte Programm (1982-86) stellte einen wichtigen qualitativen Fortschritt im Vergleich zu seinen Vorgängern dar, weil es die Integration umweltpolitischer Gesichtspunkte in andere wichtige Gemeinschaftspolitiken anstrebte, nachdem immer deutlicher wurde, daß Umweltprobleme hauptsächlich durch die Vernachlässigung von Umweltschutzaspekten in den anderen Politikfeldern entstehen. Das vorläufig letzte, fünfte Programm (1993-2000) ist sehr stark von der Diskussion über nachhaltige Entwicklung geprägt und stellt einen weiteren wichtigen Schritt in der qualitativen Entwicklung europäischer Umweltpolitik dar. Zum ersten Mal bezieht es internationale und globale Faktoren und Dynamiken ein und enthält Anregungen für die Umweltpolitik der EG auf internationaler Ebene.[211]

---

[210] Diese Umweltaktionsprogramme sind ein wichtiger Bestandteil der gemeinschaftlichen Umweltpolitik. Als Richtlinien geben sie den grundsätzlichen Rahmen der Umweltpolitik für vier bis fünf Jahre vor. Sie werden hauptsächlich durch Richtlinien implementiert, die den Mitgliedstaaten im Gegensatz zu den verbindlichen Verordnungen eine gewisse Flexiblität bei der Umsetzung im nationalen Rechtsrahmen erlauben. Mittlerweile wird auch verstärkt mit finanziellen Instrumenten im Zuge spezieller Förderprogramme z. B. im umwelttechnologischen Bereich gearbeitet. Einen detaillierten Überblick über die bisherigen Umweltaktionsprogramme gibt Hildebrand (1993).

[211] Dieses Programm wird im Rahmen der internationalen Umweltpolitik noch eingehend analysiert.

Die Gemeinschaft bedient sich unterschiedlicher, größtenteils rechtlicher Instrumente bei der Umweltpolitik. Am häufigsten werden Richtlinien von der Gemeinschaft beschlossen, die bestimmte Zielsetzungen enthalten, welche von den Mitgliedstaaten rclativ flexibel durch einzelstaatliche Rechts- oder Veraltungskte umgesetzt werden. Danach ist die Verordnung, die in Form und Inhalt verbindlich ist und in allen Mitgliedstaaten unmittelbar gilt, das häufigste Instrument (vgl. EG 1996a: vi).[212]

5.1.2 Die Rechtsgrundlagen europäischer Umweltpolitik[213]

Erst als mit der Einheitlichen Europäischen Akte (EEA) von 1987 die Vollendung des Binnenmarktes eingeleitet wurde, nahm man auch konkrete umweltpolitische Regelungen in die Verträge auf. Mit den neuen Artikeln 130 r-t EGV erhielt die Gemeinschaft nun eine ausdrückliche umweltpolitische Kompetenz. Bis dahin stützten sich die EG-Umweltrichtlinien hauptsächlich auf Art. 100 EGV, der die Grundlage für die Angleichung von nationalen Rechtsvorschriften bot, um eventuellen Wettbewerbsverzerrungen vorzubeugen oder diese aus dem Weg zu räumen. Art. 235 EGV bot eine weitere Rechtsgrundlage für gemeinschaftliche Umweltpolitik. Sie ermächtigt den Rat bei einstimmiger Entscheidung zum Erlaß von Maßnahmen, die zwar nicht im Vertrag berücksichtigt, aber für das Funktionieren des Gemeinsamen Marktes unerläßlich sind. Bis 1987 basierte das gesamte EG-Umweltrecht auf diesen beiden Artikeln (EG 1996a: xx).

Die EEA schloß mit den Artikeln 130 r-t EGV und einer konkretisierten Harmonisierungsbestimmung in Art. 100a die Umweltpolitik in die Gemeinschaftsverträge ein, weil die alten Rechtsgrundlagen für eine präventive und fortschrittliche Umweltpolitik nicht mehr genügten (vgl. Beutler u. a. 1993: 510).[214]

---

212 Richtlinien müssen normalerweise innerhalb einer gesetzten Frist in innerstaatliches Recht umgesetzt werden. Neben der verbindlichen Verordnung gibt es auch noch Entscheidungen, die für denjenigen verbindlich sind, an den sie gerichtet sind; das können einzelne Mitgliedstaaten, Privatpersonen oder juristische Personen sein. Zusätzlich gibt es auch noch die Möglichkeit einer unverbindlichen Empfehlung oder Entschließung durch die Europäische Gemeinschaft.

213 Dieser kurze Überblick konzentriert sich auf jene Aspekte, die im Zusammenhang mit internationalem Handel und den Fragen des Ausgleichs zwischen Marktliberalisierung und Umweltschutz wichtig sind.

214 Die Wahl der Rechtsgrundlagen hat allgemeine Auswirkungen auf die Umweltpolitik, insoweit als ein Konflikt über die Rechtsgrundlage Umweltpolitik dauerhaft blockieren kann. Soweit dieses Problem für den binnenmarktlichen Konflikt zwischen Handels- und Umweltpolitik mit seinen Implikationen auf der internationalen Ebene relevant ist, wird der Konflikt im folgenden Abschnitt der entsprechenden Konfliktfälle im Binnenmarkt dargestellt. Allgemein ist die Entscheidung des EuGH Rechtssache C-300/89 (Kommission – Rat), Slg. 1991, S. I-2867 maßgeblich, vgl. auch Geradin (1994) und Usher (1994).

Die drei Artikel 130 r-t EGV legen die Ziele und Bestandteile der gemeinschaftlichen Umweltpolitik fest. Art. 130 r EGV nennt folgende Ziele:

- die Umwelt zu erhalten, zu schützen und die Umweltqualität zu verbessern,
- zum Schutz der menschlichen Gesundheit beizutragen,
- eine weitsichtige und rationelle Verwendung der natürlichen Ressourcen sicherzustellen.

Die Artikel 130 r-t beruhen auf drei Grundsätzen:

- der Prävention von Umweltbelastungen,
- der Bekämpfung der Umweltbelastung am Ort ihrer Entstehung,
- Durchsetzung des Verursacherprinzips.

Damit wird die Umweltpolitik zu einem wichtigen Querschnittsbereich, der aus den anderen sektorellen Politikbereichen nicht mehr wegzudenken ist.

> Das Integrationsprinzip ist damit bei weitem das wichtigste Element in diesem neuen Artikel. Der Umweltschutz ist der einzige Bereich der Gemeinschaftspolitik, der eine derart umfassende Verpflichtung beinhaltet; die Gemeinschaft ist gehalten, Verfahren zur Anwendung und Durchführung dieses Prinzips zu erlassen (EG 1996a: xxiii).[215]

Der Vertrag zur Europäischen Union (EUV) leitete wichtige Veränderungen bei den umweltpolitischen Rechtsgrundlagen ein. Art. 2 EGV enthält nun „umweltverträgliches Wachstum" als ausdrückliche Gemeinschaftsaufgabe. Die internationale Rolle der EU im Rahmen der Umweltpolitik wird durch das neue vierte Ziel in Art. 130 r EGV besonders hervorgehoben, das die „Förderung von Maßnahmen auf internationaler Ebene zur Bewältigung regionaler oder globaler Umweltprobleme" verlangt. Dafür wurde aber gleichzeitig das Subsidiaritätsprinzip gestärkt.[216]

Weitere Änderungen ergeben sich nach der in Amsterdam im Juni 1997 abgeschlossenen Regierungskonferenz, die die Union auf die angestrebte räumliche Erweiterung bei gleichzeitiger Vertiefung der Integration vorbereiten sollte. Jetzt wird die nachhaltige Entwicklung als Gemeinschaftsziel besonders betont, indem man diesen Grundsatz ausdrücklich bei den Zielen und Grundprinzipien in der Präambel des EUV aufnahm. Nachhaltige Entwicklung wird nun durch „umweltverträgliches Wachstum" und mit einem „hohen Maß an Umweltschutz und an Verbesserung der Qualität der Umwelt" angestrebt. Neu ist auch die ausdrückliche Pflicht in Art. 3d EGV, den Umweltschutz in allen anderen sektorellen Politiken zu berücksichtigen.[217]

---

[215] Auch die Aufzählungen sind aus dieser Quelle entnommen.

[216] Mittlerweile sieht es aus, als ob das durch den EUV gestärkte Subsidiaritätsprinzip, auf das in diesem Zusammenhang abgehoben wird, die Effektivität europäischer Umweltpolitik erheblich schmälert (Golub 1996a, Collier 1996b).

[217] Dieser Zusatz ist eine Reaktion auf den Konflikt zwischen der Kommission und Frankreich, in dem Frankreich gegen die Anerkennung eines absoluten Verbots Deutschlands von PCP

5.1.3 Umweltpolitik und politische Integration

Die EG nahm sich jener umweltpolitischen Bereiche an, die sich ausschließlicher nationaler Kontrolle wegen der spezifischen Beschaffenheit der Umweltprobleme entzogen, sich aber gleichzeitig auf den Gemeinsamen Markt auswirkten und deshalb ein Handeln der Gemeinschaft notwendig machten. Das trug dazu bei, daß auch bei politischen Blockaden das integrationspolitische Momentum zumindest auf der technischen Ebene Bestand hatte (Vogel 1993: 183).

Darüber hinaus war und ist der geographische Zusammenhang von industrieller Tätigkeit und grenzüberschreitender Umweltverschmutzung wichtig und die daraus folgenden negativen Auswirkungen auf die soziale und wirtschaftliche Wohlfahrt. Obwohl die Umweltprobleme der Niederlande nicht unbedingt mit jenen Griechenlands vergleichbar sind, machen geographisch-physische Zusammenhänge koordiniertes Handeln auf der Basis gemeinsamer Standards absolut unerläßlich. Der Schutz von Zugvögeln ist nur effektiv, wenn sie in ihren Überwinterungsgebieten ebenso geschützt sind wie während der Sommermonate.[218] Der hohe Standard von Gewässerschutzrichtlinien mit gleichen Rechten und Pflichten für alle Betroffenen kann am besten durch eine gemeinschaftliche Regelung gewährleistet werden. Die „Seveso"-Richtlinie von 1982 zum Umgang mit gefährlichen chemischen Industrieabfällen wurde hauptsächlich aus Angst vor unterschiedlichen Standards in Europa verabschiedet. Es sollte verhindert werden, daß die Verbringung gefährlicher Industrieabfälle von Ländern mit strengen Standards in jene mit niedrigeren zu einer Gefahr für alle Mitgliedstaaten wird, also auch für jene mit hohen Standards (Vogel 1993: 184).[219]

Trotz dieser Entwicklungen ist man sich aber nicht darüber einig, inwieweit man von einer „grünen" EU oder einer effektiven Umweltpolitik sprechen kann und welche Position die europäischen Institutionen darin einnehmen. Einerseits wird darauf verwiesen, daß die EU von einem bloßen Rahmen für die Entwicklung gemeinsamer Umweltpolitik zu einer festen institutionellen Plattform

---

nach Art. 100a, 4 EGV, das über bestehende Gemeinschaftsregelungen hinausgeht, klagte. Der Gerichtshof ging dabei nicht auf die Frage der Zulässigkeit dieses Verbots und seiner handelsverzerrenden Wirkungen ein, sondern bemängelte, daß die Kommission überhaupt nicht prüfte, ob die nationalen Voraussetzungen eines besonderen nationalen Schutzinteresses für die Ausnahmebestimmung überhaupt bestanden. Die Kommission leitete lediglich die deutsche Begründung für das Verbot an die anderen Mitgliedstaaten zusammen mit ihrer Zustimmung weiter. Vgl. EuGH Rechtssache C-41/93, Slg. 1994, 1829.

[218] Gerade der Schutz der Zugvögel gestaltete sich in der EG schwierig, weil ihr Schutz in den südlichen Überwinterungsländern wie Spanien und Italien aufgrund laxer Umweltschutzmoral und althergebrachter Traditionen der Vogeljagd nicht gegeben war. Diese Länder wehrten sich gegen europäische Richtlinien, die ihnen Verantwortung und Aufgaben zuwiesen, von deren Sinn und Notwendigkeit sie keineswegs überzeugt sind.

[219] Die Abfälle, die das Unglück von Seveso auslösten, kamen ursprünglich aus der Schweiz. Nach dem Unglück ging auch das abgetragene Erdreich auf eine Irrfahrt durch Europa, bevor es endgültig verbrannt wurde.

für die Formulierung solcher Politiken wurde (Liefferink/Lowe/Mol 1993). Die Kommission agierte dabei auch aus einer Art institutionellen Selbstinteresses und einer Eigendynamik heraus. Denn in der Umweltpolitik konnte sie sich als einziger „überstaatlicher" Akteur bei der Formulierung und Koordination von Strategien zur Bekämpfung transnationaler Umweltprobleme als Institution des Ausgleichs profilieren. Und sie nahm zusätzlich durch die im Binnenmarkt verregelten Umweltprobleme die Repräsentation der Gemeinschaft auf internationaler Ebene wahr und stärkte dadurch noch ihre eigenständige Position gegenüber den Mitgliedstaaten (Somsen 1996: 201).

Andererseits wird auch immer wieder darauf aufmerksam gemacht, daß gerade die umweltbewußteren Mitgliedstaaten wegen der Furcht vor Wettbewerbsnachteilen durch höhere Umweltschutzkosten auf die Durchsetzung hoher Umweltstandards auf europäischer Ebene drängen. So werden diese Mitgliedstaaten zur treibenden Kraft der Umweltpolitik in der EU (Spragia 1996). Und genauso können diese Mitgliedstaaten die europäische Umweltpolitik blockieren, wie sich bei der fehlgeschlagenen Initiative für die Einführung einer CO_2-Steuer zeigte (Skærseth 1994).

5.1.4 Kritik und Unzulänglichkeiten europäischer Umweltpolitik

Allgemeine strukturelle Hindernisse

Die umweltpolitischen Rechtsgrundlagen der EU sind im Vergleich zu anderen supra- und internationalen Einheiten in ihrer Regelungsbreite und -verbindlichkeit einzigartig.[220] Allerdings ergeben sich bei der Implementation der gemeinschaftlichen Umweltpolitik häufig große Verzögerungen und Schwierigkeiten, weil sie einerseits auf ein hohes Schutzniveau abzielt und andererseits die unterschiedlichen Entwicklungsniveaus der einzelnen Regionen berücksichtigen muß (Krämer 1994: 3f).[221]

Die Kommission stellte bei der Verabschiedung ihres 5. Umweltaktionsprogrammes selbst fest, daß „trotz der in den letzten zwei Jahrzehnten getroffenen Maßnahmen eine langsame, jedoch gravierende Verschlechterung des allge-

---

[220] Auch das umweltpolitische Zusatzabkommen zu NAFTA verfolgt nur in Ansätzen eine umweltpolitische Harmonisierung. Es baut eher auf der gegenseitigen Anerkennung von Umweltschutzstandards auf und räumt diesen unter bestimmten Bedingungen als Instrument gegen Öko-Dumping den Vorrang vor Freihandelsbestimmungen ein.

[221] An dieser Stelle soll nur kurz auf die wichtigsten Problempunkte europäischer Umweltpolitik eingegangen werden, soweit sie sich auf die Situation im Konfliktfeld von Handel und Umwelt auswirken. Hey (1994) bringt eine allgemeine und umfassende Kritik aus Sicht eines Umweltschützers. Er beurteilt die bisherigen Errungenschaften der Umweltpolitik in Europa eher skeptisch, weil sich Industrielobbies, die Kommission und die nationalen Regierungen häufig gegenseitig blockieren und die demokratische und gesellschaftliche Kontrolle im undurchsichtigen Brüsseler Entscheidungssystem bisher fast gänzlich fehlt.

meinen Zustands der Umwelt innerhalb der Gemeinschaft" (EG 1993a)[222] eingetreten ist. Die neu gegründete Europäische Umweltagentur folgt dieser Einschätzung in ihrem ersten Jahresbericht für 1995. Die wichtigsten Schlußfolgerungen sind, daß die EU zwar Fortschritte bei der Reduktion einiger Umweltprobleme machte, diese aber bisher noch nicht ausreichen, um die allgemeine Umweltqualität zu verbessern, und die Gemeinschaft noch weit vom Ziel der Tragfähigkeit entfernt ist. „Actions taken to date will not lead to full integration of environmental considerations into economic sectors or sustainable development" (European Environemental Agency 1996: 16).

Schon früher wurden beträchtliche Lücken in der europäischen Umweltpolitik angeprangert. Die gesetzlichen Vorgaben setzen teilweise unzureichende Ziele und beschäftigen sich zu stark mit Einzelproblemen statt mit zusammenhängenden Problemkomplexen. Klimaschutz wird beispielsweise nur punktuell mit Emissionsvorgaben für immobile Quellen betrieben, ohne mit einer CO_2-Steuer eine strukturelle Verschiebung hin zur Besteuerung des tatsächlichen Energieverbrauchs in allen Bereichen anzustreben.

Implementationsschwierigkeiten

Die Implementationsschwierigkeiten sind meistens auf die Planungsphase gemeinschaftlicher Umweltpolitik zurückzuführen, wenn in dieser Phase Maßnahmen aufgrund unzureichender Informationen über die spezifischen institutionellen und juristischen Voraussetzungen falsch konzipiert werden. Denn auch wenn die Gemeinschaft die rechtliche Kompetenz für Regelungen in diesem Politikfeld besitzt, ist sie zunächst einmal auf Informationen aus den Mitgliedstaaten über den eventuellen Bedarf für eine EU-weite Regelung angewiesen. Die meisten Mitgliedstaaten und die Vertreter der nationalen Industrie ziehen jedoch nationale Regelungen vor, weil sie vermeintlich mehr Spielraum bei der Gestaltung kostenneutraler umweltpolitischer Vorschriften besitzen. Außerdem behalten sie so auch in Zukunft die alleinige politische Kompetenz im entsprechenden Politikfeld (Beutler u. a. 1993: 515).

Viel häufiger scheitern umweltpolitische Gemeinschaftsinitiativen jedoch am langwierigen politischen Entscheidungsmechanismus zwischen Kommission, Rat und Europäischem Parlament. Je nach Interessenlage und Koalitionsbildung zwischen umweltpolitischen „Führern" und „Zögerern" (Spragia 1996) im Rat entstehen entweder effiziente Richtlinien (z. B. Verminderung von Schwefeldioxidemissionen) oder sehr vage Vorgaben (z.B die Öko-Audit Verordnung), deren umweltpolitischer Effekt zweifelhaft ist. Die Industrielobby hat häufig einen besseren Zugang zu den Regierungsvertretern im Rat und kann dadurch umweltpolitische Entscheidungen verzögern oder verhindern (Strübel 1992).[223]

---

[222] Alle Literaturangaben, die sich im Amtsblatt der EG finden, werden nicht mehr gesondert im Literaturverzeichnis aufgeführt, weil dieser Fundstellenhinweis ausreicht.

[223] Bei der Erklärung umweltpolitischer Entscheidungsprozesse spielt deshalb auch der Public Choice-Ansatz eine sehr große Rolle, der plausibel darstellt, warum die speziellen, genau

Da die Kommission bei der Durchsetzung ihrer umweltpolitischen Richtlinienvorschläge auf wettbewerbspolitische Erfordernisse der Mitgliedstaaten Rücksicht nehmen muß, sind ihre Vorschläge schon von vornherein gewissen Handlungsrestriktionen unterworfen. Wegen der komplexen Ausgangsvoraussetzungen ist es kaum möglich, ein pauschales Urteil über „hohe" oder „niedrige" Standards bzw. den kleinsten gemeinsamen Nenner europäischer Umweltpolitik zu fällen. „Vielmehr handelt es sich um eine gegenseitige Beeinflussung von Politikkonzeptionen und -strategien auf europäischer und nationaler Ebene" (Jachtenfuchs 1996: 247). [224]

Dies ist die „Implementationslücke", die man schon Mitte der achtziger Jahre konstatierte. Aber bis heute wurden die Kontroll- und Umsetzungskompetenzen der Gemeinschaft nicht gestrafft, und so bleiben sie in ihrer Durchsetzungsfähigkeit weit hinter ihrer legislativen Rolle zurück (Collins/Earnshaw 1992). Die Kommission geht davon aus, daß die Mitgliedstaaten 1995 nur 91 % der umweltpolitischen Gemeinschaftsrichtlinien umgesetzt hatten, was bei manchen Staaten bedeutet, daß sie bis zu 22 Richtlinien nicht umgesetzt hatten. Im gleichen Jahr registrierte die Kommission aufgrund von Beschwerden aus der Öffentlichkeit insgesamt 265 potentielle Verstöße gegen europäisches Umweltrecht. Bis Oktober 1996 sammelte die Kommission über 600 solcher Umweltbeschwerden, wovon 85 mit einer Klage gegen die entsprechenden Mitgliedstaaten beim EuGH anhängig waren (EG 1996b: 2). Um diese Implementationslücke zu schließen, will die Kommission neue Rechte, die neben einer verbindlichen Informationsweitergabe durch die Mitgliedstaaten auch die Verhängung von Geldbußen durch die Kommission vorsehen (ebd. S. 4).[225]

Andere wiederum empfehlen eine grundsätzliche umweltpolitische Reform, die von der ausschließlichen legislativen Regelung durch Verordnungen und Richtlinien abweicht und mehr Gewicht auf ökonomische Instrumente legt. Die anwachsende Regelungsdichte der gemeinschaftlichen Umweltpolitik, beispielsweise bei der Luftreinhaltepolitik, arbeitet dauerhaft gegen die Marktkräfte und zementiert kontraproduktive Anreizstrukturen, indem der ordnungsrechtliche Zwang privatwirtschaftlichen Gegendruck der Partikularinteressen auslöst. „Essentielle Voraussetzung für eine effizientere und effektivere Umweltpolitik ist eine ordnungspolitische Neuorientierung, die dafür sorgt, daß Umweltnutzung mit

---

umrissenen Interessen von Unternehmern und Politikern – häufig mit protektionistischen Effekten – immer wieder Oberhand über die diffusen, unorganisierten Interessen der Öffentlichkeit an Umweltschutz gewinnen (vgl. Hillmann/Ursprung 1992, Caspari 1995).

[224] Vgl. dazu die Fallstudie von Collier (1996a) zur Klimaschutzpolitik der EU in den neunziger Jahren und die Studie von Golub (1996b) zur britischen Rolle in der europäischen Umweltdiskussion.

[225] Ob dadurch ein drohendes EuGH-Verfahren mehr Anreiz zur Implementation umweltpolitischer Richtlinien ausübt als bisher, muß sich erst noch zeigen. Bis Mitte 1997 wurden noch keine Geldbußen verhängt.

Knappheitspreisen belegt wird und damit in das privatwirtschaftliche Rentenkalkül einfließt" (Caspari 1995: 260).[226]

In empirischen Untersuchungen über Effektivität und Umfang umweltpolitischer Reformen in den Mitgliedstaaten der EU zeigte sich mittlerweile, daß diese Reformen einer starken Pfadabhängigkeit unterliegen und die bestehenden Strukturen nationaler Umweltpolitik sich nicht wesentlich aufgrund europäischer Vorgaben verändern. Größtenteils werden bestehende Instrumente zwar durch zusätzliche Möglichkeiten wie freiwillige Vereinbarungen oder die Ausweitung der Haftungsansprüche bei Umweltverschmutzung flexibilisiert, dies entspricht aber keineswegs der grundsätzlichen Neuorientierung in der Umweltpolitik, wie sie von Umweltschützern gefordert und von staatlichen Organen auch häufig proklamiert wird (Aarhus 1995).[227]

Integration von Umweltpolitik in andere Politikfelder

Dadurch wird die angestrebte Integration umweltpolitischer Gesichtspunkte in andere sektorelle Politikbereiche der EU in der Praxis erschwert. Die im Rahmen der Initiative zur Vollendung des Binnenmarktes einberufene „Task Force" zur Analyse der möglichen Auswirkungen der vollständigen Binnenmarktliberalisierung auf die Umwelt identifizierte eine ganze Reihe von negativen Umweltauswirkungen, die die im Binnenmarktprogramm vorgesehene Abschaffung von physischen, technischen und fiskalischen Barrieren haben kann. Die Liberalisierung des Transportsektors hat danach die vermutlich tiefgreifendsten negativen Umweltauswirkungen. Durch die Intensivierung der Produktion und des Handels steigt auch das Transportaufkommen und der Straßenverkehr. Das führt zu einer entsprechend höheren Belastung der Umwelt durch Abgase, Schadstoffe, Lärm, Landschaftsverbrauch für zusätzlichen Straßenbau und nicht zuletzt Energieverbrauch (Task Force 1990: 273). Die Experten schätzten auch, daß die Schwefel-

[226] Caspari prüft die Luftreinhaltepolitik der EU anhand der vier Kriterien ökologischer Effektivität, ökonomischer Effizienz, ordnungspolitischer Konformität (i. S. v. Umweltpolitik muß sich den Preismechanismus zur Allokation von Umweltressourcen nutzbar machen) und Tragfähigkeit. Seine Fallstudien zeigen, daß keines der Zielkriterien vollständig erreicht und die Umweltsituation noch schlechter wurde, was die Vermutung eines Politikversagens auf Gemeinschaftsebene nahelegt. Deshalb muß man seiner Meinung nach eine ökologische Steuerreform als geeignetsten Reformansatz in Betracht ziehen, die eben nicht nur punktuell umweltgerechteres Wirtschaften fördert, sondern das gesamte Wirtschaftssystem ökologischer ausrichtet.

[227] Der Autor vergleicht Schweden, Deutschland, die Niederlande und Großbritannien. In allen Ländern stellten sich administrative Schwierigkeiten sowie die vermeintlichen negativen ökonomischen Implikationen tiefgreifender umweltpolitischer Reformen als die größten politischen Hindernisse der Reformen heraus.

dioxid- und Stickstoffoxidemissionen bis zum Jahr 2010 um 8-9 % respektive 12-14 % ansteigen, sollte die Gemeinschaft keine umweltpolitischen Gegenmaßnahmen ergreifen (Task Force 1990: 277).[228]

5.1.5 Der Europäische Gerichtshof und umweltpolitische Handelsmaßnahmen

Durch die stetige wirtschaftliche Integration entstehen immer wieder Situationen, in denen das Verhältnis von Binnenmarkt, Handel und Umweltschutz nicht eindeutig geregelt ist. Da die verbindliche Vorgabe, umweltpolitische Gesichtspunkte in andere Sektoren der Gemeinschaftspolitik so weit als möglich zu integrieren, sehr vage gehalten ist, muß der Europäische Gerichtshof als korrigierende Instanz einschreiten und die vertraglichen Vorgaben konkretisieren.

1976 war erstmals eine umstrittene umweltpolitische Regelung Gegenstand eines EuGH-Verfahrens. Mittlerweile sind mehr als 150 Fälle entschieden worden (Sands 1996: 227). Der Gerichtshof gilt allgemein als umweltschutzfreundlich und hat dabei in jüngster Zeit auch die unter demokratischen Gesichtspunkten gebotene Mitarbeit des Parlaments betont. Bemerkenswerterweise hat der EuGH den Umweltschutz bereits vor dessen Aufnahme in die Römischen Verträge als wesentliches Ziel der Gemeinschaft anerkannt, das unter bestimmten Umständen auch die Beeinträchtigung der wirtschaftlichen Integration und des freien Warenverkehrs rechtfertigt.[229]

1991 hat das Gericht in einem Streit zwischen der Kommission und dem Rat über die entsprechende Rechtsgrundlage einer Richtlinie zur Verhinderung und Verminderung von Titandioxidabfällen betont, wie wichtig die Mitentscheidung des Europäischen Parlaments bei Richtlinien ist, die die Gemeinschaft als Ganzes betreffen.[230] Die Kommission schlug für die Titanoxidrichtlinie als Rechtsgrundlage Art. 100a EGV vor, weil sie mit der Harmonisierung der Emissionsstandards vor allem eine Verbesserung der Wettbewerbsbedingungen der Titanoxidindustrie anstrebte, die sich auf die Errichtung und Funktion des Binnenmarktes bezieht.

---

[228] Die Task Force empfiehlt auch den verstärkten Einsatz ökonomischer Instrumente. Außerdem sollten andere gemeinschaftliche Politikbereiche wie Strukturfonds, Programme zur Erforschung und Entwicklung neuer Technologien und Erziehungs- und Informationspolitik auf die Bedürfnisse nachhaltiger Umweltpolitik ausgerichtet werden. Die Experten erkennen auch das Konfliktpotential zwischen Subsidiarität und zentraler umweltpolitischer Steuerung durch gemeinschaftsweit verbindliche Umweltnormen und empfehlen als möglichen Ausweg die Festlegung von Minimalanforderungen auf Gemeinschaftsebene. Weitere Alternativen wären noch verbindliche Umweltverträglichkeitsprüfungen oder von der Kommission durchgeführte Lizenzierungs-, Test-, und Informationsverfahren sowie die Festlegung von Grenzwerten, die sich jeweils am aktuellen Stand der Technik messen (Task Force 1990: 199).

[229] Vgl. EuGH Rechtssache 240/83, Slg. 1985, 53, dieser Fall wird noch ausführlicher besprochen.

[230] Vgl. EuGH Rechtssache 300/89, Slg. 1991, 2867.

Der Rat dagegen verabschiedete die Richtlinie auf der Grundlage von Art. 130r, weil er den Schwerpunkt der Richtlinie bei der Verhinderung von Umweltverschmutzung durch die Titanoxidindustrie sah. Dagegen erhob die Kommission eine Nichtigkeitsklage. Der Hintergrund dieses Streits liegt bei den unterschiedlichen Entscheidungsverfahren der Art. 100a und 130r EGV.[231]

Der EuGH prüfte nun, welche der Rechtsgrundlagen in Frage kam. Aufgrund des unterschiedlichen Entscheidungsverfahrens ist es nicht möglich, die Richtlinie auf beide Rechtsgrundlagen zu stützen. „[I]n diesem Fall würde ein Rückgriff auf mehrere Rechtsgrundlagen das Verfahren der Zusammenarbeit" aushöhlen. Wichtig bei der Suche nach der richtigen Rechtsgrundlage war der Hinweis, daß

> die Wahl der Rechtsgrundlage eines Rechtsaktes nicht allein davon abhängen kann, welches nach Überzeugung eines Organs das angestrebte Ziel ist, sondern sich auf objektive, gerichtlich nachprüfbare Umstände gründen muß (...). Zu diesen Umständen gehören insbesondere das Ziel und der Inhalt des Rechtsaktes (EuGH, Rechtssache, C-300/89, Slg 1991, 2898).

Im vorliegenden Fall hat die Richtlinie tatsächlich mit der Wahrung des Umweltschutzes und der Wettbewerbsbedingungen zwei gleichwertige Ziele, weil der Inhalt gleichermaßen Umweltschutz und Wettbewerb betrifft. Art. 130r EGV ist nicht automatisch die richtige Rechtsgrundlage, vor allem wenn es durch den Umweltschutzaspekt einer Richtlinie zu Wettbewerbsverzerrungen kommt und deshalb harmonisierte Standards auf Gemeinschaftsebene notwendig werden. Dann ist vielmehr Art. 100a EGV die korrekte Rechtsgrundlage, auf deren Basis die Umweltschutzziele des Art. 130r EGV wirksam verfolgt werden können. Deshalb erklärte der EuGH die Richtlinie wegen der Wahl der falschen Rechtsgrundlage für nichtig. Dieses Urteil bekräftigt die eher programmatische Funktion des Art. 130r EGV (vgl. Krämer 1993: 52) im Vergleich zu der an ökonomischen Gesichtspunkten orientierten praktischen Integration der beiden Politikfelder, deren Leitmotiv die Harmonisierung zur Verhinderung von Wettbewerbsverzerrungen ist.

Der Gerichtshof hat durch solche Urteile wesentlich zur Entwicklung des europäischen Umweltrechtes und so auch zum Charakter der europäischen Umweltpolitik beigetragen (Sands 1996: 230). Er unterscheidet sich dadurch substantiell – und nicht nur wegen seiner institutionell starken Stellung als letztinstanzliches Rechtsprechungsorgan – von den GATT/WTO-Panels. Im Gegensatz zu diesen Schlichtungsinstanzen hat er sich schon früh aktiv mit dem Umweltschutz auseinandergesetzt und diesen auch als eigenständiges Element der vertraglichen Grundlagen der Gemeinschaft anerkannt, das auch das über-

[231] Hier geht es um die schon angesprochene paradoxe Situation, wonach der Harmonisierungsartikel 100a EGV hauptsächlich für Parlament und Kommission mehr Möglichkeiten bietet, eine Richtlinie oder Verordnung durchzusetzen, weil „nur" mit qualifizierter Mehrheit entschieden werden muß und das Parlament gleichzeitig die Möglichkeit besitzt, eigene Vorstellung in die Vorlagen zu integrieren.

geordnete Ziel des freien Warenverkehrs einschränken kann. Wichtig ist die umweltpolitische Rechtsprechung des EuGH deshalb, weil er hier seine Rechtsprechungskompetenz nutzte, wie auch in anderen Bereichen,[232] um die auf politischer Ebene stagnierende Integration wieder zu dynamisieren (Koppen 1993). Die Rechtsprechung zum Verhältnis von freiem Warenverkehr und dessen möglicher Einschränkung durch Umweltschutz nimmt bei der negativen Harmonisierung eine zentrale Stellung ein.[233] Wie sich die Entscheidungen zum Verhältnis zwischen freiem Warenverkehr im Binnenmarkt und allgemeinen Umweltschutzanliegen entwickelten, zeigt die folgende Analyse der einschlägigen Urteile. Im Gegensatz zu GATT und WTO hat der EuGH allerdings deutlicher für die Einschränkung des Handels zugunsten von Umweltschutz plädiert.

Erste ansatzweise Klärung der Beziehung von Handel und Umwelt durch den EuGH

Neben drei Urteilen, die eher mittelbar mit dem Problem zu tun haben und hauptsächlich die Ausnahmebestimmungen des Art. 36 EGV in bezug auf Umweltschutz konkretisieren, gibt es zwei maßgebliche Entscheidungen, die hier ausführlicher dargestellt werden. In Art. 36 EGV werden die Ausnahmen des in Art. 30 EGV festgelegten Verbots der mengenmäßigen Beschränkungen genannt. Dazu gehört der Schutz der öffentlichen Sittlichkeit, Ordnung und Sicherheit, der Schutz der Gesundheit und des Lebens von Menschen, Tieren oder Pflanzen, des nationalen Kulturguts sowie des gewerblichen und geistigen Eigentums.[234] Allerdings dürfen diese Einschränkungen, ähnlich wie beim GATT, keine willkürliche Diskriminierung oder verschleierte Behinderung des Handels darstellen. Da dieser Artikel praktisch von der GATT-Vorlage kopiert wurde (Petersmann 1995: 52), tritt dort auch das Abwägungsproblem auf, wann es sich um eine zulässige Ausnahmebestimmung handelt, die auch eine Handelseinschränkung rechtfertigt. Zum ersten Mal wurde darüber im bekannten Cassis-de-Dijon-Fall befunden, bei dem es um eine deutsche Einfuhrbeschränkung für den französischen Likör ging, der nach deutschen Maßstäben einen zu geringen Alkoholgehalt aufwies, um als Likör zu gelten. In diesem Zusammenhang prägte der EuGH das sogenannte „rule of reason", das besagt, daß man Handelseinschränkungen hinzunehmen hat, die

> notwendig sind, um zwingenden Erfordernissen gerecht zu werden, insbesondere den Erfordernissen einer wirksamen steuerlichen Kontrolle, des Schutzes der öffentlichen Gesundheit, der Lauterkeit des Handelsverkehrs und des Verbraucherschutzes und mit denen ein im allgemeinen Interesse liegendes Ziel, das den Erfordernissen des freien

---

[232] Schultz (1998) zeigt, wie der EuGH seine Rechtsprechungspraxis modifizierte, als er mit seinen integrationsfreundlichen Urteilen an die Toleranzgrenze der Mitgliedstaaten zu stoßen drohte und eine Beschneidung seiner Kompetenzen fürchten mußte.

[233] Vgl. Geradin (1994), positive Harmonisierung bezieht sich auf die von der Kommission initiierte gemeinschaftliche Umweltpolitik.

[234] Das ist eine abschließende Aufzählung, die nicht in rechtsfortbildender Manier erweitert werden darf.

Warenverkehrs, der eine der Grundlagen der Gemeinschaft darstellt, vorgeht, verfolgt wird (Beutler u. a. 1993: 196).

Im umweltpolitischen Zusammenhang wurde diese Abwägung zum ersten Mal bei der Überprüfung einer EG-Richtlinie zur Altölentsorgung angesprochen. Der Gerichtshof mußte entscheiden, ob die Richtlinie, die für die Verwerter und Entsorger von Altöl die Zuweisung exklusiver Sammelgebiete sowie eine staatliche Genehmigung vorsieht, die als Kontrolle für eine ordnungsgemäße Entsorgung gedacht waren, den Prinzipien des innergemeinschaftlichen Freihandels widerspricht. Das Gericht bestätigte zwar, daß der freie Wettbewerb ein grundlegendes Prinzip der Gemeinschaft ist, welches aber nicht in absoluter Form gelte, sondern vielmehr durch andere grundlegende Zielsetzungen der Gemeinschaft eingeschränkt werde, wenn dadurch der freie Wettbewerb nicht substantiell gefährdet sei. Diese substantielle Wettbewerbsbehinderung war im Fall der fraglichen Richtlinie nicht ersichtlich. Sie muß aus der Sicht des angestrebten Umweltschutzes beurteilt werden, weil er ein grundlegendes Ziel der Gemeinschaft ist.[235] Dieser hat Vorrang, wenn dadurch der Freihandel nicht substantiell gefährdet wird.

Mit Blick auf das in den GATT/WTO-Verfahren aufgetauchte Problem, wie man nationale Maßnahmen mit nachteiligen Auswirkungen für die Handelspartner beurteilt, ist das niederländische Einfuhrverbot für schottische Moorschneehühner (red grouse) maßgeblich. Die für den Vogelschutz zuständige niederländische Behörde strengte ein Strafverfahren gegen einen niederländischen Betrieb wegen der Einfuhr und kommerziellen Verwertung von Moorschneehühnern an, die nach dem entsprechenden niederländischen Gesetz als wildlebende Vogelart speziell geschützt waren. Im Rahmen einer Vorabentscheidung mußte der EuGH klären, ob das Einfuhrverbot nicht gegen das Verbot der mengenmäßigen Beschränkung und Maßnahmen gleicher Art des Art. 30 EGV verstößt. Diese Frage stützte sich auf die Tatsache, daß das Moorschneehuhn in Großbritannien nicht als gefährdete oder bedrohte Art gilt und rechtmäßig gejagt werden darf. Das Gericht stellte daraufhin die niederländischen Vogelschutzbestimmungen den geltenden europäischen Richtlinien zum Schutz von Wildvögeln gegenüber, die nur unter sehr engen Voraussetzungen national abweichende Bestimmungen zulassen. Prinzipiell stellt der Vogelschutz eine zulässige Einschränkung des freien Warenverkehrs dar. Allerdings beziehen sich die europäischen Richtlinien hauptsächlich auf Zugvogelarten, wozu das Moorschneehuhn nicht zählt. Und im gleichfalls in europäisches Recht überführten internationalen Übereinkommen zum Handel mit gefährdeten Tier- und Pflanzenarten (CITES) wird diese Vogelart nicht als

---

[235] Vgl. EuGH Rechtssache 240/83, Slg. 1985, 531. Der Gerichtshof bestätigte die Möglichkeit der Handelseinschränkung bei einer ähnlich gelagerten Frage über implizite Ausfuhrbeschränkungen bei der genehmigungspflichtigen Verwertung und Entsorgung von Geflügelschlachtabfällen, die sich auf die Ausnahmebestimmung für Gesundheitsschutz in Art. 36 EGV stützte (vgl. EuGH Rechtssache 118/86, Slg. 1987, 3903).

gefährdet oder bedroht aufgeführt. Die Strafmaßnahme der niederländischen Behörden gegen die niederländische Firma widersprach somit Gemeinschaftsrecht, weil Art. 36 EGV in Verbindung mit den entsprechenden Richtlinien kein Einfuhr- und Vermarktungsverbot für eine Vogelart rechtfertigt,

> die weder eine Zugvogelart noch bedroht im Sinne dieser Richtlinie ist und die nicht im Gebiet des gesetzgebenden Mitgliedstaats, sondern in demjenigen eines anderen Mitgliedstaats heimisch ist, in dem ihre Bejagung sowohl nach dieser Richtlinie als auch nach dem Recht dieses anderen Mitgliedstaats gestattet ist (EuGH Rechtssache C-169/89, Slg. 1990, 2165).

Diese Entscheidung erlaubt ein Zwischenfazit zur unterschiedlichen Herangehensweise von GATT/WTO-Panels und dem EuGH bei der Abwägung zwischen Schutzgut und Freihandel. Man kann zwar nicht explizit auf eine Analogie der Sachverhalte beim Schutz von schottischen Moorschneehühnern und Gelbflossenthunfischen abheben, weil dafür die politischen und ökonomischen Ausgangsbedingungen zu unterschiedlich sind, aber es gibt wichtige Ähnlichkeiten in der Grundkonstellation der Problemstellung. Die bestehenden Ausnahmeregelungen in beiden Rechtsbereichen deuten an, daß Freihandel keineswegs als absolutes und einziges Ziel gilt, sondern durchaus von schwerwiegenderen Umweltschutzerwägungen verdrängt werden kann, wenn dadurch das ökonomische Ziel – die wirtschaftlichen Gewinnchancen – nicht unverhältnismäßig beeinträchtigt wird. Der EuGH kann aber Umweltschutz viel offensiver vertreten, weil er Umweltschutz schon in den 1970er Jahren aus einer subjektiven Überzeugung heraus als ein Gemeinschaftsziel etablierte. Die daraus abgeleiteten und später hinzugefügten vertraglichen Grundlagen spiegeln diese Grundhaltung wider und bilden nun eine objektive Grundlage für die Rechtsprechung. Die Zulässigkeit umweltpolitisch gebotener Einschränkungen wird dabei sehr genau anhand bestehender Gemeinschaftsbestimmungen geprüft, wobei offensichtlich ist, daß auch Umweltschutz nicht als absolutes Ziel gilt, sondern am Ausmaß der Handelseinschänkung gemessen wird.

Das dänische Pfandflaschensystem

Der Streit zwischen der Kommission und Dänemark[236] über das verbindliche dänische Pfandflaschenrücknahmesystem bot dem EuGH erstmals die Möglichkeit, das Proportionalitätsprinzip im Kontext einer umweltpolitischen Handelsmaßnahme eines Mitgliedstaates anzuwenden. Dieses Proportionalitätsprinzip leitet sich aus der Rechtsprechung zu mengenmäßigen Beschränkungen und Maßnahmen gleicher Wirkung ab und läßt Einschränkungen des freien Warenverkehrs nur zu, wenn es absolut nötig ist und es keine weniger handelsbeschränkenden Alternativen gibt (Geradin 1994: 208).

---

[236] EuGH Rechtssache 302/86, Slg. 1988, 4607, die Zusammenfassung bezieht sich auf diese Fundstelle, soweit nicht anders angegeben.

1981 führte Dänemark eine verbindliche Regelung ein, wonach Bier und sonstige Erfrischungsgetränke mit Ausnahme von Wein und Milchprodukten nur noch in behördlich genehmigten Mehrwegbehältern verkauft werden konnten. Die Kommission forderte Dänemark nach Protesten von Getränkeproduzenten anderer Mitgliedstaaten zur Rücknahme dieser Verordnung auf. Dänemark nahm jedoch nur minimale Veränderungen vor und ließ ab 1984 Wegwerfbehälter für Getränke zu, deren Verkaufsvolumen unter 3000 Hektolitern pro Jahr lag. Die Kommission sah in der dänischen Verordnung einen Verstoß gegen Art. 30 EGV, der nicht durch die Ausnahmen in Art. 36 EGV gedeckt war, und erhob Klage beim EuGH. Die Kommission beanstandete vor allem, daß die Regelung eine erheblich höhere Belastung für ausländische Produzenten als für dänische bedeute, weil sie ihre Produkte speziell auf die dänischen Marktbedingungen anpassen müßten. Durch die Genehmigung und die Rücknahmeverpflichtung entsteht für Ausländer ein erheblich höherer administrativer und logistischer Aufwand, der sich deutlich in höheren Produktionskosten niederschlägt. Die Ausnahme für Behälter von Wein und Milchprodukten, wo es übrigens kaum Wettbewerb zwischen inländischen und ausländischen Erzeugern gibt, legt die Vermutung nahe, daß das Pfandsystem auch der Vorteilsschaffung für einheimische Produzenten dient.

Großbritannien unterstützte als Nebenkläger zwar das grundsätzliche Umweltschutzanliegen, akzeptierte aber das verbindliche Pfandsystem nicht und erinnerte an die Pflicht, nach anderen, weniger behindernden Instrumenten zu suchen. Nach Meinung des Generalanwalts verhinderte der diskriminierende Effekt der nationalen Maßnahme eine Anwendung des „rule of reason", weil der negative wirtschaftliche Effekt in keinem Verhältnis zum umweltpolitischen Zweck stehe. Für ihn rechtfertigte der tatsächliche Müllvermeidungseffekt keinesfalls die potentiellen Kosten ausländischer Erzeuger. Die dänische Regierung hob dagegen hervor, daß das Hauptanliegen des Pfandsystems die Müllvermeidung und Müllverringerung ist und es dafür kaum ein besser geeignetes Instrument als ein Pfandsystem mit Rücknahmepflicht gibt. Die wirtschaftlichen Auswirkungen auf den innergemeinschaftlichen Handel sind dabei vernachlässigbar. Dänemark erinnerte daran, daß im übrigen auch die Kommission bei diversen Anfragen aus dem Europäischen Parlament diese Meinung vertreten hat.

Der Gerichtshof prüfte das Verhältnismäßigkeitsgebot. Er stellte noch einmal fest, daß nur zwingende Erfordernisse des Gemeinschaftsrechts, wozu auch Umweltschutz gehört, Einschränkungen des freien Warenverkehrs zulassen, wenn diese in einem angemessenen Verhältnis zum angestrebten Zweck stehen. Im Verlauf der Prüfung der Verhältnismäßigkeit kam er aber zu einem anderen und damit überraschenden Ergebnis.

> Was zunächst die Verpflichtung zur Errichtung eines Pfand- und Rücknahmesystems für Leergut betrifft, so ist sie ein notwendiger Bestandteil jedes Systems, das die Wiederverwendung sicherstellen soll, sie ist daher zur Erreichung der Ziele der streitigen Regelung erforderlich. Somit sind die dadurch bedingten Beschränkungen des freien Warenverkehrs nicht als unverhältnismäßig anzusehen (EuGH 1988: 4630).

Die vorgeschriebene Genehmigung von Pfandbehältern durch die dänische Umweltbehörde ist allerdings nicht notwendig, wenn sich die Produzenten generell zur Rücknahme verpflichten und das bestehende Pfand- und Rückgabesystem dafür nutzen. Dadurch würde zwar der höchste Grad an Wiederverwendung gewährleistet, aber es sei unverhältnismäßig, weil schon „das System der Rücknahme nicht genehmigter Verpackungen geeignet [ist], die Umwelt zu schützen" (EuGH 1988: 4632).

Das Gericht kam also zu dem Ergebnis, daß ein generelles Pfandsystem notwendig und geeignet ist, das angestrebte umweltpolitische Ziel der Müllvermeidung zu erreichen. Gleichzeitig ist aber das Genehmigungsverfahren und die Beschränkung für nicht genehmigte Verpackungen bis zu einem Verkaufsvolumen von 3000 Hektolitern unverhältnismäßig, wenn sich die Importprodukte in das nationale Pfandsystem eingliedern lassen. Die Frage der Diskriminierung behandelte das Gericht nicht, sondern es konzentrierte sich hauptsächlich auf den Verhältnismäßigkeitsaspekt. Das ist insofern überraschend, weil der Gerichtshof in anderen Entscheidungen durchaus obligatorische Maßnahmen dieser Art nur zuläßt, wenn sie explizit ohne Diskriminierung gleichermaßen auf einheimische und importierte Produkte zutreffen. Normalerweise achtet der EuGH auch auf den protektionistischen Effekt solcher Maßnahmen, um herauszufinden, ob man tatsächlich von einer Gleichbehandlung ausgehen kann. Kritiker sprachen deshalb auch von einer inkohärenten Entscheidung, die wegen des offensichtlich protektionistischen Effektes zweifelhaft ist, was auch auf die ausschließliche Betrachtung der Verhältnismäßigkeit zutrifft (Geradin 1994: 210). Der EuGH geht hier anscheinend nicht von einem objektiven Maß der Verhältnismäßigkeit aus, sondern übernimmt das nationalstaatliche Schutzniveau als gegeben und prüft nur, ob die daraus entstehenden Restriktionen nicht disproportional zum angestrebten staatlichen Schutzniveau sind. Dagegen rückte bei der Genehmigungsfrage wieder das allgemeine Ziel des Umweltschutzes in den Mittelpunkt der richterlichen Entscheidung, das eben schon mit weniger restriktiven Maßnahmen erreicht werden kann.

Diese Kritik greift zu kurz. Wenn man von der formal-juristischen Sichtweise etwas abgeht und die bisherige Gesamtentwicklung des europäischen Umweltrechts und der gemeinschaftlichen Umweltpolitik in die Beurteilung einbezieht, kann man auch zu der Ansicht gelangen, daß das Gericht gar keine andere Vorgehensmöglichkeit hatte. Will es mit seiner Entscheidung Umweltschutz als wichtiges gemeinschaftliches Anliegen hervorheben, so muß es das bestmögliche Niveau festlegen. Die speziellen Rechtsgrundlagen für Umweltschutz existierten zu dieser Zeit genauso wenig wie die erst in den neunziger Jahren auf den Weg gebrachten Verpackungsrichtlinien. Und so könnte man diese Entscheidung auch als ein typisches integrationsfreundliches und vor allem dynamisierendes Urteil des EuGH werten, bei dem die Frage nach der Diskriminierung ganz bewußt umgangen wurde, um ein umweltpolitisches Zeichen zu setzen. In der Tat macht das zweiteilige Ergebnis der prinzipiellen Anerkennung des Pfandsystems und Ablehnung übermäßiger Reglementierungen deutlich, daß der EuGH dem

Umweltschutz Grenzen setzt. So kann man aus dem Urteil auch die Meinung ablesen, daß Umweltschutz auf jeden Fall diskriminierende Effekte zuläßt, wenn die entsprechenden Maßnahmen in einem sinnvollen Zusammenhang mit der umweltpolitischen Absicht stehen.

Belgisches Einfuhrverbot für Abfälle

Die wallonische Bezirksregierung verbot 1983 den gesamten Import jeglicher Art von Abfällen, worin die Kommission einen Verstoß gegen die entsprechenden europäischen Richtlinien zur Verbringung und Entsorgung von Abfällen sah. Nach diesen Richtlinien sind Abfallexporte Teil des kommerziellen Warenverkehrs, der unter den Schutz des freien Binnenmarkts fällt und nicht durch einzelstaatliche Maßnahmen behindert werden darf. Die Kommission war der Meinung, daß das belgische Importverbot gegen dieses Binnenmarktprinzip verstößt, und erhob 1990 vor dem EuGH Klage auf Feststellung eines Verstoßes gegen Art. 30 und 36 EGV.[237] Die Kommission argumentierte dabei, daß das Importverbot nicht unter die Ausnahmen des Art. 36 EGV falle und gegen die Möglichkeit einer Ausnahme, weil die Maßnahme willkürlich Abfallprodukte anderer Staaten diskriminiere, da diese nicht gefährlicher seien als jene aus Wallonien. Da immer noch Exporte aus der flämischen Region Belgiens nach Wallonien möglich waren, mache sich Belgien außerdem einer verdeckten Ungleichbehandlung und Diskriminierung von Exporteuren aus anderen Mitgliedstaaten schuldig.

Belgien begründete die Maßnahme der Region Wallonien jedoch gar nicht mit der potentiell höheren Bedrohung durch ausländischen Abfälle im Vergleich zu einheimischen Abfällen, sondern vielmehr mit Kapazitätsschwierigkeiten. Im März 1987 wurde die Verordnung als schnelle und vorläufige Reaktion erlassen, nachdem unerwartet viel Abfall aus anderen Mitgliedstaaten eingeführt wurde, die noch strengere Rechtsvorschriften als die Gemeinschaftsregelung aufwiesen. Die wallonische Maßnahme war sozusagen als Abschreckung gedacht, bis eine noch auszuarbeitende Gebührenregelung das Importverbot ablöst. Belgien zweifelte außerdem den Warencharakter von zur Endlagerung bestimmten Abfällen an, da diese mit der Endlagerung schließlich keinen wirtschaftlichen Wert mehr besitzen. Deshalb könne man kaum von einer Einschränkung des Warenverkehrs sprechen, und selbst wenn dies so wäre, träfe Art. 36 EGV aufgrund der Kapazitätsschwierigkeiten unter dem Gesichtspunkt eines notwendigen Schutzes der öffentlichen Sicherheit, Gesundheit und des Umweltschutzes zu.

Bei der Prüfung der bestehenden EG-Richtlinien zur allgemeinen Abfallbehandlung und zum Umgang mit gefährlichen Abfällen ergab sich zunächst, daß erstere gar nicht auf die grenzüberscheitende Verbringung von Hausmüll einging. Deshalb kommt eine Prüfung von Art. 36 EGV durchaus in Frage. Die zweite Richtlinie enthielt dagegen ein detailliertes Überwachungs-, Benachrichtigungs-

---

[237] EuGH Rechtssache C-2/90, Slg. 1992, 4431, die Zusammenfassung bezieht sich auf diese Fundstelle, soweit nicht anders angegeben.

und Genehmigungsverfahren für die Verbringung von gefährlichen Abfällen. Diese Richtlinie sieht aber die Möglichkeit von Importverboten überhaupt nicht vor. Demnach verstößt die wallonisches Regierung mit dem absoluten Importverbot für alle Abfälle gegen bestehendes Gemeinschaftsrecht, wenn unter den abgewiesenen Importen auch gefährliche Abfälle sind.

Daraufhin prüfte das Gericht, ob das Importverbot gegen Art. 30 und 36 EGV verstößt. Die Argumentation der belgischen Regierung, wonach ungefährliche, zur Endlagerung bestimmte Abfälle keine Waren sind, verwarf der EuGH. Da die Unterscheidung zwischen in den Wirtschaftskreislauf rückführbaren und nicht rückführbaren Abfällen in praktischer Hinsicht sehr schwierig ist und häufig von den jeweiligen Kosten sowie der technischen Entwicklung abhängt, ist die Beurteilung der Rückführbarkeit notwendigerweise auf subjektive und veränderliche Faktoren angewiesen. „Folglich sind Abfälle, seien sie rückführbar oder nicht, als Erzeugnisse anzusehen, deren Verkehr gemäß Artikel 30 EWG-Vertrag grundsätzlich nicht verhindert werden darf" (EuGH 1992: 4479). Allerdings unterstützt das Gericht den belgischen Einwand, daß in diesem Fall die zwingenden Erfordernisse des Umweltschutzes dem Ziel des freien Warenverkehrs vorgehen. Auch der von der Kommission unwidersprochene Hinweis, daß die wallonische Maßnahme durch den massiven Zustrom an Importabfällen und die damit verbundenen Gesundheits- und Umweltschutzrisiken im Zusammenhang mit der begrenzten Aufnahmefähigkeit der Region notwendig wurde, spricht für den Vorrang des umweltpolitischen Ziels. Deshalb „ist das Vorbringen, daß die beanstandeten Maßnahmen durch zwingende Erfordernisse des Umweltschutzes gerechtfertigt seien, als begründet anzusehen" (ebd.). Der Hinweis der Kommission, die wallonische Maßnahme sei unzulässig, weil sie willkürlich importierte Abfälle benachteilige, da diese nicht schädlicher seien als die wallonischen, führte letztlich dazu, daß der Gerichtshof seinen Standpunkt zur gemeinschaftlichen Umweltpolitik und deren Verhältnis zum freien Warenverkehr noch einmal deutlich machte:

> Es trifft zu, daß zwingende Erfordernisse nur zu berücksichtigen sind, wenn es sich um Maßnahmen handelt, die unterschiedslos auf einheimische und eingeführte Erzeugnisse anwendbar sind (...). Um jedoch die Frage zu beurteilen, ob die beanstandete Beeinträchtigung diskriminierend ist oder nicht, ist die Besonderheit der Abfälle zu berücksichtigen. Der für die Umweltpolitik der Gemeinschaft in Artikel 130r Absatz 2 EWG-Vertrag aufgestellte Grundsatz, Umweltbeeinträchtigungen nach Möglichkeit an ihrem Ursprung zu bekämpfen, bedeutet nämlich, daß es Sache jeder Region, Gemeinde oder anderen Gebietskörperschaft ist, die geeigneten Maßnahmen zu treffen, um Aufnahme, Behandlung und Beseitigung ihrer eigenen Abfälle sicherzustellen; diese sind daher möglichst nah am Ort ihrer Erzeugung zu beseitigen, um ihre Verbringung soweit wie möglich einzuschränken (EuGH 1992: 4480).

Außerdem verweist das Gericht noch auf eine vergleichbare Verpflichtung, die die Gemeinschaft im Rahmen der Basler Konvention zur Verbringung gefährlicher Abfälle eingegangen ist.

> Daraus ergibt sich, daß die beanstandeten Maßnahmen unter Berücksichtigung der zwischen den Abfällen je nach dem Ort ihrer Erzeugung bestehenden Unterschiede und ihres Zusammenhangs mit dem Ort ihrer Erzeugung nicht als diskriminierend angesehen werden können (ebd.)

Das galt jedoch nicht für das Importverbot, soweit es gefährliche Abfälle betraf. Da für sie bei ordnungsgemäßer Deponierung andere Lagerstätten vorgesehen sind, kann die belgische bzw. wallonische Regierung deren Import nur untersagen, wenn auch bei Sondermülldeponien keine Kapazitäten mehr vorhanden sind oder sonstige Gefahren für Mensch und Umwelt drohen.

Auch diese Entscheidung wurde als teilweise unspezifisch kritisiert. Der Hinweis auf die Grundsätze des Art. 130r EGV und der Basler Konvention seien zu schwammig, um das im Mittelpunkt stehende Problem der absoluten Einfuhrbeschränkung abschließend zu klären. Zumal der Gerichtshof in diesem Fall die Frage der Proportionalität umgangen hat und überhaupt nicht prüfte, ob es nicht auch andere Mittel gegeben hätte, den plötzlichen Zustrom von importierten Abfällen so zu kanalisieren, daß die Auswirkungen auf den zwischenstaatlichen Handel weniger drastisch wären (Geradin 1994: 213). Diese Kritik geht etwas am Punkt vorbei, weil das Gericht die belgische Notlage durch den plötzlichen Zustrom an Importabfällen als Grundlage für eine notwendige Sofortmaßnahme anerkannte. Die Kommission widersprach diesem Argument im übrigen nicht. Mangelnde Deponierkapazität ist ein weitverbreitetes Problem im Abfallmanagement, wo vielerorts die immer geringer werdenden Flächen zu strengeren und auf Wiederverwendung und Recycling aufbauenden Abfallverordnungen beitrugen. Die Basler Konvention verstärkte die Entsorgungsprobleme, seit sie die internationalen Ausweichmöglichkeiten für Abfallexporte in die Transformations- und Entwicklungsländer verbietet. Von daher kann man behaupten, daß der EuGH nicht nur in Ansätzen einen Ausgleich zwischen den konkurrierenden Zielen Freihandel und Umweltschutz gefunden hat, sondern auch maßgeblich an der Etablierung des Gemeinschaftszieles Umweltschutz als zentralen Wert der gemeinschaftlichen Grundprinzipien beteiligt war. Zumal er in dieser Entscheidung konkret auch einen Unterschied zwischen ungefährlichen Abfällen und jenen machte, die unter die entsprechende Richtlinie zum Verfahren bei der grenzüberschreitenden Verbringung von gefährlichen Abfällen fallen. In diesem Punkt hat die wallonische Bezirksregierung zwar das Recht auf eine abweichende Haltung, wenn die in der Richtlinie genannten entsprechenden Voraussetzungen vorliegen. Deshalb muß sie dennoch vor der Verhängung eines absoluten Importverbots erst prüfen, ob die gegenwärtige Situation auch bei der Behandlung gefährlicher Abfälle ein Importverbot rechtfertigt.

Bewertung

Die Entwicklung der Rechtsprechung zum Verhältnis von innergemeinschaftlichem Freihandel zu handelsbehinderndem Umweltschutz bestätigt, daß der EuGH entscheidend zur Förderung der politischen und wirtschaftlichen Integration in Bereichen beiträgt, die nicht durch den zwischenstaatlichen Verhandlungsprozeß erreicht werden konnten. Seine Unterstützung für umweltpolitische Zielsetzungen auf hohem Niveau wurde schon relativ früh deutlich. Ein vergleichender Blick auf die Entwicklung der Rechtsgrundlagen zeigt auch, daß sich diese ganz erheblich an den Entscheidungen des Gerichtshofs orientierten, der die umweltpolitischen Zielsetzungen als ein allgemeines Prinzip schon lange vorweggenommen hatte, bevor sie rund zehn Jahre später auch ihre entsprechende Stelle in den europäischen Verträgen fanden.

Betrachtet man die bisherige Rechtsprechung genauer, ergeben sich jedoch Zweifel, ob das problematische Verhältnis zwischen handelspolitischer Diskriminierung und der Frage nach der Proportionalität von umweltpolitischen Handelseinschränkungen tatsächlich abschließend geklärt ist. Die Frage nach dem diskriminierenden Potential des wallonischen Importverbots umging der Gerichtshof, indem er sich auf das allgemeine Leitmotiv der Entsorgung am Entstehungsort bezog, das inzwischen auch in den Verträgen verankert ist. Dieses Leitmotiv erhält gerade durch die Entscheidung zum wallonischen Importverbot eine besondere Bedeutung, weil der EuGH deutlich machte, daß er auf die Umsetzung pocht. Daraus kann man auch den Schluß ziehen: Solange eine Maßnahme in Einklang mit diesem Ursprungsprinzip steht, gibt es keine Diskriminierung bzw. keine Ungleichbehandlung von einheimischen und eingeführten Abfällen (vgl. Lenz 1993: 34). Aber das Verursacherprinzip ist nicht immer als Leitmotiv für praxisorientierte Politik geeignet. Es führt unter Umständen dazu, daß Unternehmen für umweltpolitische Defizite in ihren Herkunftsländern büßen müssen, weil dort aus politischen Gründen die Implementation europäischer Umweltrichtlinien vernachlässigt wurde. Inwieweit dieses Problem aber abfallspezifisch ist, wird sich in Zukunft noch zeigen müssen, ebenso ob der beim dänischen Pfandflaschensystem angewandte Proportionalitätstest ausreichend ist. Darüber könnten vor allem Streitfälle über strengere einzelstaatliche Schutzbestimmungen Aufschluß geben, die unter Umständen in Zukunft verstärkt auftreten.[238] Dafür spricht auch die steigende Tendenz zu europäischen Rahmenrichtlinien ohne konkrete Standards. Sie unterstützt umweltbewußtere Mitgliedstaaten bei umweltpolitischen Maßnahmen mit negativen Auswirkungen auf den zwischenstaatlichen Handel, wenn sie dadurch ihre Schutzbestimmungen aufrecht erhalten können.

[238] Die Prüfungsschritte für strengere, einzelstaatliche Maßnahmen wurden erst im Vertrag von Amsterdam in Art. 100a, 3-9 festgelegt, deshalb ist es momentan noch für eine Einschätzung der Entwicklung zu früh.

5.2 Die internationale Dimension europäischer Umweltpolitik

Die EU ist mittlerweile in der internationalen Umwelt- und Handelspolitik ein wichtiger wirtschaftlicher und politischer Akteur. Im Gegensatz zur Rolle im multilateralen Handelssystem, wo die EG schon seit 1969 die Mitgliedstaaten nach außen vertritt, sind die Kompetenzen in der internationalen Umweltpolitik noch nicht so klar verteilt, was sich teilweise erheblich auf die Qualität und die Resultate in der internationalen Umweltpolitik der Gemeinschaft auswirkt. Der Ursprung dieser ungleichen Entwicklung liegt nicht nur in der verspäteten Entstehung internationaler gemeinschaftlicher Umweltpolitik begründet, sondern hängt vor allem mit der Neuartigkeit der Aufgabe zusammen. Umweltschutz wurde nicht im ursprünglichen institutionellen Design der Gemeinschaft berücksichtigt und folglich auch nicht für die entsprechenden Aufgaben ausgelegt. Die Vergemeinschaftung der Handelspolitik war dagegen mit dem Ziel einer Zollunion von vornherein gegeben.

5.2.1 Die Entwicklung internationaler Umweltpolitik der Gemeinschaft

Neben der Verwaltung von Hilfsprogrammen wie PHARE, LIFE für mittel- und osteuropäische Länder unterstützt die EU auch die Entwicklungsländer vor allem im Rahmen der Handelskooperation mit den AKP-Staaten[239] bei der Bekämpfung der Wüstenbildung, Schutz der Biodiversität und der Erhaltung der Tropenwälder finanziell und technisch im Rahmen der europäischen Entwicklungshilfe (vgl. EG 1997a). Im Rahmen regionaler und internationaler Verhandlungen über Umweltschutzabkommen tritt die EU, vertreten durch die Kommission, neben ihren Mitgliedstaaten als eigenständiger politischer Akteur auf. Die Kompetenzen der EG im Verhältnis zu den außenpolitischen Zuständigkeiten ihrer Mitgliedstaaten sind nicht immer eindeutig, und dementsprechend gestaltet sich die international ausgerichtete Umweltpolitik der Gemeinschaft je nach Sachbereich auch sehr unterschiedlich. Inhalt und Umfang ist dabei immer von der Zustimmung der Mitgliedstaaten abhängig.

In Art. 130 r, 4 EGV heißt es in bezug auf die internationale umweltpolitische Zusammenarbeit:

> die Gemeinschaft und die Mitgliedstaaten arbeiten im Rahmen ihrer jeweiligen Befugnisse mit dritten Ländern und den zuständigen internationalen Organisationen zusammen. Die Einzelheiten der Zusammenarbeit der Gemeinschaft können Gegen-

---

[239] Länder Afrikas, des karibischen Raums und des Pazifischen Ozeans, die im Rahmen der Abkommen von Lomé spezielle Handelsvereinbarungen mit der EG/EU eingegangen sind. Meistens handelt es sich um ehemalige Kolonien einiger Mitgliedstaaten, die nun in den Genuß vorteilhafterer Handelsbedingungen kommen (vgl. Cosgrove/Laurent 1992).

stand von Abkommen zwischen dieser und den sie betreffenden dritten Parteien sein, die nach Artikel 228 ausgehandelt und geschlossen werden.

Diese Rechtsgrundlage geht auf die schon vor der EEA bestehende herrschende Rechtsprechung zurück, die der EuGH 1971 mit einem richtungsweisenden Urteil prägte. Ursprünglich konnte die Gemeinschaft nur dort völkerrechtliche Verpflichtungen eingehen, wo ihr ausdrücklich durch die Gründungsverträge Kompetenzen zugewiesen wurden. Nach dem AETR-Urteil setzte sich jedoch die These des Gerichtshofs durch, wonach die Gemeinschaft „nicht nur aus einer ausdrücklichen Erteilung durch den Vertrag (...) sondern auch aus anderen Vertragsbestimmungen und in ihrem Rahmen ergangenen Rechtsakten der Gemeinschaftsorgane" (EuGH 1971: 263) völkerrechtliche Verpflichtungen eingehen kann. Der EuGH führte damit eine „Doktrin der impliziten Zuständigkeit" (Koppen 1993: 132) ein, die der Gemeinschaft eine flexiblere Reaktion in Bereichen erlaubt, deren faktische oder politische Wechselwirkungen zwischen intern vergemeinschafteten Bereichen und ähnlichen Entwicklungen auf der internationalen Ebene politisches Handeln notwendig machten. Diese implizite Zuständigkeit im externen Bereich besteht in allen Politikfeldern, in denen die Gemeinschaft auch interne Kompetenzen besitzt (ebd.). Der Gerichtshof legte diese Zuständigkeit wieder sehr weit aus, indem er solche externen Kompetenzen allein von der Möglichkeit einer Gemeinschaftspolitik ableitete, auch wenn es in einem bestimmten Bereich, beispielsweise Restriktionen bei Fangquoten zum Erhalt von Fischbeständen, noch gar keine gemeinsamen Richtlinien gab. In einem solchen Fall hat ein Mitgliedstaat das Recht, individuelle völkerrechtliche Verpflichtungen einzugehen. Wenn allerdings die Gemeinschaft tätig wird, entstehen immer wieder Kompetenzstreitigkeiten, da der EuGH nicht festlegte, bis zu welchem Grad die externen Kompetenzen der Gemeinschaft von spezifischen internen Maßnahmen abhängen (Sack 1995, Cheyne 1995).

Daraus können sich Schwierigkeiten für die Umsetzung gemeinschaftlicher Umweltpolitik ergeben, weil die Möglichkeit der Kompetenzerweiterung zu strategischem Verhalten auf Seiten der Mitgliedstaaten führen kann. Sie prüfen genau, inwieweit bei internationalen Entwicklungen eine Kompetenzübertragung auf die Gemeinschaft möglicherweise auch interne Fakten schafft, die ihren Interessen entgegenstehen. Konkret vorhersehbar sind solche Zusammenhänge zwar kaum, aber allein die Möglichkeit führt dazu, daß die Mitgliedstaaten interne Umweltpolitik und auch den Abschluß internationaler Verträge sozusagen präventiv blockieren (Haigh 1992: 239). [240]

---

240 Haigh (1992: 240f) berichtet von dem Versuch der EG, der Internationalen Organisation für Zivilluftfahrt beizutreten, der von Großbritannien boykottiert wurde, weil es befürchtete, die Gemeinschaft könnte daraus Kompetenzen zur Regelung der Lärmvorschriften bei zivilen Luftfahrzeugen ableiten. Er berichtet auch über einen Vorfall im Rahmen von CITES, als Mitgliedstaaten aus rein nationalen Erwägungen heraus die Position der Gemeinschaft bei zusätzlichen Schutzbestimmungen für bestimmte Frosch- und Robbenarten untergruben, weil sie eine interne Kompetenzerweiterung der Gemeinschaft fürchteten.

Ob solche Schwierigkeiten auch im Zusammenhang mit den Konflikten zwischen handelsrechtlichen Bestimmungen und Umweltschutz in der WTO auftreten werden, entzieht sich momentan einer definitiven Beurteilung. Einerseits hat der EuGH internationale Abkommen im Rahmen des GATT immer als integralen Bestandteil des Gemeinschaftsrechts betrachtet, die über sekundärem EG-Recht stehen (Petersmann 1995: 63). Andererseits trennte der EuGH in einem Gutachten über die respektiven Kompetenzen der Gemeinschaft und der Mitgliedstaaten in der neuen WTO klar zwischen jenen Vereinbarungen, die sich auf den Warenhandel beziehen und jenen, die sich mit den neuen Themen Dienstleistung und Schutz geistigen Eigentums befassen. Nach Meinung des Gerichtshofs besitzt die Gemeinschaft nur in Fragen des Warenhandels die ausschließliche Kompetenz, während die anderen Vereinbarungen gemischte Abkommen sind, die den Mitgliedstaaten beispielsweise das Recht auf eigenständig angestrengte Schlichtungsverfahren erhält (vgl. Gilsdorf 1996). Der Vertrag von Amsterdam hat an dieser Konstellation prinzipiell nichts verändert. Inwieweit sich die im WTO-Gutachten des EuGH vertretenen autonomen Handlungsmöglichkeiten der Mitgliedstaaten auf Fragen des Verhältnisses zwischen Handel und Umweltschutz durchschlagen, ist unklar. Da die Integration von Umweltschutz in das GATT/WTO-System mittelfristig nicht ansteht, bewegt man sich mit Einschätzungen über aus dem Gutachten abgeleitete Kompetenzstreitigkeiten und umweltpolitische Blockaden auf unsicherem Terrain. Das könnte sich erst ändern, wenn substantielle Umweltschutzbestimmungen in die WTO integriert werden.

5.2.2 Die EU als Akteur

Trotz dieser im institutionellen Design begründeten strukturellen Probleme entwickelte die Gemeinschaft eine ausgeprägte Rolle in der internationalen Umweltpolitik. Eine zentrale Position nahm die EG erstmals beim Montrealer Protokoll zum Abbau ozonschichtschädigender Stoffe ein.[241] Die EG sperrte sich zwar zunächst gegen drastische Maßnahmen, weil ihre eigene Industrie in Brüssel intensiv Lobbying gegen jede Art der Reglementierung betrieb (vgl. Benedick 1991: 24). Als die wissenschaftlichen Beweise jedoch erdrückender wurden, änderte auch die EG ihre Meinung allmählich. Die USA sprachen sich zusammen mit Kanada, Schweden und Norwegen für ein Verbot von FCKW in Sprühdosen aus, während die EG für ein Produktionskapazitätslimit eintrat, das zusätzlich auch FCKW als Kühlstoff z. B. in Klimaanlagen umfaßte. Das war zunächst ein rhetorischer Vorschlag, da die Produktionskapazität in der EG weit über der tatsächlichen Produktion lag und eine solche Beschränkung keinerlei Nachteile für die europäische Industrie bedeutet hätte (Thomas 1992: 212). Das Montrealer Protokoll von 1987 legte konkrete Maßnahmen fest, wobei sich die EG mit dem Argument durchsetzte, daß ein begrenztes Nutzungsverbot nicht effektiv ist, sondern der allgemeine Verbrauch und damit auch die Produktion erheblich

[241] Für umfassendere Darstellungen s. z. B. Benedick (1991), Thomas (1992), Brack (1996).

eingeschränkt werden mußte (Haigh 1992: 245). Im Rahmen des Montrealer Protokolls einigte man sich zunächst auf erste Reduktionsziele, Überwachungsbestimmungen und Handelsbeschränkungen. Die USA schwenkten auf die Position der EG ein, nachdem der größte FCKW-Produzent Du Pont sein Einverständnis für einen schrittweisen Ausstieg aus der Produktion signalisierte (vgl. Benedick 1991: 26). Inzwischen ist die Produktion von FCKW in allen Industrieländern verboten, was auch maßgeblich auf die Initiative der EG zurückgeht, die schon seit 1995 jede Verwendung dieser Stoffe untersagte.[242]

Bei der Basler Konvention, die das internationale Abfallmanagement regelt, spielte die Gemeinschaft eine weniger positive Rolle. Intern verfolgte sie eine Strategie des freien Binnenmarkts für den Handel mit Abfällen, dessen reibungslose Funktion auch von Exportmöglichkeiten außerhalb der Gemeinschaft abhing (vgl. Hey 1994: 104f). Als dann auf Initiative afrikanischer Entwicklungsländer die Basler Konvention zur Verhinderung der grenzüberschreitenden Verbringung gefährlicher Abfälle verhandelt wurde, war die Gemeinschaft in der Defensive. Sie stellte sich zunächst gegen die Absicht, den Export von gefährlichen, nicht wiederverwendbaren Abfällen außerhalb der OECD-Länder zu untersagen. Erst als 1993 die Gemeinschaftsrichtlinie dazu reformiert wurde, nachdem es intern immer wieder Verstöße gegen die Vorschriften zur Behandlung von Giftmüll gab, stimmte die Gemeinschaft auch den grundsätzlichen Vorschriften über die vorherige Benachrichtigung der Empfängerländer zu. Sie war allerdings immer noch gegen ein völliges Exportverbot in Entwicklungsländer und verteidigte das von der OECD entwickelte „Ampelkonzept", das Abfälle je nach Gefährlichkeit in unterschiedliche Kategorien einteilt: rot für Giftmüll, der nur exportiert werden darf, wenn der Empfängerstaat zustimmt; gelb für Abfälle, die zwar angekündigt werden müssen, bei denen das Importland allerdings nicht zustimmen muß; und grün für ungefährliche Abfälle (vgl. Schmidt 1994). Das Problem dieser Einteilung war die mangelhafte Kontrolle bei Abfällen, die in die grüne Kategorie fallen. Im Prinzip mußte man Abfälle nur entsprechend deklarieren, und man konnte trotz Verbots gefährlichste Abfälle exportieren. Inzwischen ist das Verbot zwar dahingehend verschärft worden, daß nur noch als Recyclinggüter bezeichnete Abfälle exportiert werden dürfen, aber das strukturelle Problem mangelhafter Kontrollen ist damit noch nicht vollständig beseitigt worden. Greenpeace hatte derzeit über eintausend Fälle von illegaler Falschdeklarierung

---

[242] Das Montrealer Protokoll gilt heute als einer der größten Erfolge internationaler umweltpolitischer Kooperation. Dabei darf allerdings nicht vergessen werden, daß dies hauptsächlich durch einige vorteilhafte Umstände möglich wurde, die bei anderen Problematiken, wie Klima- oder Biodiversitätsschutz nicht gegeben sind. Der Problembereich war durch die Reglementierung eines Stoffes relativ überschaubar, es gab nur wenige Produzenten, und diese konnten nach der Entdeckung von billigeren Ersatzstoffen ihren Widerstand gegen Produktionsverbote ohne weiteres aufgeben, da sich die neuen Geschäftsfelder schon abzeichneten (vgl. Brack 1996).

dokumentiert (vgl. Hey 1994: 108). Im Bereich des Abfallmanagements kann man demnach nicht unbedingt von einer Vorbildfunktion der EU sprechen.

Auch beim Klimaschutz bestehen seit dem Scheitern der gemeinschaftsweiten Energiesteuer Zweifel, ob die gesetzten Ziele der angestrebten Verringerung von CO_2- und anderen Emissionen noch erreichbar sind. Die von der Kommission initiierte kombinierte Steuer auf Energieverbrauch und Kohlendioxidausstoß scheiterte in letzter Minute am Einfluß der Industrielobbies auf den Rat, als die Industrie sogar mit einer Verlagerung der Produktion aus der EU drohte (Collier 1996b). Der Rat wollte dieser umfassenden Steuer nur zustimmen, wenn andere OECD-Länder vergleichbare Maßnahmen ergriffen. Damit waren in erster Linie die USA und Japan gemeint, die keineswegs bereit waren, solchen tiefgreifenden Maßnahmen zuzustimmen.[243] Die einheitliche Klimapolitik scheiterte 1992 aber nicht nur an diesen wirtschaftlichen Faktoren, sondern auch an den unterschiedlichen Energieversorgungssystemen, dem unterschiedlichen Emissionsniveau zwischen einzelnen Mitgliedstaaten und nicht zu vergessen dem unterschiedlichen Umweltbewußtsein in den Mitgliedstaaten, die sich immer wieder auf ihre Subsidiaritätsrechte berufen (vgl. Collier 1996a). Die Gemeinschaft versucht sich mittlerweile als Impulsgeber für mitgliedstaatliche Maßnahmen. Diese haben jedoch unterschiedliche Vorstellungen über die Notwendigkeit und Anforderung von Klimaschutz und bremsen die gemeinschaftliche Initiative (EG 1997c). Auch nach der Verabschiedung des Kyoto Protokolls mit verbindlichen Verpflichtungen über die Verringerung von CO_2-Emissionen wird kritisiert, daß die zu starke Rücksichtnahme auf ökonomische Interessen substantielle Fortschritte und effektiven Umweltschutz blockiert (Ott/Oberthür 1999).

5.2.3 Das 5. Umweltaktionsprogramm – „Hin zu Nachhaltigkeit"

Das 5. Umweltaktionsprogramm „Für eine dauerhafte und umweltgerechte Entwicklung" (EG 1993a) soll als Rahmenprogramm für die europäische Umweltpolitik von 1993 bis ins Jahr 2000 dienen und steht ganz im Zeichen der in Rio 1992 propagierten Form von Nachhaltigkeit, die „die Bedürfnisse der Gegenwart einlöst, ohne die Fähigkeit der künftigen Generationen, ihre Bedürfnisse zu erfüllen, zu beeinträchtigen" (ebd. S.21). Die Kapitel 11 und 12 des Programms befassen sich zum ersten Mal ausführlich mit der internationalen und der externen bilateralen Zusammenarbeit. Darin werden auch die Wechselwirkungen zwischen internationalem Handel und Umweltschutz angesprochen:

> Neuere Erfahrung haben gezeigt, daß mit Handel und Umwelt verbundene Probleme in dem Maße an Bedeutung zunehmen, wie Umweltpolitiken und -strategien auf nationaler und internationaler Ebene verstärkt werden. Vor diesem Hintergrund ist es

[243] Wie sich Ende 1997 bei der Vorbereitung auf die Konferenz von Kyoto zeigte, sperren sich die USA und Japan immer noch gegen Sofortmaßnahmen, weil sie erst ab 2012 in der Lage seien, wirtschafts- und sozialverträgliche Reduktionsmaßnahmen umzusetzen (vgl. Süddeutsche Zeitung 1997b: 2).

> notwendig, den Dialog über Verknüpfung von Umwelt- und Handelspolitiken auf allen relevanten internationalen Ebenen, besonders im Rahmen des GATT, zu beschleunigen. Dieser Dialog sollte der Schwerpunkt der Folgetreffen zur Uruguay-Runde sein und anerkennen, daß die einseitige Verwendung von Handelsinstrumenten für Umweltzwecke prinzipiell vermieden werden muß und die Rolle des internationalen Handels bei der Förderung einer dauerhaften und umweltgerechten Entwicklung hervorgehoben werden sollte (EG 1993a: 86).

Der Verhandlungsverlauf der Ministerkonferenz in Seattle 1999 zeigte, daß trotz innovativer Umweltschutzforderungen in der WTO umweltpolitische Anliegen schnell ökonomischen Zielsetzungen, zum Beispiel der Gemeinsamen Agrarpolitik, zum Opfer fallen.

5.3 Die internationale Handelspolitik der Gemeinschaft

Während die USA und Japan mit offensivem Unilateralismus oder teilweiser Abschottung ihres Binnenmarktes grundlegende handelspolitische Muster aufweisen, liegt der Fall bei der EU etwas anders. Diese grundlegenden Muster zeigen sich erst, wenn man die Handelsbeziehungen nach unterschiedlichen Sektoren und geographischen Schwerpunkten unterteilt.

Die Gemeinschaft hat sich zum größten Handelsblock der Welt entwickelt, dessen Im- und Exporte rund 40 % des weltweiten Warenhandels ausmachen (WTO 1997a). Aus diesem Grund hat der wirtschaftliche und politische Zustand der Gemeinschaft auch Auswirkungen auf die wirtschaftlichen Aussichten anderer Staaten. Da die Handelspolitik einer der ersten vergemeinschafteten Bereiche war, liegt nun die gesamte handelspolitische Kompetenz fast ausschließlich bei der Gemeinschaft. Das bedeutet, die Kommission ist Verhandlungsführerin und hat das Initiativrecht.[244] Man kann also ohne weiteres von der Gemeinschaft als politischem Akteur in diesem Politikfeld sprechen.[245]

---

[244] Das heißt zwar, daß die Mitgliedstaaten keine eigenständige Handelspolitik verfolgen können, davon bleibt aber deren spezifisches Außenwirtschaftsrecht, das sich mit den praktischen Fragen der Aus- und Einfuhrkontrolle beschäftigt, zunächst unberührt, solange es mit den gemeinschaftlichen Richtlinien in Einklang steht (vgl. Beutler u. a. 1993: 552f).

[245] Dies ist zugegebenermaßen eine formalistische Sichtweise. Die bestehenden Kompetenzprobleme und die immer wieder auftauchenden Schwierigkeiten bei der Formulierung einer gemeinsamen Position im Rat, der einer von der Kommission vertretenen bzw. ausgehandelten Position mit qualifizierter Mehrheit zustimmen muß, werden damit zunächst vernachlässigt. Wie sich dieses Problem äußert und welche Auswirkungen die institutionellen Eigenheiten gemeinschaftlicher Entscheidungsfindung auf die internationale Handelspolitik haben, wird noch erläutert.

Tabelle 7: Wertanstieg im weltweiten Warenhandel nach Regionen, 1990–98

Exporte					Importe			
Wert	jährl. Veränderung in %				Wert	jährl. Veränderung in %		
1998	1990-96	1996	1998		1998	1990-96	1996	1998
5225	7	4	-2,0	Welt	5410	7	4	-1,0
898	8	6,5	-1,0	Nordamerika	1151	7,5	5,5	4,5
274	9,5	11,5	-2,0	Lateinamerika	339	13,5	11	5,0
118	15	20,5	6,5	Mexiko	129	14,5	23,5	14,0
157	6,5	6,5	-7,0	restl. Südamerika	211	13,5	5,5	6,5
2338	5,5	3	2,5	Westeuropa	2359	4,5	1,5	5,0
2171	5,5	3	3,0	EU (15)	2163	4,5	1	5,5
178	7	6	-1,0	Transformationsl.	207	5,5	12,5	3,0
99	6,5	2	9,0	Mittel-Osteuropa	133	12	12,5	11,5
106	1,5	8,5	-16,0	Afrika	129	5	5,5	-1,5
26	3	2	-15,0	Südafrika	29	8,5	-0,5	-11,0
138	3	12,5	-21,0	Naher Osten	139	6,5	10	-6,0
1294	10	1	-6,0	Asien	1090	11	4,5	-17,5
388	6	-7	-8,0	Japan	281	7	4	-17,0
184	16	1,5	0,5	China	140	17,5	5	-1,5
504	12	3	-7,5	Südostasien*	438	13	3	-25,0

* Hong Kong, Südkorea, Malaysia, Singapur, Taiwan, Thailand,

Quelle: WTO 1999

5.3.1 Die Position der Gemeinschaft im Welthandel

Die regionale Übersicht über das Wachstum des Welthandels bezogen auf unterschiedliche Regionen macht die Position der EU deutlich.[246]

Ein entscheidender Faktor des handelspolitischen Gewichts der Union ist zweifelsohne der enorm angestiegene, durch die verstärkte Integration dynamisierte Binnenhandel, der sich sowohl sektorübergreifend als auch im intraindustriellen Handel bemerkbar macht. Während 1958 noch ungefähr drei Fünftel der Im- und Exporte im außergemeinschaftlichen Handel abgewickelt wurden (Exporte im Binnenmarkt machten dabei 37 % aus, während die internationalen Exporte bei 63 % lagen), kehrte sich dieses Verhältnis bis 1992 um. 1992 machten die internen Exporte drei Fünftel der Gesamtexporte aus. Eine vergleichbare Entwicklung nahm auch das Verhältnis zwischen inner- und außergemeinschaftlichen Importen (vgl. Heidensohn 1995: 10).

Die wichtigsten Handelspartner sind momentan die OECD-Staaten und davon wiederum die USA und Japan.[247]

[246] Quelle: WTO 1997a, WTO 1999.

5.3.2 Die Rechtsgrundlagen

Die gemeinsame Handelspolitik stützt sich auf Art. 110-116 EGV. Die Handelspolitik ist schon seit 1970, nach dem Ablauf der Übergangszeit zur Einrichtung einheitlicher Außenzölle, in die Kompetenz der Gemeinschaft übergegangen. Die Ziele und der liberale Grundansatz der gemeinsamen Handelspolitik werden in Art. 110 EGV festgelegt:

> Durch die Schaffung einer Zollunion beabsichtigen die Mitgliedstaaten, im gemeinsamen Interesse zur harmonischen Entwicklung des Welthandels, zur schrittweisen Beseitigung der Beschränkungen im internationalen Handelsverkehr und zum Abbau der Zollschranken beizutragen.
> Bei der gemeinsamen Handelspolitik werden die günstigen Auswirkungen berücksichtigt, welche die Abschaffung der Zölle zwischen den Mitgliedstaaten auf die Steigerung der Wettbewerbsfähigkeit der Unternehmen dieser Staaten haben kann.

Das Verfahren wird in Art. 133 EGV[248] dargelegt. Grundsätzlich sind zwei unterschiedliche Verfahren der gemeinsamen Handelspolitik vorgesehen: die autonome und die vertragliche Handelspolitik.[249] Bei der autonomen Handelspolitik beschließt der Rat nach Vorschlag der Kommission[250] einseitige Regelungen, die die Außenwirtschaftsbeziehungen in spezifischen Bereichen bzw. mit bestimmten Ländern regeln.

Bei der vertraglichen Handelspolitik, die Abkommen außerhalb der WTO bilateral mit einem oder mehreren Staaten vereinbart, ist das Vertragsabschlußverfahren in zwei Abschnitte unterteilt. Die Kommission verhandelt dabei nach ihren Vorschlägen und nach Maßgabe des Rates, der dann nach Abschluß der Verhandlungen dem Ergebnis und der Vertragsunterzeichung zustimmen muß. Da sich die Interessen der Kommission häufig nicht immer ganz mit jenen des Rates bzw. einzelner Mitgliedstaaten decken, gab es auch hier öfters Kompetenzstreitigkeiten, die sich nicht zuletzt bei der Ministerkonferenz in Seattle 1999 offenbarten. Das eigenmächtige Handeln der Kommission bei der Aufgabe umweltpolitischer Anliegen im Verhandlungsmandat der EU, führte zu einem formellen Protest der anwesenden europäischen Umweltminister (ICTSD 1999). Gerade in der Uruguay-Runde blockierten diese internen Streitigkeiten des öfteren die Annahme eines durch die Kommission ausgehandelten Kompromisses, weil einzelne Ratsmitglieder mit dem Ergebnis nicht zufrieden waren.[251] Dies war hauptsächlich auf die mangelnde Kommunikation zwischen den Verhandlungs-

---

247 Vor dem Beitritt Schwedens, Österreichs und Finnlands waren die EFTA-Staaten gemessen am Handelsvolumen die wichtigsten Handelspartner der Gemeinschaft.

248 Vor dem Abschluß des Amsterdamer Vertrages war Art. 113 EGV einschlägig.

249 Für eine Beschreibung der rechtlichen Details s. Beutler u. a. (1993: 554f).

250 Wenn der Rat den Vorschlag der Kommission ändern will, muß er einstimmig beschließen.

251 Als beharrlichster Blockierer hat sich der Rat der Agrarminister gezeigt, die wegen unterschiedlicher nationaler Interessen kaum bereit waren, den europäischen Agrarmarkt zu liberalisieren.

führern der Kommission und dem Rat während der Verhandlungen zurückzuführen (Woolcock/Hodges 1996: 311). Als deutlich wurde, daß die EG sich durch ihre nach innen gerichtete Blockadehaltung ins verhandlungspolitische Abseits manövrierte, wurde der sogenannte 113er-Ausschuß[252] gebildet, der Ratsvertretern[253] als Beobachtern einen stetigen Informationsfluß über das Fortschreiten der Verhandlungen sichern soll, um Meinungsverschiedenheiten frühzeitig zu erkennen und abseits der eigentlichen internationalen Verhandlungen zu lösen.

Als grundsätzliche Bürde hat sich das Fehlen eines europäischen Handelsrates als Gegenspieler zu einer amerikanischen Handelsbeauftragten oder einem japanischen Handelsministerium erwiesen. Letztere vereinigen als einheitliche Akteure in internationalen Verhandlungen sämtliche internationalen handelspolitischen Kompetenzen auf sich und können deshalb viel flexibler und schneller auf neue Entwicklungen in Verhandlungen reagieren. In der Uruguay-Runde war das ein entscheidender Nachteil gegenüber den Verhandlungspartnern, vor allem gegenüber den USA (Woolcock/Hodges 1996: 323).[254]

5.3.3 Handelspolitische Instrumente

Die EU wendet eine ganze Reihe von unterschiedlichen handelspolitischen Instrumenten an. Neben GATT-konformen Zöllen haben in den achtziger Jahren verstärkt sogenannte Grauzonenmaßnahmen an Bedeutung gewonnen, die Ausdruck des herrschenden Konkurrenzdrucks durch die zunehmende wirtschaftliche Interdependenz waren.[255]

Zu den GATT-konformen Instrumenten gehören Zölle in Form von einheitlich gültigen Außenzöllen, Antidumping-Maßnahmen,[256] Strafzölle, kurzfristige Schutzmaßnahmen[257] und Maßnahmen nach der neuen Richtlinie zu externen

---

[252] Gemäß den Veränderungen im Amsterdamer Vertrag heißt dieser Ausschuß nun 133-Ausschuß.

[253] Das sind üblicherweise Mitarbeiter des Ausschusses der Ständigen Vertreter.

[254] Die meisten Beobachter meinen aber auch, daß die Gemeinschaft mit den Ergebnissen der Uruguay-Runde durchaus zufrieden sein kann und sie ihre Interessen gerade im agrarpolitischen Bereich zumindest soweit gewahrt hat, daß auch ihre Handelspartner vergleichbar schwierig durchzusetzende innenpolitische Reformen beginnen müssen (vgl. Heidensohn 1995, Woolcock/Hodges 1996).

[255] Typische Maßnahmen wie freiwillige Exportbeschränkungen oder Importbeobachtungen sind mit dem Abschluß der Uruguay-Runde untersagt worden, die gleichzeitig die Regeln bei Antidumping oder allgemeinen Sicherheitsmaßnahmen verschärfte.

[256] Dumping liegt vor, wenn ein Gut im Exportland zu niedrigeren Preisen als auf dem einheimischen Markt verkauft wird. Sehr häufig ist dies nur schwer festzustellen, weil ein Gut nicht immer auch im Herstellerland verkauft wird bzw. die Preise durch ein allgemein niedriges Lohnniveau oder geringe Nachfrage tiefer liegen. Außerdem spielen währungspolitische Entwicklungen eine wichtige Rolle.

[257] Diese „Safeguards" können alle möglichen Formen handelspolitischer Instrumente annehmen, die geeignet sind, auf ein bestimmtes handelspolitisches Problem schnell zu

Handelshemmnissen.[258] Der durchschnittliche Zollsatz lag vor der Uruguay-Runde bei 5,6 % für Industrieprodukte, seither liegt er bei 3,9 % (Heidensohn 1995: 55).

Auch die Ausnahmebestimmungen im Rahmen der Lomé-Abkommen für die AKP-Staaten stellen ein handelspolitisches Instrument zur Regulierung von Importgütern aus Entwicklungsländern dar. Zwar genießen viele Produkte Zollfreiheit, aber die Vorteile für die ärmeren Länder sind nicht so groß, wie man auf den ersten Blick annehmen würde. Das liegt zum einen daran, daß viele Exportgüter dieser Länder in den Bereich sogenannter „sensitiver" Güter gehören, die ohnehin von Importbeschränkungen der EU betroffen sind. Dazu gehören vor allem Textilien, Agrar- und Fischprodukte. Zum anderen verringerte der Abschluß der Uruguay-Runde die vermeintlichen Vorteile der AKP-Staaten, da die vormals nur ihnen zugestandenen Handelsvorteile nun allgemein gelten. Außerdem machte die Entwicklung der Lomé-Abkommen auch deutlich, daß gerade für die ärmsten Länder diese Art Handelspräferenzen noch keine wirksame Alternative zur direkten technischen und finanziellen Entwicklungshilfe darstellen (vgl. Wolf 1997). Der landwirtschaftliche Bereich war bei der Anwendung dieser Instrumente größtenteils ausgenommen, und der Agrarhandel der EG war von variablen Zollsätzen für fast alle Handelspartner geprägt, die zudem aus agrarpolitischen Gründen auf einem weitaus höherem Niveau lagen als die sonstigen Durchschnittszölle. Wie sich die schrittweise Umstellung auf feste Zollsätze im Agrarsektor auf das Muster der Handelsinstrumente auswirken wird, ist noch nicht absehbar.[259]

Antidumping-Maßnahmen sind mittlerweile eines der wichtigsten handelspolitischen Instrumente der Gemeinschaft und man kann davon ausgehen, daß

---

reagieren. Oft sind sie nur von kurzer Dauer oder als Übergangslösung vorgesehen, bis eine dauerhafte Regelung gefunden wird.

[258] Dieser Richtlinie ging das „Neue handelspolitische Instrument" von 1984 voraus, das mehr eine politische Reaktion auf die aggressive unilaterale Handelspolitik der USA mit einer entsprechenden Kopie der Sektion 301 des Omnibus Trade Act der USA war. Er sah schnelle Gegenmaßnahmen in Form von hohen Strafzöllen und Importverboten vor, die der Präsident ohne Zustimmung des Kongresses erlassen kann. Das neue handelspolitische Instrument spielte aber im Gegensatz zur amerikanischen „section 301", keine wichtige Rolle in der europäischen Handelspolitik. Seit dem Ende der Uruguay-Runde kann im Rahmen der WTO durch entsprechende Bestimmungen bei den „Safeguards" und im Rahmen des Anti-Dumping Codes auch schneller auf entsprechende Probleme reagiert werden (vgl. WTO 1995c: 65).

[259] Allerdings gibt der Konflikt über die europäische Bananenmarktordnung, die zu einer Verurteilung der EU durch die WTO geführt hatte, einen ersten Vorgeschmack. Diese Marktordnung ist die Folge der in der Uruguay-Runde getroffenen Vereinbarung, wonach alle einzelstaatlichen Marktbeschränkungen innerhalb der EG nach Art. 115 EGV in gemeinschaftsweite Beschränkungen überführt werden müssen, die nach und nach auslaufen. Diese Überführung soll vor allem der Transparenz europäischer Marktbeschränkungen dienen. Bei Bananen hat die europäische Beschränkung aber vor allem zu erheblichen Marktverzerrungen geführt und die Absatzmärkte lateinamerikanischer Exportländer empfindlich erodiert.

diese Verfahren nach dem Verbot der Grauzonenmaßnahmen[260] in Zukunft eine zentrale Rolle spielen werden. Zwischen 1988 und 1992 schwankte die Verfahrenszahl zwischen 152 und 139. Dazu muß man allerdings noch hinzufügen, daß zu diesem Zeitpunkt nur ein Prozent aller externen Importe in die Gemeinschaft von Anti-Dumpingzöllen betroffen sind (GATT 1993d). Laut eines Berichts der WTO über die Handelspolitik der EU waren beispielsweise 1993 150 Antidumpingmaßnahmen in Kraft und 1994 156 (WTO 1995c: 63). Trotz der etwas strikteren Regeln durch das Anti-Dumping-Abkommen der WTO muß die Gemeinschaft ihre bisherige Praxis sehr wahrscheinlich kaum umstellen, da auch dort die entscheidenden Vorschriften bei der Berechnung eventuellen Preisdumpings vage sind (Waer/Vermulst 1994: 21).

5.3.4 Allgemeine Aspekte der gemeinschaftlichen Handelspolitik

Die Handelsrestriktionen konzentrieren sich in manchen Sektoren so stark, daß man schon fast von einem Verstoß gegen das in Art. 110 EGV postulierte Ziel „einer harmonischen Entwicklung des Welthandels" sprechen kann. Am offensichtlichsten ist die handelspolitische Diskriminierung im Agrarsektor, die jedoch nicht nur von der EU, sondern auch von Japan und den USA betrieben wird. Importe von landwirtschaftlichen Gütern wurden je nach den Bedürfnissen der europäischen Bauernschaft beschränkt und mit variablen Zöllen belegt. Immer noch wird die landwirtschaftliche Produktion mit Marktordnungen organisiert, die Preise sind durch Ausgleichszahlungen, Kompensationen und Subventionen künstlich gesteuert. Durch die Uruguay-Runde müssen zwar feste Zölle für mengenmäßige Beschränkungen eingeführt werden, und die Reduktion aller Zölle muß im Gesamtdurchschnitt bis zum Jahr 2001 36 % betragen (WTO 1995c).

Aufgrund der großen Schwierigkeiten fast aller WTO-Mitglieder bei der Liberalisierung der Agrarmärkte hat man sich 1996 in Singapur während der ersten WTO-Ministerkonferenz darauf geeinigt, den Agrarbereich im Rahmen der sogenannten „built-in agenda" außerhalb einer neuen Handelsrunde spätestens ab dem Jahr 2000 zu verhandeln. Diese Verhandlungen haben trotz der gescheiterten Ministerkonferenz von 1999 im Februar 2000 in Genf begonnen. Aber inwieweit sie sich auf die künstliche Preispolitik im Binnenmarkt niederschlagen, bleibt abzuwarten. Zwar hat die EG mit der Reform der Gemeinsamen Agrarpolitik begonnen, aber die gleichzeitigen Umstellungen aufgrund der Ergebnisse der Uruguay-Runde werden die Rückführung der europäischen Landwirtschaft zu realistischen Marktbedingungen in dem ohnehin schon gespannten sozialen Kontext nicht erleichtern und vor allen Dingen nicht beschleunigen.

Die Gründe für die geschützten Märkte liegen in den sozialpolitischen Auswirkungen, die eine ungeschützte Konfrontation der europäischen Land-

---

[260] Zu diesen Maßnahmen gehören nichttarifären Handelshemmnisse wie bilateral vereinbarte Quoten, freiwillige Exportbeschränkungen, industriepolitische Anreizmodelle und Anti-Dumping-Maßnahmen.

wirtschaft mit dem Weltmarkt zur Folge hätte. Die meisten Produkte der europäischen Landwirtschaft sind auf dem Weltmarkt nicht konkurrenzfähig. Setzte man die Landwirte ungeschützt den Weltmarktbedingungen aus, würden die meisten von ihnen in kürzester Zeit vor dem Bankrott stehen. Dies hätte nicht nur erhebliche soziale Probleme und Verteilungskonflikte wegen Landflucht und Arbeitslosigkeit zur Folge, sondern auch die Vernichtung heterogener Agrarstrukturen bis hin zur Verödung ganzer Landstriche (Rieger 1995).

Zweifelsohne stellt der Agrarsektor mit diesen strukturellen Problemen die größte Herausforderung für die WTO und das Ziel der nachhaltigen Entwicklung dar. Denn für globale Fortschritte bei der Umsetzung des „Sustainable-Development"-Konzepts ist eine Liberalisierung des Agrarsektors in den Industrieländern unerläßlich, gerade weil in diesem Bereich einer der Produktionsschwerpunkte der Entwicklungsländer liegt, in dem sie auch auf den Weltmärkten konkurrenzfähig sind. Die Verbesserung ihrer Marktchancen durch erweiterte Absatzmöglichkeiten ist auch eine grundlegende Voraussetzung, um die ökonomischen Ressourcen für eine bessere Umweltpolitik zu schaffen. Diese Wechselwirkungen und ihre Steuerung sind entscheidend für die Qualität globalen Umweltschutzes.

Die politisch-soziale Bewertung der protektionistischen Handelspolitik der Gemeinschaft ist eine sehr ambivalente Angelegenheit. Einerseits führt sie zu höheren Verbraucherpreisen, die alle Verbraucher der Gemeinschaft tragen müssen. Auf der anderen Seite haben Importbeschränkungen dazu beigetragen, daß japanische Konzerne ihre Autos oder Videorekorder mittlerweile auch in Europa produzieren und dadurch Arbeitsplätze und Konkurrenzdruck für die eingesessenen Produzenten schaffen, was grundsätzlich positive und wünschenswerte wirtschaftliche Impulse gibt. Die wohlfahrtstheoretischen Implikationen des handelspolitischen Protektionismus der Gemeinschaft sind jedoch nur schwer abzuschätzen, da sich daraus immer wieder neue weitreichende positive wie negative wirtschaftliche Dynamiken ergeben.

Die geschilderten Entwicklungen beschreiben die Wechselwirkungen zwischen binnenmarktlicher Liberalisierung und externem Protektionismus. Zwar ist die ursprüngliche Angst vor der „Festung Europa" durch die Vollendung des Binnenmarkts (vgl. Redmond 1992) und durch den erfolgreichen Abschluß der Uruguay-Runde entkräftet worden. Außerdem profitierten Drittländer auch von der internen Liberalisierung, weil diese den Einfluß einzelner Regierungen schwächte und stabile Rahmenbedingungen für den internen und externen Handelsverkehr schuf, der auf festen Regeln basiert, die auch Streitschlichtungsmaßnahmen beinhalteten (Woolcock 1995). Indessen ist die nach außen gerichtete Liberalisierung noch immer sehr weit von ihrem binnenmarktlichen Pendant entfernt, weil die vielfältigen handelspolitischen Restriktionen weiterhin viel Raum im handelspolitischen Instrumentarium der Union einnehmen. Sie baute auf die unterschiedlichen Zugeständnisse der speziellen Handelsabkommen eine Art „Pyramide der spezifischen Präferenzen" auf, die zu spezifischen Handelsmaßnahmen und einem ausgeprägten sektorellen Protektionismus führten (Heidensohn 1995: 70). Kritiker sehen im außenwirtschaftlichen Protektionismus der EU gar einen Verstoß gegen allgemeines Völkerrecht, weil dieser wissentlich den EU-Bürgern Grundrechte verweigert. Handelsprotektionismus wird in diesem Zusammenhang als Freiheitsbeschränkung und Diskriminierung der Bürger verstanden, weil diese ihre eigentlichen wirtschaftlichen Vorteile als Konsumenten durch die Abschottung nicht verwirklichen können (vgl. Petersmann 1997).

5.4 Die Gemeinschaft und die Wechselwirkungen zwischen Umweltschutz und Handel

Trotz aller Kritik ist mit Einschränkungen die EU ein Modell, das die Spannungen, die aus den gegensätzlichen Zielen wirtschaftlicher Liberalisierung und gleichzeitigem, effektivem Umweltschutz erwachsen, wirksam auflöst. Wie die vorangegangenen Erläuterungen zeigten, lief der Prozeß des umweltpolitischen Ausgleichs weder reibungslos noch unumstritten ab. Der EuGH ist unbestritten der wichtigste Akteur bei der Suche von und der Bestimmung konkreten Anhaltspunkten für den Ausgleich zwischen wirtschaftlichen und umweltpolitischen Zielsetzungen innerhalb der Gemeinschaft. Obwohl dieser Prozeß noch nicht abgeschlossen ist und die Rechtsprechung selbst auch neue Fragen aufwirft, hat die momentan geltende Formel vom prinzipiellen Diskriminierungsverbot bei der Zulässigkeit von Proportionalitätserwägungen stabile rechtliche und wirtschaftliche Rahmenbedingungen für die Integration umweltpolitischer Gesichtspunkte in die anderen Gemeinschaftspolitiken gesetzt. Die herausragende Position des Gerichtshofes in diesem Prozeß deutet aber auch an, daß die politischen Akteure diesen Weg des Ausgleichs wahrscheinlich nicht allein hätten beschreiten können, und die Lösung der politischen Konflikte über die konkrete Abwägung zwischen Freihandel und Umweltschutz war nur durch die übergeordnete, verbindliche juristische Instanz und den „Acquis Communautaire" möglich, den es auf WTO-Ebene nicht gibt.

Die politische Aufarbeitung der Wechselwirkungen zwischen Handel und Umweltschutz ist sehr stark von Überzeugungen und Vorstellungen geprägt, die viel enger mit dem ökonomischen Projekt Binnenmarkt als mit davon unabhängigem Umweltbewußtsein zusammenhängen. Deshalb wird im folgenden die Entwicklung der Diskussion in der Gemeinschaft über die Wechselwirkungen zwischen Umweltschutz und Handel mit internationalem bzw. globalen Bezug nachgezeichnet. Dabei stehen die programmatischen Vorstellungen der Kommission im Vordergrund, die durch ihr Initiativrecht maßgeblich die Richtung und Position der Gemeinschaft in der internationalen Diskussion bestimmt. Ein zweiter wichtiger Anhaltspunkt für die Position der Gemeinschaft sind die umweltpolitischen Handelsmaßnahmen der Gemeinschaft, die *nicht* in den Geltungsbereich der bekannten MEAs fallen. Sie wurden bisher nicht erwähnt, weil sie bemerkenswerterweise auch nicht zu Konflikten bzw. Streitschlichtungsverfahren innerhalb des GATT/WTO-Systems führten. Die programmatischen Ziele sowie deren Umsetzung in der internationalen Umweltschutzpolitik zeigen, wie und ob der im Binnenmarkt gefundene Ausgleich von Handel und Umwelt nach außen transportiert wird oder übertragen werden kann.

5.4.1 Die programmatische Diskussion über Handel und Umwelt in der Gemeinschaft

Die Anfänge

Überraschenderweise haben sich die Gemeinschaftsinstitutionen trotz der seit längerem bekannten Probleme durch die Überlappung von Handels- und Umweltpolitik erst in jüngster Zeit konkret damit auseinandergesetzt (vgl. Klepper 1992: 248). Das erste und bisher auch einzige Kommissionspapier, das sich direkt mit dem hier im Mittelpunkt stehenden Problembereich beschäftigt, wurde Anfang 1996 veröffentlicht.

Fast ebenso überraschend ist es, daß ausgerechnet die Task Force zu den umweltpolitischen Auswirkungen des Binnenmarktprojekts zum ersten Mal die internationalen Synenergieeffekte positiver und negativer Art der europäischen Integration reflektiert. Sie nimmt die bestehende ökonomische und ökologische Interdependenz der Gemeinschaft mit dem Rest der Welt zur Grundlage und fragt nach deren konkreten Auswirkungen (Task Force 1990: 24). Geht man einmal davon aus, daß der Trend zur verstärkten umweltpolitischen Regulierung auf nationaler und internationaler Ebene anhält, kann das einerseits bedeuten, daß die Gemeinschaft ihre Verschmutzung exportiert. Andererseits schafft sie möglicherweise durch die zusätzlichen Anpassungsanforderungen an die Industrie, die auch die externen Handelspartner betrifft, neue Barrieren. Die Task Force setzt sich bei ihrer Analyse mit Bereichen auseinander, die die gemeinschaftliche Umweltpolitik in bezug auf den internationalen Handel beeinflussen, ohne konkrete Handlungsempfehlungen auszusprechen (vgl. Task Force 1990: 259f).[261]

Das Europäische Parlament

Das Europäische Parlament (EP) nahm bei der Diskussion über die Wechselwirkungen zwischen Handel und Umwelt eine Vorreiterrolle ein, seit es am 22. Januar 1993 eine Entschließung zu Handel und Umwelt faßte (vgl. EG 1993b). In den Beweggründen für die Entschließung zeigt sich, daß das EP die momentane Informationslage und den Informationsstand angesichts des Problemdrucks für völlig unangemessen hält und einen dringenden Handlungsbedarf seitens der Gemeinschaft sieht. Mit einer Anspielung auf die protektionistischen Mißbrauchsmöglichkeiten des Umweltschutzarguments heißt es dort, daß es dringend notwendig sei, „ein größeres Verständnis des Zusammenhangs zwischen Handel und Umwelt zu erreichen", um „die Manipulationen dieses Zusammenhangs durch

[261] Sie macht zum ersten Mal explizit auf die Handelsauswirkungen grenzüberschreitender Umweltprobleme aufmerksam.

Umweltschützer, die gegen die Interessen der Entwicklungsländer handeln, zu vermeiden." Das EP spricht nicht nur die Folgen eines möglichen Ökoprotektionismus an, sondern fordert konkret die Integration von Umweltschutz in die Regeln des Welthandelssystems. Es weist auch daraufhin, daß dieser Problembereich im Rahmen von UNCED zwar angesprochen, aber keineswegs zu einem Konsens über das weitere Vorgehen zwischen Industriestaaten und Entwicklungsländern führte. Zudem äußert es sich skeptisch über den Zusammenhang zwischen Wirtschaftswachstum der damit einhergehenden Verbesserung der Umweltsituation. Dabei handele es sich keinesfalls um ein automatisches oder korrelatives Verhältnis, vielmehr bedürfe es aktiver Umweltpolitik, die den negativen Auswirkungen von Wirtschaftswachstum entgegensteuert.

Das GATT-System sollte das Verursacherprinzip übernehmen, das prinzipiell die Internalisierung von Umweltschutzkosten regelt. Das hält das Parlament allerdings nicht davon ab, gleichzeitig die Sinnhaftigkeit unilateraler Umweltschutzmaßnahmen als Hinweis auf bestehende Unzulänglichkeiten und möglichen Katalysator für zukünftige multilaterale Abkommen zu propagieren. Grundsätzlich befürwortet es unilaterale Handelsmaßnahmen, mit denen politischer und wirtschaftlicher Druck ausgeübt werden kann und soll. Ganz allgemein vertritt das EP die Meinung, die Ausnahmemöglichkeiten des Art. XX bieten keinen ausreichenden Schutz für natürliche Ressourcen oder die gemeinsamen Umweltschutzbedürfnisse der Menschheit, weshalb er unbedingt reformiert werden muß. Es hält die Neuformulierung des Art. XX für notwendig, weil das GATT in umweltpolitischen Fragen keine ausreichende Sachkompetenz besitzt und strittige Sachverhalte immer mit einer gewissen handelspolitischen Voreingenommenheit entscheidet.

Konkret fordert das Parlament in der Entschließung unter anderem:

- die Beteiligung von NGOs an den Diskussionen der GATT-Gruppe für Umweltfragen und Handel,[262]
- klare Festlegung der rechtlichen Position von MEAs sowie ihrer handelspolitischen Restriktionen im GATT,
- nach der Uruguay-Runde sollte ein Umweltrat die Umweltverträglichkeit der künftigen Beschlüsse im multilateralen Handelssystem überprüfen,
- in Art. XX sollte neben dem Passus „Schutz der Umwelt und der Biosphäre" auch ein Abschnitt über die Zulässigkeit umweltpolitischer Handelsrestriktion auf der Grundlage internationaler Umweltübereinkommen eingefügt werden, außerdem soll es ausdrücklich Umwelt-Dumping verbieten und nichttarifäre Handelshemmnisse aus Umweltschutzerwägungen zulassen, wenn es sich dabei nicht um einen Vorwand für Protektionismus handelt.

[262] Diese Bezeichnung bezieht sich auf die zu dieser Zeit bestehende CTE-Vorgängerinstitution „Group on environmental measures and international trade" (EMIT), die 1991 vom GATT-Rat erstmals einberufen und mit der Gründung der WTO durch das CTE ersetzt wurde.

Das EP hat sich ein ausgesprochen umweltbewußtes Profil geschaffen. Durch aktive Ausschußarbeit, die entsprechend weitgehende Entschließungen hervorbrachte, die in enger Kooperation und Absprache mit der Kommission und ihrer zuständigen Generaldirektion Umwelt die Rolle von Richtlinienvorschlägen einnahmen, konnte sich das EP eine richtungsweisende Funktion in der europäischen Umweltpolitik sichern, obwohl es zu diesem Zeitpunkt noch gar kein legislatives Mandat besaß (Judge 1992: 190). Das Verhältnis zwischen EP und GD Umwelt kann man als eine Art Allianz zwischen institutionell schwächeren Gliedern des europäischen Institutionengefüges verstehen, die sich zur effektiveren Interessenwahrung zusammengefunden haben. Die Rolle des EP als informeller Auslöser umweltpolitischer Initiativen machte es zu einem engen Verbündeten der Generaldirektion XI der Kommission gegenüber den häufig konservativen Einstellungen des Rates oder auch anderer Generaldirektionen der Kommission (ebd. S.199).[263]

Weitere Entwicklungen

Im Mai 1993 hat der Rat eine Resolution über Umweltschutz und internationalen Handel angenommen, die betonte, daß man auf dem Verhandlungsweg, vor allem im Rahmen des GATT, zu zusätzlichen Regeln gelangen muß, die zur Klärung der aufkommenden Probleme im Grenzbereich von Umweltschutz und internationalem Handel beitragen können (vgl. EG 1996d). Damit machte der Rat im Grunde genommen den Weg frei für die Verhandlungsführung der Kommission im Umweltausschuß des GATT und seiner Nachfolgeorganisation WTO.

Im chronologischen Ablauf der Ereignisse hat sich die Kommission trotz der Vorstöße des Europäischen Parlaments auf die Beantwortung parlamentarischer Fragen zum Thema beschränkt. Darin deutet sich schon die schon die Haltung der Kommission in einigen grundsätzlichen Fragen an. Im Gegensatz zum Parlament hält sich die Kommission bei der Forderung nach einseitigen Handelsmaßnahmen zurück, die ein Land durch drohende wirtschaftliche Nachteile zum Einschwenken auf europäische Umweltschutzvorstellungen zwingen sollen, und bevorzugt multilaterale Lösungen. Sie teilt auch nicht die Reformvorschläge des Europäischen Parlaments für das GATT, dessen Art. XX nach Meinung des Parlaments weiter ausgelegt werden sollte, um damit die Möglichkeit extraterritorial wirkender Maßnahmen zu legalisieren.[264] Auch die entsprechenden Vorschriften pflan-

---

263 Skærseth (1994) und Jachtenfuchs (1996) beschreiben ähnliche kommissionsinterne Auseinandersetzungen am Beispiel der Klimapolitik.

264 Zu diesem Zeitpunkt konzentriert sich der Arbeitsschwerpunkt des EP auf den Schutz der Wälder und die Verabschiedung der Tellereisenrichtlinie, die noch näher behandelt werden, s. beispielsweise EG 1993, Abl. C 141/56 19.5.1993; EG 1993, Abl. C 333/03f. 8.12.1993; EG 1994, Abl. C268/01 26.9.1994. Im Jahr 1995 behielt die Kommission ihre Position bei, wonach sie den Regelungsbereich des GATT, Art. XX und entsprechende Umweltschutzvorschriften in den TBT- und SPS-Abkommen für ausreichend hält und in jedem Fall multilaterale Lösungen von Konflikten im Rahmen der CTE-Diskussion für taktisch klüger hält als Handelsboykotte, s. beispielsweise EG 1995, Abl. C42/42 20.2.1995; EG 1995, Abl. C55/58 6.3.1995; EG 1995, Abl. C81/58 3.4.1995.

zenschutzrechtlicher und gesundheitspolizeilicher Art im GATT empfindet die Kommission als ausreichend.

Kurz danach bringt die Kommission ein weiteres Arbeitspapier zum Verhältnis von Wirtschaftswachstum und Umweltschutz heraus (EG 1994), das jedoch auch nicht ausdrücklich auf die Wechselwirkungen im Bereich von internationalem Handel und Umweltschutzpolitik eingeht. Vielmehr konzentriert sich die Kommission auf die Beschreibung der Einflüsse und Konsequenzen von Umweltpolitik auf wirtschaftspolitische Zielsetzungen. Im Grunde genommen spricht sich die Kommission mittelfristig für eine gemeinschaftsweite, auf nationaler Ebene durchgeführte ökologische Steuerreform aus. Die Implikationen internationaler wirtschaftlicher Interdependenz berücksichtigt sie allerdings nur insoweit, als sie darauf hinweist, daß internationale Koordination wichtig ist, um Verzerrungen zu vermeiden und durch geschlossenes Vorgehen die Effektivität der Maßnahmen zu sichern.

Die Kommission und „Handel und Umwelt"

Die Kommission reagierte auf die ständige Kritik im Februar 1996 erstmals mit einem Positionspapier, das sich ausdrücklich mit Handel und Umwelt beschäftigte (EG 1996e). Es ist die offizielle Stellungnahme der Kommission zum Thema, die einerseits die allgemeinen Zielsetzungen europäischer Umweltpolitik im Zusammenhang mit internationalem Handel festlegt und andererseits auch die Etappenziele für den CTE-Diskussionsprozeß in der WTO beschreibt.

Was die Bearbeitung des Problembereichs im Rahmen des multilateralen Handelssystems angeht, so präsentiert die Kommission ihre Vorschläge zur Integration von Umweltaspekten ins GATT, die sie kurz danach ins CTE einbringt.[265] In bezug auf die Situation der Entwicklungs- und Transformationsländer erinnert das Papier daran, daß Umweltschutzmaßnahmen nicht als Handelsbarrieren wirken dürfen, die die Exportchancen dieser Länder effektiv schmälern. Allerdings wird die Verbesserung des Marktzugangs für solche Länder am Beispiel einer Neuorientierung der gemeinschaftlichen Handelspolitik nicht näher erläutert. Mehr Raum nimmt dagegen die Diskussion über das Potential und die Restriktionen alternativer umweltpolitischer Instrumente ein. Ein wichtiges, noch zu lösendes Problem sind die nach dem GATT unzulässigen Grenzausgleichsmaßnahmen für umweltschutzorientierte Abgaben, die im Laufe des Produktionsprozesses anfallen und nach der momentan geltenden Regelung nicht ausgeglichen werden dürfen, weil sie sich nicht direkt auf das Produkt und den Warenhandel beziehen. Diese Frage muß nach Meinung der Kommission unbedingt geklärt werden, damit der Einsatz ökonomischer Instrumente nicht an den GATT-Regeln scheitert.

---

[265] Das ist der im ersten Non-Paper vorgestellte Vorschlag der Neufassung des Art. XX mit seiner besonderen Berücksichtigung von umweltpolitischen Handelsmaßnahmen auf der Basis eines MEAs.

Das Papier legt die Unionsstrategie für die CTE-Diskussion fest. Die Kommission faßt darin im Grunde genommen die ohnehin schon in der WTO implizit verfolgte Politik noch einmal zusammen und präsentiert die einzelnen Punkte in einer systematischen Ordnung. Im Gesamtzusammenhang der Diskussion innerhalb der Gemeinschaft ist das Papier ein sehr wichtiger Schritt für eine konkrete Strategie zur Bearbeitung der politischen und wirtschaftlichen Probleme, die sich aus den Wechselbeziehungen zwischen Handel und Umwelt ergeben. Einzelne Punkte spiegeln auch den Einfluß des Europäischen Parlaments wider, dessen Kritik im Reformvorschlag zu Art. XX verarbeitet wurde. Es ersetzt die bisherige Diskussionshaltung durch klarere Zielvorstellungen und durch die Kongruenz zwischen internen und externen Aussagen. Im CTE bestätigt sich auch die feste Verankerung dieser politischen Leitmotive.

Das Papier deutet ansatzweise auf die unterschiedlichen politischen Schwerpunkte innerhalb der Kommission hin, die bei der Zusammenarbeit diverser Generaldirektionen (GD) – hier hauptsächlich die für die Außenwirtschaftsbeziehungen zuständige GD Auswärtige Beziehungen,[266] und die für Umweltpolitik zuständige GD Umwelt – zu Konflikten führen können. Konkret schlägt sich das in einer gewissen Inkohärenz bei der Substanz der inhaltlichen Vorschläge nieder. Die sind mit Blick auf den Status von MEAs im GATT sehr konkret, während die Absicht zur verstärkten multilateralen Zusammenarbeit nicht näher erläutert wird. Bei diesem letzten Punkt treten auf der Policyebene vor allem die Entwicklungsländer in die Gleichung ein und mit ihnen das Problem, wie ihre Teilnahme am Markt unter der Prämisse nachhaltiger Entwicklung gesichert werden kann. Der Marktzugang der Entwicklungsländer und das damit zusammenhängende Problem der Liberalisierung der internationalen Agrarmärkte wird jedoch nicht angesprochen. Darin zeigt sich der Einfluß und die Haltung der für Außenwirtschaftsbeziehungen zuständigen GD Auswärtige Beziehungen, die versucht, die Problembereiche von Handel und Umwelt auf dieser konkreten Ebene so gut wie möglich zu trennen.[267]

---

266 Vor den 1999 von Romano Prodi eingeleiteten Reformen wurden die Generaldirektionen durch römische Ziffern gekennzeichnet, entsprechend befaßte sich die GD I mit europäischer Handelspolitik und GD XI mit europäischer Umweltpolitik.

267 Das Papier wurde nach einem Entwurf der GD XI (seit 1999 GD Umwelt) von der GD I (seit 1999 GD Auswärtige Beziehungen) überarbeitet. Die Generaldirektion für Umweltpolitik wertete es dabei schon als Erfolg, daß es überhaupt von der Kommission verabschiedet wurde. Entsprechend äußerte sich eine Kommissionsmitarbeiterin im persönlichen Gespräch. Sie sah auch einen Erfolg in der relativen Offenheit der Vorschläge und den klaren Aussagen zu Art. XX; dadurch sei zumindest eine solide Grundlage für das weitere Vorgehen gelegt.

Entwicklungen im Zusammenhang mit der Konferenz von Seattle

Das Europäische Parlament wiederholt in einer Entschließung (EG 1996f) angesichts der anstehenden WTO-Ministerkonferenz noch einmal die wichtigsten Punkte, die es schon 1992 als Forderung an die Kommission herangetragen hat. Es modifiziert jedoch einen entscheidenden Punkt leicht. Mit Blick auf umweltpolitische Handelsmaßnahmen entschärft es die frühere Forderung nach der grundsätzlichen Zulässigkeit unilateraler extraterritorial wirkender Maßnahmen und verlangt dafür, daß solche Maßnahmen im GATT anerkannt werden sollen, wenn sie im Rahmen eines internationalen Umweltschutzabkommens erlassen werden. Außerdem hebt es hervor, daß es unbedingt nötig sei, die Verbesserung der Marktzugangsmöglichkeiten der ärmeren Länder auf die Märkte der Industrieländer konkret zu erörtern. Eine neue Forderung, die immer auch zu Beginn des Jahres 2000 weit über die Kompromißformeln im CTE hinausgeht, verlangt die Zulässigkeit von Handelshemmnissen im GATT aufgrund von Umweltschutzanforderungen, die sich auf Produktions- und Prozeßmethoden beziehen. Besonders wichtig ist für das Parlament, daß die Gemeinschaft Umweltschutz im Rahmen der WTO als Selbstzweck darstellt und verfolgt und nicht nur dazu benutzt, die eigene Handelspolitik aufzuwerten.

Die Kritik des Europäischen Parlaments an den oberflächlichen Kommissionsvorstellungen zum instrumentellen Vorgehen in der internationalen Dimension gemeinschaftlicher Umweltpolitik schlug sich in jüngster Zeit in praxisorientierten Vortößen bei der Entwicklungszusammenarbeit nieder (EG 1996g). Bis spätestens 1998 muß mit den Verhandlungen zur Erneuerung des Lomé-Abkommens begonnen werden, wo laut Kommission nachhaltige wirtschaftliche und soziale Entwicklung eines der Hauptziele sein soll. Der WSA regt in diesem Zusammenhang an, daß vor allem der Umweltschutz im Agrarsektor gefördert werden muß, wenn man langfristig sichere Bedingungen für tragfähige Entwicklung schaffen will. Umweltschutz muß unbedingt als langfristige Investition begriffen werden (WSA 1997).

Während der Ministerkonferenz von Seattle 1999 kündigte die EU an, daß sie die fast vollständige Zollfreiheit für Importprodukte aus den am wenigsten entwickelten Länder anbietet. Diese Initiative wurde sehr begrüßt, allerdings erntete die EU auch Kritik dafür, daß sie nicht einmal bei sehr geringen Mengen bestimmter landwirtschaftlicher Produkte aus diesen Ländern bereit ist, auf den Protektionismus bei Agrarprodukten zu verzichten (ICTSD 1999). Der Verhandlungsverlauf in Seattle zeigte auch, daß der Umweltschutz letztlich den agrarpolitischen Interessen geopfert wird (vgl. Kapitel 4, UBA 2000 i.E.) und die Kommission dafür auch Ratsentscheidungen ohne Rücksprache aufgibt.

Im Vorfeld der Ministerkonferenz von Seattle 1999 wurde der politische Druck durch den Protest von NGOs so stark, daß Politiker fürchten mußten, daß der öffentliche Protest eine neue Liberalisierungsrunde verhindert. Sie forderten die Integration von Umwelt- und Sozialstandards in das GATT/WTO-System (WWF 1999), bzw. sie lehnten eine neue Verhandlungsrunde ab, solange nicht geprüft wurde, welche Umwelt- und sozialen Auswirkungen diese Runde nach sich ziehen kann (Forum Umwelt & Entwicklung/Germanwatch 1999). Die EU Kommission entschied sich deshalb im Januar 1999 dafür, ein „sustainability impact assessment" bzw. eine Evaluation der ökologischen und sozialen Auswirkungen der neuen Runde durchführen zu lassen. Die Studie entwickelte unterschiedliche Szenarien für die „Nachhaltigkeitsprüfung" bestimmter Verhandlungsziele (Kirkpatrick/Lee 1999). Da es sich dabei größtenteils um eine Konzeptualisierung eines solchen „sustainability impact assessment" handelte und die tatsächlichen Auswirkungen auf einzelne Gruppen nicht deutlicher benannt werden konnten, kritisierten NGOs, daß sie politischen Entscheidungsträgern keine Orientierung biete. Sie mahnten deshalb unter anderem an, daß die Kommission sie in Zukunft in die Beratungen über Verhandlungsziele stärker einbezieht und sie zu den potentiellen Auswirkungen spezifischer Liberalisierungsschritte anhört (Joint NGO Statement, 2000).

5.4.2 Umweltpolitische Handelsmaßnahmen der Gemeinschaft

Trotz des erklärten Ziels, die globale Umweltpolitik durch innovative Ansätze voranzubringen, verfolgt die EU in der WTO teilweise eine kontraproduktive Politik, was zu Widersprüchlichkeiten führt, die effektiven Umweltschutz verhindern. In den Streitschlichtungsverfahren gehörte die Gemeinschaft immer zu jenen Parteien, die gegen umweltpolitische Maßnahmen anderer vorging, gleichzeitig beinhaltete das Verhandlungsmandat für Seattle sehr konkrete Umweltschutzforderungen, die teilweise weit über die Ziele anderer Mitglieder hinausgingen. Bei dieser etwas überraschenden Konstellation lohnt es sich nachzufragen, ob und wann die Gemeinschaft umweltpolitische Handelsmaßnahmen bzw. deren Androhung einsetzte, um ihre Handelspartner durch die daraus folgenden negativen wirtschaftlichen Auswirkungen zu einer Verhaltensänderung zu veranlassen. Dabei sollen lediglich die Maßnahmen berücksichtigt werden, die nicht auf der Grundlage gültiger MEAs basieren, weil sie ein sehr umstrittenes Instrument sind, über das auch die Meinungen innerhalb der Gemeinschaft geteilt sind.[268]

Umweltpolitische Handelsmaßnahmen wurden von der Gemeinschaft beim Schutz von Walen und Robbenbabies tatsächlich angewandt und im Zusammenhang mit der Abholzung der Tropenwäldern sowie den Jagdbestimmungen für wildlebende Pelztiere in Erwägung gezogen, später aber wieder fallen gelassen.

Schutz der Wale

Die Schutzbemühungen für Wale gehen auf die 1948 unterzeichnete „Internationale Konvention über die Regulierung des Walfangs" zurück (Lyster 1985). Dänemark, Deutschland, Frankreich, Großbritannien und die Niederlande

---

[268] Auch hier wird der Hormonfall und ähnliche Fälle wie Handelsbeschränkungen für britisches Rindfleisch nicht berücksichtigt, weil in diesem Zusammenhang gesundheitspolitische Aspekte im Vordergrund stehen.

sind die EU-Staaten, die auch als Einzelstaaten diese Konvention unterschrieben haben. Nachdem der Bestand einiger Walarten besonders gefährdet war, weil die Bestimmungen der Konvention weder eingehalten noch überwacht wurden, verbot die EG 1982 den Import von Walprodukten zu kommerziellen Zwecken. Bis dahin hat sich die internationale Walfangkommission (IWC) hauptsächlich mit der Regulierung der Jagd auf große Walarten befaßt, die aber auch nur unvollständigen Auflagen unterworfen war und deshalb den großen Walarten nur unzureichenden Schutz bot. Kleine Walarten, die hauptsächlich von Japan und Norwegen zu kommerziellen Zwecken gejagt wurden, fanden in diesem System noch viel weniger Schutz, was bei einer großen Anzahl kleinerer Walspezies zu einer dramatischen Verringerung der Bestände führte. Aus diesem Grund setzte die EG einen unilateralen Boykott für den Import von allen Walprodukten durch. Erst danach kam es im Rahmen der IWC zu einem Walfangmoratorium, das 1990 erneuert wurde. Obwohl es keinen direkten Anhaltspunkt dafür gibt, könnte das europäische Importverbot zur Einigung auf ein Moratorium beigetragen haben (Demaret 1994b: 280). Ein Grund dafür, daß es hier nicht zu einem Konflikt innerhalb des GATT kam, könnte das bereits vorhandene System internationaler Abkommen gewesen sein, die zwar Handelsmaßnahmen nicht explizit vorsahen, aber genauso wenig ausschlossen. Neben dem IWC war zusätzlich noch CITES in die Auseinandersetzung involviert, das die großen Walarten als gefährdet bzw. bedroht geführt hatte und in diesem Fall durchaus Handelsmaßnahmen bis hin zum Handelsverbot zuließ. Außerdem war die prinzipielle Zustimmung der USA und die breite Zustimmung der Öffentlichkeit für diesen Boykott sicherlich ein weiterer Grund dafür, daß dieses Importverbot ohne Folgen im Rahmen des GATT blieb. Auch die Staaten, die das Moratorium nicht unterstützten, namentlich Japan, Norwegen und Island, waren kaum von den wirtschaftlichen Folgen eines Importverbots betroffen, da ihre wichtigsten Absatzmärkte ohnehin die einheimischen waren (Peterson 1992).[269]

Einfuhrverbot für Robbenfelle

Dieses Importverbot ist, gemessen am öffentlichen Interesse und Engagement, mit dem amerikanischen Importverbot für mexikanischen Thunfisch vergleichbar. Das brutale Abschlachten der putzigen weißen Robbenbabies mit ihren schwarzen Knopfaugen hat zu einem öffentlichen Aufschrei des Protestes geführt, der höchstens noch den amerikanischen Emotionen bei der Tötung von Delphinen oder dem deutschen Tankstellenboykott beim Versenkungsversuch der Bohrinsel Brent Spar 1995 gleichkommt. Mit aktiver Unterstützung des Europäischen Parlaments und gleichzeitigen Aktionen in einzelnen Mitgliedstaaten wurde 1983 ein Importverbot für Robbenfelle und einige daraus bestehende Produkte erlassen (Demaret 1994b: 281). Die emotional aufgeheizte Atmosphäre ließ zunächst einmal die Tatsache in den Hintergrund rücken, daß es sich weniger um

---

[269] Island war wahrscheinlich am stärksten von den wirtschaftlichen Auswirkungen der Moratoriums betroffen.

Artenschutz im Sinne der Erhaltung einer bedrohten Art handelte, als vielmehr um ein moralisches Anliegen. Ein Handelskonflikt wurde aber auch dadurch verhindert, daß Kanada wegen des schweren Imageverlusts durch das jahrelange Beharren auf der Zulässigkeit und Notwendigkeit der kommerziellen Robbenjagd schließlich selbst ein Verbot der kommerziellen Jagd erließ. International einigte man sich auf Ausnahmebestimmungen für die kanadischen Ureinwohner, die vom allgemeinen Jagd- und Importverbot ausgenommen sind und deren Produkte auch weiterhin international vertrieben werden können (Demaret 1994b: 282).[270]

Importverbot für Tropenholz

Einige Facetten des problematischen Verhältnisses von internationalem Handel und dem Schutz der Regenwälder wurden im Verlauf dieser Arbeit schon angesprochen, deshalb soll an dieser Stelle der Hinweis genügen, daß der Handel mit Tropenholz nur einen – wahrscheinlich auch geringeren – Anteil der Problemursachen bei den Schutzbemühungen für tropische Regenwälder ausmacht. Ebenso sollte auch noch einmal gesagt werden, daß in Staaten wie Kanada und USA Wälder in vergleichbar nachhaltiger Weise zerstört werden, wenn auch nicht in dem Ausmaß wie in den Tropen. Die Industrieländer haben auf politischer Ebene bisher noch keine Handelsmaßnahmen gegen Kanada oder die USA in Erwägung gezogen, um diese zweifelhafte Art der Forstwirtschaft zu unterbinden.

Als einziges EU-Mitglied wollten die Niederlande 1990 ein unilaterales Importverbot für nicht tragfähig geerntetes Tropenholz erlassen, das 1995 in Kraft treten sollte. Diese Position wurde im übrigen auch vom Europäischen Parlament unterstützt, und niederländische Kommunen verboten freiwillig die Verwendung von Tropenholz bzw. wollten dessen Nutzung erheblich einschränken. Auf Druck Malaysias, das mit einem Panelverfahren im GATT drohte, zogen die Niederlande das verbindliche Importverbot zurück und arbeiten inzwischen zusammen mit den Exportstaaten an einem freiwilligen Kennzeichnungsprogramm für umweltfreundlich produziertes Tropenholz (Verbruggen/Jongma 1995: 213f).

Vor seinem Eintritt in die EU erwog auch Österreich zu Beginn der neunziger Jahre, ähnlich wie die Niederlande, ein unilaterales Importverbot für nicht tragfähig produziertes Tropenholz. Aber auf Druck einiger Exporteure und nach Konsultationen mit Indonesien innerhalb des GATT nahm auch Österreich sein Vorhaben zurück, als Indonesien mit einem Panelverfahren drohte (GATT 1994d).

Die unilateralen Vorstöße sind sicherlich nicht nur wegen mangelnder umweltpolitischer Rechtfertigung oder vermeintlich protektionistischer Absicht gescheitert, sondern die Zurückhaltung läßt sich auch mit der GATT-Prüfungssystematik bei solchen Streitfällen erklären. Die umweltpolitischen Begründungen solcher

---

[270] Der wirtschaftliche Effekt dieser Ausnahmebestimmungen für die Ureinwohner ist allerdings zweifelhaft, da die Märkte schon viel früher eingebrochen sind und sich nicht mehr erholten, nachdem beispielsweise Greenpeace zu Boykotten aufrief und zusätzlich das Fell der gefährdeten Tiere durch Besprühen mit Farbe wertlos machte.

Handelsmaßnahmen standen vor allem wegen nicht vorhandener Tragfähigkeitskriterien oder sonstiger Alternativmaßnahmen und der bekanntermaßen vielfältigen Ursachen der Tropenwaldzerstörung auf tönernen Füßen. Unter Umständen hätte das Panel diese Handelsmaßnahme auch als ungerechtfertigt abgelehnt, solange nicht in der für Tropenholzhandel zuständigen internationalen Organisation, der ITTO, entsprechende Maßnahmen vorangetrieben worden wären.

Die Gemeinschaft ist als Tropenholztimporteur Mitglied in der ITTO, die nicht zum Schutz der Regenwälder oder der Regulierung der umweltbewußten Nutzung der Wälder dienen soll, sondern als Vereinigung von Ex- und Importländern, die ganz allgemein Kriterien für die wirtschaftliche Nutzung tropischer Wälder aufstellt. Zwar wurden innerhalb der Gemeinschaft verbindliche Importverbote diskutiert, aber schon bald wieder verworfen, als klar wurde, daß diese zu unabsehbaren Problemen in der internationalen Wirtschaftspolitik und vor allem in den Beziehungen zu den asiatischen Exportstaaten führen könnten. Ganz zu schweigen davon, daß auch die Gemeinschaft keine Kriterien für tragfähig erwirtschaftetes Tropenholz präsentieren konnte (Demaret 1994b: 284). Das Europäische Parlament vertrat dagegen die Meinung, verbindliche Kennzeichnungsprogramme für Tropenholz und eventuelle Importverbote seien wirkungsvolle und gerechtfertigte Instrumente, um die Exportländer zu einem bewußteren Umgang mit ihren Regenwäldern anzuhalten (EG 1994 Abl. C114/35, 25.4.94). So überrascht es auch nicht, daß das Parlament den Abschluß des Internationalen Tropenholzabkommens 1994 heftig kritisiert, weil die Gemeinschaft damit die Möglichkeit unilateraler Maßnahmen und strikter Kennzeichnungsprogramme preisgab. Sie stimmte einem vagen Plan zu, der sich das Ziel setzt, bis zum Jahr 2000 nur noch tragfähig erwirtschaftetes Tropenholz in den internationalen Handel eingehen zu lassen (EG 1996f). Da die meisten OECD-Staaten dieses Abkommen unterzeichneten, ist nicht mehr mit einem herkömmlichen Handelskonflikt über unilaterale umweltpolitische Handelsmaßnahmen im Tropenholzhandel zu rechnen.

Verbot von Tellereisen

Tellereisen sind Fußfallen, mit denen in freier Wildbahn lebende Tiere gejagt werden, deren Felle größtenteils zu Pelzbekleidung verarbeitet werden. Ähnlich wie bei Seehunden handelt sich auch hier um ein eher moralisches Anliegen und nicht um ein klassisches Artenschutzthema. Hier stehen humanere Tötungsarten im Vordergrund und eine weitere Begrenzung der Jagd. Viele dieser Fallen sind mit scharfen Stahlzähnen ausgestattet, um ein Entkommen der Tiere zu verhindern. Sie führen zu schweren Verletzungen, die zu einem langsamen, schmerzhaften Tod durch Verbluten führen, vor allem wenn die Fallen nicht täglich kontrolliert werden.

Nachdem das Europäische Parlament schon 1989 die Harmonisierung von Herstellung, Verkauf und Verwendung dieser Fallen innerhalb der EG forderte und 1990 noch den ergänzenden Vorschlag präsentierte, die Einfuhr bestimmter Pelzwaren zu verbieten, erließ die Gemeinschaft 1991 mit der Verordnung

3254/91 (EG 1991, Abl. L308/1, 09.11.1991) ein Verbot für Tellereisen in der Gemeinschaft ab dem 1. Januar 1995. Diese Verordnung enthielt das vom Parlament geforderte Einfuhrverbot für Pelze und Pelzwaren von 13 Pelztierarten.[271]

1994 hat die Kommission das Inkrafttreten der Verordnung auf 1. Januar 1996 verschoben, weil es für die Tellereisen keine gültigen internationalen Standards gab und man deshalb mit den wichtigsten Importländern noch über die unilateralen EG-Standards verhandelte, die vor allem von Kanada, Rußland und den USA abgelehnt wurden. Daraufhin verabschiedete das Europäische Parlament eine Entschließung, in der es sein Festhalten an der Verordnung bekräftigt, also auch am Importverbot, und mit einer Klage gegen die Kommission vor dem EuGH droht, weil sie bisher noch keine Durchführungsbestimmungen für die Verordnung erarbeitete (EG 1996, Abl. C17/167 22.1.1996). Außerdem forderte das EP die Kommission auf, eine von unabhängigen Experten durchgeführte Untersuchung in Auftrag zu geben, die die wirtschaftlichen Folgen für die Ureinwohner Nordamerikas ermittelt, um auf dieser Grundlage Ausnahmebestimmungen für diese Bevölkerungsgruppe erlassen zu können.[272]

Dieser letzte Zusatz war eine Reaktion auf die von Kanada und den USA wegen des Importverbots angedrohten Verfahren in der WTO. Trotz weiterer Verhandlungen konnte bisher keine Einigung gefunden werden, und die Verordnung trat auch 1997 nicht in Kraft. Es gibt zwar immer noch keine internationalen Standards zu den Jagdmethoden, aber inzwischen ist man sich mit Rußland und Kanada über Standards einig, die gegenüber dem ursprünglichen Inhalt schon sehr abgeschwächt sind. Fallen gelten als inhuman und sollen dann verboten werden, wenn sich herausstellt, daß fünf von 20 Tieren verletzt werden.[273] Dann tritt ein Verbot nach spätestens vier Jahren ein. Nachdem das Importverbot ursprünglich durchaus als politisches Druckmittel gegen Kanada gerichtet war,[274] wollten nun die USA, deren Handelsvolumen mit der EU rund $ 23 Mio. beträgt, nicht zustimmen und drohte weiter mit einem WTO-Panelverfahren. Laut US-Regierung bedeutet die Umstellung auf neue Fallen für amerikanische Jäger unzumutbare wirtschaftliche Belastungen. Diese Situation hat auch Unruhe in die Kommission getragen, deren handelspolitischer Zweig auf

[271] Das tritt in Kraft, wenn die Kommission den Exportländern nicht bescheinigen kann, daß sie ebenfalls Tellereisen verboten oder sich zu anderen humaneren Tötungsarten verpflichtet haben. Mittlerweile sind diese Fallen tatsächlich in insgesamt 88 Ländern untersagt.

[272] Wie sich die europäische Maßnahme auf die Ureinwohner auswirken wird, ist unklar. Auf eine entsprechende parlamentarische Anfrage antwortete die Kommission etwas ausweichend, sie könne dazu keine Angaben machen, weil die Regierung Kanadas auf ihre Frage noch nicht reagiert hätte (vgl. EG 1996 Abl. C 66/37, 04.03.1996).

[273] Die Tests bzw. statistischen Erhebungen sollen in Kanada durchgeführt werden. Dabei handelt es sich um ein Zugeständnis an die kanadische Regierung, um sie zur Beteiligung am Übereinkommen zu bewegen.

[274] Die Kommission äußerte sich entsprechend in einer Antwort auf die Anfrage eines Europaparlamentariers, s. Abl. C249/57, 25.09.1995.

jeden Fall ein WTO-Verfahren vermeiden will, während die dem EP nahestehende Generaldirektion XI für Umweltfragen auf keinen Fall die humaneren Standards aufgeben will (Southey/Dunne 1996: 6).

Bei einem Schlichtungsverfahren hätte die Gemeinschaft wahrscheinlich schlechte Karten, da es hier in erster Linie um moralische Erwägungen geht, die offensichtlich nicht weltweit geteilt werden. Außerdem kann man dieses Importverbot auch als verdeckten Protektionismus auslegen, da in Europa solche Fallen ohnehin kaum benutzt werden, sondern die Tiere auf Pelztierfarmen gezüchtet werden. Auch die dort praktizierten Zucht- und Tötungsmethoden (hauptsächlich durch Ertränken oder Vergasen), können moralische Bedenken wecken.[275] Offensichtlich ist man sich bewußt, daß ein WTO-Verfahren nicht von Erfolg gekrönt sein wird, gleichzeitig versucht die Kommission, durch weitere Verhandlungen ihr Gesicht zu wahren, nachdem sie sich etwas unvorbereitet zwischen sämtliche Stühle manövriert hat.[276]

Im WTO-Bericht zur Handelspolitik der EU werden 1995 erstmals umweltpolitische Handelsmaßnahmen erwähnt. Neben der Tellereisenrichtlinie kommt noch das europäische System der Umweltgütesiegel und die geplante Richtlinie zum Verbot von Tierversuchen in der Kosmetikindustrie zur Sprache. Dabei wertet die WTO nicht die Handelsauswirkungen der entsprechenden Maßnahmen, sondern gibt nur den Hinweis der Kommission weiter, daß ersteres den Handel nicht behindere, weil die Umweltzeichen auf rein freiwilliger Basis vergeben werden, und die Tierversuchsrichtlinie keine Maßnahmen für Importprodukte vorsieht, die an Tieren getestet wurden (WTO 1995c: 70).[277]

5.4.3 Schlußfolgerungen

Dieses Kapitel machte vor allem deutlich, daß die praktischen Probleme eines Ausgleichs zwischen Liberalisierung und Umweltschutz aufgrund der diversen politischen Interessen sehr groß sind. Die Umsetzung scheitert aus unterschiedlichen Gründen. Zum Teil kann man Implementationsprobleme schlichtweg auf fehlendes Umweltbewußtsein zurückführen, weil Akteure bei ihren Handlungen nicht an Umweltschutz bzw. nicht an die Auswirkungen von bestimmten Politiken denken. Ein weiteres Problem ist die unterschiedliche Kompetenz-

---

[275] Auch dieses Problem wurde in parlamentarischen Fragen thematisiert, auf die die Kommission meist ausweichend mit Hinweis antwortete, daß es momentan keine allgemeingültigen Standards gebe, vgl. beispielsweise Abl. C 152/1, 19.06.1995, Abl. C 273/32, 18.10.1995.

[276] In einem Interview mit der Autorin sagte eine Mitarbeiterin der GD Umwelt im Mai 1996, daß sich die Kommission in dieser Sache vorschnell, weil ungenügend informiert, dem Druck des Europäischen Parlaments gebeugt hätte, vor allem hatte man nicht mit dem heftigen Widerstand Kanadas und der USA gerechnet.

[277] Die Verabschiedung der Tierversuchsrichtlinie verzögert sich, weil auch in diesem Fall bis jetzt noch nicht für alle Tests entsprechende Alternativen ohne Tierversuche gefunden wurden.

aufteilung in der Gemeinschaft und das institutionelle Design, das immer wieder eine geschlossene Herangehensweise blockiert und Partikularinteressen entscheidende Mitsprache einräumt. Und nicht zuletzt sind auch immer wieder kurzfristige, ökonomische Erwägungen für die Vernachlässigung umweltpolitischer Notwendigkeiten ausschlaggebend, deren Wohlfahrtsleistungen häufig rein ideellen Bedürfnissen nachkommen, die zusätzlich kaum in Zeitpunkt und Ausmaß absehbar sind.

Diese Dynamiken behindern den Ausgleich zwischen Ökonomie und Ökologie auf europäischer Ebene trotz eines gemeinsamen Rechtssystems, das auch effektive Instrumente zur Lösung der immer wieder auftauchenden Konflikte hervorbrachte. Mit Blick auf die internationale Ebene muß man sowohl die durch die wirtschaftliche Integration bereitgestellten verbindlichen Schlichtungsmechansimen bedenken als auch die Tatsache, daß die Schlichtungsinstanz selbst Interessen verfolgte, die letztlich wiederum der Integration dienen sollten. Dieses Modell ist also nicht ohne weiteres auf die internationale bzw. WTO-Ebene übertragbar, da weder die Schlichtungsinstanz noch der institutionelle Überbau über die entsprechende rechtliche Kompetenz verfügt.

Obwohl die EU Ausgleichsinstrumente zur Disposition hat und dem Umweltschutz intern inzwischen einen sehr hohen Stellenwert einräumt, zeigt die internationale Dimension europäischer Handels- und Umweltpolitik ein etwas anderes Bild. Einerseits gibt die Gemeinschaft im Ansatz positive Impulse innerhalb des CTE und anderer internationaler umweltpolitischer Foren, andererseits ist ihre Handelspolitik weitestgehend restriktiv und protektionistisch, insoweit als unterschiedliche Vereinbarungen mit den Handelspartnern bestehen. Es zeigte sich auch, daß der Handel vor allem in jenen Sektoren ganz besonderer politischer Kontrolle und Lenkung unterliegt, die von einem umweltpolitischen Standpunkt aus gesehen, fundamental neu organisiert werden müssten, wenn globales umweltverträgliches Wirtschaftswachstum verwirklicht werden soll. Die bisherigen Ergebnisse dieser Analyse zeigen, daß die Lösung dieser Probleme in Zukunft eine der vordringlichsten Aufgaben der internationalen Staatengemeinschaft sein wird.

6 Schlußbetrachtung

Die Analyse der Wechselbeziehungen zwischen Handel und Umwelt hat einige unerwartete Entwicklungen und Ergebnisse aufgezeigt. Diese Trends konnten durch ein breites Analyseschema herausgearbeitet werden, das sich von den herkömmlichen begrenzten Konfliktszenarien abhebt. Die Idee für eine alternative Analyse entsprang vor allem der Beobachtung, daß die Wechselwirkungen und Konfliktformen zwischen handels- und umweltpolitischen Zielen nicht jenen Annahmen entsprach, die ein Großteil der wissenschaftlichen Literatur propagierte. Die Literatur geht häufig von einem grundlegenden Konflikt zwischen Handelspolitik und Umweltpolitik aus, weil erstere zur Steigerung gesellschaftlicher Wohlfahrt verstärkt natürliche Ressourcen verbraucht und letztere diese wirtschaftlichen Ziele erheblich einschränkt und/oder verteuert. Die empirische Betrachtung des Konflikts zwischen Handel und Umwelt beschränkt sich häufig auf einen ganz bestimmten Handelskonflikt innerhalb des GATT/WTO-Systems, der die Ignoranz des GATT/WTO-Systems gegenüber Umweltschutzanliegen besonders deutlich machen soll. Aber bei genauerer Betrachtung offenbaren beispielsweise die Thunfischfälle und der Shrimp-Turtle-Fall einige Aspekte, die das vorrangige Umweltschutzanliegen zumindest zweifelhaft erscheinen lassen. Aufgrund dieser engen Analyse, die sehr häufig in der Literatur zu beobachten ist, war eine Untersuchung mit einem verbreiterten Analyserahmen notwendig.

Die Leitfrage lautet folgerichtig nicht, wie dieser Konflikt aussieht, sondern es muß zunächst einmal geklärt werden, wie man ihn beschreiben kann und welche Aspekte berücksichtigt werden müssen. Aus der Diskrepanz zwischen der politisch-theoretischen Diskussion und den empirischen Beobachtungen leitet sich auch die Hypothese ab, daß bisher vernachlässigte institutionelle und politökonomische Faktoren eine wichtige Rolle spielen.

Die kritisch-umweltbewußte Analyse richtet deshalb den Blick hauptsächlich auf institutionelle Arrangements im Problemfeld Handel und Umwelt. Das GATT/WTO-System nimmt darin durchaus eine zentrale Position ein, es ist aber nicht der einzige Schwerpunkt. Vielmehr wurde seine Rolle und Funktion im internationalen System in Zusammenhang mit Umweltschutz ergründet. Die negativen Auswirkungen des Handelssystems auf den Umweltschutz können nicht in Abrede gestellt, sondern müssen in Beziehung zu strukturellen Aspekten gesetzt werden, die die Arbeit des GATT/WTO-Systems entscheidend beeinflussen.

Um diese strukturellen Aspekte und den Handlungsrahmen des GATT/WTO-Systems zu erfassen, reicht eine ausschließliche Analyse von GATT und WTO nicht aus. Aus diesem Grund wurde hier die Alternative verschiedener Analyseansätze verfolgt. Die unterschiedlichen Ebenen werden notwendig, weil der Konflikt sich je nach Problemgegenstand und Akteur ändert. Die

Analyseperspektiven leiten sich aus der ursprünglichen Vorstellung eines Zielkonflikts zwischen Handel und Umweltschutz ab und beschreiben die Wechselwirkungen zwischen dem GATT/WTO-System und der Umweltpolitik.

6.1 Handelspolitische und umweltpolitische Konzepte

Auf der Ebene der Leitbilder, die politische Handlungen maßgeblich bestimmen, sind die Wechselwirkungen vom Gegensatz zwischen Freihandel/Handelsliberalisierung und Umweltschutz geprägt. Internationaler Handel beschleunigt und intensiviert den Abbau von Ressourcen und schädigt die Umwelt durch negative Skaleneffekte. Deshalb einige plädieren Umweltschützer und Ökologen auch für eine nachhaltige Begrenzung des internationalen Handels bzw. für neue Handelsregeln, die die Integration von Umweltschutz in das internationale Handelsregime zulassen. Wirtschaftliche Austauschprozesse sollten wieder verstärkt auf lokaler Ebene stattfinden, weil sie noch überschaubar ist. Nichterneuerbare natürliche Ressourcen sollen so wenig wie möglich genutzt werden. Es geht allerdings nicht um einen Rückschritt zu primitiven, subsistenzwirtschaftlichen Lebensformen, sondern hauptsächlich um einen sparsamen und bewußten Umgang mit natürlichen Rohstoffen im Rahmen einer Kreislaufwirtschaft. Der Konflikt zwischen den beiden Konzepten speist sich aus dem unterschiedlichen Wert, den sie Umweltschutz bzw. Freihandel zumessen. Die neoliberale Handelstheorie nennt als absolutes Ziel die Steigerung individueller und gesellschaftlicher Wohlfahrt. Ressourcenzerstörung und Naturverbrauch spielen dabei eine untergeordnete Rolle, zumal man sie mit politischen Instrumenten steuern kann, falls das gesellschaftlich erwünscht ist. Wenn man dagegen dem Umweltschutz einen absoluten Wert oder Vorrang vor anderen politischen Zielen einräumt, weil man in einer intakten Umwelt die Grundlage allen Lebens sieht, spielt die persönliche Wohlfahrt und deren Einschränkung eine untergeordnete Rolle.

Auf dieser ideellen Ebene gibt es demnach einen Bewertungskonflikt über das vorrangig anzustrebende Ziel: entweder Umweltschutz oder wirtschaftliche Wohlfahrt, die durch internationalen Handel gesteigert werden kann. Bei der Analyse fällt auf, daß die Argumente beider Seiten nicht immer überzeugen und die Opponenten teilweise an einander vorbei reden, weil sie sich auf unterschiedliche Aspekte des Konflikts konzentrieren. Kritiker des internationalen Handels betrachten vor allem die umweltschädigenden Prozesse, die dieser auslöst oder auch zementiert, und entwerfen Szenarien, wie diese Prozesse umgestaltet werden können. Dabei verschwimmen teilweise die Grenzen zwischen zukunftsorientiertem Umweltbewußtsein und bedenklichem Ökofundamentalismus, wenn sie die Relokalisierung wirtschaftlicher Aktivitäten fordern, ohne sich mit der Realisierbarkeit solcher Konzepte weiter zu befassen. Die Transaktionskosten einer solchen Relokalisierung werden weder für hochentwickelte Industriestaaten noch für Entwicklungsländer ermittelt, deren Exporte auf einige wenige Produkte beschränkt sind.

Die Befürworter neoliberaler Handelspolitik beschäftigen sich dagegen eher mit den umweltpolitischen Möglichkeiten, die sich durch die wirtschaftlichen Gewinne internationaler Handelsliberalisierung ergeben können. Sie gehen von den positiven ökonomischen Effekten der Handelsliberalisierung aus, da die zusätzlichen Erlöse verstärkt in den Umweltschutz fließen können. Dieses Argument übersieht, daß man jedoch keineswegs von einem Automatismus ausgehen kann. Diejenigen, die Umweltprobleme verursachen, sind oft nicht mit jenen identisch, die darunter leiden. Oder das Interesse der Verursacher am persönlichen ökonomischen Gewinn ist größer als das am gesellschaftlichen Wohlbefinden. Ein weiterer bedenklicher Aspekt des Arguments, erst mit wirtschaftlicher Entwicklung könne effektiver Umweltschutz betrieben werden, ist die Tatsache, daß unter Umständen irreversible Umweltschäden entstehen, die bei präventivem Umweltschutz nicht entstanden wären. Präventiver Umweltschutz muß jedoch von den potentiellen Verursachern bezahlt werden, die sich dagegen wehren, weil ihrer Meinung nach momentan noch kein akuter Bedarf besteht. Nachsorgender Umweltschutz geht dagegen zu Lasten der Gesellschaft, die als diffuser Akteur ihr Interesse an präventivem Umweltschutz nicht wirksam artikulieren kann.

Beide Ansätze setzen in ihrer Argumentation demnach strukturelle und institutionelle Wirkungsfaktoren voraus, die nicht unbedingt gegeben sind. Vermittelnde Vorschläge, die vor allem die Entwicklung von Umweltbewußtsein und die Entkopplung von Wirtschaftswachstum und Ressourcenverbrauch durch effizienteren Ressourceneinsatz fordern, zeigen einen potentiellen Ausweg an. Dieser Ausgleich zwischen Handel und Umweltschutz wird aber ohne entsprechende institutionelle Unterstützung unter Berücksichtigung wirtschaftlicher Marktstrukturen nicht möglich sein.

6.2 Die Wechselwirkungen in den zwischenstaatlichen Beziehungen

Institutionelle und wirtschaftliche Strukturen, die den Handlungsspielraum für den Ausgleich zwischen handels- und umweltpolitischen Zielsetzungen umschreiben, werden nicht nur vom GATT/WTO-System, sondern ganz wesentlich von den Wechselwirkungen zwischen Staaten geprägt. Und diese zwischenstaatlichen Wechselwirkungen wiederum gestalten sich je nach nationaler Politik unterschiedlich. Deshalb wurden in diesem Zusammenhang zunächst die Auswirkungen staatlicher Handels- und Umweltpolitik auf das jeweils andere Politikfeld analysiert, um danach die Wirkungen und Dynamiken im internationalen Umfeld staatlicher Handels- und Umweltpolitik besser zu verstehen.

Auf dieser Ebene wird nach den Widerständen und Bedingungen für effektiven Umweltschutz im Zusammenhang mit internationalem Handel gefragt. Umweltschutz steht nicht mehr als absoluter Wert im Mittelpunkt, sondern er wird als rationale Notwendigkeit in eine Kosten-Nutzen-Rechnung einbezogen. Die umweltpolitischen Instrumente sind hier der zentrale Ansatzpunkt. Die

Herausforderung besteht in ihrer Gestaltung: trotz zusätzlicher Kosten sollten sie möglichst keine Auswirkungen auf den internationalen Handel haben, weil sie sonst politisch nicht durchsetzbar sind. Theoretisch können diese Instrumente im Rahmen der neoliberalen Handelstheorie so gestaltet werden, daß ein ökonomischer Anreiz für den umweltbewußteren Umgang mit natürlichen Ressourcen entsteht. Belegt man diese Ressourcen mit einem entsprechenden Preis, entsteht für die Nutzer automatisch der Anreiz, sich neue, ressourcenschonendere Produktionsstrategien zu überlegen.

In der praktischen Anwendung begegnen diese ökonomischen Umweltschutzinstrumente jedoch einer ganzen Reihe von Hindernissen. Einerseits ist die monetäre Bewertung des Faktors Natur problematisch. Den Preis für saubere Luft kann man nur im politischen Aushandlungsprozeß festlegen. Damit wird der Wert, beispielsweise für eine Steuer auf Luftverschmutzung, eine zu einer subjektiven Präferenz und unterscheidet sich je nach Land und vorrangigen (Umwelt)-Problemen.

Durch den internationalen Handel verschärft sich dieses Bewertungsproblem. Denn man kann kaum davon ausgehen, daß alle Länder die gleichen Bewertungsmaßstäbe anlegen. Das bedeutet aber auch, daß die Kosten für Umweltschutz nationalen Unterschieden unterliegen, das nicht zu vernachlässigende Auswirkungen auf die Wettbewerbsfähigkeit haben kann. Diese Wettbewerbsaspekte, tatsächliche oder auch nur antizipierte, sind der Dreh- und Angelpunkt in der Diskussion über den Einsatz und das Design umweltpolitischer Instrumente. Es überrascht deshalb nicht, daß sich in der empirischen Analyse die Wettbewerbsfähigkeit als sehr ambivalentes Strukturelement offenbart hat. Hierbei handelt es sich um ein zentrales Ergebnis, weil sich im weiteren Verlauf zeigt, daß Wettbewerbsaspekte die entscheidende Rolle in der politischen Ökonomie von Umweltschutz und konkret in den Wechselbeziehungen zwischen Handel und Umwelt spielen. Obwohl bisher die Kosten für Umweltschutz verglichen mit anderen Produktionskosten sehr gering waren und dementsprechend auch die Wettbewerbseffekte von umweltpolitischen Maßnahmen vernachlässigbar sind, lassen sich marktorientierte Umweltschutzmaßnahmen politisch nur schwer durchsetzen. Unternehmer und Gewerkschaften befürchten Handelsverlagerungen und Wettbewerbsnachteile und sperren sich deshalb gegen ihre Einführung. Die Politik beugt sich in den meisten Fällen dem Willen der potentiellen Wähler. Außerdem ist das GATT und seine Verbote von Ausgleichsmaßnahmen ein weiteres Hindernis für den flächendeckenden Einsatz solcher Instrumente. Die politische Ökonomie der Wettbewerbsfähigkeit behindert die Umsetzung umweltpolitischer Instrumente entscheidend. Das internationale Handelssystem unterstützt diese Behinderung durch seine starren Regelungen, die nationale Ausgleichsmechanismen nicht zulassen, weil sie als unzulässige Bevorteilung und unfaire Handelspraktik ausgelegt werden.

Die Wechselwirkungen auf der Ebene zwischenstaatlicher Beziehungen wird noch durch die besondere Situation der Entwicklungsländer und deren problematische Position im internationalen Handel kompliziert. Die Probleme der

Entwicklungsländer sind auf dieser Ebene weniger von diesen instrumentellen als von grundsätzlichen Problemen der herrschenden internationalen Handelsstrukturen geprägt. Einerseits kämpfen sie mit anderen Umweltproblemen als die Industrieländer. Die Ursachen ihrer Umweltprobleme liegen größtenteils in der Überbevölkerung und Armut und weniger in intensiver industrieller Produktion begründet. Umweltprobleme sind dort größtenteils Armutsprobleme, die demnach andere Umweltschutzinstrumente verlangen, dazu zählt auch – aber nicht ausschließlich – wirtschaftliches Wachstum durch ökonomische Entwicklungsmaßnahmen. Andererseits ist die Exportgüterstruktur dieser Länder häufig sehr einseitig, und die Umweltschutzanforderungen der Industrieländer an die Umweltverträglichkeit von Importgütern können diese Länder übermäßig belasten. Sie haben weder die technischen und finanziellen Möglichkeiten, schnell und flexibel auf diese Anforderungen zu reagieren, noch können sie ihren Exportschwerpunkt auf andere Güter verlagern. Es kommt noch hinzu, daß ein Großteil ihrer exportfähigen Produkte aus dem Agrar- und Textilbereich kommt, der immer noch erheblichen Zoll- und nichttarifären Beschränkungen unterliegt und nun zusätzlich mit vielfältigen umweltpolitischen Auflagen belegt wird. Ohne größere technische und finanzielle Hilfe der Industrieländer und vereinfachten Marktzugangsbedingungen, werden sich die ärmeren Länder nicht aus dieser Lage befreien können. Die westliche Entwicklungshilfe muß das in Zukunft in ihre konzeptuellen Überlegungen einbeziehen.

Denn die unterschiedlichen Probleme der Industrie- und Entwicklungsländer bei der Umsetzung umweltpolitischer Instrumente zeigen sich bei den Wechselwirkungen zwischen Handel und Umwelt. Der Norden und Süden sind nicht nur faktisch über die Austauschbeziehungen miteinander verbunden, sondern auch durch die herrschenden GATT-Regeln. Diese GATT-Regeln, bzw. die Nebenabkommen und Ausnahmeregelungen, beschnitten bisher die Exportchancen der Entwicklungsländer ganz erheblich. Sie boten ihnen aber auch die Möglichkeit, wirtschaftliche Fortschritte mit Hilfe von ressourcenintensiven oder umweltschädigenden Produktionsweisen zu erreichen. Das GATT läßt keine Handelsmaßnahmen gegen Importgüter zu, die im weitesten Sinne auf Kosten der Umwelt hergestellt werden. Die Vorstöße der Industrieländer, Handelspolitik als umweltpolitisches Instrument der unsanften Überredung einzusetzen, führten zu einem angespannten Verhältnis zwischen Nord und Süd und gegenseitigen Vorwürfen, umweltpolitische Argumente für gewinnorientierte handelspolitische Ziele zu nutzen. Der Norden wirft dem Süden Ökodumping vor, wenn dieser auf Kosten der Umwelt billiger produziert. Umgekehrt wirft der Süden dem Norden Ökoimperialismus vor, wenn der Norden Importe mit Umweltschutzanforderungen belegt, die in den Ursprungsländern zweitrangig oder irrelevant sind. Daß diese Befürchtungen nicht ganz unberechtigt sind, zeigte wiederum die empirische Analyse der Probleme und Kosten, die auf ärmere Länder zukommen, wenn die Handelspartner interne produktbezogene Umweltschutzvorschriften erlassen. Auf dieser Ebene entwickeln sich unmittelbare wettbewerbspolitische Ängste über die zukünftige Entwicklung der Exportchancen zu Hindernissen effektiver Umweltpolitik.

6.3 Die WTO und die EU

Die allgemeinen Trends auf der zwischenstaatlichen Ebene wurden durch die Analyse des GATT/WTO-Systems konkretisiert. Auch hier zeichnen sich einige überraschende Entwicklungen ab. Das GATT/WTO-System ist davon geprägt, daß es den Umweltschutz nicht ausdrücklich berücksichtigt. So werden umweltpolitische Einschränkungen des internationalen Handels lediglich aus Sicht ihrer protektionistischen Wirkungen und nicht nach ihrer umweltpolitischen Erforderlichkeit beurteilt. Das ist ein Grund, warum das GATT/WTO-System zum Feindbild für Umweltschützer wurde.

Die Analyse aller umweltschutzrelevanten Handelskonflikte zeigt jedoch ein etwas anderes Bild. Einerseits wird deutlich, daß die umweltpolitischen Begründungen der jeweiligen Handelsmaßnahmen insofern zweifelhaft sind, als sie auch Wettbewerbsvorteile für die einheimischen Produzenten mit sich brachten und deshalb als protektionistisch gelten können. Auch aus einer umweltbewußten Perspektive sind die meisten Maßnahmen unzulänglich und nicht unbedingt die beste Alternative für wirksamen Ressourcenschutz. Besonders anschaulich wird das, wenn man beispielsweise die Maßnahmen im Fischereisektor oder bei der Luftreinhaltung in einen größeren politischen und sektoralen Zusammenhang stellt. Dann sieht man häufig, daß diese Maßnahmen ökonomische Vorteile für die einheimische Industrie nach sich ziehen.

Andererseits kann man auch sehen, daß die Schlichtungsinstanzen die Notwendigkeit des Umweltschutzes nicht anzweifeln, sondern lediglich die dafür eingesetzten Mittel kritisch bezüglich ihrer protektionistischen Wirkungen hinterfragen. Umweltpolitik darf den Handel durchaus einschränken, wenn es keine andere Möglichkeit für wirksamen Umweltschutz gibt und die Lasten durch die Handelsbehinderung gleichmäßig auf In- und Ausländer verteilt sind. Insofern kann man die strenge Prüfung der umweltpolitischen Begründung für entsprechende Handelsmaßnahmen auch als Chance für effektive Umweltschutzpolitik begreifen, weil sie wirksame Alternativen aufzeigt. Und vor allem mit Blick auf den latenten Konflikt zwischen Industrie- und Entwicklungsländern könnte die im GATT/WTO-System praktizierte Abwägung zwischen umweltpolitisch notwendiger Einschränkung und ungerechtfertigter handelspolitischer Diskriminierung einen vernünftigen Weg des Interessenausgleichs aufzeigen. Diese Erkenntnis ist ein wichtiges Ergebnis der Arbeit: Das GATT/WTO-System kann durch diesen Prüfungsmechanismus als neutrales Instrument zur Bewertung von Umweltpolitik ein Element des Interessenausgleichs zwischen ökonomischen und ökologischen Interessen genutzt werden. Diese Funktion kann es einnehmen, weil es sicherstellt, daß die Beteiligten die gleichen Vor- und Nachteile handelspolitischer Umweltschutzmaßnahmen erfahren, ohne das umweltpolitische Niveau zu beurteilen. Hohe unilaterale Umweltstandards sind dann möglich, wenn Importwaren nicht noch stärker belastet werden als die einheimischen. Allerdings kann das GATT/WTO-System diese Aufgabe nur erfüllen, wenn sichergestellt ist, daß auch die umweltpolitischen Effekte von Handel und Handelsliberalisierung berücksichtigt werden. Dies kann das GATT/WTO-System erreichen, indem neue, klare Regeln gesetzt werden, die Umweltschutz in das bestehende Regelsystem integrieren. Neben der Anerkennung von Handelsmaßnahmen im Rahmen von MEAs, gehört in diesem Zusammenhang auch eine Regelung produktions- und prozeßorientierter Vorschriften, die sich auf den internationalen Handel auswirken. Obwohl allgemeine Ausnahmebestimmungen für Umweltschutz mittelfristig politisch nicht durchsetzbar sind, bleibt den WTO-Mitgliedern die Möglichkeit, kurzfristig im Rahmen aktueller Konflikte, beispielsweise im Zusammenhang mit genmanipulierten Organismen, die Regelung von thematisch oder sektoral begrenzten Ausnahmebestimmungen für staatliche Schutzmaßnahmen zu beschließen. Angesichts der öffentlichen Proteste und interner Konflikte zwischen Industrie- und Entwicklungsländern, die weitere Liberalisierungsverhandlungen blockieren, scheinen Reformen nur eine Frage der Zeit. Das Scheitern der sogenannten Milleniums-Runde in Seattle 1999, machte die Notwendigkeit, einer grundsätzlichen Reform- und Strukturdebatte innerhalb der WTO deutlich und eröffnete gleichzeitig auch Chancen zur Integration von Umweltschutz in das GATT/WTO-System.

Die Analyse des GATT/WTO-Systems hebt noch einen weiteren wichtigen Aspekt hervor. Es wird deutlich, daß Umweltschutz allmählich an Gewicht im multilateralen Handelssystem gewinnt. Manche Kritiker sehen darin eher eine Stabilisierung auf niedrigstem Niveau als eine lobenswerte Entwicklung. Trotzdem kann man dieser Entwicklung durchaus Positives abgewinnen. Denn die massive Kritik von Umweltschützern und der langwierige Konflikt über das amerikanische Importverbot für mexikanischen Thunfisch und die anderen Streitfälle waren der Auslöser einer bemerkenswerten Entwicklung in den letzten Jahren. Im Zuge dieser Ereignisse wurde ein Diskussionsforum zum Thema geschaffen, das mittlerweile als ständiges Komitee fest in der institutionellen Struktur der WTO verankert ist. Die Diskussion im CTE bietet einen aufschlußreichen Einblick in die aktuellen Probleme von Handel und Umwelt im Welthandelssystem. Während die Schlichtungen mit der institutionellen Konfliktbearbeitung aufgrund der bestehenden Regeln nur einen sehr begrenzten Ausschnitt des Problembereichs zeigen, beleuchtet die Diskussion im CTE die politische Konfliktbearbeitung. Hier wird auch der größere handelspolitische Kontext mit seinen sozioökonomischen Auswirkungen angesprochen, und man gewinnt so einen umfassenden Eindruck über die vordringlichsten Probleme und zukünftigen Anforderungen an das System. Dort finden sich auch die Anknüpfungspunkte zu den politischen Trends auf der zwischenstaatlichen Ebene, weil die CTE-Diskussion die aktuelle Problemwahrnehmung der Akteure authentisch widerspiegelt. Die wichtigsten Diskussionspunkte sind momentan die Notwendigkeit einer umweltpolitischen Reform des GATT und deren Umfang. In diesem Zusammenhang wird aus der Handel-und-Umwelt-Diskussion eine Handel-Umwelt-und-Entwicklungs-Diskussion, die sich neben Umweltschutzaspekten vor allem um Fragen des Marktzugangs drehen wird.

Exemplarisch für diese Unsicherheit, die politische Entscheidungen nachhaltig blockiert, ist die Diskussion über Umweltschutz und Liberalisierung des Agrarmarkts. Die einen lehnen umweltpolitische Auflagen bzw. umweltpolitische Subventionen im Agrarprodukthandel als ungerechtfertigte und nichttarifäre Handelshemmnisse ab, während die anderen Ressourcenübernutzung und eine Gefährdung der Verbraucher durch belastete Lebensmittel fürchten. Diese Unsicherheiten werden sich kaum mit allgemeinen Analysen der Wechselwirkungen zwischen Handel und Umwelt aus der Welt schaffen lassen. Dafür muß man detaillierte Sektoranalysen erstellen, auf deren Grundlage man ein ausgeklügeltes System von Handelsregeln etablieren kann, die sich explizit mit Umweltschutzanforderungen auseinandersetzen. Aber ohne Reformen, die produktionsbezogene Umweltpolitik berücksichtigt, wird das Handelssystem diese Aufgaben nicht bewältigen können.

Wie wichtig die akteursorientierte Analyse ist, zeigt sich an der Untersuchung der EU. Obwohl sie umweltpolitisch recht fortschrittlich agiert und sich weltweit als umweltpolitisches Vorbild etablieren will, werden auch ihre Initiativen immer wieder durch wettbewerbspolitische und institutionelle Aspekte behindert. Besonders fällt die Diskrepanz zwischen dem internen Ausgleich von Freihandel und Umweltschutz und dem externen sektoralen Protektionismus auf, der umweltpolitisch besonders problematisch ist. Diese Konstellation wirft wiederum das Schlaglicht auf die institutionellen Voraussetzungen für Umweltpolitik. Im Binnenbereich verfügt die Union nicht nur über verbindliche Rechtsnormen, die die Integration von umweltpolitischen Gesichtspunkten in andere Sachbereiche vorschreiben. Vielmehr verhilft der EuGH diesen abstrakten Rechtsnormen durch seine progressive Haltung auch zum entsprechenden Stellenwert in der politischen Praxis. Er räumt umweltpolitischen Handelsrestriktionen den Vorrang vor Freihandel ein, wenn dadurch der gewünschte umweltpolitische Lenkungszweck erreicht wird. Man kann demnach die EU nur bedingt als Vorbild für eine Reform der WTO heranziehen, da das institutionelle Gefüge des Gemeinsamen Marktes und seiner Institutionen nicht auf die internationale Ebene übertragbar ist, zumindest nicht bei dem gegenwärtigen intergouvernementalen Organisationsschema. Außerdem spielt die relativ kleine Teilnehmerzahl auf vergleichbarem Entwicklungsniveau eine wichtige Rolle bei der Durchsetzung der EuGH-Entscheidungen. Die WTO und ihre Schlichtungsinstanzen verfügen über keine vergleichbare Verbindlichkeit, und so ist es nicht verwunderlich, daß sich auch die EU nach außen hin anders verhält. Zumal die Sektoren, die in Zukunft eine Schlüsselrolle in der Debatte über die Ausgleichsregelungen zwischen Handel und Umweltschutz einnehmen werden, auch für die EU äußerst sensibel sind. Die soziökonomischen Probleme, die beispielsweise durch die Reform der Agrarpolitik auftreten, deuten das Konfliktpotential an.

6.4 Fazit

Diese umfassende Betrachtung des GATT/WTO-Systems zeichnet ein differenziertes Bild, das die Ableitung konkreter institutioneller Reformvorschläge erschwert. Das GATT/WTO-System ist sicherlich nicht das Umweltmonster, als das es von manchen Kritikern präsentiert wird. Die genaue Analyse der Schlichtungsverfahren zeigt, daß die umweltpolitischen Begründungen auch mit einer umweltpolitischen Perspektive nicht über jede Kritik erhaben sind und eine Abwägung zwischen Umweltschutz und protektionistischen Wirkungen durchaus berechtigt ist. Außerdem läßt sich eine allmähliche Öffnung der Institution bezüglich umweltpolitischer Probleme konstatieren, die aber zweifellos noch nicht ausreicht. Einige Kritikpunkte, die immer wieder in der wissenschaftlichen Debatte hervorgehoben werden, müssen auch hier betont werden. Dazu gehört eine verbindliche Regelung über politische Ausgleichsmaßnahmen für negative Umwelteffekte der Handelsliberalisierung. Neben der Evaluierung möglicher sozio-ökonomischer und ökologischer Effekte von Liberalisierungsabkommen, könnte eine Einigung über sektoral oder thematisch begrenzte nicht-produktbezogene Grenzausgleichsmaßnahmen, beispielsweise im energiepolitischen Bereich, ein praktikabler Kompromiß zur Förderung nationaler marktorientierter Umweltschutzinstrumente sein, da eine umfassende Regulierung der Produktions- und Prozeßmethoden kaum möglich sein wird. In diesem Zusammenhang ist es nicht nur äußerst schwer, alle relevanten Faktoren einzubeziehen, sondern diese wandeln sich aufgrund der wirtschaftlichen und technologischen Dynamik ständig und entziehen sich deshalb einer wirksamen internationalen Kontrolle.

Außerdem ist eine verbindliche Regelung des rechtlichen Stellenwerts internationaler Umweltschutzabkommen und deren Vorrang vor GATT-Bestimmungen notwendig, um internationale Initiativen nicht zu blockieren. Die Schlichtungsinstanzen haben mehrmals angedeutet, daß multilateral vereinbarte Handelsbeschränkungen nicht den Grundprinzipien des GATT widersprechen.

An dieser Stelle ist der Ansatzpunkt für die verbesserte Integration von Umweltschutz in das GATT/WTO-System. So manchem Umweltschützer und Ökologen mag der Vorschlag, das GATT und die Streitschlichtungsverfahren als ein Element der Bewertung GATT-konformer, effektiver Umweltpolitik einzusetzen, auf den ersten Blick befremdlich erscheinen. Bezieht man jedoch die Gesamtkonstellation der Handel-und-Umwelt-Problematik mit ein, die schon längst zu einer Handel-Umwelt-Entwicklungs-Problematik geworden ist, ergibt sich ein neuer Stellenwert der GATT-Regeln. Denn diese Verfahren gewährleisten eine ausgeglichene Verteilung der handelspolitischen Nachteile. Sie bieten den handelspolitisch schwächeren Akteuren die Sicherheit, daß Umweltpolitik eben nicht zur Verschleierung protektionistischer Absichten eingesetzt wird. Letztendlich könnten die bestehenden GATT/WTO-Regeln auch umweltpolitischen Initiativen aus den Industrieländern zu mehr Glaubwürdigkeit in den Entwicklungsländern verhelfen. Wenn man sie nicht überzeugen kann, daß sie durch die Integration von Umweltschutz keine zusätzlichen Nachteile haben werden, wird es keine umweltpolitischen Reformen des multilateralen Handelssystems geben. So käme man auch dem Ausgleich zwischen handels- und umweltpolitischen Zielsetzungen auf der politischen Ebene einen entscheidenden Schritt näher. Das funktioniert jedoch nur, wenn sich die Mitgliedstaaten formell auf die Regelung umweltpolitischer Handelsmaßnahmen einigen und die Rolle der WTO im System relevanter internationaler Organisationen festgelegt wird. Diese Aufgabenverteilung zwischen Organisationen wie WTO, UNEP, UNCTAD und den Sekretariaten globaler Umweltschutzabkommen hat sich in Ansätzen schon gebildet. Wenn sich die internationale Staatengemeinschaft aktiv mit der Aufgabenverteilung und den Zielsetzungen beschäftigen würde, könnten internationale Umweltschutzbemühungen enorm profitieren, weil ein großer Unsicherheitsfaktor bei unternehmerischen Entscheidungen aus dem Weg geräumt werden könnte. So ließe sich auch das wettbewerbspolitische Argument der hohen Umweltschutzkosten entkräften, da die Regeln und Vorgaben für alle gleich wären.

Die WTO und andere relevante Organisationen wie UNEP und UNCTAD sind momentan noch nicht in der Lage, eine zukunftsorientierte Steuerungsfunktion zu übernehmen, weil sich die internationale Staatengemeinschaft noch nicht auf Regeln und eine klare Rollenverteilung verständigt hat und dies in absehbarer Zeit auch nicht tun wird. Momentan fehlt in dieser Hinsicht der Problemdruck, da die bestehenden Umweltprobleme offensichtlich nicht als so drängend wahrgenommen werden, um eine klare Aufgabenverteilung zwischen internationalen Organisationen vorzunehmen. Außerdem zeigte die empirische Analyse, daß die Kosten für Umweltschutz noch vergleichsweise gering sind, ebenso wie die Anzahl der umweltpolitischen Handelskonflikte im GATT/WTO-System vergleichsweise gering ist. So entsteht auch von dieser Seite kein Handlungsdruck. Die öffentlichen Proteste sprechen dafür, daß die Konflikte in den nächsten Jahren zahlreicher werden. Die Anzahl und Intensität dieser Konflikte hängt entscheidend davon ab, ob und wie umfassend das GATT/WTO-System reformiert und wie es in das Gefüge internationaler Handels- und Umweltschutzorganisationen integriert wird. Das Scheitern der Ministerkonferenz in Seattle 1999 bietet jedoch eine große Chance für die verstärkte Integration von Umweltschutz in das multilaterale Handelssystem, weil die Proteste den Entscheidungsträgern deutlich machten, daß weitere Liberalisierungsverhandlungen ohne eine solche Integration politisch nicht durchsetzbar sind.

Literaturverzeichnis

Aarhus, Knut 1995: „Rhetoric and Reality in European Pollution Control Policy." International Environmental Affairs 7 (2), 111–126.

Abbott, Frederick M. 1992: „International Trade Rules, World Market Conditions and Environmental Effects." In: Handel, Günther (ed.): *Yearbook of International Environmental Law*. Vol. 2, 1991. 227–232. London: Graham & Trotman.

Achterberg, Wouter 1993: „Can Liberal Democracy Survive the Environmental Crisis? Sustainability, liberal neutrality and overlapping consensus." In: Dobson, Andrew; Paul Lucardie (eds.): *The Politics of Nature. Explorations in green political theory*. 67–89. London: Routledge.

Anderson, Kym 1992: „The Standard Welfare Economics of Policies Affecting Trade and the Environment." In: Anderson, Kym; Richard Blackhurst (eds.): *The Greening of World Trade Issues*. 23–48. London: Harvester Wheatsheaf.

Anderson, Kym; Richard Blackhurst 1992a: „Trade, the Environment and Public Policy." In: Ibid. (eds.): *The Greening of World Trade Issues*. 1–22. London: Harvester Wheatsheaf.

Anderson, Kym; Richard Blackhurst (eds.) 1992b: *The Greening of World Trade Issues*. London: Harvester Wheatsheaf.

Andersson, Thomas; Carl Folke; Stefan Nyström 1995: *Trading With The Environment. Ecology, economics, institutions and policy*. London: Earthscan.

Arden-Clarke, Charles 1992: *International Trade, GATT, and the Environment. International Position Paper*. Gland: World Wildlife Fund.

Arden-Clarke, Charles 1993: „Environmental Competitiveness and Countervailing Measures." In: OECD: *Environmental Policies and Industrial Competitiveness*. 150–157. Paris: OECD.

Aruoba, Celik 1997: „Eco-Labelling in the EU and the Export of Turkish Textiles and Garments." In: Zarilli, Simonetta; Veena Jha; Rene Vossenaar (eds.): *Ecolabelling and International Trade*. 99–113. Houndmills: Macmillan Press.

Atkinson, Robert D. 1996: „International Differences in Environmental Compliance Costs and United States Manufacturing Competitiveness." In: *International Environmental Affairs* 8 (2), 107–134.

Bail, Christoph 1990: „Das Profil einer neuen Welthandelsordnung: Was bringt die Uruguay-Runde?" In: *Europäische Zeitschrift für Wirtschaftsrecht* 1 (14), 433–444.

Bail, Christoph 1994: „The Promotion of Policy Coherence on Trade and Environment: A role for the European Community." In: Cameron, James; Paul Demaret; Damien Geradin (eds.): *Trade & the Environment. In the search for balance*. Vol. 1. 333–339. London: Cameron May.

Baker, Susan 1993: „Environmental Policy of the European Community: A critical review." In: *Paradigms* 7 (1), 8–29.

Barbier, Edward B. 1994a: „Tropical Deforestation." In: Pearce, David (ed.): *Blueprint 2: Greening the world economy*. 138–166. London: Earthscan.

Barbier, Edward B. 1994b: „Environmental Degradation in the Third World." In: Pearce, David (ed.): *Blueprint 2. Greening the World Economy*. 75–108. London: Earthscan.

Barbier, Edward B.; Nancy Bockstael; Joanne C. Burgess; Ivar Strand 1995: „The Linkages between the Timber Trade and Tropical Deforestation – Indonesia." In: *The World Economy* 18 (4), 411–441.

Barrett, Scott 1991: „The Problem of Global Environmental Protection." In: Helm, Dieter (ed.): *Economic policy towards the Environment*. 137–155. Oxford: Blackwell Publishers.

Barrett, Scott 1994: „Global Warming: Economics of a Carbon Tax." In: Pearce, David (ed.): *Blueprint 2. Greening the World Economy*. 31–52. London: Earthscan.

Beckermann, Wilfried 1992: „Economic Growth and the Environment: Whose growth? Whose environment?" In: *World Development* 20 (4), 481–496.

Behrens, Gerd 1997: „Kulturkampf um den Elefanten." In: *Süddeutsche Zeitung* 19.06.1997, 4.

Benedick, Richard Elliot 1991: *Ozone Diplomacy – New directions in safeguarding the planet*. Cambridge, MA: Harvard University Press.

Bergesen, Helge Ole; Georg Parmann (eds.) 1994: *Green Globe Yearbook 1994*. Oxford: Oxford University Press.

Beutler, Bengt; Roland Bieber; Jörn Pipkorn; Jochen Streil 1993: *Die Europäische Union. Rechtsordnung und Politik*. 4. Auflage. Baden-Baden: Nomos.

Bhagwati, Jagdish 1996: „The Demands to Reduce Domestic Diversity among Trading Nations." In: Bhagwati, Jagdish; Robert E. Hudec (eds.): *Fair Trade and Harmonization. Prerequisites for Free Trade? Volume 1: Economic Analysis*. 9–40. Cambridge, MA: MIT Press.

Biermann, Frank 1999: *Internationale Umweltverträge im Welthandelsrecht. Zur ökologischen Reform der Welthandelsorganisation anläßlich der geplanten 'Milleniumsrunde'*. WZB Policy Paper FS II 99–403. Berlin: Wissenschaftszentrum Berlin.

Biermann, Frank; Udo E. Simonis 1998: *Eine Weltorganisation für Umwelt und Entwicklung. Funktionen, Chancen, Probleme*. Policy Paper Nr. 9. Bonn: Stiftung Entwicklung und Frieden.

Binswanger, Hans 1989: *Brazilian Policies that Encourage Deforestation*. World Bank Environment Department Working Paper No. 16. Washington, D.C.: World Bank.

Brack, Duncan 1995: „Balancing Trade and the Environment." In: *International Affairs* 71 (3), 497–514.

Brack, Duncan 1996: *International Trade and the Montreal Protocol*. The Royal Institute of International Affairs. London: Earthscan.

Bringezu, Stefan (Hrsg.) 1995: *Neue Ansätze in der Umweltstatistik*. Basel: Birkhäuser.

Brown, Lester R.; Christopher Flavin; Sandra Postel 1992: *Zur Rettung des Planeten Erde. Strategien für eine ökologisch nachhaltige Weltwirtschaft*. Frankfurt/M: S. Fischer.

Bundesverband der Deutschen Industrie 1995: *Umweltschutz als Wirtschafts- und Standortfaktor*. Köln: BDI.

Bundesverband der Deutschen Industrie 1997: *Aktualisierte Berechnung der umweltschutzinduzierten Beschäftigung in Deutschland*. Köln: BDI.

Busch-Lüthy, Christiane; Hans-Peter Dürr 1993: „Umweltverträgliches Wirtschaften als Problem der Wissenschaft und Politik. Ein interdisziplinärer Ansatz." In: König, Heinz (Hrsg.): *Umweltverträgliches Wirtschaften als Problem der Wissenschaft und Politik*. Berlin: Duncker Humblodt.

Cameron, James; Paul Demaret; Damien Geradin (eds.): *Trade & the Environment. In the search for balance*. Vol. 1. London: Cameron May.

Cameron, James; Jonathan Robinson 1992: „The Use of Trade Provisions in International Environmental Agreements and their Compatibility with the GATT." In: Handl, Günther (ed.): *Yearbook of International Environmental Law*. Vol. 2, 1991. 3–30. London: Graham & Trotman.

Cansier, Dieter 1993: *Umweltökonomie*. UTB Taschenbuch. Stuttgart: Gustav Fischer.

Caspari, Stefan 1995: *Die Umweltpolitik der Europäischen Gemeinschaft. Eine Analyse am Beispiel der Luftreinhaltepolitik*. Baden-Baden: Nomos.

Chambers, Bradnee W.; Shona E.H. Dodds; Jerry Velasquez 1999: *Global Climate Governance. Scenarios and Options on the Inter-Linkages between the Kyoto Protocol and other Multilateral Regimes*. Toyko: United Nations University.

Charnovitz, Steve 1992: „GATT and the Environment. Examining the issues." In: *International Environmental Affairs* 4 (2), 203–233.

Charnovitz, Steve 1993: „Environmental Harmonization and Trade Policy." In: Zaelke, Durwood; Paul Orbuch; Robert F. Housman (eds.): *Trade and Environment: Law, Economics, and Policy*. 267–286. Washington D.C.: Island Press.

Charnovitz, Steve 1994: „Free Trade, Fair Trade, Green Trade: Defogging the debate." In: *Cornell International Law Journal* 27 (3), 459–525.

Cheyne, Ilona 1995: „International Agreements and the European Legal System." In: *European Law Review* 19 (6), 581–598.

Choucri, Nazli 1993: „Political Economy of the Global Environment." In: *International Political Science Review* 14 (1), 103–116.

Choucri, Nazli; Robert C. North 1993: „Growth, Development, and Environmental Sustainablitiy: profiles and paradox." In: Choucri, Nazli (ed.): *Global Accord: Environmental changes and international responses*. 67–132. Cambridge, MA: MIT Press.

CIEL 1998: *Amicus brief to the Appellate Body on United States – Import Prohibition of Certain Shrimp and Shrimp Products*. Washington D.C.: Center for International Environmental Law.

CIEL 1999: *Assessing the Effects on Forests of the Proposed Trade Liberalization in the Forest Product Sector*. Washington D.C.: Center for International Environmental Law.

Clark, Don P. 1995: „The Greening of Protectionism. Industry and environmental coalitions to oppose trade pacts." In: *Journal of World Competition* 19 (1), 105–110.

Coase, Ronald H. 1960: „The Problem of Social Cost." In: *Journal of Law and Economics* 1 (3), 1–44.

Collier, Ute 1996a: *Deregulation, Subsidiarity and Sustainablitiy: New Challenges for EU Environmental Policy*. RSC Working Paper No. 96/60. Florence: European University Institute.

Collier, Ute 1996b: *Implementing a Climate Change Strategy in the European Union: Obstacles and Opportunities*. RSC Working Paper No. 96/1. Florence: European University Institute.

Collins, Ken; David Earnshaw 1992: „The Implementation and Enforcement of European Community Environment Legislation." In: Judge, David (ed.): *A Green Dimension for the European Community*. 213–249. London: Frank Cass.

Cosgrove, Carole; Pierre-Henri Laurent 1992: „The Unique Relationship: The European Community and the ACP." In: Redmond, John (ed.): *The External Relations of the European Community. The International Response to 1992*. 120–137. New York: St. Martin's Press.

Costanza, Robert 1989: „What is Ecological Economics?" In: *Ecological Economics* 1 (3), 1–7.

Croome, John 1995: *Reshaping the World Trading System. A history of the Uruguay Round*. Geneva: WTO.

CUTS 1999: *Enough is Enough!* Jaipur: CUTS Centre for International Trade, Economics & Environment.

Daly, Herman E. 1977: *Steady State Economics*. San Francisco: W.H. Freeman.

Daly, Herman E. 1993: „Problems with Free trade: Neoclassical and Steady-State Perspective." In: Zaelke, Durwood; Paul Orbuch; Robert F. Housman (eds.): *Trade and Environment: Law, Economics, and Policy*. 147–157. Washington, D.C.: Island Press.

Daly, Herman E. 1996: *Beyond Growth. The economics of sustainable development*. Boston: Beacon Press.

Daly, Herman E.; John Cobb, Jr. 1990: *For the Common Good. Redirecting the economy towards community, the environment and a sustainable future*. London: Green Print.

Daly, Herman E.; Kenneth N. Townsend (eds.) 1993: *Valuing the Earth. Economics, ecology, ethics*. Cambridge, MA: MIT Press.

Dasgupta, Partha 1993: „The Environment as a Commodity." In: Helm, Dieter (ed.): *Economic policy towards the Environment*. 25–51. Oxford: Blackwell Publishers.

Dean, Judith M. 1992: *Trade and the Environment. A survey of the literature*. World Bank Policy Research Paper No. 966. Washington D.C.: World Bank.

Demaret, Paul 1994a: „TREMS, Multilateralism, Unilateralism and the GATT." In: Cameron, James; Paul Demaret; Damien Geradin (eds.): *Trade & the Environment. In the search for balance*. Vol. 1. 52–68. London: Cameron May.

Demaret, Paul 1994b: „Trade-Related Environmental Measures (TREMs) in the External Relations of the European Community." In: Cameron, James; Paul Demaret; Damien Geradin (eds.): *Trade & the Environment. In the search for balance*. Vol. 1. 277–332. London: Cameron May.

Demaret, Paul; Raoul Stewardson 1994: „Border Tax Adjustments under GATT and EC Law and General Implications for Environmental Taxes." In: *Journal of World Trade*, 28 (4), 5–65.

Dietz, Frank J.; Jan van der Straaten 1993: „Economic theories and the necessary integration of ecological insights." In: Dobson, Andrew; Paul Lucardie (eds.): *The politics of nature. Explorations in green political theory*. 118–144. London: Routledge.

Düerkop, Marco 1994: „Trade and Environment: International trade law aspects of the proposed EC Directive introducing a tax on carbon dioxide emissions and energy." In: *Common Market Law Review* 31 (5), 807–844.

Dunoff, Jeffrey L. 1994: „Resolving Trade-Environment Conflicts: The case for trading institutions." In: *Cornell International Law Journal* 27 (3), 607–629.

Earth Island Press 1993: *The Case Against Free Trade: GATT, NAFTA, and the Globalization of Corporate Power*. San Francisco: Earth Island Press.

Eckersly, Robyn 1996: „Markets, the State and the Environment: An overview." In: Ibid. (ed.): *Markets, the State and the Environment. Towards integration*. 7–45. Houndmills: Macmillan.

Eckersly, Robyn 1992: *Environmentalism and Political Theory. Toward an ecocentric approach*. Albany: State University of New York Press.

ECLAC 1995: „Trade and the Environment in Latin America and the Caribbean." In: UNCTAD/SELA (eds.): *Trade and Environment. The international debate*. 71–116. Geneva: UNCTAD.

EG 1993a: *Für eine dauerhafte und umweltgerechte Entwicklung. Ein Programm der Europäischen Gemeinschaft für Umweltpolitik und Maßnahmen im Hinblick auf eine dauerhafte und umweltgerechte Entwicklung*. Amtsblatt der EG C 138/1, 17.5.1993, Brussels.

EG 1993b: *European Parliament Resolution on Trade and Environment*. Amtsblatt C42/246, 15.02.1993.

EG 1994: *Economic Growth and the Environment. Communication from the Commission*. Com (94) 465, 27.10.1994, Brussels.

EG 1996a: *Gemeinschaftsrecht im Bereich des Umweltschutzes. Bd. 1 Allgemeine Politik*. Luxemburg: Europäische Kommission, Generaldirektion XI.

EG 1996b: *Implementing Community Environmental Law*. Communication from the Commission. Com (96) 500, 22.10.1996, Brussels.

EG 1996c: *Council Decision concerning the signing and notification of the provisional application of the International Tropical Timber Agreement 1994 on behalf of the European Community*. Com (95) 542 final, 10.01.1996, Brussels.

EG 1996d: *Europa ohne Grenzen. Die Europäische Union und Asien*. Luxemburg: Generaldirektion XII.

EG 1996e: *On Trade and Environment*. Communication from the Commission. Com (96) 54 final, 28.02.1996, Brussels.

EG 1996f: *European Parliament Resolution on Trade and Environment*. Abl. C166/20, 10.06.1996.

EG 1996g: *Green Paper on relations between the European Union and the ACP countries on the eve of the 21st century – challenges and options for a new partnership*. Com (96) 570 final, 26.11.1996, Brussels.

EG 1997a: *Umwelt und Wirtschaftsentwicklung in Europa miteinander verbinden*. Brussels: Europäische Kommission, Generaldirektion X.

EG 1997b: *Die Ausrichtung der Europäischen Umweltpolitik für das 21. Jahrhundert*. Brussels: Generaldirektion XI.

EG 1997c: *The Energy Dimension of Climate Change*. Communication from the Commission. Com (97) 196 final, 14.05.1997, Brussels.

EG 1997d: *Commission Report to the Council, pursuant to Article 7 (2) of Council regulations Nos. 3281/94 and 1256/96 on the scheme of generalised preferences*, Com (97) 270 final, 02.06.1997, Brussels.

Eglin, Richard 1995: „Trade and Environment in the World Trade Organization." In: *The World Economy*, 18 (6), 769–779.

Eiderström, Eva 1998: *Ecolabels in EU Environmental Policy*. EUI Working Paper RSC No. 98/20. Florence: European University Institute.

Esty, Daniel C. 1994a: *Greening the GATT. Trade, Environment, and the Future*. Washington D.C.: Institute for International Economics.

Esty, Daniel C. 1994b: „Making Trade and Environmental Policies Work Together: Lessons from NAFTA." In: Cameron, James; Paul Demaret; Damien Geradin (eds.): *Trade & The Environment: The search for balance*. Volume I. 373–386. London: Cameron May.

European Commission 1999: *The EU Approach to the Millennium Round*. Communication by the Commission. 8.7.1999, Brussels.

European Environmental Agency 1995: *Europe's Environment. The Dobris Assessment*. London: Earthscan.

European Environmental Agency 1996: *Annual Report 1995*. Copenhagen: EEA.

Farber, Daniel A.; Robert E. Hudec 1996: „GATT Legal Restraints on Domestic Environmental Regulations." In: Bhagwati, Jagdish; Robert E. Hudec (eds.): *Fair Trade and Harmonization: Prerequisites for Free Trade? Volume 2: Legal Analysis*. 59–94. Cambridge, MA: MIT Press.

Financial Times 1997: *Unilateral limits for salmon*. 27 June 1997, 4.

Financial Times 1996: *Thorny 'new issues' set to dominate debate*. 9 December 1996, 6.

Financial Times 2000: *Hopes for deal to allay GMO fears*. 28 January 2000, 8.

Forum Umwelt & Entwicklung; Germanwatch 1999: *Reform des Welthandelssystems oder neue Liberalisierungsrunde? Kommentar zur Mitteilung der Kommission vom 8. Juli 1999 an die EU-Mitgliedstaaten und das Europäische Parlament über die Strategie der EU für eine WTO-Verhandlungsrunde*. Bonn: Forum Umwelt & Entwicklung.

Foster, John (ed.) 1997: *Valuing Nature? Economics, ethics and environment*. London: Routledge.

Frankfurter Allgemeine Zeitung 1998: *Zusammenstoß zwischen Europa und Amerika vermieden*. 19.05.98, 6.

Freese, Gunhild 1995: „Grün in die Regale." In: *Die Zeit*, Nr. 34, 18.08.1995, 14.

French, Hilary F. 1993: „Reconciling Trade and the Environment." In: Brown, Lester R. (ed.): *State of the World 1993*. 158–179. New York: Norton.

Gandolfo, Giancarlo 1994: *International Economics. The pure theory of international trade.* Berlin: Springer.
GATT 1983: *United States – Prohibition of Imports of Tuna and Tuna Products from Canada (L/5198).* BISD 29. Supplement. 91–109. Geneva: GATT Secretariat.
GATT 1986: *The Text of The General Agreement on Tariffs and Trade.* Geneva: GATT Secretariat.
GATT 1987: *United States – Taxes on Petroleum and Certain Imported Substances (L/6175).* BISD 34. Supplement. 136–164 Geneva: GATT Secretariat.
GATT 1988: *Canada – Measures Affecting Exports of Unprocessed Herring and Salmon (L/6268).* BISD 35. Supplement. 98–116. Geneva: GATT Secretariat.
GATT 1991a: *Trade and Environment. Factual note by the Secretariat (L/6896).* Geneva: GATT Secretariat.
GATT 1991b: *Thailand – Restrictions on Importation of and Internal Taxes on Cigarettes (DS 10/R).* BISD 37. Supplement. 200–229. Geneva: GATT Secretariat.
GATT 1991c: *United States – Restriction on Imports of Tuna (DS 21/R).* Geneva: GATT Secretariat.
GATT 1992a: *International Trade 1990/91.* Geneva: GATT Secretariat.
GATT 1992b: *GATT: Struktur und Funktion.* Geneva: GATT Secretariat.
GATT 1993a: *Trade and Environment Bulletin.* TE 001, 1 April 1993. Geneva: GATT Secretariat.
GATT 1993b: *The Final Act of the Uruguay Round. Press Summary.* NUR 080, 14 December 1993. Geneva: GATT Secretariat.
GATT 1993c: *Supplement. Trade and Environment. Note on the United nations Conference on Trade and Development held in Rio De Janeiro, Brazil from 3 to 14 June 1992.* BISD 39. Note by the Secretariat (L/68992/add.3). 303–331. Geneva: GATT Secretariat.
GATT 1993d: *Trade Policy Review of the European Community 1993.* Vol. 1. Geneva: GATT Secretariat.
GATT 1994a: *Trade and Environment. Decision of 14 April 1994.* MTN/TNC/45 (MIN). Geneva: GATT Secretariat.
GATT 1994b: *Uruguay Round Final Act.* Marrakech, 15 April 1994. Geneva: GATT Secretariat.
GATT 1994c: *GATT Symposium on Trade Environment and Sustainable Development.* Trade and the Environment, TE 008, 28 July 1994. Geneva: GATT Secretariat
GATT 1994d: *GATT Activities 1993.* Geneva: GATT Secretariat.
Georgescu-Roegen, Nicholas 1993: „The Entropy Law and the Economic Problem." In: Daly, Herman E.; Kenneth N. Townsend (eds.): *Valuing the Earth. Economics, ecology, ethics.* 75–88. Cambridge, MA: MIT Press.
Geradin, Damien 1994: „Balancing Free Trade and Environmental Protection – the interplay between the ECJ and the Community legislator." In: Cameron, James; Paul Demaret; Damien Geradin (eds.): *Trade & the Environment. In the search for balance.* Vol. 1. 204–241. London: Cameron May.
Gill, Stephen; David Law 1988: *The Global Political Economy.* Brighton: Wheatsheaf.
Gilpin, Robert 1987: *The Political Economy of International Relations.* Princeton: Princeton University Press.
Gilsdorf, Peter 1996: „Die Außenkompetenzen der EG im Wandel – eine kritische Auseinandersetzung mit Praxis und Rechtsprechung." In: *Europarecht* 31 (2), 167–178.
Goldin, Ian; Alan L. Winters 1995: „Introduction: Economic policies for sustainable development." In: Ibid. (eds.): *The Economics of Sustainable Development.* 1–13. Cambridge: Cambridge University Press.

Golub, Jonathan 1996a: *Sovereignty and Subsidiarity in EU Environmental Policy.* RSC Working Paper No. 96/2. Florence: European University Institute.

Golub, Jonathan 1996b: *State Power and Institutional Influence in European Integration. Lessons from the packaging waste directive.* RSC Working Paper No. 96/3. Florence: European University Institute.

Goodin, Robert E. 1992: *Green Political Theory.* Cambridge: Polity Press.

Greenaway, David 1985: *Current Issues in International Trade.* Houndmills: Macmillan.

Greenpeace 1994: *Greening World Trade.* Amsterdam: Greenpeace International.

Greenpeace 1995: *Correcting Potential Conflicts Between Multilateral Environmental Agreements and GATT 1994.* Amsterdam: Greenpeace International.

Grossmann, Gene M. 1995: „Pollution and Growth: What do we know?" In: Goldin, Ian; Alan L. Winters (eds.): *The Economics of Sustainable Development.* 19–46. Cambridge: Cambridge University Press.

Haas, Peter M.; Robert O. Koehane; Marc A. Levy 1993: „Improving the Effectiveness of International Environmental Institutions." In: Ibid. (eds.): *Institutions for the Earth. Sources of effective international environmental protection.* 397–426. Cambridge, MA: MIT Press.

Haigh, Nigel 1992: „The European Community and International Environmental Politicy." In: Hurrel, Andrew; Benedict Kingsbury (eds.): *The International Politics of the Environment.* 228–249. Oxford: Oxford University Press.

Hanley, Nick; Clive C. Spash 1993: *Cost-Benefit-Analysis and the Environment.* Hants: Edward Elgar.

Harding, Garrett 1968: „The Tragedy of the Commons." In: *Science* 162 (1), 243–248.

Heidensohn, Klaus 1995: *Europe and World Trade.* London: Pinter.

Helm, Carsten 1995: *Handel und Umwelt. Für eine ökologische Reform des GATT.* FS II 95-402. Berlin: Wissenschaftszentrum Berlin.

Helm, Dieter; David Pearce 1993: „Economic Policy towards the Environment: An overview." In: Helm, Dieter (ed.): *Economic policy towards the Environment.* 1–24. Oxford: Blackwell Publishers.

Hempel, Lamont C. 1996: *Environmental Governance. The global challenge.* Washington D.C.: Island Press.

Herdegen, Matthias 1993: *Internationales Wirtschaftsrecht.* München: C.H.Beck.

Hewett, Jonathan (ed.) 1996: *European Environmental Almanac.* London: Earthscan.

Hey, Christian 1994: *Umweltpolitik in Europa. Fehler, Risiken, Chancen.* München: C.H. Beck.

Hildebrand, Phillipp M. 1993: „The European Community's Environmental Policy 1957 to '1992': From incidental measures to an international regime?" In: Judge, David (ed.): *A Green Dimension for the European Community.* 13–43. London: Frank Cass.

Hillman, Ayre L.; Heinrich W. Ursprung 1992: „The influence of environmental concerns on the political determination of trade policy." In: Anderson, Kym; Richard Blackhurst (eds.): *The Greening of World Trade Issues.* 195–220. London: Harvester Wheatsheaf.

Housman, Robert F., 1992: „A Kantian Approach to Trade and the Environment." In: *Washington and Lee Law Review* 49 (4), 1373–1401.

Hudec, Robert E. 1993: *Enforcing International Trade Law: The evolution of the modern GATT legal system.* Salem NH: Butterworth.

Hunt, Kelly Jude 1996: „International Environmental Agreements in Conflict with GATT – Greening GATT after the Uruguay Round Agreement." In: *The International Lawyer* 30 (1), 163–191.

ICTSD 1999: *Bridges Weekly Trade News Digest. Special Edition on the Third WTO Ministerial Conference.* Issue 46. Geneva: International Centre for Trade and Sustainable Development.

ILM 1993: *United States: International Dolphin Conservation Act of 1992.* 32 ILM 539 (1993).

ILM 1994a: *Dispute Settlement Panel Report on United States Taxes on Automobiles*. 33 ILM 1397 (1994).

ILM 1994b: *Dispute Settlement Panel Report on United States Restrictions on Imports of Tuna*. 33 ILM 839 (1994).

International Forum on Globalization 1999: *Invisible Government. The World Trade Organization: Global government for the new millenium?* San Francisco: IFG.

International Herald Tribune 1994: *After trade treaty, plenty of unresolved problems remain*. 15 April 1994, 4.

Jachtenfuchs, Markus 1996: „Regieren durch Überzeugen: Die Europäische Union und der Treibhauseffekt." In: Jachtenfuchs, Markus; Beate Kohler-Koch (Hrsg.): *Europäische Integration*. 429–454. Opladen: UTB/Leske + Budrich.

Jackson, John H. 1992a: *The World Trading System. Law and policy of international economic relations*. Cambridge, MA: MIT Press.

Jackson, John H. 1992b: „World Trade Rules and Environmental Policies: Congruence or conflict?" In: *Washington and Lee Law Review* 49 (4), 1227–1255.

Jackson, John H. 1994: „Managing the Trading System: The World Trade Organization and the Post-Uruguay Round GATT Agenda." In: Kenen, Robert (ed.): *Managing the World Economy*. 133–151. Washington, D.C.: Institute for International Economics.

Jackson, John H. 1998: *The World Trade Organisation. Constitution and Jurisprudence*. Chatham House Papers. London: Royal Institute of International Affairs.

Jacobs, Michael 1991: *The Green Economy. Environment, sustainable development and the politics of the future*. London: Pluto Press.

Jacobs, Michael 1996: „Sustainability and 'the Market': A typology of environmental economics." In: Eckersly, Robyn (ed.): *Markets, the State and the Environment. Towards integration*. 46–70. Houndmills: Macmillan.

Johnston, Ronald J. 1996: *Nature, State and the Economy. A political economy of the environment*. Chichester: John Wiley & Sons.

Joint NGO Statement 2000: *The EC Sustainability Impact Assessment of WTO trade liberalisation*. 23 February 2000, Brussels.

de Jonquières, Guy 1999: „The search for common ground. Poorer countries often complain that they are getting the raw deal." In: *Financial Times*, 19.11.1999, IV.

Judge, David 1993: „A Green Dimension for the European Community?" In: Ibid. (ed.): *A Green Dimension for the European Community. Political issues and processes*. 1–9. London: Frank Cass.

Keohane, Robert O. 1984: *After Hegemony. Co-operation and discord in the world political economy*. Princeton: Princeton University Press.

Kindleberger, Charles P. 1989: *The International Economic Order. Essays on financial crisis and international public goods*. Cambridge, MA: MIT Press.

Kirchgässner, Gebhard 1994: *Internationale Umweltprobleme und die Problematik internationaler öffentlicher Güter*. Diskussionspapier Nr. 9406. St. Gallen: Hochschule St. Gallen.

Kirkpatrick, Collin; Norman Lee 1999: *WTO New Round. Sustainability Impact Assessment Study*. Institute for Development Policy and Management, and Environmental Impact Assessment. Manchester: University of Manchester.

Klepper, Gernot 1992: „The Political Economy of Trade and the Environment in Western Europe." In: Low, Patrick (ed.): *International Trade and the Environment*. The World Bank Discussion Papers No. 152. 247–259: Washington D.C.: World Bank.

Koch, Eckart 1992: *Internationale Wirtschaftsbeziehungen*. München: Vahlen.

Koppen, Ida J. 1993: „The Role of the European Court of Justice." In: Liefferink, Duncan; Philip Lowe; Arthur Mol (eds.): *European Integration and Environmental Policy*. 126–149. London: Belhaven Press.

Krämer, Ludwig 1993: „Die Integrierung umweltpolitischer Erfordernisse in die gemeinschaftliche Wettbewerbspolitik." In: Rengeling, Hans-Werner (Hrsg.): *Umweltschutz und andere Politiken der Europäischen Gemeinschaft*. 47–83. Köln: Carl Heymanns Verlag.

Krämer, Ludwig 1994: *Europäische Union, Schutz der Umwelt und Recht*. Saarbrücken: Europa-Institut der Universität des Saarlandes.

Krämer, Ludwig 1995: *EC Treaty and Environmental Law*. London: Sweet & Maxwell.

Krasner, Stephen S. 1983: „Structural Causes and Regime Consequences: regimes as intervening variables." In: Ibid. (ed.): *International Regimes*. Ithaca: Cornell University Press.

Kulessa, Margareta 1995: *Umweltpolitik in einer offenen Volkswirtschaft: Zum Spannungsverhältnis von Freihandel und Umweltschutz*. Baden-Baden: Nomos.

Lang, Tim; Colin Hines 1995: *The New Protectionism. Protecting the future against free trade* (reprint). London: Earthscan.

Lenz, Carl Otto 1993: „Die Rechtsprechung des Europäischen Gerichtshofs auf dem Gebiet des Umweltschutzes." In: Rengeling, Hans-Werner (Hrsg.): *Umweltschutz und andere Politiken der Europäischen Gemeinschaft*. 15–34. Köln: Carl Heymanns Verlag.

LeQuesne, Caroline; Charles Arden-Clarke 1997: „Trade and Sustainable Development." In: Dodds, Felix (ed.): *The Way Forward. Beyond Agenda 21*. 167–178. London: Earthscan.

Levinson, Arik 1996: „Environmental Regulations and Industry Location: International and domestic evidence." In: Bhagwati, Jagdish; Robert E. Hudec (eds.): *Fair Trade and Harmonization: Prerequisites for Free Trade? Volume 1: Economic Analysis*. 429–457. Cambridge, MA: MIT Press.

Liberatore, Angela 1991: „Problems of Transnational Policymaking: Environmental policy in the EC." In: *European Journal of Policy Research* 19 (4), 281–305.

Liberatore, Angela 1993: *Beyond the Earth Summit: The European Community towards sustainablitiy?* EUI Working Paper No. 93/5. Florence: European University Institute.

Liefferink, Duncan; Philip Lowe; Arthur Mol 1993: „The Environment and the European Community: The analysis of political integration." In: Ibid. (eds.): *European Integration and Environmental Policy*. 1–13. London: Belhaven Press.

Lin, Irene 1999: „Linkages: Social Justice in Wolf's Clothing." In: *Economiquity*. Newsletter of the CUTS Centre for International Trade, Economics & Environment, November 1999, 11–12.

Low, Parick; Alexander Yeats 1992: „Do dirty industries migrate?" In: Low, Patrick (ed.): *International Trade and the Environment*. World Bank Discussion Papers No. 159. 89–104. Washington, D.C.: World Bank.

Lyster 1985: *International Wildlife Law*. Cambridge: University Press.

Maier-Rigaud, Gerhard 1988: *Umweltpolitik in der offenen Gesellschaft*. Opladen: Westdeutscher Verlag.

Maier-Rigaud, Gerhard 1997: *Schritte zur ökologischen Marktwirtschaft*. Marburg: Metropolis Verlag.

Makuch, Zen 1996: „The World Trade Organization and the General Agreement on Tariffs and Trade." In: Werksman, Jacob (ed.): *Greening International Institutions*. Foundation of International Environmental Law and Development (FIELD). 94–115. London: Earthscan.

March, James G.; Johan P. Olsen 1984: „The New Institutionalism: Organizational Factors in Political Life." In: *American Political Science Review* 77 (3), 281–297.

Mayer, Don; David Hoch 1993: „International Environmental Protection in the GATT: The tuna/dolphin controversy." In: *American Business Law Journal* 31 (2), 187–244.

Meadows, Dennis; Donella Meadows; Peter Zahn; Peter Milling 1972: *Die Grenzen des Wachstums*. Bericht des Club of Rome zur Lage der Menschheit. Stuttgart: Deutsche Verlags-Anstalt.

Meadows, Donella; Dennis Meadows, Jørgen Randers 1993: *Die neuen Grenzen des Wachstums*. Hamburg: Rowohlt.

Merchant, Carolyn 1992: *Radical Ecology. The search for a liveable world*. New York: Routledge.

Michealis, Peter 1995: „Ökonomische Instrumente in der Umweltpolitik: Eine empirische Bestandsaufnahme." In: *Die Weltwirtschaft* (1), 72–98.

Moltke, Konrad von 1993: „A European Perspective on Trade and the Environment." In: Zaelke, Durwood; Robert F. Housman; Paul Orbuch (eds.): *Trade and the Environment: law, economics, and policy*. 93–108. Washington, D.C.: Island Press.

Moltke, Konrad von 1996: *The World Trade Organization and the Environment. What must change?* PSIO (Program for the Study of International Organization(s)) Occasional Paper No. 1. Geneva: Graduate Institute of International Studies.

Müller, Harald 1993: *Die Chance der Kooperation. Regime in den internationalen Beziehungen*. Darmstadt: Wissenschaftliche Buchgesellschaft.

Munoz, Heraldo 1993: „The External Trade and Environment Debate: A summary of the major issues." In: Munoz, Heraldo; Robin Rosenberg (eds.): *Difficult Liason: Trade and Environment in the Americas*. 227–249. New Brunswick, NJ: Transaction Publishers.

Nader, Ralph 1993: „Introduction: Free Trade and the Decline of Democracy." In: Earth Island Press (ed.): *The Case Against Free Trade: GATT, NAFTA, and the Globalization of Corporate Power*. 1–12. San Francisco: Earth Island Press.

Najam, Adil 1995: „An Environmental Negotiation Strategy for the South." In: *International Environmental Affairs* 7 (3), 249–287.

National Wildlife Federation 1999: *Fix Trade Don't Trash It*. Washington D.C.: National Wildlife Federation.

Nordhaus, William D. 1993: „How Much Should We Invest In Our Current Climate?" In: Giersch, Herbert (ed.): *Economic Progress and Environmental Concerns*. 255–299. Berlin: Springer.

Nordström, Håkan; Scott Vaughan 1999: *Trade and Environment*. WTO Special Studies 4. Geneva: WTO.

OECD 1975: *The Polluter Pays Principle. Definition, analysis, and implementation*. Paris: OECD.

OECD 1993a: *Environmental Policies and Industrial Competitiveness*. Paris: OECD.

OECD 1993b: *International Economic Instruments and Climate Change*. Paris: OECD.

OECD 1994a: *Environmental Effects of Trade*. Paris: OECD.

OECD 1994b: *Managing the Environment. The role of economic instruments*. Paris: OECD.

OECD 1995: *OECD Environmental Data 1995*. Paris: OECD.

OECD 1996a: *Implementation Strategies for Environmental Taxes*. Paris: OECD.

OECD 1996b: *Subsidies and Environment. Exploring the Linkages*. Paris: OECD.

Opschoor, Jan B.; Hans B. Voos 1989: *Economic Instruments for Environmental Protection*. Paris: OECD.

Ostrom, Elinor 1990: *Governing the Commons. The Evolution of Institutions for Collective Action*. Cambridge: Cambridge University Press.

Ott, Herman E.; Sebastian Oberthür 1999: *Breaking the Impasse: Forging an EU Leadership Initiative on Climate Change*. Policy Paper No. 2. Berlin: Heinrich Boell Foundation.

Padoa-Schioppa, Tommaso (ed.) 1987: *Efficiency, Stability, and Equity: a strategy for the evolution of the economic system of the EEC*. Oxford: Oxford University Press.

Pearce, David 1993: „Can GATT Survive the Environmental Challenge?" In: Bergesen, Helge Ole; Georg Parmann (ed.): *Green Globe Yearbook 1993*. Fridtjof Nansen Institute. 55–64. Oxford: Oxford University Press.

Pearce, David W.; Jeremy Warford 1993: *World Without End. Economics, environment, and sustainable development*. Oxford: Oxford University Press (for the World Bank).

Petersmann, Ernst-Ulrich 1992: „Umweltschutz und Welthandelsordnung im GATT-, OECD- und EWG-Rahmen." In: *Europa-Archiv*, Folge 9, 257–266.

Petersmann, Ernst-Ulrich 1995: *International and European Trade and Environmental Law after the Uruguay Round*. London: Kluwer Law International.

Petersmann, Ernst-Ulrich 1997: „Darf die EU das Völkerrecht ignorieren?" In: *Europäische Zeitschrift für Wirtschaftsrecht* 8 (11), 325–331.

Peterson, M. J. 1992: „Whalers, cetologists, environmentalists, and the international management of whaling." In: *International Organization* 46 (1), 147–186.

Pigou, Charles A. 1920: *The Economics of Welfare*. London: Macmillan.

Prittwitz, Volker von; Klaus-Dieter Wolf 1993: „Die Politik der globalen Güter." In: Ders. (Hrsg.): *Umweltpolitik als Modernisierungsprozeß. Politikwissenschaftliche Forschung und Lehre in der Bundesrepublik*. 193–218. Opladen: Leske + Budrich.

Puckett, Jim 1992: „Dumping on our World Neighbours: The international trade in hazardous waste, and the case for an immediate ban on all hazardous waste exports from industrialized to less industrialized countries." In: Bergesen, Ole P.; Magnar Norderhaug; Georg Pramann (eds.): *Green Globe Yearbook 1992*. 91–112. Oxford: Oxford University Press.

Rat der Sachverständigen für Umweltfragen 1998: *Umweltgutachten 1998*. Stuttgart: Metzer-Poeschel.

Redmond, John 1992: „Introduction." In: Ibid. (ed.): *The External Relations of the European Community*. 1–11. New York: St. Martin's Press.

Rege, Vinod 1994: „GATT Law and Environment-Related Issues Affecting the Trade of Developing Countries." In: *Journal of World Trade* 28 (3), 95–169.

Reich, Robert B. 1993: *Die neue Weltwirtschaft*. Frankfurt/M: Ullstein.

Repetto, Robert; Michael Gillis 1988: *Public Policies and the Misuse of Forest Resources*. Cambridge: Cambridge University Press.

Rieger, Elmar 1995: „Der Wandel der Landwirtschaft in der Europäischen Union." In: *Kölner Zeitschrift für Soziologie und Sozialpsychologie* 47 (1), 65–94.

Roht-Arriaza, Naomi 1992: „Trade and Environment: An environmentalist view." In: American Society of International Law (ed.): *Proceedings of the 86th Annual Meeting*. Washington D.C., 1–4 April 1992, 241–246.

Rostow, Walt W. 1978: *The World Economy: History and Prospect*. Austin: University of Texas Press.

Rubin, Seymor J. 1982: „A Predominantly Commercial Policy Perspective." In: Rubin, Seymor J.; Thomas R. Graham (eds.): *Environment and Trade. The relation of international trade and environmental policy*. 3–21. Totowa, NJ: Allenheld Osmun.

Runge, Ford C. 1994: *Freer Trade, Protected Environment. Balancing trade liberalization and environmental interests*. New York: Council of Foreign Relations Press.

Sack, Jörn 1995: „The European Community's Membership of International Organizations." In: *Common Market Law Review* 32 (5), 1227–1256.

Samuelson, Paul A.; William D. Nordhaus 1985: *Economics*. 12th edition. Nw York: McGraw-Hill.

Sands, Philippe 1996: „The International Court of Justice and the European Court of Justice." In: Werksman, Jacob (ed.): *The Greening of International Institutions*. 219–235. London: Earthscan.

Schlagenhof, Markus 1995: „Trade Measures based on Environmental Process and Production Methods." In: *Journal of World Trade* 29 (6), 123–155.

Schmidt, Alke 1994: „Trade in Waste under the Community Law." In: Cameron, James; Paul Demaret; Damien Geradin (eds.): *Trade & the Environment. In the search for balance.* Vol. 1. 184–203. London: Cameron May.

Schultz, Elmar 1998: „Die Legitimitätsprobleme des Europäischen Gerichtshofes und die Auswirkungen auf seine institutionelle Autonomie." In: Pfahl, Stefanie u.a. (Hrsg.): *Institutionelle Herausforderungen im Neuen Europa.* 57–80. Opladen: Westdeutscher Verlag.

Segerson, Kathleen 1996: „Issues in the Choice of Environmental Policy Instruments." In: Braden, John S.; Henk Folmer; Thomas S. Ulen (eds.): *Environmental Policy with Political and Economic Integration.* 149–174. Cheltenham: Edward Elgar.

Sen, Partha 1995: „Environmental Policies and North-South Trade: A selected survey of the issues." In: Bhakskar, V.; Andrew Glyn (eds.): *The North, the South and the Environment.* 157–143. London: Earthscan.

Senti, Richard 1986: *GATT – System der Welthandelsordnung.* Zürich: Schulthess.

Sevenster, Hanna G. 1993: „Preface – The international approach to environmental threats and the example of the European Community." In: *Ecology Law Quarterly* 20 (1), 1–10.

Shiva, Vandana 1991: *The Violence of the Green Revolution: Third World agriculture, ecology and politics.* London: Zed Books.

Shultz, Jennifer 1994: „Environmental Reform of the GATT/WTO International Trading System." In: *World Competition* 18 (2), 77–113.

Siebert, Horst 1995: *Economics of the Environment. Theory and policy.* Berlin: Springer.

Siebert, Horst 1996: „Trade Policy and Environmental Protection." In: *The World Economy*, special issue: Global Trade Policy 1996, 183–194.

Sierra Club 1994: *Environmental Protection under the Uruguay Round of the General Agreement on Tariffs and Trade.* Washington, D.C.: Sierra Club.

Simon, Claus-Peter 1997: „Umwelt auf der Kippe." In: *Die Woche*, Nr. 26, 20. Juni 1997, 26–27.

Skærseth, Jon Birger 1994: „The Climate Policy of the EC: Too hot to handle?" In: *Journal of Common Market Studies* 32 (1), 25–45.

Somsen, Han 1996: „The European Union and the OECD." In: Werksman, Jacob (ed.): *Greening International Institutions.* 183–204. London: Earthscan.

Sørensen, Peter Birch 1993: „Pollution Taxes and International Competitiveness: Some selected policy issues." In: OECD: *Environmental Policies and Industrial Competitiveness.* 63–68. Paris: OECD.

Sorsa, Piritta 1993: „Competitiveness and Environmental Standards." In: *Wirtschaftspolitische Blätter* 40 (3–4), 326–337.

Sorsa, Piritta 1995: „The Environment in the Context of International Trade." In: UNCTAD (ed.): *Trade and Environment. The international debate.* 117–126. Geneva: UNCTAD.

Southey, Caroline; Nancy Dunne 1996: „Fur flies in trapping row." In: *Financial Times*, 09 December 1996, 6.

Spero, Joan E. 1994: *The Politics of International Economic Relations.* 4th edition. London: Routledge.

Spragia, Alberta 1996: „Environmental Policy." In: Wallace, Hellen; William Wallace (eds.): *Policy making in the European Union.* 235–255. Oxford: Oxford University Press.

Steinberg, Richard H. 1997: „Trade-Environment Negotiations in the EU, NAFTA, and WTO: regional trajectories of rule development." In: *American Journal of International Law* 91 (1), 231–267.

Stevens, Candice 1993a: „Organization for Economic Cooperation and Development Framework for Discussion of Trade and Environment Concerns." In: Munoz, Herald; Robin Rosenberg (eds.): *Difficult Liason: Trade and environment in the Americas*. 161–166. New Brunswick, NJ: Transaction Publishers.

Stevens, Candice 1993b: „Synthesis Report: Environmental policies and industrial competitiveness." In: OECD: *Environmental Policies and Industrial Competitiveness*. 7–20. Paris: OECD.

Stevens, Candice 1995: „Eco-Dumping: More myth than reality." In: *Internationale Politik und Gesellschaft* (Friedrich-Ebert Stiftung), 2, 174–180.

Stewart, Richard B. 1992: „International Trade and Environment: Lessons from the federal experience." In: *Washington and Lee Law Review* 49 (4), 1329–1371.

Strübel, Michael 1992: „Nationale Interessen und europäische Politikformulierung in der Umweltpolitik." In: Kreile, Michael (Hrsg.): *Die Integration Europas*. PVS Sonderheft Nr. 23, 274–291.

Süddeutsche Zeitung 1995: *Bei Karstadt ist Umweltschutz Chefsache*, 25.07.1995, 21.

Südeutsche Zeitung 1997a: *Die Afrikaner warnen vor Öko-Kolonialismus*, 09. 06.1997, 8.

Süddeutsche Zeitung 1997b: *Kaum Chancen für Klimaschutz-Regeln*, 03.11.1997, 2.

Summers, Lawrence H. 1992: „Foreword." In: Low, Patrick (ed.): *International Trade and the Environment*. World Bank Discussion Papers No. 159. iii–v. Washington, D.C.: World Bank.

Task Force 1990: *"1992". The Environmental Dimension. Task Force Report on the Environment and the Internal Market*. Bonn: Economica Verlag.

Thaggert, Henry L. 1994: „A Closer Look at the Tuna-Dolphin Case: 'like products' and 'extrajurisdictionality' in the trade and environment context." In: Cameron, James; Paul Demaret; Damien Geradin (eds.): *Trade & the Environment. In the search for balance*. Vol. 1. 69–95. London: Cameron May.

The Group of Green Economists 1992: *Ecological Economics. A practical programme for global reform*. London: Zed Books.

Third World Network 1994: *The World Trade Organization, Trade and the Environment*. Position Paper of the Third World Network (1). Penang: Third World Network.

Thomas, Caroline 1992: *The Environment in International Relations*. London: Royal Institute of International Affairs.

Tobey, James A. 1990: „The Effects of Domestic Environmental Policies on Patterns of World Trade: An Empirical Test." In: *Kyklos* 43 (2), 191–209.

Tobey, James A.; Henri Smets 1996: „The Polluter-Pays Principle in the Context of Agriculture and the Environment." In: *The World Economy* 19 (1), 63–87.

Trebilcock, Michael J.; Robert Howse 1995: *The Regulation of International Trade. Political economy and legal order*. London: Routledge.

Treter, Uwe 1995: „Kanada und USA." In: Herkendell, Josef; Jürgen Pretzsch (Hrsg.): *Die Wälder der Erde: Bestandsaufnahme und Perspektiven*. 108–122. München: C.H. Beck.

Turner, R. Kerry 1993a: „Sustainablity: principles and practice." In: Ibid. (ed.): *Sustainable Environmental Economics and Management. Principals and practice*. 3–36. London: Belhaven Press.

Turner, R. Kerry 1993b: „Postscript. Future prospects." In: Ibid. (ed.): *Sustainable Environmental Economics and Management. Principals and practice*. 383–386. London: Belhaven Press.

Turner, R. Kerry; Ian Bateman 1993: „Valuation of the Environment, Methods and Techniques. The contingent valuation method." In: Turner, R. Kerry (ed.): *Sustainable Environmental Economics and Management. Principals and practice*. 120–191. London: Belhaven Press.

Turner, R. Kerry; Hans Opschoor 1994: „Environmental economics and environmental policy instruments: introduction and overview." In: Opschoor, Hans P.; R. Kerry Turner (eds.): *Economic Incentives and Environmental Policies: Principles and practice*. 1–38. Dordrecht: Kluwer Academic.

Turner, R. Kerry; David Pearce; Ian Bateman 1994: *Environmental Economics: An elementary introduction*. New York: Harvester Wheatsheaf.

Uimonen, Peter; John Whalley 1997: *Environmental Issues in the New World Trading System. Development and Prospects*. Houndmills: Macmillan Press.

Umweltbundesamt, i. E.: *Handel, Umwelt und nachhaltige Entwicklung im Umfeld der WTO-Ministerkonferenz in Seattle. Vorschläge deutscher und internationaler NGOs zur Intergation von Umwelt und Nachhaltigkeit in das multilaterale Handelssystem*. Berlin: Umweltbundesamt.

UNCTAD 1992: *Combating Global Warming. Study on a global system of tradable carbon emission entitlements*. New York: UNCTAD.

UNCTAD 1994: *Combating Global Warming. Possible rules, regulations and administrative arrangements for a global market in CO_2 emission entitlements*. New York: UNCTAD.

UNCTAD 1995a: *Trade and Environment. The international debate*. Geneva: UNCTAD.

UNCTAD 1995b: *Trade, Environment and Development. Aspects of establishing and operating eco-labelling programmes*. TD/B/WG.6/5. Geneva: UNCTAD.

UNCTAD 1995c: *Environment, International Competitiveness and Development: Lessons from empirical studies*. TD/B/WG.6/10. Geneva: UNCTAD.

UNEP 1997: *Global Environmental Outlook*. Oxford: Oxford University Press.

Usher, John 1994: „Protection of the Environment through Trade Restrictions and the Community's Internal Restrictions: The respective competence of the Community and its member states." In: Cameron, James; Paul Demaret; Damien Geradin (eds.): *Trade & the Environment. In the search for balance*. Vol. 1. 261–276. London: Cameron May.

Vaughan, Scott 1994: „Trade and Environment: Some North South Considerations." In: *Cornell International Law Journal* 27 (3), 591–606.

Verbruggen, Harmen 1994: „Environmental Policy Failures and Environmental Policy Levels." In: Opschoor, Hans P.; R. Kerry Turner (eds.): *Economic Incentives and Environmental Policies: Principles and practice*. 41–54. Dordrecht: Kluwer Academic.

Verbruggen, Harmen; Sakia Jongma 1995: „Trade and Environmental Policies in the Netherlands and the European Community." In: UNCTAD: *Trade and Environment: The international debate*. 193–236. Geneva: UNCTAD.

Vogel, David 1993: „Environmental Policy in the European Community." In: Kamieniecki, Sheldon (ed.): *Environmental Politics in the International Arena. Movements, Parties, Organizations, and Policy*. 181–198. Albany, NY: State University of New York Press.

Vosgerau, Hans Jürgen (Hrsg.) 1989: *New Institutional Arrangements for the World Economy*. Berlin: Springer.

Waer, Paul; Edwin Vermulst 1994: „EC Anti-Dumping Law and Practice after the Uruguay Round. A new lease of life?" In: *Journal of World Trade* 28 (2), 5–21.

Wallace, William 1990: „Introduction: The Dynamics of European Integration." In: Ibid. (ed.): *The Dynamics of European Integration*. Royal Institute of International Affairs. 1–25. London: Pinter Publishers.

Walter, Ingo 1974: „Pollution and Protection: U.S. Environmental Controls as Competitive Distortions." In: *Weltwirtschaftliches Archiv* 110 (1), 104–113.

Walter, Ingo 1982: „International Economic Repercussions of Environmental Policy: An economist's perspective." In: Rubin, Seymor J.; Thomas R. Graham (eds.): *Environment and Trade. The relation of international trade and environmental policy*. 22–45. Totowa, NJ: Allenheld Osmun.

Weizsäcker, Ernst Ulrich von; Amory B. Lovins; Hunter L. Lovins 1995: *Faktor Vier. Doppelter Wohlstand – halbierter Naturverbrauch*. München: Droemer Knaur.

Wicke, Lutz 1991: *Umweltökonomie und Umweltpolitik*. Beck-Wirtschaftsberater im dtv. München: Dtv.

Wiemann, Jürgen 1992: *Umweltorientierte Handelspolitik: Ein neues Konfliktfeld zwischen Nord und Süd?* Berlin: Deutsches Institut für Entwicklungspolitik.

Williams, Marc 1996: „International Political Economy and Global Environmental Change." In: Vogler, John; Mark F. Imber (eds.): *The Environment and International Relations*. 41–58. London: Routledge.

Die Woche 1997: *Overkill der Bürokraten. Interview mit Gerhard Schröder*. 20.06.97, 6–7.

Wöhlcke, Manfred 1993: „Umwelt und Entwicklung: Die Nord-Süd-Dimension der ökologischen Frage." In: Ritter, Klaus; Albrecht Zunker (Hrsg.): *Weltordnug oder Chaos? Beiträge zur internationalen Politik*. Festschrift zum 75. Geburtstag von Klaus Ritter. 434–495. Baden-Baden: Nomos.

Wolf, Klaus-Dieter 1993: „Regimeanalyse." In: Nohlen, Dieter (Hrsg.): *Lexikon der Politik. Band 6. Internationale Beziehungen*. 422–429. München: C.H.Beck.

Wolf, Martin 1995: „Cooperation or Conflict? The European Union in a liberal global economy." In: *International Affairs* 71 (2), 325–337.

Wolf, Susanna 1997: „The Future of Cooperation between EU and ACP Countries." In: *Intereconomics* 32 (3), 126–133.

Woolcock, Stephen 1995: „The European Acquis and Multilateral Trade Rule: Are they compatible?" In: Bulmer, Simon; Andrew Scott (eds.): *Economic and Political Integration in Europe: Internal dynamics and global context* (2. ed.). 199–218. Oxford: Blackwell Publishers.

Woolcock, Stephen; Michael Hodges 1996: „EU Policy in the Uruguay Round." In: Wallace, Hellen; William Wallace (eds.): *Policy Making in the European Union*. 301–324. Oxford: Oxford University Press.

World Commission on Environment and Development 1987: *Our Common Future*. Oxford: Oxford University Press.

WSA 1997: *Opinion on the Green paper on relations between the European Union and the ACP countries on the eve of the 21st century – challenges and options for a new partnership*. 10.07.1997. Brussels.

WTO 1995a: *International Trade. Trends and statistics*. Geneva: WTO Secretariat.

WTO 1995b: *The World Trade Organization. Trading into the future*. Geneva: WTO Secretariat.

WTO 1995c: *Trade Policy Review of the European Union 1995, Vol. 1*. Geneva: WTO Secretariat.

WTO 1996a: *United States – Standards for Reformulated and Conventional Gasoline. Appellate Body Report and Panel Report*. WT/DS2/9, 20 May 1996.

WTO 1996b: *Report of the WTO Committee on Trade and Environment*. Trade and the Environment, Press/TE 014, 18 November 1996.

WTO 1996c: *Communication from Argentina on Item 6 of the Committees Work Programme. The environmental benefits of removing trade restrictions and distortions, including tariff escalation, subsidies, state trading, and excessively high tariffs*. WT/CTE/W/24, 20 March 1996.

WTO 1997a: *After two outstanding years, world trade growth in 1996 returned to earlier levels*. WTO Focus No.18, 1–7.

WTO 1997b: *Disputes reach century mark*. WTO Focus No. 21.

WTO 1997c: *DSB establishes five panels*. WTO Focus No.16.

WTO 1997d: *GATT/WTO Dispute Settlement Practice Relating to Article XX, Paragraphs (b), (g) and (d) of GATT.* Note by Secretariat, WT/CTE/W/53.

WTO 1997e: *WTO Symposium on Trade and Sustainable Development.* Trade and the Environment, Press/TE 019, 14 August 1997.

WTO 1997f: *Singapore Ministerial Declaration adopted on 13 December 1996.* WTO Focus No.15.

WTO 1997g: *The Montreal Protocol and Trade Measures.* Communication from the Secretariat for the Vienna Convention for the Protection of the Ozone Layer and the Montreal Protocol on Substances that deplete the Ozone Layer. WT/CTE/W/57, 28 August 1997.

WTO 1998a: *United States – Import Prohibition of certain shrimp and shrimp products: Report of the Panel.* WT/DS 58/R, 15 May 1998.

WTO 1998b: *United States – Import Prohibition of certain shrimp and shrimp products: Report of the Apellate Body.* WT/DS 58/AB/R, 12 October 1998.

WTO 1999: *World Trade growth slower in 1998 after unusually strong growth in 1997.* WTO Focus No. 39.

WWF International 1999: *Initiating an Environmental Assessment of Trade Liberalisation in the WTO (Vol. II).* WWF International Discussion Paper, March 1999. Gland: WWF International.

Wyatt, Christine 1995: „Environmental Policy Making, Eco-Labelling and Eco-Packaging in Germany: The impact on exports from developing countries." In: UNCTAD/SELA (eds.): *Trade and Environment. The international debate.* 345–388. Geneva: UNCTAD.

Young, Oran R. 1996: „Introduction: The effectiveness of international governance systems." In: Young, Oran R.; George J. Demko; Kiliparti Ramakrishna (eds.): *Global Environmental Change and International Governance.* 1–27. Hanover: University of New England Press.

Young, Oran R. (ed.) 1999: *The Effectiveness of International Environmental Regimes. Causal Connections and Behavioral Mechanisms.* Cambridge, MA: MIT Press.

Young, Oran R.; George J. Demko 1996: „Improving the Effectiveness of International Governance Systems." In: Young, Oran R.; George J. Demko; Kiliparti Ramakrishna (eds.): *Global Environmental Change and International Governance.* 229–246. Hanover: University of New England Press.

Zamparutti, Anthony; Jon Klavens 1993: „Environment and Foreign Investment in Central and Eastern Europe: Results from a Survey of Western Corporations." In: OECD: *Environmental Policies and Industrial Competitiveness.* 120–129. Paris: OECD.

Zarilli, Simonetta 1994: „Eco-Packaging Initiatives: Impact on international trade and special conditions of developing countries." In: UNCTAD (ed.): *International Trade and Environment. The international debate.* 297–310. Geneva: UNCTAD.

Zarilli, Simonetta; Veena Jha; Rene Vossenaar (eds.) 1997: *Ecolabelling and International Trade.* Houndmills: Macmillan Press.

Zedalis, Rex J. 1997: „Product v. Non-Product Based Distinctions in GATT Article III Trade and Environment Jurisprudence: Recent Developments." In: *European Environmental Law Review* 6 (4), 108–112.

Non-Paper by the European Community 1996: *The relationship between the provisions of the multilateral trading system and the trade measures for environmental purposes, including those pursuant to Multilateral Environmental Agreements.* 19 February 1996. Geneva.

Non-paper by the European Community 1996: *The effect of environmental measures on market access, especially in relation to developing countries, in particular to the least developed among them, and the environmental benefits of removing trade restrictions and distortions.* 23 July 1996. Geneva.

Non-Paper by the European Community 1996: *The relationship between the provision of the multilateral trading system and requirements for environmental purposes relating to products, including standards and technical regulations, packaging, labelling and recycling*. 24 July 1996. Geneva.

MIX
Papier aus verantwortungsvollen Quellen
Paper from responsible sources
FSC® C105338

If you have any concerns about our products,
you can contact us on
ProductSafety@springernature.com

In case Publisher is established outside the EU,
the EU authorized representative is:
Springer Nature Customer Service Center GmbH
Europaplatz 3, 69115 Heidelberg, Germany

Printed by Libri Plureos GmbH
in Hamburg, Germany